知识如何流动

[美] 约翰 · 克里格　主编
魏洪钟　译

How Knowledge Moves

Writing the Transnational History of
Science and Technology

华东师范大学出版社
· 上海 ·

图书在版编目(CIP)数据

知识如何流动/(美)约翰·克里格主编;魏洪钟译. —上海:华东师范大学出版社,2024
(三棱镜译丛)
ISBN 978-7-5760-4754-7

Ⅰ.①知… Ⅱ.①约… ②魏… Ⅲ.①科学技术—技术史—世界 Ⅳ.①N091

中国国家版本馆CIP数据核字(2024)第051666号

HOW KNOWLEDGE MOVES: Writing the Transnational History of Science and Technology
Edited by John Krige

知识如何流动

主　　编　[美]约翰·克里格
译　　者　魏洪钟
策划编辑　王　焰
责任编辑　朱华华　张婷婷
责任校对　廖钰娴　时东明
装帧设计　刘怡霖

出版发行　华东师范大学出版社
社　　址　上海市中山北路3663号　邮编200062
网　　址　www.ecnupress.com.cn
电　　话　021-60821666　行政传真021-62572105
客服电话　021-62865537　门市(邮购)电话021-62869887
地　　址　上海市中山北路3663号华东师范大学校内先锋路口
网　　店　http://hdsdcbs.tmall.com

印 刷 者　浙江临安曙光印务有限公司
开　　本　890毫米×1240毫米　1/32
印　　张　16.375
字　　数　323千字
版　　次　2024年7月第1版
印　　次　2024年7月第1次
书　　号　ISBN 978-7-5760-4754-7
定　　价　79.80元

出 版 人　王　焰

(如发现本版图书有印订质量问题,请寄回本社客服中心调换或电话021-62865537联系)

目　录

第三部分　变化中的个人身份

第四部分　核时代的管制与交流

导言　书写科学技术跨国史

约翰·克里格

现在，在学术史的许多领域，“跨国”（transnational）研究的方法已经非常成熟。[1]通过放弃以民族—国家（nation-state）之间关系作为分析单元的做法，跨国的棱镜放大了纵横于国家边境的不同人们、不同地方之间相互依赖的复杂关系。科学和技术似乎特别适合于这样的分析。它们是大规模的复杂社会机构的产物。这些机构至少在原则上超越了国与国、国与洲的边界。然而，即使（技术）科学的实践和传播似乎要求跨国研究的方法，我们也不能说它们的编年史（特别是较近时代的）已经证明足以达到此目的。政府在科学、技术和开发日益增多的投入（特别是第二次世界大战之后），差不多是鼓励仅限于在国家框架内展开科学技术活动及成果的研究。主要在地方、地区和国家层面组织科技的档案馆与机构又加剧了这种视野的窄化。本书收集的论文要求我们与其优先考虑地方环境，不如退后一步，首要把国家层面的活动者和机构作为跨国网络上的节点来研究，这些网络通过“雄心壮志、专门知识和各种各样的联盟”[2]把人们紧紧地联系在一起。

本书中的论文，大多数是2016年在佐治亚理工学院历史和社会学学院举办的专题研讨会上提交过的。在此次专题研讨会上，24位来自世界各地的学者讨论了他们预先提交的论文，对如何*书写科学技术跨国史进行了思考。我们发现，把跨国研究作为一种“视野而不是明确的方法”是可行的，这里有许多富矿层（rich seams）有待开放探索。当前以多种形式存在的科学和技术知识已经成为探索对象[3]，在此鼓舞下，我们要努力抓住其特殊性。詹姆斯·西科德（James Secord）提出，科学史的“中心问题”是“知识如何传播以及为什么会传播”[4]？显然，这也是技术史的中心问题之一，至少我们认为技术不仅仅是人造物，而且是某种形式的知识，包括默会的（tacit）“知道-怎么办”（专业技术）。这种知识扎根于（用来改变我们周围世界的）物质客体和实践当中。[5]通过强调知识是如何以及为什么跨境传播的跨国维度，我们把科学技术史的“中心问题”和许多其他历史学家赞同的重要新方法融合在一起，这不会分散我们的目标或者不当地模糊它对跨国进程的贡献。

从跨国网络的一个节点流向另一节点的科学技术知识可以采取多种形式。科学技术知识在不同的社会和制度环境中流动，并

---

* 加着重号的在原书中为斜体。——编者

在不同程度上改变了社会关系：它可能是默会的，或是用命题表述的，也可能是顶尖的，或者普普通通；它体现在众多实践（实验的、教育的、管理的、政策导向的）以及管制和统治方式当中；它涉及大学、公司、传教士、慈善基金会、国家政府以及地区组织和国际组织。

知识，作为“信息”，作为“技能”，作为“知道—怎么办”，以多种形式跨越国境——有手写的或印刷的（书籍，包括教科书和手稿、书信、报纸、学术出版物、技术报告、蓝图、贸易杂志），或者隐含在设备（如惯性制导系统）当中，还有活体形式（如人和克隆动物）。现在，先进的通信技术使得知识的国际传播成为可能。这给人造成了知识（专利和保密的知识除外）能够很简单地在“扁平的”网络世界毫无阻碍地跨越国境的印象。本书收录的论文认为事实远非如此。论文就传播本身进行了探讨，强调各种社会的和物质的限制阻碍了知识的跨境流动。论文作者关注物质文化、日常实践以及被动员起来用以建立和维护跨国网络的地方和国家资源。这些网络把各种社会角色联系到一起，让他们参与生产并分享科学技术知识。他们赞同查尔斯·布莱特（Charles Bright）和迈克尔·盖耶尔（Michael Geyer）的关切：许多关于全球化的著作“倾向于预设世界的（相对）开放性”，而不是分析“建立和保持相互联系（以及竞争和反复谈判）的结构化的网络”[6]。这是他们关于克里斯·贝利（Chris Bayly）警告说“努力解决把权力因素纳入传播概念这一问题”[7]的回应。

本书主要探讨知识在漫长的20世纪里，特别是1945年后的跨境遭遇。这种分期对知识传播的跨国历史的特殊性，在于科学技术在现代国家的经济、政治和军事力量中日益中心的地位。1945年，科学发现和技术革新成了政治过程的核心。20世纪60年代开始，人们用国民生产总值中用于研究和开发的比例来评价一个国家。这种新的评价国家成就的官方尺度根源于地缘政治背景。在此背景下，西方资本主义国家和社会主义国家相互对立。与此同时，去殖民化的进程改变了全球秩序。1945年，51个主权成员国成立了联合国；到1966年，成员国增到122个。在20世纪知识流动的跨国历史中，国家自然成了主要角色（其作用需要进一步解释）。更为特殊的是，作为二战结束后头25年里（如果不说之前的话）世界领先的科技大国，有着构建民主的世界秩序这一雄心壮志的美国，自然投入到了全球规模的跨国网络的建构当中。迈克尔·麦吉尔（Michael McGeer）非常正确（但有点讽刺意味）地指出："跨国主义可能是某种形式的帝国主义；跨国的世界可能源于一种极讨人嫌的现象：美国强权和美国例外论。"[8]本书相应地为从事其他时期和世界其他地区的研究，为采用空间、时间框架的研究，提供了一个基准、一个参考点。在那些空间-时间框架内，科学技术知识和国家的关系呈现出不同的形式，其中知识跨越国境的流动遭遇了来自不同权力中心的不同模式的管制。

本书特别关注形成（和国境有关的）知识流动的过程，主要分析研究知识的流动与知识作为国家资源的价值之间紧密结合这类情况。当国家的权力和主权以多种形式与知识的获取和控制纠缠在一起，当科学技术的威猛成了国家成就的标志（迈克尔·阿达斯［Michael Adas］），当清楚明了成了管理最重要的至理名言（詹姆斯·斯科特［James C. Scott］）——“19世纪理性主义的两个关键遗产”，国家会肯定自身管理知识传播的权利。[9]而全球化的意识形态却赞美通过“自由市场”实现的解除管理、私有化和个人满足，把国家贬低为一种促进者角色。在此展开的知识跨国史不把知识视为买卖的商品，而是看成培育和保护的资源。知识是这样一种资源：只有当我们追踪其超越国家框架的轨道时（更明确地说，当我们追随知识及其载体穿越以国家主权的名义设立的、对它们的边境通道加以控制的各种复杂机制时），其全部价值才彻底显露出来。

下面着重分析五个主要观念：旅行的重要性、监管国家的角色、“国境”和“网络”的含义、国籍和政治忠诚的意义、地方和全球的交叉点。具体内容将展现在本书各篇论文当中，本导言的第二部分将对其逐一做简单介绍。总而言之，这些论文深入揭示了科技知识传播中跨国方法的新颖性和重要性，这种“看问题的方式”展示了新颖的、意想不到的、以前被遮蔽的研究社会的维度。

旅行的重要性　我们如何描述知识跨越国境的流动？专题研讨会的参与者批评了诸如“传播”（circulation）和“流动”

(flow) 的流行隐喻，批评了埃米莉·罗森堡（Emily Rosenberg）用术语“知识流”（current）与电的流动所做的类比。[10]术语“知识流”淡化了人的主动性和意向性，缺乏目的意识。目的意识在规划由知识行程绘制的路径中至关重要。它可以捕获伴随着现代通信技术遍布全球的“无实体”的信息或“知识”的流动，但是忽略了各种艰难险阻和各种层次的相互作用，这些险阻和作用构成了本书描述的跨国流动。“传播”也暗示了在跨国环境中很少发生“回流”，即在跨国环境中，知识矢量可能是单向地或曲曲折折地偶尔跨越众多的国境。

为了避免上述陷阱，本书把体现在人（和物）上的知识流动视为社会成就。它特别关注跨越国境的旅行，把个人及其出国的动机、他在国外和他人接触的动机、改变他人（或被他人改变）的动机作为分析的核心。[11]旅行需要资金，而与知识流动有关的旅行资金通常来自机构的赞助。无论是地方的、国家的、地区的或国际的机构，它们都有自己支持知识跨国流动的动机。旅行也需要各种文件——护照、签证、出口许可证——授权某人带着知识出国。与之相应，旅行导致了大量官方机构的产生，留下了记录旅行者每一行程的纸质痕迹。这些痕迹揭示了跨越国境的各种条件。然而，大多数旅行者甚至常常意识不到它们。搞清楚旅行如何可能，就能明白旅行者和他们的赞助者之间、部门和管理机构之间的内部协商。这些机构要求人们带着他们的知识“自由地”出国之前，先要满足某些条件（从日常的，如旅行文件，到有争议的，如可接受的政治立场，再到细节的，如你可以去什么地方、可以访问谁，以防危害国家安全或经济竞争力）。正是在这一大堆纸质文件上，国家宣示着它们的主权。旅行也涉及接触、适应来自不同文化的人们。他们工作在陌生的规范形成的制度环境里，反对国外有破坏性的知识入境。把流动看成社会成就的思考，突出了科学技术知识和“知识体”（借用马里奥·丹尼尔斯［Mario Daniels］的愉快的短语——参见第一章）跨越国境所需要的条件和努力。

知识从一个地方到另一个地方的流动，在理论上有时被人用线性的“转移”模型来描述。这种模型看到了知识的产生之后就是传播，就是“接收端”的地方性角色有选择地适应。这种支撑着“中心-外围”模型的认识论的狂妄自大，本身就是冷战时期的现代化理论的回声。这种狂妄自大也遭到了强调知识生产（不管其在什么地方发生）的地方特殊性的研究的痛击。网络把不同的知识生产点联结在一起，让它们相互分享标准化的知识，为知识的“全球化”生产和传播提供了比中心-外围的“枢纽-辐条”的表征更为丰富的解释。[12]卡皮尔·拉吉（Kapil Raj）在他关于 18 至 19 世纪印度的跨国分享知识——英国官员和当地的专家之间——的研究中走得更远。[13]他强调了面对面接触作为交往、改变和知识合作生产的场所对于所有参与交流各方的重要性。应该强调的是，正是沿着帝国航海路线的旅行，使得交流成为可能。拉吉指出了“知识制造者本人、他们所拥有的知识和技能，以及他们在地理上、社会上被取代的过程中改变和重新配置的相互性”[14]。面对面遭遇（其中跨国的社会角色融化了“国境”）是强有活力的交往。在此交往中，正式的命题知识和默会的技艺知识都在跨国社会角色之间得到交流。它们也可能是发生在陌生的地方，遭受不对称权力关系支配的使人不舒服的、变化的经验。通过超越网络层面，深入到因旅行得以可能的个人之间交流的微观层面，本书中有几章详细讨论了构成跨国知识形态的紧张、误解和冲突，以及富有成效的遭遇。

监管国家的角色 跨国研究法不再以国家作为分析单位。然而，正如上一段落所暗示的，历史学家打破国家框架，让跨越国境的流动进入视野是一回事，在实践中跨国人员这样做又是另一回事。跨越国家（或地区）边境的流动把监管国家推到了跨国历史的中心。这一点悲惨地体现在那些逃离战火的欧洲难民所身处的巨大困境以及那些受到美国总统 2017 年 1 月颁布的料想不到的行政命令影响的国家公民所感受的焦虑中。跨越国境的流动受到或包容或排外的政策左右，受到运用各种工具（从笔到剑）的管制。冷战时期对知识流动的监管，特别需要在下面两者之间取得“平衡”：既要考虑本地实践者需要获取由外国人带入本国的信息，又要考虑外国人在本土出现为国家安全和经济竞争力带来的风险。声称知识在“扁平”的世界里自由传播的意识形态，忘记了冷战时期由“自由世界”政府确立的对共产主义者和左倾科学家流动的限制，忽略了现在几乎完全禁止与某些国家（如朝鲜）以及某些来自社会主义国家的、以军事研究为主的机构研究人员分享知识，也忽略了敏感但未保密知识的灰色地带。这些知识受到许多监管政权的管制。它们有选择地歧视某些国家、公司和个人。随着知识的锋刃在现存领域内转移或开拓出崭新的探索领域，这些政权的监管范围也常常发生变化。[15]

秋田·伊里耶（Akira Iriye）强调了一些新的观点。当国际史放弃了对国与国之间的正式关系的强调，开始探索由非国家角色产生的跨国现象时，才会出现这些观点。[16]在本书中，国家角色和非国家角色是模糊的。确实，渗透到跨国生活中的监管国家的日常活动不涉及外交和高层政治。但是它们通过在国与国层面建立监管框架、确立跨国流动的条件，深深影响了跨国活动。在那个框架里，我们讨论的跨国者虽然通常没有其作为政府代表的明确角色，但确实是和国家有着各种各样关系的人，而不是那些负责批准跨国流动的不知名字的“工作人员”。训练有素的科学家和工程师是国家的财富，他们的先进知识很容易成为“软实力”工具的资源，从而模糊了他们的“非国家”的身份。他们中有些人利用了国家驱动的项目，这些项目重视他们的专业技能，旨在向国外推广“美国”价值。有些人利用了政府之间的友好关系来推进其国家的研究进程。有些人则利用其和监管国家官员的密切联系，为他们赞助的人的旅行提供方便。要牢记的一点是，知识和（改造自然与社会的）力量的联系，有意无意地把非国家角色和在许多活动中相互竞争的国家政府联系到了一起。

“国境”和“网络”的含义 什么是国境或国家边界？查尔斯·迈尔（Charles Maier）写道：“边界部分地是实际的建筑。它既是真实的障碍，又是展示权力范围的地方……边界确定权威，如果边界完全变得形同虚设，管理者就失去了合法性。”[17]这里的“边界”概念不仅仅是指一个民族国家领土的地理区划的限制。国家的边境不必是物质的，也不必仅仅是有真实的海关和移民区警察维持治安。国境跨越随时可能发生，如外国人出席一场贸易展览，出现在学术报告厅或实验室，或者接受培训学习使用具有双重用途（民用和军用）的先进设备。跨国的“边界”甚至会隐蔽在敏感技术设备中（如用于浓缩铀的气体离心机）。当一个国家拒绝外国人未经允许就接触某些构成其核心技术的知识时，情况就是如此。[18]边界的工作构成了国境。

监管国家的合法机构做出了分类，把人和知识区别对待：一部分人和知识可以畅通无阻地跨越国境，一部分需要官方批准（签证、出口批文等），违者必罚。这些分类的网格是根据情况，即随着新出现的政治形势（在某种形势下，国家通过对自由流动设立障碍来宣示其权力）而变化的。从历史上来看，国家总是会采取措施来保护其权力所依赖的知识和有识之士的流动。[19]使本书讨论的时期与众不同的是，知识的产生和传播对于巩固和扩大国家权力变得非常重要。这成了地缘政治的语境。在这一语境下（第二次世界大战之后不久），美国国家安全局加强了整个保密系统来管制敏感知识的自由传播。在这种环境里，20世纪50年代，签证政策发展出来了，以针对“知识体”的跨越国境流动。在这种环境里，出口管制范围扩大了，以管制敏感但未保密的技术数据和信息的传播。在这种环境里，基础科学和应用科学的区别发展出来了，通过和美国学术界领军人物的协商，为“基础”知识的跨国传播创造空间，同时使对社会有用的产品和方法（“应用科学”）的更为严厉的管制合法化。在此环境里，“基础科学”是国际化的（internationalized），而“应用科学”是国有化的（nationalized）。

查尔斯·迈尔在对一本新书的评论中写道，“在数字时代，信息从地方约束中解放出来是否预示了一种后领土式的国家体制?”，或者说，“国家当局是否［会］努力管制数据和交流？无论是通过传统的主权声明还是通过新的技术”。得出这种结论为时过早。我们不要为20亿活跃的脸书（Facebook）用户所迷惑，从而认为覆盖全球的通信技术将把影响知识流动的“地方约束”消融掉，或者认为国家只能求助于主权或监管来重申它们对数据传播的管制。相反，本书有几章强调了国家政府（特别是美国）设计出来的管理知识跨越“国境”流动的工具范围，其中有些是“关于认识的”（把基础研究和专业研究或工业研究区分开来），有些被合法政权奉为神器（出口管制），有些通过国际协议流动（和平利用原子能协会），有些则被纳入保护框架（即保密)。它们让我们看到了各国政府的决心:合作构建知识生产的国家体系以及控制知识在边境内外传播的监管制度。它们的努力也许最终会“失败”或者至少会重新配置,以应对由私有化和去管理化造成的相对的新国际体系的出现和流行。正如迈尔强调的,除去偶然性,目前这些管理“仍然在展示领土性的持久重要性”[20]。

跨国网络联结了遥远的知识产生、交流和获得资助的地方。它们并不尊重边界。人们常常认为跨国网络只不过是可以用二维“地图”上划出的直线来表示的联结,其实这是一种误解。正如弗雷德里克·库珀(Frederick Cooper)所描述的,这个世界是“一个经济联系和政治联系非常不平衡的空间;它充满着块垒,有些地方权力聚集而其周边权力分散,有些地方社会联系十分密集而其他地方则十分松散”[21]。科学技术的产生和获得资助的全球不平衡性,要求我们把网络想象成由不同层次的人际交往所构成的波澜起伏的三维结构。跨国者不是简单地从一个地方旅行到一个地方;他们的知识是一种财富,可以用来重新配置存在空间、他们自己、他们拥有的知识。因此,网络不是僵硬的源代码,而是动态的联系。只要网络参与者能够从中获益,它们就会随着时间不断地发展并持续下去。在传统理解的网络中,无论是结点(links)还是节点(nodes),在本书提出的新视角下,都不能被理所当然地认作历史分析的毫无问题的基础。

并辅以强制（例如印度的“绝育计划”）手段，新的知识在异国他乡生根发芽。[24]在互惠的流动中，知识又流回权力的中心处。在此，研究团队对这些知识加以整理，发表在国际学术期刊上。这有助于个人职业生涯，确保了对各种各样学术计划的进一步资助。这些都加强了（它们曾经被假定会削弱）知识和权力的不对称。[25]

跨国者重塑了他们输入知识的地方，也重塑了自己。这种重塑利好了某些人，损害了其他人，为那些参与改造计划的人们带来了新机遇，但使那些被排除在计划之外或者反对那些计划的人们边缘化。在帝国或新殖民环境中，这种冲突发生在玛丽·路易斯·普拉特（Mary Louise Pratt）所谓的“接触区”，一个“完全不同的文化相遇、发生冲突、相互撕咬，常常处于统治和顺从高度不对称状态的社会空间”。[26]当“外来的”和本地的在知识/权力不对称的关系中相遇，外来的会瓦解现行的社会关系，破坏本地的知识和传统，在知识创造和分配的全球政治和经济中，把一潭死水改造成知识生产中心。科学技术跨越国境的流动史，改变了我们拥有的“知识是在哪儿产生的”这一观念，描绘了崭新的创新地图，它帮助我们偶尔在意想不到的相互关系中把许多节点纳入网络。

国籍和政治忠诚的意义　跨国史会赞扬人们通过接触不同文化和生活方式而发生改变的“流动”、“混合”的身份。然而，国家会对这样的模糊感到不安，会尽最大努力去明确那些从事知识生产和跨境传播的人们的国家认同（和政治忠诚［或忠实］）。正如上面所强调的，监管机构的成功运行仅要求只要知识在不同国籍的人们之间交流，就可视为跨越了“国境”。这样的推理假定外国人士对其祖国总是保持着基本的忠诚，因此他们有可能成为敏感知识“泄露”到国外的渠道。国籍是“流动的”，这种说法仅仅是在以下意义上：在跨国者的生活世界里，国籍实质上没有单一的含义。跨国的主体是模糊的混合体，这种模糊的混合淡化了他们的国家认同；他们是有生命的模糊体，和官僚的国家体系追求并推行的清晰性是不相容的。如果国籍不是固定在石头上，而是固定在官方文件的分类框架里，它就是一个包含和排除的社会范畴，可以用来确定某人是否能够享受被正式承认为公民的好处。

科学国际主义的意识形态不考虑国籍。学术界的成员把自己的身份明确为从事集体性地追求“客观真理”的人，从事发现有关世界的事实、为不同探索者（不论他们的种族、性别、宗教信仰和政治信念）的团结一致提供坚实基础的人。他们对普遍科学的忠诚超越了对国家的关心。他们谴责由国家干预（除战时外）的阻碍知识国际传播的企图。在众多模式的国际科技合作的建构中，这份遗产有着当代的表述。它们也是罗伯特·默顿（Robert Merton）的（像表述在普遍主义规范中的）科学精神的当代表述：科学界在评价真理主张的有效性时，不考虑参与者的种族、国籍、文化和性别。[27]

这种“国际的”范围是有限的。[28]这种在学术界为科学国际主义所欣赏的高调，模糊了受国家或意识形态理由“管制的”合作、不能分享的论文、限定什么能说的自我审查、那些首先不被允许参加“国际会议”的国家及其国民。在实践中，对默顿的每一条规范，我们都能找到相反的规范，这不值一提。[29]同样不值一提的是，社会建构的身份标准把许多个人排除在跨国网络之外——这一符咒也变成了“相反的规范”。科学国际主义是多种形式的，有助于构建跨境分享知识的学者共同体。当这些学者面对好战的国家主义政权时，科学国际主义为他们提供了团结的基础。而且，正是易变的意识形态承认，知识和权力的联系要求知识“国际”传播的范围限制于某些人——他们的国籍或政治忠诚不会对国家利益造成威胁。

知识通过学术刊物、专题研讨会和学术会议来进行国际传播，并不意味着国籍和政治忠诚在有关科学交流的跨国研究中是无关紧要的分析范畴。它只不过表明，我们讨论的跨国交流是围绕着那些不被监管国家视为危害国家安全或经济竞争力的知识建立的。这些知识在某些参与者之间分享，和他们对任何政治的、意识形态的信条的忠诚无关。[30]知识受控制的流动和自由传播是合作得以构建的空间，其界限由国家机构确定并实施。知识是国家的资源。国家管理的艺术在于它有助于确定那些区分什么样的知识可以和谁（或不能和谁）分享的政策和手段。[31]研究界愿意根据对国家或政治的忠诚来拒绝传播知识给他人，这表明他们把国家管理体制的价值国际化；这一体制强加了一些限制，超过这些限制知识就不能自由流动）。庇护是有代价的。

地方和全球的交叉点 跨国者造就了个人传记的微观层面（奖励）、监管国家规定的国家层面，和由许多地点（在那里，随着旅行者从天而降，旅行者的知识从一个国家流动到另一个国家）构成的“全球”的各种层面的联系。这些由不同层面跨国流动“形成”的不同规模的联系松散地耦合在一起：说“松散地”，是因为这种联系是偶发的，把它们串起来组成网络的线索，可能被发生在任何层面料想不到的未做规划的发展突然扯断。这些线索可能是相对世俗的，如合作者个人之间的争吵；可能是相对频繁的，如资金支持的中断，以及可能是完全断裂的，如旅行管控中的重大变化或战争爆发。知识的跨国流动繁荣于这样的环境：其优越性得到了重视，其实践得益于制度目标。这些目标足以抵制打击思想、人员和物品跨越国境流动的风暴。

在网络中，知识生产实践的标准化加速了跨国相遇。标准化既是实践的优势，又是可持续的跨国交流的认识论条件。知识在许多地方的合作生产要求集体使用标准化的设备，要求获得有效使用和操控设备的标准化协议、技术和规范程序。正是标准化弥补了地方的和普遍的科学技术知识的差距。[32]要理解（跨国）网络中可靠的知识是如何产生的，就要“理解人、物、

'语言'和技术的流动"。[33]它们结合在一起，说明了"什么是最好的实践"。要做到这一点，就必须克服设备的变化莫测（以及自然和"社会事实"的顽抗）。

英语被全世界用作科学技术交流的通用语言（*lingua franca*），这方便了对地方和全球的解释。这种结合并非自发产生的。它不是连接工业化的西方客厅和遥远的东方乡村，或者连接科罗拉多的指挥控制中心和阿富汗战场的通信技术的"必然"结果。相反，正如迈克尔·戈丁（Michael Gordin）所说的，冷战竞争的一个重要结果就是英语霸权及其在构建跨国研究共同体中所起的作用——当然，这结果也是争夺的对象。[34]当艾森豪威尔（Eisenhower）政府把握了苏联科学技术能力的发展程度时，它积极地推动其欧洲盟友之间使用英语，希望有效地集中先进知识来保持其领导地位；它也启动了一个重大计划——把苏联的科学技术文献翻译成英文。珍妮特·马丁-尼尔森（Janet Martin-Nielsen）估计，美国军方在二战结束到1965年之间投入了2 000多万美元用于机器翻译，这是最早把计算机用于非商业任务的主要场景之一。[35]1958年的国防教育法案选出了三个具有战略重要性的领域，以应对共产主义的威胁：数学、科学和（第三）外国语。在所谓的"人类思想之战"中，马丁-尼尔森告诉我们，"语言和语言学形成了美国在新的世界秩序中领导地位上升的关键因素"，它们不仅仅有助于科学和国际事务的英语化，而且有助于使全球商业实践和文化更为普遍地英语化。[36]

促进英语成为通用语言得到了在全球扩张地方和国际教育培训计划的补充。这些计划有助于使对构建跨国知识共同体非常重要的"通信联络的实践"标准化。20 世纪 50 年代核科学技术的传播，特别是在"发展中"国家的传播，是这个过程在敏感领域的早期范例。它迅速帮助启动了人们（如霍米 · J. 巴巴［Homi J. Bhabha］）预想的本土核计划。巴巴把自己巨大的科学才能、政治才能和未来视野结合在一起，看到了核能真是便宜得无法计量，就像把印度的生活水平提高到和美国的一样。[37]美国原子能委员会提供了核材料。在艾森豪威尔的和平利用原子能的计划框架里，北卡罗来纳州立大学、宾夕法尼亚州立大学、麻省理工学院以及其他大学的核工程培养计划，为将要操纵核反应堆的科学家和工程师提供了高要求的操作培训。比尔 · 莱斯利（Bill Leslie）告诉我们，到 1966 年巴巴悲惨去世时，他已经建造了印度最大的、资金最雄厚的实验室，拥有 8 500名工作人员，包括 2 000 位科学家和工程师。美国核能委员会主席格伦 · 西博格（Glenn Seaborg）对印度的"相当不寻常的和平利用原子能计划"大为赞叹（带着些惊恐）。[38]现在，这些早期创举（建立符合美国利益的全球核共同体）的明确的政治和宣传维度，已经让位于更为广泛的教育计划，特别是在科学、技术、工程、数学领域。在 1991 到 2011 年间，超过 23.5 万外国人在美国获得了科学和工程专业的博士学位，他们中几乎有一半来自新兴的经济体：中国、印度和韩国。商业课程和管理课程甚至更加受欢迎。[39]

跨国知识共同体的打造和（抵制其同化和标准化压力的）地方既得利益及其历史是相互冲突的。约翰·伯纳姆（John Burnham）已经解释了，战间期在精神病学领域分裂研究共同体的“极端国家主义和地方主义”，在二战后逐渐衰弱。始于1950年，约在1968年和1980年出现拐点，从事研究的精神病学家（也许甚至包括执业的精神病学家）的跨国共同体，通过英语的日益广泛地运用，于无意中形成。这种扩张，在德国遭到了以民族自治为名义的反对，而且首先在法国被批评为“美国的殖民地化”或是“美国的知识帝国主义”。这些标签隐约地承认了美国研究者在确定研究前沿方面所起的领军作用。权力/知识的中心已经离开了欧洲。现在“在语言学上有残疾的美国人”（正如伯纳姆这样称呼他们）迫使他人用英语发表文章、宣告创新、追踪领域前沿，从而确保自己得到跨国关注和跨国意识。[40]美国的卓越（以及有限的语言技巧）建构了跨国共同体，把各不相同的地方成分和“普遍的”（如果是讲英语的）成分合并在一起。一个人要寻求超越地方局限，收获科学荣誉、获得社会资本和国际承认（所有这些都是国内高度重视的），他就不可避免地要用英语交流。英语的实用知识铺平了从地方到全球的高速公路。

跨国学者（那些学者熟练掌握英语，熟悉美国的范式和问题并在最好的标准化研究实践中受过训练）共同体的建构可以是相互受益的。它使得这些学者能够在资源丰富的研究共同体中很舒适地利用全球的知识库；它使得新兴国家的研究者在知识生产的前沿工作，也许能够一下子跨越自己祖国的几十年的相对“落后”。从民族国家的观点来看，必须把能够最迅速地利用最新知识的好处，和“创造自己的竞争者”的危险相比较。在通过共享交往实践、知识公开的传播和为了保护国家的利益（无论其怎么定义）限制其传播的压力之间，存在着持续的紧张关系。

在此专题研讨会结束之前，参与者用他们所学到的知识反观自照。正如加布里埃尔·施皮格尔（Gabrielle M. Spiegel）在2009年美国历史学会的主席致辞中所说的，跨国历史及其相关的新探索领域的标志之一就是，它们都需要“研究其研究主体生活经验的不连续性和生活地点的更替”[41]。参加专题研讨会的大多数人到过许多地方旅行，在几个大陆上生活过，变换过护照和国籍（有时还不止一次），或者能说几种语言（除英语之外）。这是不是巧合？我们认识到，英语日益增加的霸权消除了地方的特殊性——但促进了跨国对话（包括本书中的一篇文章中提到的，做出贡献的大部分人是母语不是英语的学者!）。我们认识到，我们中的大多数都有点散布“世界认同”的意味。这种认同模糊了我们的国家归属感——但是加强了我们对民族和国家的经久不衰的显著性的意识。它常常强调：书写跨国史要求熟悉外国语言和外国档案。对跨国的探讨也与某种独特类型的人的生活经历发生共鸣：这种人欣然接受站在与任何深刻意义的国家忠诚相分离的立场书写历史；这种人（有时很艰难地）生活在有局限的灰色地带，这种地带增强了他对任何形式的国家例外论的批评，但也使他（或她）难免会有作为一个“外来人”的脆弱，既会处处遇到“敬而远之”。

本书呈现的文章在范围和程度上各不相同，涵盖了世界上许多地区之间的跨界关系。它们研究的都是漫长的20世纪，在这个时代里，（作为“科学的国际主义”来倡导的）帝国主义之间的科学合作被冷战时的竞争和去殖民地化的离心力量打断。冷战竞争和去殖民地化合在一起，重新配置了跨国（技术）科学网络建立于其中的全球空间。[42]它们都把美国当作跨国网络中的一个节点（尽管不是占优势的或中心的）。这一节点向南连接着拉丁美洲，还联系着亚洲的中国、印度和日本，且跨越大西洋连接着意大利（并深入到肯尼亚）以及“法属”阿尔及利亚。这不是一种“枢纽-辐条”模式：流动的线条有许多方向，有不同的出发点，涉及大陆层面以下的许多不同地方。各种各样的物理学、数学和农业学文献汗牛充栋（heavily represented），而且空间科学及应用和社会科学也是如此。跨国者的范围包括普通人和精英、慈善基金会、科学组织、政府和政府机构以及国际（更不用说全球）机构。这些不是案例研究，而是书写科学技术跨国史的练习。它们在众多记录中脱离了国家框架，甚至有时非常明确地揭露了民族主义史学的局限。

本书第一部分有两章，它们描述了冷战时期的美国作为监管国的日常工作。在第一篇文章里，马里奥·丹尼尔斯追溯了二战后大约10年间美国警察维持边境治安的知识史，集中讨论了护照和签证作为管制“知识体”流动工具的作用。护照和签证是外国人进入他国所要求的普通材料（也是必需的）。它们是国家管制跨国旅行的看得见的证明，是办理边境手续的纸质文件。丹尼尔斯的主要观点是，科学家和工程师被政府当局挑选出来仔细审查，不仅是因为他们可能的左倾政治倾向，还因为他们拥有可能在出访期间有益他国的科学技术知识。对科学家和工程师签证的管制以及对知识出口的管制是互补的工具，它们相互加强以管理被认为对国家安全有威胁的“知识体”的跨国流动。

大多数学者认为，知识的流动主要受到保密或知识产权法的限制。相反，丹尼尔斯的那一章强调了对未保密的敏感知识的出口管制，被美国国家安全局用作工具来限制跨境自由流动。我的贡献（第二章）是扩大了它们作用的领域，包括对自由贸易和学术自由的管理。我的文章强调了20世纪70年代到21世纪早期，出口管制对于在学术以及公司环境里，通过培训与面对面交流获取默会知识和正式知识发挥作用的性质和范围。对这些知识管制的违反，已经导致许多人锒铛入狱、许多高科技企业受到重罚。它们在今日的重要性，不亚于对——通过公司和社会主义国家的贸易，以及通过大学在其教室、实验室为有关国家培训外国人——转移无形的、默会的知识和专业技能的日益增长的担忧。美国力量在全球化新时代的重新调整，中国上升为经济、军事的主要竞争对手，已经导致美国国家安全局监管力量的深度和广度在悄悄但是稳步地扩张——2001 年的恐怖主义袭击进一步推动并使之合法化了。

第二部分有 5 章，主要讨论殖民地和后殖民地环境下的知识。在第三章，蒂亚戈·萨拉瓦（Tiago Saraiva）描述了法国殖民地政府在阿尔及利亚肥沃的米蒂贾平原残酷地改造当地农业生产模式的情况。生产葡萄酒的大型葡萄园和柑橘果园替代了传统的生产方式，把成千上万的当地农民、牧人和水果种植户改造成为雇佣劳动者。在做出几番努力稳定了运往大都市市场的柑橘品质之后，殖民地种植服务站的负责人引进并克隆了洛杉矶附近的合作社种植的加利福尼亚脐橙。白人定居者在 5 到 10 公顷的小农场里，成功种植了这种标准化的水果。萨拉瓦把这些脐橙视为伴随着合作农业的社会制度、劳动关系和意识形态、跨越大西洋的“技术科学密集型产品”。殖民地统治者和占人口大多数的农民（fellahs）之间的“接触区”的“现代化”，展现在法国精英定居者之间稳固联系的建立上，这种联系使得他们深深地扎根于这片土地（不像大型葡萄园主）。相应地，去殖民地化是暴力的：1954 年阿尔及利亚反叛者最早投掷的炸弹，有一颗就落在布法里克柑橘合作社。20世纪60年代早期，当阿尔及利亚获得独立时，白人定居者回到法国大陆，形成了仇外的民族主义右翼——让-玛丽·勒庞（Jean-Marie Le Pen）及其家族的国民阵线政党的核心。

普拉卡什·库马尔（Prakach Kumar）的第四章的主题——印度在去殖民地化前后的农业设备的引进，展示了许多“现代事物”。库尔马描述了三个时间段，每个时间段都在用不同的方式提高农业生产力：用大型拖拉机代替人力、畜力来平整土地用于种植；伴随着受到美国鼓励的培训学院的建立，将小规模的、本地生产的农具用于家庭农场；在大型农场更多地运用（被称为绿色革命［Green Revolution］的一部分的）先进农具和肥料。这里的每一种方式都要求进行不同的技术和技巧的培训，而且每一种方式都深深地影响了农民自身以及他们和殖民地、后殖民地国家之间的重重社会关系。库马尔淡化了对研究较多的绿色革命的任何目的论解释，表明提高农业产出另有解决办法，这些方法要求不同的技术，涉及种植者和国家间不同的关系。

在第五章，米里亚姆·金斯伯格·卡迪亚（Miriam Kingsberg Kadia）主要讨论了作为（二战后被占领的）日本战后重建市民社会的“软实力”工具的社会科学。美国学者相信，日本人不是“病理上的异常”——好斗、专制、僵化以及担心丢脸。这些日本研究者（其中有些仅仅是社会学专业准博士）寻求的不是惩罚，而是通过在战败国新的有识领导的头脑中注入“普世”

价值——民主、资本主义、和平——使国家得到重塑。他们不是把这些价值随意地自下而上强加进去，而是有意培育在日本的社会科学田野考察传统中已经存在的、鼓励合作的团队精神倾向。代表美国占领当局研究土地改革影响的艰难进行的农村调查，成了“民主”的直接演习：强调在追求“客观”真理时的平等、协商和允许不同意见。美国占领军及其代理人，利用研讨会、语言培训班以及向分布全国的本地图书馆分发 125 万册英文书籍，努力根除不民主的法西斯主义倾向。到 20 世纪 50 年代中期，学术界大多数年长的日本社会科学家都曾接触过美国“软实力”的跨国演习，而回到美国的美国学者则在有关日本研究领域开启了其崭新的声名远播的学术生涯。卡迪亚很好地说明了美国力量在跨国科学共同体建构中的作用——这个观点后面还会提到。[43]

这一部分最后两章讨论的是空间。阿西夫·西迪基（Asif Siddiqi）对（赤道附近靠近肯尼亚海岸的）意大利和美国的卫星发射基地的研究，提醒我们关注殖民地和后殖民地关系给那些名义上的独立国家投下的长长的阴影。为了证明他的观点，他要求我们把跨国研究的目光，转到全球知识产生和传播相对分散的地方。地理上的或物理上的地方也就是空间，在此空间中，不同参与者之间的众多社会关系纵横交错，每一种关系都以自己的方式为跨国项目的“成功”做出了贡献。如果我们仅仅关注发射者、卫星及其科学结果（这是“项目”在通常的空间史中的说法），那么我们不仅会忽视地方政府和当地人民作为必不可少的社会角色的作用，还熟练地抹去了与该项目构成无关的暴力现象。意大利政府通过投资殖民地的权力关系，在靠近肯尼亚的国际水域建立起基地，以回避肯尼亚政府的监管视线。后殖民时期，侵略者对当地部落的困境漠不关心，使得它们之中的大部分在独立后继续为所欲为。外国的侵略使得马林迪变成了一个肮脏的旅游胜地，一个黑手党成员逃离意大利惩罚的天堂，一个贩运未成年女孩的温床。由空间科学家和工程师带入这个地区的高科技知识仍然是封闭于特权的飞地，穿越全球的研讨会、学术会议和（有助于学术生涯的）出版物的知识回流传播并不为本地人所及，他们中的大部分被排除在受益者之外。当知识流过边境后，它在其分布地的影响是不平衡的，它甚至会利用现存的剥削和排斥模式来取得自己的成就。

在第七章里，环境历史学家尼尔·马赫尔（Neil M. Maher）描述了美国国家航空航天局利用美国陆地卫星，来建立训练有素的科学家和工程师的国际共同体，他们能够解读美国陆地卫星的数据并利用它来干预环境。美国国家航空航天局设立培训课程，组织学术研讨会，把地方共同体汇集到一起，让他们学会了利用卫星数据监测森林的砍伐和沙漠化，估测农作物的产量，确定农作物病虫害，在卫星图像上辨识宝贵的自然资源的特征。美国陆地卫星数据的国际化，暂时保证了持怀疑态度的国会对该项目的额外财政支持，提升了美国在海外的仁慈、慷慨的形象。地方科学家、工程师和政府通过学会如何获取与利用美国陆地卫星的数据获得了授权，克服了对其可能会侵害国家主权的担心——美国人手上又多了一件剥削他们的工具（例如，使得美国公司可以对在外国领土上探测到的自然资源的开采进行投资，或者当美国陆地卫星预测到了外国农田的低产量时，美国公司可以操纵商品市场）。美国陆地卫星的用户通过跨国网络在全球传播有关地球的知识，使得自然及其变化对于政策制定者来说更加容易解读，从而促进他们采取措施干预自然活动。

第三部分汇集了4篇文章，讨论了全球流动的个人和探索者（他们的跨国混合身份是成为跨国者的关键）。在第八章里，亚德里安娜·迈纳（Adriana Minor）集中讨论了关于国籍的争论。在跨国流动产生的相互作用中，这种争论一直没有浮现出水面。她描述了著名的墨西哥物理学家曼努埃尔·桑多瓦尔·巴亚尔塔（Manuel Sandoval Vallarta）的多次旅行。1926年巴亚尔塔被麻省理工学院聘为助理教授。两次世界大战之间，他积极参与改善美国和墨西哥的科学关系。1942年，他成为美洲科学出版委员会主席；这个委员会总部设在麻省理工学院，由美洲事务协调员办公室资助；此办公室1941年由美国总统罗斯福（Roosevelt）设立，由银行家纳尔逊·洛克菲勒（Nelson Rockefeller）掌舵，旨在提升美国在拉丁美洲的正面形象。巴亚尔塔在美国崇高的学术地位，使得他能够利用其墨西哥国籍，构建一个以英语出版业为中心的半球科学共同体。战时条件重新调整了他的工作。作为一个墨西哥人，巴亚尔塔被排除在政府资助的战争研究之外，这给他的麻省理工学院同事带来了沉重的负担。物理系主任约翰·克拉克·斯莱特（John Clarke Slater）坚持认为，巴亚尔塔可以通过在剑桥承担更多的教学任务来为美国的战争努力做贡献，但巴亚尔塔拒绝了：在他看来，他的战时职责在于为美洲科学出版委员会工作。斯莱特被激怒了，指责巴亚尔塔忠诚分裂，并坚持己见地质问巴亚尔塔是忠于其祖国还是忠于麻省理工学院？巴亚尔塔脆弱的混合身份分裂了，他最终于1946年辞职，并重申了自己的墨西哥身份，作为代表墨西哥政府利益的科学外交家，在许多国际论坛上发挥了积极作用。

在本书收集的所有论文中必然会呈现的。维持知识流动所要求的社会工作——是书中许多文章的明确主题。在第九章里，迈克尔·巴拉尼（Michael J. Barany）巧妙地利用了洛克菲勒基金会一个官员的三个名字——哈雷（Harry）、“达斯特”（Dusty，肮脏的）和米勒（Miller）作为研究构建跨国科学这一努力的着手点。非正式的达斯特、正式的米勒和办公室名字哈雷·米勒（HMM），每一个名字分别代表了不同但又相关的关系网络——和基金会同事的，和国内外政府机构的以及和美国、国际的科学共同体的。巴拉尼对米勒的案头工作、对其为了确定合适受益者并为受益者准备行程做出努力而留下的纸质档案材料，进行了仔细的分析，突出显示了官方的严谨、外交的精明以及米勒能够利用和顶尖科学家朋友的亲密关系的结合。卓越而年轻的乌拉圭数学家何塞·路易斯·马塞拉（Jose Luis Massera）的卷宗，说明了米勒的能力：尽其所能为一个杰出的科学家但也是一个活跃的共产主义者获得了签证。巴拉尼熟练地描述了物质文化和日常实践，这些都涉及基金会官员，以及为建立和二十世纪四五十年代罗斯福在拉丁美洲实行的睦邻政策（Good Neighbor Policy）相一致的区域国际合作而做的个人和官方的工作。

第十章，小奥利瓦尔·弗雷尔（Olival Freire Jr.）和印第安纳那·席瓦尔（Indianara Silva）讨论了巴西和美国之间的科学家（大部分是物理学家）的跨国流动（始于二战，持续到冷战和巴西独裁时期）。他们追踪了科学流动性和外交政策之间的相互影响，记述了科学国际主义和政府以国家安全名义限制跨国流动之间的紧张关系。他们那一章以二战时美洲事务协调员办公室开篇（这个组织迈纳在第八章里也讨论过）。这一组织和其他大的美国基金会一起，动员了科学家和工程师（以及利用电影明星、无线电、电影和印刷品）作为美国民主的文化大使。后来随着这些网络的资本化，冷战早期物理学家戴维·博姆可以在巴西定居，巴西为逃离麦卡锡主义的杰出物理学家提供了安全的天堂。始于1964年的军人独裁政权改变了这种状况。接连几任的美国总统一方面公开地批评这个政权，另一方面又在暗中支持它。美国的物理学家欢迎巴西同行来到美国，甚至成功地疏通关系帮助他们出狱。这一章对美国基金会在促进科学家跨国旅行作用方面的讨论，为巴拉尼的那一章作了补充，也加强了丹尼尔斯在第一章的论证，说明了国家安全局管制“知识体”流动使用的工具——签证和护照的重要性。

在第十一章，约瑟普·西蒙（Josep Simon）把在20世纪50年代后期和60年代的一门由美国鼓励的物理学课程及与其相关的教学辅助设备的国际化作为平台，思考跨国研究方法对于历史书写的特殊性。他追踪了冷战早期美国背景下的物理科学研究委员会的起源，并且描述了它早期章鱼般地扩展到了欧洲和拉丁美洲。这个委员会把物理学家、高中教师、仪器制造者、电影制片人的技巧和专业测试服务的技巧融合在一起，打造了一门课程。这门课程迅速地被译成西班牙语、葡萄牙语以用于拉丁美洲。西蒙追踪了现有的全球物理学家网络，这些物理学家犹如“带菌者”，把知识材料传播到了几十个国家。他首先强调了混合身份对构成某些促进上述课程在全球传播的跨国者的重要性。这个委员会的物理课程在美国之外的成功依赖于这些人。他们把众多的语言技巧和现有的跨国职业经验结合在一起。这些物理学家有着不同的国家和文化认同，这使得他们对其他的世界观十分敏感，能够在自身和国外的教育改革者之间建立起桥梁并实现对话。

第四部分讨论战后核知识的跨国流动。吉塞拉·马特奥斯

(Gisela Mateos）和埃德娜·苏亚雷斯-迪亚兹（Edna Suárez-Díaz）文章的核心部分，就是一辆装有放射性同位素的研究展览卡车的冒险。他们通过那位奥地利卡车司机约瑟夫·奥伯迈耶(Josef Obermayer）的所见所闻来讲故事。这位司机要定期向维也纳国际原子能机构负责技术援助计划的上司做汇报。跨越国境意味着操纵一辆专为美国大平原设计的巨型车辆，奔驰在6个拉丁美洲国家的狭窄、崎岖且泥泞的路上；意味着将其装上小型货船以及被远不及其车轴宽的火车运载；意味着和海关机构的罢工打交道，对付破旧的通信基础设施，在地震余波中调整行车路线；意味着确保地方官员的常常是不情愿的支持，迫使他们提供所需的财政资源，以证明和平利用原子能既有利于遥远的山村，也有利于繁华的首都；也意味着以赫尔·奥伯迈耶（Herr Obermayer）为中介的“现代性”和“不发达”的“第三世界”的风俗、传统的冲突。约瑟夫·奥伯迈耶完成使命的决心，使得他习惯了技术的故障、个人的不适，以及地方管理习惯做法的“低效率”带来的无穷无尽的挫折。随着国际原子能机构的卡车从一个城镇颠簸到另一个城镇，它在所到国家树立了和平利用原子能的形象，也增加了当地技术人员、科学家和权贵们的社会资本。他们欢迎它，操作其仪器，使之与全球网络相连。这些网络包括田纳西州橡树岭的国家核设施和维也纳的国际原子能组织。跨国知识网络的建立，不是来自空中楼阁，而是来自使得旅行成为可能的实实在在的材料。知识的传播，不是“自行”通过“无摩擦的全球空间”，而是多亏了政府官员和卡车司机的平凡而日常的辛劳。

我们希望，呈现于此的文章足以证明，对科学技术知识跨越国境的生产和流动的跨国探讨打开了一片富矿层。它们不仅开发了跨国研究方法的经典层面，集中把知识当作分析对象，而且创造了合并效果，开辟了崭新的探索大道。我和迈克尔·巴拉尼合作撰写的简单后记，谈到了这种研究的许多特点。这些特点明确了研究的特殊性，也许这也是把科学技术知识作为核心对象的跨国探讨的所有特殊性：我们注意到了来自全球科学技术大国的美国的中心性；有点讽刺意味的是，我们既需要对付美国例外论，又需要在跨国历史中讨论边境的复兴，这正是因为美国创造了现代的官僚体制，重视知识的价值，把知识当作国家资源，决心以国家安全和经济竞争力的名义管制跨境流动；英语作为科学技术交流的通用语言，包括它在构建跨国网络中的作用的扩大（更不用说强力推行）的重要性；把个人作为知识体的身份和对国家的政治忠诚结合在一起的混合自我的建构；反观自照，我们触及了参与本书撰写的作者的众多身份。最重要的是，我们把注意力集中在涉及跨国方法的，尤其是当前政治局势（主要标志为仇外的和种族主义的沙文主义）中智力以及个人、政治的支撑上。有人曾经说过，跨国历史不能谈个人身份感和归属的建构，这是归国家历史的。相反，我们认为，这种建构在此时尤为重要，因为国家的叙事已经退化为隐藏着仇外心理和种族主义的民族主义纲领。我们这个计划不是简单的没有政治杂音的智力实验，正相反，我们相信，它来自扎根于我们时代的挑战之中的、显著的政治信念。跨国研究方法在智识和政治上的更广泛影响已经明确无误地建立：我希望更多的他人（others）在我们的工作上添砖加瓦，为这个“建设中的观念”提供更多的支撑。

我要感谢所有参与专题研讨会的同仁，特别是迈克尔·巴拉尼，使得本书得以形成。也要感谢丹·阿姆斯特丹（Dan Amsterdam）和王卓越，他们对本导言提出了非常有益的建议。

注释

1. C. A. Bayly, Sevn Beckert, Matthew Connelly, Isabel Hofmeyr, Wendy Kozol, and Patricia Seed, "*AHR* Conversation On: Transnational History," *American historical Review* III, no. 5 (2006): 1441 - 1464; Ann Curthoys and Marilyn Lake, eds., *Connected Worlds: History in transnational Perspective* (Canberra: Australian National University Press, 2005); Akira Iriye, *Global and Transnational History: Past, Present and Future* (Basingstoke: Palgrave Macmillan, 2013); Emily S. Rosenberg, *Transnational Currents in a Shrinking World* (Cambridge, MA: Belknap Press of Harvard University Press, 2014); Pierre-Yves Saunier, *Transnational History* (Basingstoke: Palgrave Macmillan, 2013); IanTyrell, "American Exceptionalism in an Age of International History," *American Historical Review* 96, no. 4 (1991): 1031 - 1055;

Ian Tyrell, "Reflections on the Transnationl Turn in United States History: Theory and Practice," *Journal of Global History* 4, no. 3 (2009): 453 - 474. Among historians of science and technology, see Martin Kohlrausch and Helmut Trischler, *Building Europe on Expertise: Innovators, Organizers, Networkers* (New York: Palgrave Macmillan, 2014); Hohn Krige, "Hybrid Knowledge: The Transnational Coproduction of the Gas Centrifuge for Uranium Enrichment in the 1960s," *British Journal for the History of Science* 45, no. 3 (2012): 337 - 357; Michael Neufeld, "The Nazi Aerospace Exodus: Towards a Global, Transnational History," *History and Technology* 28, no. 1 (2012): 49 - 67; Asif A. Siddiqi, "Competing Technologies, National (ist) Narratives, and Universal Claims: Towards a Global History of Space Exploration," *Technology and Culture* 51, no. 2 (2010): 425 - 443; Simone Turchetti, Nestor Herran, and Soraya Boudia, "Introduction: Have We Ever Been 'Transnational'? Towards a History of Science across and beyond Borders," *British Journal for the History of Science* 45, no. 3 (2012): 319 - 336; Erik van der Vleuten, "Towards a Transnational History of Technology: Meanings, Promises, Pitfalls," *Technology and Culture* 49, no. 4 (2008): 974 - 994; Erik van der Vleuten and Arne Kaijser, eds., *Networking Europe: Transnational Infrastructures and the Shaping of Europe*, 1850 - 2000 (Sagamore Beach, MA; Watson Publishing International, 2006); Zuoyue Wang, "Transnational Science during the Cold War," *Isis* 101 (2010): 367 - 377; Zuoyue Wang, "The Cold War and the Reshaping of Transnational Science in China," in *Science and Technology in the Global Cold War*, ed. Naomi Oreskes and john Krige (Cambridge, MA: MIT Press, 2014), 343 - 370.

2. Rosenberg, *Transnational Currents in a Shrinking World*, II.
3. Bernhard Struck, Kate Ferris, and Jacques Revel, "Introduction: Space and Scale in transnational History," *International History Review* 33, no. 4 (2011): 573 - 584.
4. James Secord, "Knowledge in Transit," *Isis* 95, no. 4 (2004): 654 -

672, at 655.

5. Wiebe E. Bijker, Thomas P. Hughes, and Trevor Pinch, *The Social Construction of Technological Systems* (Cambridge, MA: MIT Press, 2012). See also the focus on knowledge in Martin Kohlrausch and Helmuth Trischler, *Building Europe on Expertise: Innovators, Organizers, Networkers* (New York: Palgrave Macmillan, 2014).
6. Charles Bright and Michael Geyer, "Regimes of World Order: Global Integration and the Production of Difference in Twentieth-Century World History," in *Interactions: Transregional Perspectives on World History*, ed. Jerry H. Bentley, Renate Bridenthal, and Anand A. Yough (Honolulu: University of Hawai'i Press, 2005), 202 - 237, at 204. 还可参见 Frederick Cooper, "What Is the Concept of Globalization Good For? An African Historian's Perspective," *African Affairs* 100 (2001): 189 - 213。
7. Bayly et al., "*AHR* Conversation On: Transnational History."
8. Michael McGerr, "The Price of the 'New Transnational History,' " *American Historical Review* 96, no. 4 (1991): 1056 - 1067, at 1064.
9. 引用 Nick Cullather, "Development? It's History," *Diplomatic History* 44, no. 2 (2000): 641 - 653, at 650。他分别提到了 Michael Adas, *Machines as the Measure of Men: Science, Technology, and Ideologies of Western Domination* (Ithaca, NY: Cornell University Press, 1989) 和 James C. Scott, *Seeing Like a State: How Certain Schemes to Improve the Human Condition have Failed* (New Haven, CT: Yale University Press, 1998)。
10. Rosenberg, *Transnational Currents in a Shrinking World*.
11. 当然科学技术史学家已经广泛地研究了旅行。参见，例如，David J. Arnold, *The Tropics and the Travelling Gaze: India, Landscape, and Science*, 1800 - 1856 (Seattle: University of Washington Press, 2016); Marie-Noëlle Bourget, Christian Licoppe, and H. Otto Sibum, eds., *Instruments, Travel and Science: Itineraries of Precision from the Seventeenth to the Twentieth Century* (London: Routledge, 1992)。
12. 通常参见 Roy MacLeod, ed., *Nature and Empire: Science and the*

Colonial Enterprise, Osiris, 2nd ser., vol. 15 (Chicago: University of Chicago Press, 2000)。

13. Kapil Raj, *Relocating Modern Science: Circulation and the Construction of Knowledge in South Asia and Europe, 1650 - 1900* (New York: Palgrave Macmillan, 2007); Kapil Raj, "Beyond Postcolonialism ... and Postpositivism: Circulation and the Global History of Science," *Isis* 104, no. 2 (2013): 337 - 347.
14. Raj, "Beyond Postcolonialism," 345.
15. Joseph Masco, " 'Sensitive but Unclassified': Secrecy and the Counterterrorist State," *Public Culture* 22, no. 3 (2010): 433 - 463; Geraldine J. Kzeno, "*Sensitive but Unclassified" Information and Other Controls: Policy and Options for Scientific and Technical information*, CRS Report for Congress, Dec. 2006, accessed Jan. 11, 2018.
16. Akira Iriye, "Internationalizing International History," in *Rethinking American History in a Global Age*, ed. Thomas Bender (Berkely: University of California Press, 2002), 47 - 62, at 52.
17. Charles Maier, *Among Empires: American Ascendancy and Its Predecessors* (Cambridge, MA: Harvard University Press, 2006), 106 - 107.
18. Krige, "Hybrid Knowledge."
19. 一个完美的例子，参见 Alison Sandman, "Controlling Knowledge: Navigation, Cartography, and Secrecy in the Early Modern Spanish Atlantic," in *Science and Empire in the Atlantic World*, ed. James Delbourgo and Nocholas dew (New York: Routledge, 2008), 31 - 51。
20. Charles S. Maier, *Once within Borders: Territories of Power, wealth, and Belong since 1500* (Cambridge, MA: Belknap Press of Harvard University Press, 2016)，对 H-Diplo Roundtable 批评的回应：H-Diplo Roundtable Review 19, no. 3 (Sept. 18, 2017)。
21. Frederick Cooper, *Colonialism in Question: Theory, Knowledge, History* (Berkeley: University of California Press, 2005), 90 - 91.
22. 引于 Fiachra Gibbons, "US Is an Empire in Denial," *Guardian*, June 2, 2003, Niall Ferguson 演讲报道。

23. 关于现代化，参见 David C. Engerman，"American Knowledge and Global Power，" *Diplomatic History* 31，no. 4 (2007)：599 - 614 以及其中的参考文献。还可参见 Daniel Immerwahr，*Thinking Small: The United States and the Lure of Community Development* (Cambridge，MA：Harvard University Press，2016)。
24. 先后参见 Stuart W. Leslie，"Atomic Structures：The Architecture of Nuclear Nationalism in India and Pakistan，" *History and Technology* 31，no. 3 (2015)：220 - 242；Nick Cullather，"Miracles of Modernization：The Green Revolution and the Apotheosis of Technology，" *Diplomatic History* 28，no. 2 (2004)：227 - 254，at 234，227；Matthew Connelly，*Fatal Misconception: The Struggle to Control World Population* (Cambridge，MA：Belknap Press of Harvard University Press，2008)。
25. Ricardo D. Salvatore，*Disciplinary Conquest: U. S. Scholars in South America，1900 - 1945* (Durham，NC：Duke University Press，2016).
26. Pratt，*Imperial Eyes*，4.
27. Robert K. Merton，"The Normative Structure of Science，" in *The Sociology of Science: Theoretical and Empirical Investigations* (Chicago：University of Chicago Press，1973)，267 - 280.
28. Geert J. Somsen，"A History of Universalism：Conceptions of Internationality of Science from the Enlightenment to the Cold War，" *Minerva* 46 (Sept. 2008)：361 - 379.
29. Michael J. Mulkay，"Norms and Ideology in Science，" *Social Science Information* 15，nos. 4 - 5 (1976)：637 - 656；Ian I. Mitroff，"Norms and Counter-Norms in a Select Group of Apollo Moon Scientists：A Case Study of the Ambivalence of Scientists，" *American Sociological Review* 39，no. 4 (1974)：579 - 595.
30. 参见 Hohn Krige，"National security and Academia：regulating the International Circulation of Knowledge，" *Bulletin of Atomic Scientists* 70，no. 2 (2014)：42 - 52；John Krige，"Regulating the Academic 'Marketplace of Ideas'：Commercialization，Export Control，and Counterintelligence，" *Engaging Science Technology and Society* 1

(2015)：1－24。

31. 这种“艺术”展现于 John Krige，*Sharing Knowledge*，*Shaping Europe: U. S. Technological Collaboration and Nonproliferation* (Cambridge，MA：MIT Press，2016)。
32. Nicholas Dew，“Vers la Ligne：Circulating Knowledge around the French Atlantic，” in Delbourgo and Dew，*Science and Empire in the Atlantic World*，53－72；Bruno Latour，“Circulating Reference：Sampling and the Soil in the Amazon Forest，” in *Pandora's Hope: Essays on the Reality of Science Studies* (Cambridge，MA：Harvard University Press，1999)，24－80；David Livingston，*Putting Science in Its Place: Geographies of Scientific Knowledge* (Chicago：University of Chicago Press，2003)；Joseph O'Connell，“Metrology：The Creation of Universality by the Circulation of Particulars，” *Social Studies of Science* 23 (1993)：129－173；Simon Schaffer，“Golden Means：Assay Instruments and the Geography of Precision in Guinea Trade，” in Bourget，Licoppe，and Sibum，*Instruments*，*Travel and Science*，20－50.
33. Introduction to Delbourgo and Dew，*Science and Empire in the Atlantic World*，II.
34. Michael D. Gordin，*Scientific Babel: The Language of Science from the Fall of Latin to the Rise of English* (Chicago：University of Chicago Press，2015)，chap. 8.
35. Janet Martin-Nielsen，“‘This War for Men's Minds'：Birth of a Human Science in Cold War America，” *History of the Human Sciences* 23，no. 5 (2010)：131－155.
36. 同上，131，Steven Shapin 在其对 Gordin 的 *Scientific Babel:* “Confusion of Tongues” 评论中强调了这一点。*London Review of Books* 37，no. 23 (2015)：23－26.
37. Robert Anderson，*Nucleus and Nation: Scientists*，*International Networks*，*and Power in India* (Chicago：University of Chicago Press，2010)；Jahnavi Phalkey，*Atomic State: Big Science in Twentieth Century India* (Ranikhet：Permanent Black，2013). 关于霍米·巴巴的看法，参见 John Krige，“Techno-utopian Dreams，Techno-political Realities：The

Education of Desire for the Peaceful Atom," in *Utopia/Dystopia: Conditions of Historical Possibility*, ed. Michael D. Gordin, Helen Tilley, and Gyan Prakash (Princeton, NJ: Princeton University Press, 2010), 151 - 175。

38. Leslie, "Atomic Structures," Seaborg is quoted on 223.
39. Neil G. Ruiz, "The Geography of Foreign Students in U. S. Higher Education: Origins and Destinations, " Brookings Institute.
40. John C. Burnham, "Transnational History of Medicine after 1950: Farming and Interrogation from Psychiatric Journals," *Medical History* 55 (2011): 3 - 26, at 8, 9, 25.
41. Babrielle M. Spiegel, "The Task of the Historian," American Historical Association presidential address, 2009.
42. 感谢王卓越（Jessica Wang），使我注意到帝国之间的科学合作。
43. McGerr, "The Price of the 'New Transnational History'."

第一部分

美国的监管体系

第一章　限制“知识体”的跨国流动

——冷战时期美国签证限制和出口管制

马里奥·丹尼尔斯

全球化的复杂过程在许多历史角色之间创造出了新的依赖。尤其是这些依赖挑战了国境作为一道管制知识、人以及物流动的有意义屏障的观念。这不是说国境已经无关紧要，相反，许多工具（比如其中最突出的：保密、签证和护照以及出口管制）已经被民族国家用来保护其经济竞争力、国家安全、公民的国家认同——当然也包括由国家创新体制生产的知识。

20 世纪 40 年代起，美国政府就对知识传播执行了各种各样的管制，把察觉到的种种信息的危险性演化成了一套有关接触（access）和传播（transmission）的分层监管体系。保密是最有名的，也是被研究得最广泛的用来管制知识分享的工具。[1]保密分级机构用国籍、政治忠诚和“需要知道”的标准管制了（而且仍然在管制）信息的交流。一个复杂且区别对待的体系，把对信息的管制纳入对人的控制——限制本国人和那些通过了忠诚审查的侨民交流，减少在美国境内外和外国人、外国机构交流，禁止知识传播的关键标准是看它能否到达境外的敌人之手，能否伤害美国。

一战以来对人员流动的监管（在美国二战以来更是如此）、护照和签证已经成了现代边境监管的重中之重。像分级加密一样，它们是一个“记录机构”，监管着民族国家人员的进出。[2]事实上，一系列广泛的经常修正的复杂签证标准，形成了详细的决策系统，决定谁可以进入国门，谁应该被拒于国门之外。[3]

最后，对于“物”的流动——流动范围从商品到步枪和高科技的武器装备，从机械工具到复杂的生产系统，20 世纪 40 年代以来，美国建立了令人难以置信的、复杂的出口管制制度。这种制度建立在官方方法之上，该方法用详细的书面记录规定了什么是战略相关技术，并且追踪其在全球的流动。[4]“出口许可证”就是与签证、护照对等的监管文件，它们的作用是暂时打开边境闸门放行出口商品。而且出口管制不仅仅影响贸易，也影响被合法定义为未保密的“技术资料”的交流。保密是管制知识传播的一个工具，但绝不是唯一的工具。出口管制指向未保密技术资料的跨国流动，限制的不仅是印刷信息的流动，也包括无形的专门技术，为美国知识管制的努力增加了另一个层面。

本文认为，密切关注信息、物和人流动的官方工具不是彼此分离的管制系统。事实上它们是紧密地交织在一起并且相互补充的。为了展示这些制度的相互影响，我将分析签证的管理是如何和美国的出口管制制度直接而紧密地联系在一起的。[5]初看上去，它们似乎监管不同的东西。但实际上，凭借对出口管制的大范围扫描，这两套监管系统在针对科技知识的地方汇聚在一起。与出口管制相结合的签证管理并不是简单地针对可疑的外国人，从根本上说，它们针对的是“知识体”，即那些可能获取会损害美国利益的或正式或默会的敏感知识的人。

基本上，美国从过去到现在都有两套官方程序，用来决定一个外国人能否合法地进入美国。它把签证政策和出口管制的监管线索结合在一起。首先，出口管制的管理为是否颁发签证提供了以知识为基础的决定标准。其次，如果签证已经颁发，出口管制则被用来限制和管辖外国科学家在美国境内旅行时的知识获取活动。

这种对官方做法的分析，在某种程度上纠正和丰富了至今仍然充斥于冷战文献中的故事情节。它把论证集中于未保密的敏感知识，超越了加利森（Galison）、丹尼斯（Dennis）、韦勒斯坦（Wellerstein）以及其他人的工作；它把注意力集中在二战后10年里对跨国流动的限制上，充实了已有的研究。当然，研究冷战的历史学家非常熟悉麦卡锡时期对外国共产主义者或左倾研究者的旅行限制。而且正如现在再度强调的，仅仅是政治忠诚和国家忠诚就足以作为拒绝为一个有可能访问美国的人办理签证的理由。但意识形态审查仅仅是旅行管制中的一个维度，还不一定是最重要的，因此历史编撰者把注意力放在意识形态上，特别是反共歧视的故事上（尽管它们是相关的、重要的），分散了对其他常常是更为平凡而日常的实际做法的关注。这些实际做法透露了给那些想进入美国的科学家、工程师和研究者办理签证的决定。因此，大部分学术文献忽略了，和执行签证管制结合在一起的出口管制是如何妨碍了那些头脑中和手中有着敏感知识的人们的交流的，这正是本章要填补的空隙。

我们不要被互联世界的大量的知识传播所迷惑，认为出口管制对于签证的裁决只是次要的。因为，正如约翰·克里格和我在其他地方表明的，体现了“科学国际主义”的广阔而无监管的空间和出口管制制度是共同构建的。这种制度有意把某些种类的知识（尤其是基础科学）从政府管制中排除出去。[6]正是这种（以及其他）标准的官方应用，给那些来自非目标国家的学者留下了获取签证只不过是例行公事的印象。

确实，二战后美国的政策制订者把科学国际主义的观念转化为美国国家安全和外交政策的一种工具。[7]在冷战的思维定式中，国家安全并非止于美国的国家边界。这种观念的中心是国际秩序的建立，该秩序创造了“西方”作为对抗苏联扩张主义的堡垒。[8]这种构建西方联盟方案的一部分，就是分享科学技术知识，通过合作创新和技术转让增强经济实力与军事力量。[9]然而，尽管许多国际合作与美国利益息息相关，但是两者之间还是经常发生冲突。[10]由于美国自称为国际领导的角色，并且以为领先他国是其力量的坚实基础，所以它警惕地监视着什么知识可以分享，什么知识不能分享（不仅和敌人，甚至和盟友）。知识的交流，只要其支持美国的利益，就被允许；一旦其被认为威胁了美国的领先地位时，就会立即被叫停。[11]因此，美国一方面支持科学国际主义（并扩展到支持科学技术国际化），另一方面小心翼翼地确定其边界。出口管制和签证管理是在实践中强化这些限制的主要官方工具。

在这一章里，我不仅要表明，这种签证管理和出口管制条例之间极具创造性的相互影响是如何在实践中发挥效用的；更为重要的是，我还要提供签证和出口管制系统作为知识管理制度的官方史和智力史，把它们的发展置于20世纪40年代到60年代间逐渐变化的冷战背景之中。我的主要观点是，美国的国家安全局做出（并且仍然在做）决定，允许一位科学家或学者访问美国，不是基于单个科学家知道什么，而是——也是更为重要的——基于他或她可能从美国学到并带什么回到其祖国（还可参见克里格，第二章）。

《麦卡伦法案》和“铀幕”：冷战早期的签证限制

20世纪40年代以来，美国想出国旅行的科学家要接受特别审查。审查不仅涉及他们的政治倾向，而且（甚至更为重要的是）涉及其潜在的可能在境外和他人分享的专业技术与知识。事实上，美国的物理学家和化学家是仅有的被挑选出来的群体，他们要接受由国务院护照管理部下属的安全与领事事务局进行的特别仔细的安全审查[12]——“审查他们对美国的忠诚，也要记住他们个人知道些什么”。[13]如果对一个科学家的政治信仰存在怀疑，如果他的知识似乎过于敏感，不宜分享到境外，国务院就可能拒绝给他颁发护照，或者颁发一个有限制的护照，只允许他到某些明确指定的目的地旅行。这种情况时常发生，毫不奇怪，主要针对有左派政治倾向的科学家。之后，20 世纪 50 年代晚期，最高法院一系列的判决，逐渐建立起美国的“旅行公民权”观念。从此以后，拒绝颁发护照不再作为管制知识转移的工具。[14]

相比之下，美国的签证政策并没有受到这些法律变化的影响。20 世纪 40 年代晚期开始，签证已经日益成为国家安全的一般政策和制度反共边境规范的具体而强有力的工具。运用签证来反对某些政治群体的做法可以追溯到 20 世纪早期。1903 年美国国会投票通过立法，拒绝“无政府主义者和相信或提倡用武力或暴力推翻”美国政府的人进入美国。这是最早的直接把移民和国家安全联系在一起的联邦立法。第一次世界大战期间，这种联系变得更为突出，这时美国破天荒地提出了入境必须要有签证的要求。1918 年 10 月的《移民法案》（The Immigration Act of October 1918）及其在 20 世纪 20 年代的修正案，为后来的几十年，把针对无政府主义者、“从事破坏者”和其他“外国颠覆者”的内容纳入法律提供了依据。[15]

二战之后，这一立法日益被用来防止共产主义者进入美国，在20世纪40年代晚期，它开始明显地影响美国和外国的科学交流。[16]随着朝鲜战争期间在甚嚣尘上的反共氛围中通过的、以替代1918年《移民法案》的两个《麦卡伦法案》（以其主要提案者——参议员帕特·麦卡伦［Pat McCarran，D-NV］命名）[17]的颁布，这些旅行限制变得更加突出。被正式称为《1950年内部安全法案》（《麦卡伦法案》）的新立法，和《1952年移民和国籍法案》（《麦卡伦-沃尔特法案》）一起，尤其拒绝了给共产主义者（广义范畴上）发放签证，因为这些人在美国被视为“不利于公共利益，或者说危害美国的利益和安全”。除了针对政治颠覆外，法案也直接针对破坏活动和间谍活动。[18]

这些规定使国际科学界的生活变得复杂。美国科学家联合会在1952年就报告了“至少有50%想进入美国的外国科学家”遇到了签证拒签，或者签证申请被延误了4个月到1年不等。法国科学家受到了更为严重的影响：他们中70%—80%的人遇到了签证困难，主要是因为法国科学家中有大约70%是科学工作者协会的成员，这个协会被美国国家安全局定为“颠覆性”组织。美国科学家联盟收集到了大约60个案例信息，但是估计总共有3倍之多的科学家遭遇过签证困难。[19]学术会议异乎寻常地受到了这些签证困难的影响，1950年以来，有些科学组织开始计划在美国之外举行会议，以免外国同行遭遇签证手续的“尴尬”。[20]

甚至商人、记者、艺术家以及（对我们的讨论也是有意义的）技术辅助队伍的成员也感受到了更为严格的签证政策的影响，但是没有哪个职业群体受到签证限制的影响有像科学家那么多。[21]这是一种深度怀疑的表达——针对科学家的深度怀疑，它是冷战早期在美国政府和公众中发展起来的。关于科学家在战后政治中所起作用的看法是极度矛盾的：一方面，科学共同体通过其在二战中的成就（特别是原子弹的研制）赢得了巨大的声望；另一方面，许多科学家却持有左派政治倾向，公开提倡“科学国际主义”的观念。许多批评者在此看到了某种迹象，这些迹象，往好里说，是危险的政治暧昧；往差里说，是和冷战时主流意识形态格格不入的忠诚分裂。科学家研发出强大的武器，加强了美国的国家安全——但是能否相信他们会保守国家军事秘密？广泛宣传的原子间谍案——涉及科学家如克劳斯·福克斯*和艾伦·纳恩·梅**，使这些担心变得更加突出，正如1950年核物理学

* 克劳斯·福克斯（Klaus Fuchs），德国物理学家，曾经参与美国原子弹研制的曼哈顿计划，为苏联提供了英美研制原子弹的重要机密情报。（脚注为译者注，尾注为原文注，下同。——编者）

** 艾伦·纳恩·梅（Alan Nunn May），英国物理学家，曾将曼哈顿计划的信息透露给苏联。

家布鲁诺·庞泰科尔沃 * 神秘地逃往苏联那样。[22]

确实，间谍活动成了主要的透镜之一，通过这些透镜美国国家安全人员察觉到了科学交流的危险。“间谍活动”这个术语成了高度情绪化的政治暗号，被用来描述所有形式的、不受法律制约的安全-敏感信息的分享，成了塑造对知识传播的威力和危险的认知上的一种智识范式。[23]

和我们所知的美国护照政策相反，我们还不清楚在 20 世纪 40 年代和 50 年代早期，美国签证的实践在什么程度上建成了形式化的机制，来应对自己所不希望的知识转移的危险。但非常可能的是，某些措施已经到位。例如，由国防动员办公室颁发的题为“为了国内安全对参观工业设施的管制”的指导意见，告知其读者，“政府正努力通过签证、移民和入籍以及相关手续，把背景表明为可能从事间谍活动、颠覆活动或者其他对美国国家安全产生威胁活动的外国人拒于国门之外”。[24]同样，美国联邦调查局也把对所有铁幕国家 ** 公民的签证限制以及对美国

---

* 布鲁诺·庞蒂科夫（Bruno Pontecorvo），意大利物理学家，被称为中微子“教父”。1950 年叛逃到苏联。1995 年俄罗斯杜布纳研究所设立了布鲁诺·庞蒂科夫奖（Bruno Pontecorvo Prize），以纪念他并表彰为基本粒子物理学做出重大贡献的科学家。

** 1946 年 3 月 5 日，英国前首相温斯顿·丘吉尔在美国富尔顿城威斯敏斯特学院的演说中，首次公开指责苏联和东欧社会主义国家是“用铁幕笼罩起来”的国家。此后，西方国家用“铁幕国家”来称呼当时的社会主义国家。

共产主义者的护照拒发，称为是对苏联间谍活动的反制措施。它把所有苏联的旅行者（明确地包括科学家和学者）看成由苏联间谍机构派遣的特务，他们身负特殊的情报收集任务，包括科学和工业的间谍活动。[25]

科学界清楚地感觉到了这种反间谍法的影响。在一份被广泛阅读的《原子科学家公报》(*Bulletin of the Atomic Scientists*)的特刊中，有一篇关于签证限制对科学界影响的文章，作者爱德华·希尔斯（Edward Shils）描述了在执行《麦卡伦法案》的过程中，“某些研究领域（如核物理学、电子学和其他领域）的科学家会特别受怀疑。最近某些美国签证政策的受害者……谈到了当领事官员发现签证申请者是位物理学家时，他们表现得如何惊慌失措”。1951 年在芝加哥大学举行的一场关于核物理学的国际研讨会也遭遇了签证问题。这些问题在希尔斯看来，“只不过是以下这种矛盾信念的又一例证：既相信科学知识具有最高重要性，又极度害怕科学家，将其视为这种关键知识的不可靠的、不可信任的载体”[26]。希尔斯把美国国务院在交流道路上设置的签证和护照障碍称为“纸幕”（Paper Curtain)。[27]英国和法国科学家对监管的知识重点掌握得更好，他们称之为“铀幕”(Uranium Curtain)，[28]暗示了签证政策和原子能法案的信息管制制度之间的联系。[29]

虽然《原子科学家公报》中的分析既清楚又尖锐，但是它们还有一个盲点。它们的作者一次又一次地反对说签证限制损害了未保密信息的交流。这些作者默默地接受了国家安全利益对保密的需要，谴责联邦监管条例混淆了公开领域和保密领域。由于存在大量的和未保密信息相关的科学交流，在希尔斯看来下面这些就是“显而易见的”：如果签证限制是“必要的话，那么说明我们采取的所有保护我们秘密研究和秘密设备的精心预防措施的效果，大概确实是非常差的。如果外国科学家能够突破所有的安全许可、保卫、保密等系统，来获取那些对他们保密的知识（如果他们想这么做的话）——这些系统就会是完全无效的”[30]。对希尔斯和他的同事来说，签证限制为保密信息的管制系统堵住了漏洞。他们没有看到的是，担心未保密信息有自由传播的危险是签证和出口管制政策的核心。当我们听到《公报》作者维克多·魏斯科普夫（Victor Weisskopf）描述国际科学共同体成员之间面对面交流的优势时，这一点变得惊人地清楚。他说：“关于创意的国际交流和讨论是不可或缺的，因为科学研究的细节从来不会写在实际的出版物中。人们常常发现，只有交谈才能透露出特殊的技巧或特殊的设计。外国科学家运用这些技巧或设计使其实验得以成功……关于‘发现’，这里有一个很长的清单，可以直接溯源到国际聚会。确实，某些发现可以直接运用于像雷达或原子弹之类的武器的生产。”[31]

这正是国家安全部门在警告随意交流创意和倡导旅行管制时试图要说明的重点。人员的接触是危险的，因为他们能够传递其他渠道不能传递的知识——以及，他们可能使美国军事技术领先时间缩短的革新。正是在此处，签证监管和出口管制不期而遇。正如 1950 年的一份有影响的美国国务院报告在批评监管影响非机密的科学信息流动时所描述的："人员和信息的相互交流，是与加速科学创新思维密切相关的手段。"[32]究竟这种交流是有益还是有害，取决于一个人所采取的立场。

技术资料出口管制

确实，人员的交流和信息的交流是密切相关的。因此在新兴的美国国家安全局的框架中，对科学家和工程师的旅行限制和对"技术资料"的出口管制制度是并肩发展的。当公众把大部分注意力放在备受瞩目的原子间谍活动和类似的保密军事信息的泄露上时，美国国家安全局也非常关注苏联从未保密的信息中得到了什么，因为这些信息在美国的开放社会中是可以自由获取的。二战一结束，美国安全机构惊讶地发现，苏联在系统地收集它可能获得以及可能对其科研和发展努力有帮助的每一本非保密书籍、科学杂志、出版专利、政府报告，等等。早在 1946 年 3 月，美国国务院苏联委员会的一位委员就警告说，苏联在"充分利用所有的美国技术信息。他们从美国所有可利用的资源中不加选择地收集这些信息，并送到苏联加以分析"[33]。美国国家安全机构是"拼图理论"（mosaic theory）的热心拥护者，他们强调，孤立无害的信息片段汇集起来可以成为重要的，甚至是在军事上有危险的技术信息。[34]

为了回应苏联收集信息的威胁，美国商务部和国防部组织了部门之间的工作小组和特别办公室。在 20 世纪 40 年代后期和整个 50 年代，他们都在讨论为了国家安全，如何才能管制未保密但又敏感的“技术资料”的传播，又不至于在不可接受的程度上伤害国际技术交流和民主自由。这些到目前为止被学术文献完全忽略的部门，构成了一个服务于美国制定一般（特别是出口管制）信息政策的重要情报交流中心。

通常，出口管制被理解为贸易政策的工具，应用于管理货物的交换——例如，作为对敌手进行经济制裁的工具。而且，针对技术转移的出口管制被广泛认为是防止大规模杀伤武器扩散的一个组成部分。

但是，这里另有一个中心目标。美国出口管制的目标是，对非常广泛的科学—技术知识的永久的、经常的、每日的监管。自从科学技术被成功地动员起来用于参与、打赢第二次世界大战以后，这种认识就成了国家安全机构的信条，即不间断地发明和利用技术（特别是尖端技术）已经成了军事强国以及与国家经济实力密切相关的基石。而且，美国的全球霸权依赖于其技术的优越性，依赖于其技术领先于任何其他国家。知识确实是力量，国家安全则是技术领先于时间的函数。

为了保持领先地位，不仅美国在努力维持一种不断创新的文化，其官员也在非常小心地监视跨国知识的分享活动。他们知道，成功的技术转移不仅是一个学习过程，能使得接受者复制技术产品，而且被获取的知识还潜在地提升了吸收方的创新能力，帮助它赶上美国。因此，如果这个学习过程被认为会危害美国科学技术的优越从而危及美国的安全时，美国的出口管制制度就会刻意阻止，至少是减缓敌国以及同盟国的学习过程。

由于知识是出口管制的主要目标，对它们的管制范围迅速地超越了对实际货物的监管，扩展到包括“技术资料”在内的传播。这个术语包括所有种类的知识来源：手稿、蓝图、科学论文、统计数据、图像，以及知情人——他们的技术、创意和谈话。

从这个角度来看，出口管制和美国的保密体系有许多共同之处。它们在完全相同的时间（20 世纪 40 年代和 50 年代）达到成熟。但是出口管制始于秘密终止之处，它们负责监管理论上可公开获取的未保密信息——如果被过于自由地分享，这些信息似乎会给予竞争者不适当的优势。而且和保密信息相比，出口管制不仅覆盖了由美国政府直接管制的知识，还包括所有种类的私人的智力产品。因此，出口管制制度在公开和保密之间开辟出了一个潜在的、非常广阔的灰色地带，而且模糊了国家和公民社会之间的界线。

1945 年后，出口管制成了思考信息监管的关键概念。出版的论文成了仅次于机器和武器的监管产品。旅行的科学家和工程师被看成出口者，他们头脑中的宝贵知识则是涉及国家安全的财产，如果和非美国公民分享就需要接受监管。当第一个信息管制工作小组——未保密技术信息委员会在 1947 年 1 月第一次开会时，它在其他话题中讨论了“科学论文”“贸易和技术出版物的发行”，以及“知识通过科学家交流的传播”，用来作为“技术信息”“出口”的例子，“这些信息能够帮助并提高接受国的军事潜力”。[35]沿着相同的思路，后继的委员会——工业安全跨部门委员会（国家陆海空军协调委员会的一个部门），讨论了“未保密技术”的出口管制和相同背景下对作为“工业安全基本问题”的“技术出版物”和“科学家访问”的监管。关于旅行的科学家，该委员会在议程中问道：“为了限制外国和美国科学家在‘和平时期’的流动，护照和签证的条例是否要修改？……要用什么标准来确定哪些科学家可以自由流动，哪些科学家不能自由流动？”这个委员会非常清楚，这些问题有着潜在的重大影响。它自我批评道：“在‘和平时期’，这样的限制是否侵犯了公民权利？”“这样的限制是否会干扰美国的科学和技术的进步？”[36]受到威胁的是冷战中美国在技术和道德上的领导地位。知识保护关注的是必须与美国宪法的政治理想和原则取得平衡，这并非易事。

由于这些疑虑，美国政府起初并没有彻底对技术资料的出口执行管制，甚至 1949 年的《出口管制法案》（Export Control Act）也为这类监管给出了一个宽松的法令基础。[37]为了避免留下把出口管制用作不民主的审查工具的印象，杜鲁门政府选择了

“一个自愿管制非秘密技术资料（向国外的传播可能会危害国家安全）出口的计划”。这个计划请求商界和科学界合作，要求他们在与外国公司或同行分享和“先进技术”相关的信息前，咨询美国商业部。[38]这个呼吁被广泛地忽视，但是朝鲜战争的爆发，为 1951 年 3 月 1 日对出口到苏联的资料实施强制管制提供了机会。[39]

这些条例在战争结束时并未撤消，相反，在 1955 年它们还扩展了，扩大到包括对那些被认为在政治上对美国友好的国家的资料出口。可供“监管”应用的定义非常宽泛。可管制的“技术资料”被理解为“任何专业的、科学的和技术的信息，包括任何模型、设计、照片、底片、文件及其他物品和材料，涉及计划、说明书以及可以用于或修改后用于生产、制造和仿制某些物品和材料的（包括对任何过程、综合和操作的）任何种类的描述和技术信息。”[40]这里指的是未保密的、未出版的信息。对于保密资料另有一系列的条例，其基础为 1953 年的《10501 号执行令》（Executive Order 10501）和 1954 年的《原子能法案》。[41]

对于什么构成了“出口”的定义也非常宽泛。对政府来说，出口就是“任何形式的技术资料的发布，以用于美国之外（加拿大除外）……包括实际地运出美国，以及在美国为某些具有相关知识的，并愿意把这些资料带出美国的人士提供资料”[42]。出口的例子包括“蓝图、说明书、技术援助合同、制造协议、专利许可协议、指南和培训材料、外国人员的培训、美国派出国外人员的个人传递，等等”。[43]显然，这对于进出美国的旅行者有着非常大的影响——无论他们是商人、科学家还是工程师。如果从字面意义来看这些监管，它意味着广泛的商业和科学交流将会潜在地受到政府的监管。

在对资料管制监管的抗议信中，美国工程教育学会的工程高校研究委员会清楚地说明了，这些监管对美国大学的日常活动可能造成的严重后果。这个协会表明，在高等院校进行的许多教学和研究是基于未出版的材料的，因此属于新管制条例的管辖范围。确实，几乎每一种科学交流都需要政府批准；和之后有可能出国的同事的每一次谈话都是一种出口。不仅每一个外国学者、每一个参加会议的外国访问者，而且每一个出国介绍其研究成果的美国人都是出口者。乃至每一封给同行的信，每一个和外国机构签订的合同都有可能被怀疑是出口，必须得到政府的批准。换句话说，对技术资料出口的管制，如果有意识坚持的话，就会“要求学院和大学在科学和工程方面的教学和科研的整个计划，在‘商业秘密’的条件下进行……无法想象对美国的高等教育、对美国的国际关系，会有比这更大的伤害”。因此，工程师们要求商业部免除高等院校受到的资料出口的管制。[44]

从表面上看，这个抗议是成功的，1955 年 4 月美国对出口监管条例进行了修订，明确排除了“学术机构和学术实验室的教育指导”。而且，他们的规定免去了对“与设计、生产及用于工业流程的、不是直接和密切相关的科学信息传播（的监管）。因此，免于监管的信息包括通信和参加会议”[45]。这是一种努力，把无害的、甚至令人向往的科学知识交流和危险的“泄露”区别开来，后者让不友好的国家了解到美国具有战略意义的发展。[46]

但尽管已经有了这些修订，抗议信中提到的许多基本问题并未解决。在实践中，“教育”信息和技术资料之间究竟有什么区别？在什么程度上科学知识和“工业流程……密切相关”？[47]考虑到“知识”定义的复杂性，这种一次又一次让美国学界非常头痛的定义的模糊是不可避免的。而且，灵活的定义为经常改变监管条例提供了方便，可以应对和敌人之间关系的变化和技术的变化。因此避免僵化是使得监视和管制科技信息国际交流的工具高效运转的关键。当美国开始和苏联小心地交流时，这一点变得格外重要。

警惕苏联人：监管来访的敌人

管理和敌人的科技交流向管理者提出了挑战，这导致在技术资料出口和旅行管制政策之间形成了越发强烈并且日益正规的联系。当美国警惕地打开其边境时，它也加强了官方对人员和信息流动的管制。

1953 年斯大林去世，在之后的年代里，美国和苏联之间的政治、科学和文化关系以惊人的速度变得越来越紧密。冷战的坚冰消融的里程碑，是1955年在日内瓦举行的四强会议、几周后在同一城市举行的和平利用原子能会议和国家安全委员会在1956年6月颁布的《5607号指令》(NSC 5607)。这个指令为以后约20年时间的东西方交流确立了框架。与《5607号指令》同时的政策清楚地表明，交流被认为是一种通过接触西方价值观瓦解苏联的工具，并进一步可以在两个世界秩序的对峙中削弱共产主义的实力。美国和苏联之间的第一个交流协议是在1958年1月27日的谈判高峰时签署的，这场谈判仅仅始于几个月前——1957年的秋季。[48]

为了有益于双方，旅行和出口监管条例需要修改，让更多的苏联人访问美国，以允许有关科学和技术的对话。与此同时，来自苏联的访问者也带来了安全风险。因此，《5607号指令》指示“国务卿和总检察长在关于允许苏联及其卫星国人员进入美国方面继续合作，以形成恰当的安全措施”。[49]现有的出口和旅行监管大概是这些安全措施中最重要的，也是防止过度开放的屏障。过度开放可能给美国的知识带来风险，给来访的敌人带去战略优势。对国家安全官员的挑战就是要在利益交流和安全忧虑之间找到恰当的平衡。这个过程的主要角色是国务院和商务部，这两个部门逐渐为以下工作铺平了道路：把旅行和出口管制与美苏间的第一个交流协议的谈判更紧密地协调起来。

1957年11月，“为了消除（来自美国商务部的技术资料监管）”[50]，对实施即将到来的《东西方接触计划》(East-West

Contacts Program）的可能的障碍，商务部和国务院的官员们开会讨论了该计划赞助的“参观美国工厂”的问题。国务院提出了对官方批准交流的来访者免去资料监管的想法，对外贸易局（负责贸易出口管制）局长劳瑞·那西（Loring E. Nacy）则提出了反对意见，并警告了完全放弃资料管制的危险——他担心该局根据现有政策不允许苏联集团接触的那些资料会在这个计划内的参观中泄露出去。[51]

1957 年 12 月，在美国国务院和商务部的协商中达成了一份协议。关于技术资料的出口管制监管条例做出了修改，其中有一段话，明确地针对“出于一般考察和销售协商目的，对美国的工厂、实验室和设备的参观，以及由私人或政府赞助的交流访问”，如果不向参观者“提供详细的解释、工程图纸或模型——因为这些知识可能构成参观者仿制产品、设计的基础”，它们就可以免受监管。这意味着，只有一般信息和基础科学可以无需批准就分享，而与此相对地，关于应用的、先进的技术资料的交流还是需要批准的。对国务院来说，这个方案似乎是一个可行的妥协，即“不愿意就撤消对来访者的技术资料管制承担全部责任”；但实际上，它是把实施资料管制的重担推给了企业，在实践中，主办公司必须在基础的、应用的、无害的信息和危险的信息之间划定界线。[52]因此，技术交流的出口管制，事实上依赖于美国企业的自我审查，依赖于贸易保密。

这种策略的一个主要目标就是提醒私人企业注意其义务，认真对待技术资料的管制监管条例，特别是因为一直到 20 世纪 60 年代后期，“全美国的企业普遍对此缺乏意识”这一问题仍然在“困扰着”商务部。[53]相同的条例适用于学术和工业会议、研讨会、商品交易会和贸易展览会。即使有些人怀疑在这样的活动中是否会发生重大的技术转移，以及商务部希望避免给人留下审查的印象，但它（商务部）还是起草了一封标准信函发给会议组织者，告诉他们口头和书面的介绍均在美国出口管制的范围之内。[54]

所有这些上述措施都是针对已经进入美国的苏联来访者。1957 年，劳瑞·那西也提倡在实际成行前检查交流方案和访问者的行程。这种机制已经可行了：可以由情报交流咨询委员会常务委员会来检查进入美国的行前申请。商务部也希望成为其中一员：为了在出口管制监管中做出应有贡献，为了“在可能的技术流失上发出商务部的声音”[55]。

1956 年 2 月——在日内瓦召开峰会与和平利用原子能会议的几个月之后，甚至在《5607 号指令》颁布之前，交流常务委员会成立了。委员会主席威廉·邦迪（William Bundy）和执行秘书盖伊·科里登（Guy Coriden）来自中央情报局，其他成员来自国务院、陆军、海军、空军、参谋长联席会议和原子能委员会。[56]委员会成立的主要目的是建议国务院关注交流计划的“所有情报的方方面面”，“考虑情报和技术两方面的得失，从情报的角度评估可能的净收益”。[57]因此委员会有着防卫和进攻的作用，不仅试图限制来自铁幕国家的来访者学习美国技术，也把对铁幕国家的访问视为为美国收集情报的使命。为达此目的，前往东方的旅行者出行前要接受指令，回来后要汇报其活动行程，“从东西方代表团的交流中获得最大化的情报产出”是其公开宣称的目标。交流计划的风险和收益要相互权衡。[58]

1959 年 7 月，在提醒中央情报局局长艾伦·杜勒斯（Allen Dulles）和国务卿克里斯蒂安·赫特（Christian Herter）有必要监视东西方交流中的资料出口监管之后，商务部最终成了交流委员会的一部分。商务部声称，这不是它唯一的而是“主要的责任，即在技术/工业领域（包括旅行团在美国的行程中）开展任何经批准的交流活动时，确保美国行业必要的合作”[59]。

交流委员会系统地筛查了来自苏联、东欧和美国（包括美国企业）的交流计划提案，评估其情报价值和风险。在 1956 年 3 月和 9 月之间，它已经筛查了 35 项交流提案，其中有 6 项，该委员会建议国务院不要批准实施。[60]然而委员会一开始主要关注的还是工业交流，随着 1958 年 1 月的交流协议，科学才进入其视野。[61]

一个来自中央情报局的杂志——《情报研究》（*Studies in Intelligence*，1962）的相关例子，表明了国务院和情报界的这些筛查机制在实际中的效果。那一年，苏联提出了在计算机科学和技术领域的不同交流方案。苏联科学院计算中心主任就纽约大学计算中心接受两位苏联学者进行两个月的访问展开游说：一位苏联学者要求参加在洛杉矶举行的西部联席计算机大会；伊利诺伊大学被要求接待一位计算机技术的学者。苏联驻美国大使馆避开美国国务院，去和美国国际商业机器公司接触，询问能否派一个苏联教育交流代表团到位于罗切斯特的国际商业机器公司总部访问。一位由美国学术团体协会赞助的交流访问学者（据说与苏联情报部门有联系）要求批准其旅行计划，让他去学习计算机技术在经济规划领域的应用。“但是需要国务院针对苏联人来分别处理这些提议——在政府内部，它们被视为苏联的有计划的努力：为了获取其所需的关于美国自动化和计算机技术研究的各种方面的信息。”在情报界（当然包括交流委员会）评估之后，国务院拒绝了其中三项提议，对想去伊利诺伊大学的学者不予理睬，把美国学术团体联合会的客人的旅行计划限制于仅仅从事未保密研究的大学。[62]而下一年对国际商业机器公司设备的类似的交流访问则被认为是可以接受的，条件是国际商业机器公司肯定其能保护好所承包的政府的保密工程并遵守技术资料出口监管条例，[63]对于基础科学的求助，为作出判断提供了所需的政治工具。[64]一位分析家写道，这些行动的目的就是要“把我们的来访者与应用研究及其开发隔离开来，把他们的探索限制在基础科学上”，因为“几乎任何科学和工业领域都可能和战争、武器相关”。[65]

结论：签证和出口管制

签证和出口管制制度不仅仅是研究冷战的历史学家的兴趣

所在。有一条粗壮结实的延续线，从 20 世纪 40 年代一直延伸到现在。正如本章里所描述的，这种双管齐下制度的基本结构在冷战时期头 20 年里就已落实到位，并且在二十世纪七八十年代几乎没有改变。然而到了 20 世纪 90 年代后期，2001 年 9 月 11 日之后，冷战时期久经考验的管制、监视和审查机制出现了变本加厉的复苏，再一次影响了科学家和学者的全球流动。今日，和上述分析非常相似的制度在日常基础上影响了跨国的科学交流，已经成为国土安全部的一部分。

国家安全关心的两条线——对恐怖主义的担忧和对作为经济、军事竞争者的中国的崛起的担忧——在冷战结束后的 10 年里汇聚到了一起。它们的公分母是担心把敏感知识透露给敌人，敌人则可能运用它以军事武器、经济竞争力或恐怖主义袭击（例如，用类似炭疽杆菌生物制剂）的形式来对付美国。[66]

20 世纪 90 年代后期，有关方面制定了几个计划来更为密切关注进入美国的国际学者和学生，这些计划令人想起冷战时期的签证和出口管制相结合的制度。美国国务院建立起被称为“签证螳螂检查机制”（Visas Mantis）的特殊的筛查过程，用于对付某些来自目标国家的具有科学和工程背景的签证申请者，并根据出口管制监管条例起草的《技术警惕清单》（Technology Alert List）（仿照 20 世纪 70 年代的类似的清单），列举了被认为对国家安全特别敏感的技术。在此基础上，美国国务院与情报界合作，评估来访者在美国的教育和研究机构可能学到的知识的风险。如果风险过高，就不会颁给来访者签证。2004 年，根据“签证螳螂检查机制”，两万名学者和学生受到了筛查，其中大约有 2%的签证申请被拒绝。[67]

与此同时，美国商务部和国务院开始实施更为严格的资料出口管制监管条例，从而限制了学者和学生在签证颁发之后的活动。美国境内技术-科学资料的口头、视觉、书面交流现在都被称为“视同出口”（deemed export），对此已经有了一系列的监管条例，当大学和研究实验室与外国有交流关系时，就必须考虑这些条例；尽管也有激烈的批评，反对条例对国际科学关系的令人窒息的影响。[68]如果大学及其教职工没有严格执行这些监管条例，后果是十分严重的，这种后果戏剧性地展现在约翰·里斯·罗斯（John Reece Roth）教授的案件中。2008 年，72 岁的田纳西大学教授约翰·里斯·罗斯在肯塔基被判处 4 年监禁，指控的理由是他无视《国际武器贸易条例》（International Traffic in Arms Regulations）（国务院关于武器技术的监管条例），让来自中国和伊朗的研究生参与其未保密的研究（参见本书第二章）。[69]

最后，9·11 之后的世界里，每一个外国学生和交流学者的流动及教育活动都被记录在中央数据库——“学生和交流访问学者信息系统”中，这些信息由大学填写。[70]例如，如果一个外国学生决定要转专业——从科学技术史转到核物理学或生物医学，他所就读的学校就要报告给国土安全部。[71]然而，显然这个系统不是用于“签证螳螂检查机制”和实施“视同出口”的监管条例的；与机构间缺乏合作——这个事情反复地被人批评，说它造成了“漏洞”，“外国人可以利用它来不正当地获取受管控的美国技术”。[72]

20世纪40年代以来，通过签证和出口管制监管条例的相互作用来监管科学家、工程师、学者和商务旅行者流动的系统的历史表明，国家边境对于科学技术跨国史是如何的至关重要以及为何如此。显然，美国战后的国家安全局及其最近的化身——反对恐怖主义的国土安全局，把跨越美国国境旅行的科学家视为技术和科学上技能与创意转移的关键风向标。从国家安全的角度看，“具体”知识跨越国境的流动性，对美国科学、技术的——从而是军事、经济的——卓越地位造成了严重威胁。它必须受到监管，必要时会被阻止。国家安全局提到的“边境”并不等同于国家的地理边境。更确切地说，边境是这样的地方：在此（假定有美国身份的）知识和外国实体实现分享，无论这个实体是国家还是国外的个人。因此，在签证和出口管制制度的逻辑里，美国的边境可以在美国境内、在斯坦福大学校园里，也可以在美国教授的办公室里。与此同时，实际的边境也至关重要，外国人通过它进出美国，头脑里和手头上揣着知识。铁幕也划分了一道美国边境——在竞争体系之间和贯穿欧洲地理边境之间的意识形态边境。

动员起来对付像科技知识这样高度难以捉摸的东西的、两种官方边境管控制度的旅行证明和出口审批的结合，是创造性管理的一个杰作，它是建立在对科技知识的本质及其在国内和跨国间转移的成熟思考之上的。结合在一起的签证和出口管制制度表明，边境对于知识分享至关重要，因为知识对于美国的国家安全机构来说至关重要。

注释

1. 对政府秘密史以及科学技术秘密史的介绍，请参看 Peter Galison, "Removing Knowledge," *Critical Inquiry* 31, no. 1 (2004): 229 - 243; Peter Galison, "Secrecy in Three Acts," *Social Research* 77 (2010): 941 - 974; Timothy L. Ericson, "Building Our Own 'Iron Curtain': The Emergence of Secrecy in American Government," *American Archivist* 68, no. 1 (2005): 18 - 52; Harold C. Relyea, "Government Secrecy: Policy Depths and Dimensions," *Government Information Quarterly* 20 (2003): 395 - 418; Michael Aaron Dennis, "Secrecy and Science Revisited: From Politics to Historical Practice and Back," in *Secrecy and Knowledge Production*, ed. Judith Reppy, Cornell University Peace Studies Program, Occasional Paper 23 (Ithaca, NY: Cornell University Peace Studies Program, 1999), 1 - 16; Sissela Bok, "Secrecy and Openness in Science: Ethical Considerations," *Science, Technology, and Human Values* 7, no. 38 (1982): 32 - 41; Jonathan Felbinger and Julia Reppy, "Classifying Knowledge, Creating Secrets: Government Policy for Dual-Use Technology," in *Government Secrecy*, ed. Susan Maret (Bingley, UK: emerald Group, 2011), 277 - 299; Alex Wellerstein, "Knowledge and the Bomb: Nuclear Secrecy in the United States, 1939 - 2008" (PhD diss.,

Harvard University, 2010); Harold C. Relyea, "Information, secrecy, and Atomic Energy," *NYU Review of Law and Social Change* 10, no. 2 (1980/81): 265 - 286。

2. Craig Robertson, " The Documentary Regime of Verification: The Emergence of the U. S. Passport and the Archival Problematization of Identity," *Cultural Studies* 23, no. 3 (2009): 329 - 354. 还可参看: "Typology of Papers" presented by John Torpey, *The Invention of the Passport: Surveillance, Citizenship and the Stated* (Cambridge: Cambridge University Press, 2000), 158 - 167.
3. Eric Neumayer, "Unequal Access to Foreign Spaces: How States Use Visa Restrictions to Regulate Mobility in a Globalised World," *Global Migration Perspectives* 43 (2005), accessed Apr. 7. 2018.
4. Harold J. Berman and John R. Garson, "United States Export Controls — Past, Present, and Future," *Columbia Law Review* 67, no. 5 (1967): 791 -890; Michael Mastanduno, "Trade as a Strategic Weapon: American and Alliance Export Control Policy in the Early Postwar Period," *International Organization* 42, no. 1 (1988): 121 - 150; Alan P. Dobsom " The Changing Goals of the U. S. Cold War Strategic Embargo," *Journal of Cold War Studies* 21, no. 1 (2010): 98 - 119; Gernot Stenger, " The Development of American Export Control Legislation after World War II," *Wisconsin International Law Journal* 6, no. 1 (1987): 1 - 42.
5. 在冷战早期，护照是同样重要的，然而本篇论文聚焦签证。我在即将发表的一篇论文中讨论了护照控制的复杂历史: Mario Daniels, "Controlling Knowledge by Controlling People: Travel Restrictions of U. S. Scientists and National Security in the Early Cold War," *Diplomatic History*。
6. Mario Daniels and John Krige, "Beyond the Reach of Regulation? 'Basic' and 'Applied' Research in Early Cold War America," *Technology and Culture*, in press.
7. 有关"科学国际主义"的讨论，参见 Joseph Manzione, "Amusing and Amazing and Practical and Military: The Legacy of Scientific

Internationalism in American Foreign Policy, 1945 - 1963," *Diplomatic History* 24 no. 1（2000）：21 - 55；Geert J. Somsen，"A History of Universalism：Conceptions of the Internationality of Science from the Enlightenment to the Cold War," *Minerva* 46（2008）：361 - 379；Patrick David Slaney，"Eugene Rabinowitch，the *Bulletin of the Atomic Scientists* and the Nature of Scientific Internationalism in the Early Cold War," *Historical Studies in the Natural Sciences* 42，no. 2（2012）：114 - 142；William I. Hitchcock，"The Marshall Plan and the Creation of the West," in *The Cambridge History of the Cold War*，ed. Melvyn P. Leffler and Odd Arne Westad，vol.（Cambridge：Cambridge University Press，2010），154 - 174。

8. Melvyn P. Leffler，"The American Conception of National Security and the Beginnings of the Cold War，1945 - 48," *American Historical Review* 89，no. 2（1984）：346 - 381.
9. 需要更大的图片，参见 John Krige，*American Hegemony and the Postwar Reconstruction of Science in Europe*（Cambridge，MA：MIT Press，2006）。
10. 当然，这样的国家利益和科学国际主义之间的紧张关系并不完全是新出现的。参见 Paul Forman，"Scientific Internationalism and the Weimar Physicists：The Ideology and Its Manipulation in Germany after World War I," *Isis* 64，no. 2（1973）：150 - 180。
11. John Krige，Sharing Knowledge，*Shaping Europe：U. S. Technological Collaboration and Nonproliferation*（Cambridge，MA：MIT Press，2016）.
12. *Report of the Commission on Government Security Pursuant to Public Law 304，84th Congress，as Amended*（Washington，DC：Government Printing Office，1957），467.
13. RG 40，UD Entry 56，box I，Office of Strategic Information to Joint Operating Committee，Mar. 10，1955，National Archives and Records Administration（hereafter NARA），College Park，MD.
14. Daniels，"Controlling Knowledge by Controlling People."
15. *Report of the Commission on Government Security*，527 - 528.

16. *Science and Foreign Relations: International Flow of Scientific and Technological Information*，Department of State Publication 3860（May 1950），78 – 79.

17. Michael J. Ybarra，*Washington Gone Crazy: Senator Pat McCarran and the Great American Communist Hunt*（Hanover，NH：Streerforth Press，2004）.

18. 关于拒绝签证，参见 1952 年《移民和国籍法》（Immigration and Nationality Act of 1952）修订扩展的第 212 条，1950 年《国内安全法案》（Internal Security Act of 1950）。两个版本都重印于 *Bulletin of the Atomic Scientists*，no. 7（1952）：257 – 258。

19. Victor F. Weisskopf，"Report on the Visa Situation，" *Bulletin of the Atomic Scientists* 8，no. 7（1952）：221 – 222，at 221.

20. Edward Shils，"Editorial：America's Paper Curtain，" *Bulletin of the Atomic Scientists* 8，no. 7（1952）：210 – 217，at 212. 还可参见 *Who We Should Welcome: Report of the President's Commission on Immigration and Naturalization*（Washington，DC：Government Printing Office，1953），67。

21. *Who We Should Welcome*，66；Weisskopf，"Report on the Visa Situation，" 222.

22. Jessixa Wang，*American Science in an Age of Anxiety: Scientists，Anticommunism，and the Cold War*（Chapel Hill：University of North Carolina Press，1999）；David Kaiser，"The Atomic Secret in Red Hands? American Suspicions of Theoretical Physicists during the Cold War，" *Representations* 90，no. 1（2005）：28 – 60；Lawrence Badash，"From Security Blanket to Security Risk：Scientists in the Decade after Hiroshima，" *History and Technology* 19，no. 3（2003）：241 – 256；Gregg Herken，" 'A Most Deadly Illusion'：The Atomic Secret and American Nuclear Weapons Policy，1945 – 1950，" *Pacific Historical Review* 49，no. 1（1980）：51 – 76；Simone Turchetti，*The Pontecorvo Affair: A Cold War Defection and Nuclear Physics*（Chicago：University of Chicago Press，2012）；Frank Close，*Half-Life: The Divided Life of Bruno Pontecorvo，Physicist or Spy*（New York：Basic Books，2015）；

Robert Chadwell Williams, *Klaus Fuchs: Atom Spy* (Cambridge, MA: Harvard University Press, 1987).

23. 有关这个“间谍范式”的概念和历史，参看 Katherine S. Sibley, “Soviet Military-Industrial Espionage in the United States and the Emergence of an Espionage Paradigm in US-Soviet Relations, 1941 - 45,” *American Communist History* 2, no. 1 (2003): 21 - 61.
24. RG 40, UD Entry 56, box 2, Director of Office of Defense Mobilization to Secretary of Commerce, Dec. 10, 1954, attachment “Control of Visits to Industrial Facilities in the Interest of Internal Security,” NARA.
25. 联邦调查局, *Soviet Intelligence Travel and Entry Techniques*, Apr. 1953, i-iii. V, 1 - 2, 22 - 23. 即使联邦调查局聚焦于苏联公民，但它利用出生于英国的艾伦・纳恩・梅就是一个例子。CREST files, CIA - RDP65 - 0076R000400080001 - 9, NARA.
26. 希尔斯，“Editorial: America's Paper Curtain,” 213。希尔斯沿此思路还写道，“科学转化为对国防具有关键重要性的领域，从而把居高临下的不信任转变为主动骚扰的怀疑——这一点最近被福克斯（Fuchs）、纳恩・梅和庞泰科尔沃（Pontecorvo）的案件夸大和加重”（同上）。
27. 在冷战早期，这个术语也被用来批评散播政府秘密。在此语境中，“纸幕”被用于美国政府和人民之间。*Availability of Information from Federal Departments and Agencies: Twenty-fifth Intermediate Report of House Committee on Government Operations* (Washington, DC: Government Printing Office, 1956), 3.
28. *Whom We Should Welcome*, 67.
29. Wellerstein, “Knowledge and the Bomb.”
30. Shils, “Editorial: America's Paper Curtain,” 212 - 213. 要参考解密信息，也可参看同上 p. 211; John Toll, “Scientists Urge Lifting Travel Restrictions,” *Bulletin of the Atomic Scientists* 14, no. 8 (1958): 326 - 328（有关拒发护照）; Victor F. Weisskopf, “Visas for Foreign Scientists,” *Bulletin of the Atomic Scientists* 10, no. 3 (1954): 68 - 69, 112, at 68。
31. Weisskopf, “Report on the Visa Situation,” 222.
32. *Science and Foreign Relations*, 76. 因此，在同样简短的章节里，这个报

告批评了签证管理、《1949年出口管制法案》和其他形式的对解密信息的控制（同上，pp. 76－85）。

33. RG 40，Entry UD 76，box 3，minutes of meeting of the U. S. S. R. Committee，State Department，2，Mar. 21，1946，NARA.
34. 这个概念在9·11后，作为“反对恐怖主义战争”中的有争议的法律工具被讨论：David E. Pozen，“The Mosaic Theory，National Security，and the Freedom of Information Act，” *Yale Law Journal* 115，no. 3（2005）：628－679；Jameel Jaffer，“The Mosaic Theory，” Social Research 77，no. 3（2010）：S. 873－882；Benjamin M. Ostrander，“The ‘Mosaic Theory’ and Fourth Amendment Law，” *Notre Dame Law Review* 86，no. 4（2011）：1733－1766；Orin S. Kerr，“The Mosaic Theory and the Fourth Amendment，” *Michigan Law Review* III（2012）：311－354；Susan N. Herman，*Taking Liberties:* The War on Terror and the Erosion of American Democracy（Oxford：Oxford University Press，2011），128－129，140－141，202。
35. RG 40，Entry UD 76，box 2，Unclassified Technological Information Committee，minutes，2，10，Jan. 20，1947，HARA. 上面提到的美国国务院苏联委员会也提倡要“更多地利用签证管制”来“减缓美国技术流入苏联”。RG 40，Entry UD 76，box 3，minutes of meeting of the U. S. S. R. Committee，State Department，7，Mar. 21，1946，NARA.
36. RG 40，Entry UD 59，box 8，Interdepartmental Committee on Industrial Security，“Basic Problems of Industrial Security，” 1－3. Oct. 14，1948，NARA.
37. 1949年《出口管制法案》第63款第7部分，第11章第3a部分声明：“总统可以禁止或缩减从美国出口的任何物品、材料或供应，包括技术资料。”
38. “对知识出口的自愿管制，” *Washington Post*，Nov. II，1949，2；“‘自愿’计划禁止数据出口，” *New York Times*，Nov. II，1949，II；商务部“计划控制高端技术资料出口，” *Foreign Commerce Weekly* 37，no. 9（Nov. 28，1949）：43；Department of Commerce，*Export Control and Allocation Powers: Ninth Quarterly Report to the President，the Senate and House of Representatives*（Washington，DC：Government Printing

Office, 1949), 3.

39. Department of Commerce, *Export Control and Allocation Powers: fifteenth Quarterly Report* (Washington, DC: Government Printing Office, 1951), 1.
40. Export Regulations, Part 385: Exportations of Technical Data, *Federal Register* 19, no. 253 (Dec. 31, 1954): 9384 - 9386, at 9384 (§385. Ia) (emphasis added).
41. RG 40, UD 56, box I, Executive Order 1050I, Nov. 5, 1953, “为了美国国防利益保护官方信息”, NARA; Atomic Energy Act of 1954, 68 Stat. 919。
42. Export Regulations, Part 385: Exportations of Technical Data, 9384 (§385. Ia).
43. Ibid., 9385 (§385. 4d vi).
44. RG 40, Entry UD 59, box 3, 美国工程教育协会工程大学研究委员会, “向美国商务部建议免除对学院和大学的技术资料出口管制”, Feb. 23, 1955, NARA。
45. RG 40, Entry UD 59, box 3, Department of Commerce press release, Apr. 16, 1955, NARA.
46. Ibid.
47. 定义问题, 参见 Frank E. Samuel, “Technical Data Export Regulations,” *Harvard International Law Club Journal* 6, no. 2 (1965): 125 - 165, esp. 135 - 136; J. N. Behrman, “U. S. Government Controls over Export of Technical Data,” *Patent, Trademark, and Copyright Journal of Research and Education* 8 (1964): 303 - 315, esp. 304 - 305。
48. 关于东西方的交流项目史, 参看 Yale Richmond, *U. S. -Soviet Cultural Exchanges: Who Wins?* (Boulder, CO: Westview Press, 1978); Yale Richmond, *Cultural Exchange and the Cold War: Raising the Iron Curtain* (University Park: Pennsylvania State University Press, 2003); Glenn E. *Schweitzer, Scientists, Engineers, and Two-Track Diplomacy: Half a century U. S. -Russian Interacademy Cooperation* (Washington, DC: National Academy Press, 2004): Robert F. Byrnes, *Soviet-American Academic Exchanges*, 1958 - 1975 (Bloomington:

Indiana University Press, 1976); Herbert Kupferberg, *The Raised Curtain: Report of the Twentieth Century Fund Task Force on Soviet-American Scholarly and Cultural Exchanges* (New York: Twentieth Century Fund, 1977)。有关和平利用原子能会议，参见 John Krige, "Atoms for Peace, Scientific Internationalism, and Scientific Intelligence," *Osiris* 21, no. 1 (2006): 161-181。有关交流关系的一般发展，以及《5607 号指令》的重印及相应的政策声明，参见 Richmond, *U. S. -Soviet Cultural Exchanges*, I-9, 133-137。

49. NSC 5607, in *U. S. -Soviet Cultural Exchanges*, 134.
50. RG 489, A 1 Entry 1, box 7, John C. Borton (Department of Commerce) to Henry Kearns (Department of State), "Change in Export Control Regulations to Facilitate Visits to U. S. Plants under East-West Contacts Program," Dec. 20, 1957, NARA.
51. RG 489, A 1 Entry 1, box 7, Loring E. Nacy (Commerce) to Henry Kearns (State), "Visits by Soviet Bloc Nationals to U. S. Plants under the East-West Contacts Program," Nov. 14, 1957, with attachment "Proposed Amendment to P. D. 1192," and draft letter, Secretary of Commerce to Secretary of State, Nov. 15, 1957, with attachment "Proposed Amendment to P. D. 1192" (a different version), NARA. 商务部需要签证申请信息以履行其出口管制责任，参看 RG 489, A 1 Entry 1, box 7, report meeting held by representatives of State and Commerce on Oct. 14, 1957, NARA。
52. RG 489, A 1 Entry 1, box 7, Borton to Kearns, "Change in Export Control Regulations to Facilitate Visits to U. S. Plants under East-west Contacts Program," Dec. 20, 1957, NARA.
53. RG 489, A 1 Entry 1, box 7, Statement Meyer (Commerce), "Our Position re: Enforcement of the Export Control program on Unclassified Technical Data as It Relates to the EAST/West Exchange Program and Industrial Conferences and Trade Shows," Nov. 21, 1960, NARA.
54. RG 489, A 1 Entry 1, box 7, Frank Sheaffer (Commerce) to F. D. Hockersmith (commerce), Jan. II, 1961, and draft letter to the International Conference of the American Nuclear Society and the

International Conference on Strong Magnetic Fields at MIT, May 15, 1961, NARA.

55. RG 489, A 1 Entry 1, box 7, Nacy to Kearns, “Visits by Soviet Bloc Nationals to U. S. Plants under the East-West Contacts Program,” Nov. 14, 1957, NARA. Quotation in draft letter, Secretary of Commerce to Secretary of State, Nov. 15, 1957.
56. [CIA] Informal History: Intelligence Involvement in the East-West Exchanges Program [ca. 1974], 3, accessed Jan. 15, 2017, Standing Committee on Exchanges, July 16, 1956, accessed Jan. 15, 2017.
57. Director of Central Intelligence Directive no. 2/6, Committee on Exchanges (Coordination and Exploitation of East-West Exchange Program), Apr. 3, 1963 (showing the redactions of the version of 1959), attachment to United States Intelligence Board memorandum, “Proposed Amendments to Director or Central Intelligence Directives,” Apr. 3, 1963, accessed Jan. 15, 2017.
58. IAC Standing Committee on Exchanges, First Semi-annual Report, Oct. 4, 1956 (quotation on p. I), CREST files, CIA - RDP61 - 00459R000300050005 - 3, NARA. 科学交流和科学情报之间的密切联系，还可参看 Krige, “Atoms for Peace. From a CIA perspective, see Guy E. Coriden, “The Intelligence Hand in East-West Exchange Visits,” *Studies in Intelligence* 2, no. 3 (1958): 63 - 70; CREST files, CIA - RDP7803921A000300210001 - 1, NARA。
59. Secretary of Commerce Lewis L. Strauss to Allen Dulles, June II, 1959, and Strauss to Secretary of State, May 8, 1959, with attachment “Suggestions for Modifying Present Procedures for Implementation of the East-West Exchange Program” (quotation in the attachment), accessed Jan. 15, 2017.
60. IAC Standing Committee on Exchanges, First Semi-annual Report, Oct. 4, 1956, appendix A.
61. IAC Standing Committee on Exchanges, Third Semi-annual Report, p. 4, Feb. II, 1958, and annex A to this report: “Interim Evaluation of the Intelligence Aspects of the East-West Exchange Program,” 5, Feb. II,

1958, CREST files, CIA - RDP61 - 00549R000300050002 - 6, NARA.

62. James McGrath, "The Scientific and Cultural Exchange," *Studies in Intelligence* 7, no. 1 (1963): 25 - 30, at 27 - 28; CREST files, CIA - RDP78T03194A000200010001 - 2, NARA.
63. RG 489, A 1 Entry 1, box 1, Ralph Jones, Department of State, Soviet and Eastern European Exchanges Staff, to IBM, Feb. 21, 1963, NARA. A similar letter mentions the involvement of the Department of Defense in making decisions about exchanges: RG 489, A 1 Entry 1, box 4, Frank G. Siscoe, director, Soviet and Eastern European Exchanges Staff, to the president of the System Development Corporation, Mar. 29, 1963, NARA.
64. Daniels and Krige, *Technology and Culture*.
65. McGrath, "Scientific and Cultural Exchange," 30.
66. 关于9·11之后有关科学、技术和国家安全的当前争论的介绍，参看 National Research Council, *Science and Security in a Post 9/11 World: A Report Based on Regional Discussion between the Science and Security Communities* (Washington, DC: National Academy Press, 2007)。
67. Government Accountability Office, *Border Security: Streamlined Visas Mantis program Has Lowered Burden on Foreign Science Students and Scholars, but Further Refinements Needed*, 5 - 7, Feb. 2005, accessed Jan. 27.
68. Deemed Export Advisory Committee. *The Deemed Export Rule in the Era of Globalization: Report to the Secretary of Commerce* ("Augustine Report"), Dec. 20, 2007, accessed Jan. 27, 2017; John Krige, "National Security and Academia: Regulating the International Circulation of Knowledge," *Bulletin of the Atomic Scientists* 70, no. 2 (2014): 42 - 52; Benjamin Carter Findley, "Revisions to the United States Deemed-Export Regulations: Implications for Universities, University Research, and Foreign Faculty, Staff, and Students," *Wisconsin Law Review*, 2006, 1223 - 1274.
69. Daniel Golden, "Why the Professor Went to Jail: Is John Reece Roth a Martyr to Academic Freedom or a Traitor?," *Bloomsburg Business Week*,

Nov. 1，2012，accessed Jan. 27，2017.

70. Alison Jackson Tabor，“it's Not Just a Database：SEVIS，the Federal Monitoring of International Graduate Students Post 9/11”（PhD diss.，University of Kentucky，2008）；Julie Farnam，U. S. *Immigration Laws under the Threat of Terrorism*（New York：Algora，2005），97－129.
71. 参见美国国土安全部负责边境与运输安全的阿萨·哈钦森的报告：*The Conflict between Science and Security in Visa Policy: Status and Next Steps*，众议院科学委员会听证会（Washington，DC：Government Printing office，2004），59.
72. Inspector Generals of Departments of Departments of Commerce，Defense，Energy，Homeland Security，State，and the CIA，*Interagency Review of Foreign National Access to Export-Controlled Technology in the United States*，vol. I，22，Apr. 2004，Jan. 27，2017 获取. 相似的有 Government Accountability Office，*Export Controls: Agencies Should Assess Vulnerabilities and Improve Guidance for Protecting Export-Controlled Information at Universities*，18－19，Dec. 2007，Jan. 27，2017 获取.

第二章　出口管制

——监管全球化经济中的知识跨国流动

约翰·克里格

2008年8月，田纳西大学的物理学教授约翰·里斯·罗斯因违反出口管制监管条例出现在法庭上。对罗斯最严重的指控是，他在与美国空军协议的改进无人机性能的研究中，使用了一名中国（还有一名伊朗的）研究生，而且他还多次造访中国去讨论他的研究。罗斯在转向学术之前曾为美国国家航空航天局工作多年。他坚称自己无罪，因为他曾经在航天机构接受过忠诚审查，知道为了国家安全，有时知识的传播是受到管制的，但这是一项不保密的研究，而且他的军事项目并没有超出基础研究阶段。他看不到出口管制（他认为这是监管商品流动的）和他的所作所为有何相关。检察官拒绝了罗斯的申辩。他警告罗斯说，罗斯违反了《国际武器贸易条例》，这个条例也负责管制在美国本土向外国人传播技术资料。罗斯拒绝服从的表现，展现了他在学术上的狂妄自大，展现了一种“傲慢的心态”，这在强硬的官方要求面前是行不通的，也是令人难堪的。正如该检察官在总结中所说的：“当然，我们不希望有这样的看法：这些只是无足轻重的官僚监管条例。下面这点是非常重要的……这类案件的判决具有极其重大的威慑影响；这个判决将会受到执行军方协议的人关注，也会受到那些可能漠视这类武器出口管制的人们的关注。”[1] 评审团非常赞同以上说法。罗斯被判处 4 年监禁，2012 年 1 月开始执行。他已经 70 多岁，行走不便，在监禁期间失聪。[2]

出口管制几乎不关注人文社科研究者的工作领域。然而，对在学术界和（从事开发和市场推广先进技术的商品和服务的）企业界中从事科学与工程方面的尖端研究的人们来说，这是他们日常生活的组成部分。这一章将利用导言中提出的跨国研究法，聚焦在美国国家安全局的阴影下，作为监管科学和技术知识在这些社会环境中流动的出口管制。它补充了前一章里对出口管制在签证政策中有何作用的讨论，将追踪监管状态的范围扩展到新知识产生过程的核心：“专家”和“学徒”在面对面的学习中分享知识。

除了监管国际贸易的作用，毫不夸张地说，出口管制可以被理解为一系列从认识论上看的、非常丰富的官方法律禁令。这些禁令对于在知识发生转移之处的众多做法十分敏感，其执行力度的变化程度和范围，标志着对威胁的不同反应。这些威胁包括知识的损失对美国在全球竞技场的科技领导地位的威胁，以及事实上（ipso facto）给美国的国家安全和经济竞争力带来的威胁。这一章重点论述了对知识转移会对美国全球领导地位和安全造成威胁这一问题的日益增长的担忧。这些知识转移常常发生在和外国学者、工程师及项目经理分享美国专业的科学技术知识的情形下。具体地说，它聚焦于“接触区”，在接触区里，由所涉及人员的国籍和政治忠诚来定义美国公民和外国人“跨境”相遇并分享、交流的知识。在这种地方发生的知识分享和获取，深深地受到出口管制的重新配置。当你在实验室里操作仪器或向一个会议提交论文时，当你向一个国外来访者展示高科技设备的优良性能，或者帮助一个外国客户改进复杂的技术系统的性能时，管制条例决定了你可以说什么、展示什么，以及做什么。

此处涵盖的时期从 20 世纪 70 年代延伸到 21 世纪早期，这个时期的标志是在地缘政治风景里发生的重大变化。美国针对社会主义大国采取的外交政策的公共形象不断发生摇摆，从 20 世纪 70 年代的相互迁就和缓和，到 80 年代早期把苏联确定为“邪恶帝国”；从 20 世纪 80 年代和中华人民共和国之间各种贸易（包括武器）的大规模扩张，到 90 年代激烈地指责中国多方鼓足干劲。每一个贸易自由化的时期之后，就会紧跟着一个更严格限制的要求，包括对知识传播的限制。更为切中要害的是，对知识分享范围的限制变得日益广泛，包括默会知识；这种限制日益具有攻击性，直达知识获取过程的核心；而且，它们日益民族主义化，要求把对美国的忠诚作为在公司和学术研究环境里，与外国人分享敏感知识的主要考虑标准。新全球化时代的美国力量的重新校准，导致了国家安全局监管权力的深度和广度在悄然且稳步地扩张；2002 年的恐怖主义袭击进一步为其加油并使其合法化。运用出口管制来管理知识获取，标志着接触新知识和美国国家安全、经济实力的密切联系，这不仅仅出现在冷战早期和中期的知识/力量不对称的条件下，也出现在了全球市场上，在此知识已经成了商品，成了众多存在竞争关系的国家和非国家角色竞相追逐的对象。

《布西报告》：警惕出口技术为“敌”所用

从一开始，国家安全局就把目标锁定在掌握知识的人、信息以及物品向其所关注国家的国际流通上。[3]具有专业知识的、可能增强共产主义对手的科学技术能力的人是美国的主要目标。训练有素的科学家和工程师是国家的资源，他们的专业技术是宝贵的国家财富，不能自由分享——这种认识影响了科学界和企业界。当超级大国间出现竞争的裂痕时，战时实施的各种管制又重新复活了——其中之一就是 1949 年由商务部负责的《出口管制法案》，以监管由（正如 1965 年所称呼的）《贸易管制清单》鉴定过的物品。另一个是 1954 年由国务院负责的《共同安全法案》（此法案的前身将罗斯送入了监狱），以管制由《美国军需品清单》确定的物品出口。

起初，《出口管制法案》被认为是二战期间管制短缺战略物资出口和确保欧洲战后重建所需特殊物品供应的措施的延伸。[4] 1949 年 2 月该法案通过之时，国家安全成了额外的考虑；1950 年 6 月朝鲜战争爆发之后更是如此。这项措施，每两三年就重复地、不做修改地延长一次，直到 1962 年。然而，其接近贸易禁运的特点与苏联的缓和政策所要求的贸易自由化是不相容的。1969 年，《出口管制法案》被限制少一点的《出口管理法案》替代。

向社会主义国家的新近开放，使得对此持批评态度的人士迅速敲响了警钟。国防部特别关注高层次苏联代表团和工程师的访问，他们和美国先进的航空企业，如波音公司和洛克希德公司就技术的慷慨分享进行了交易谈判。[5] 国防部的国防科学委员会接到指示采取行动。1974 年，它建立起一个特别工作小组来检查具有国防意义的先进技术的出口管制系统，值得注意的有喷气式发动机、机身、固态器件和科学仪器。该小组由弗雷德·布西（Fred Bucy，时任德州仪器执行副总裁）主持，其中有许多来自国防部和私人企业的高层人员。

1976 年 2 月递交的所谓的《布西报告》（“Bucy Report”），呼吁人们在思考出口管制时要做一个观念上的转化。报告强调，当技术上先进的新设备被卖给敌人后，他们从中学习、获取的默会知识对于他们非常有价值。他们对美国经济、军事的领先地位的威胁不仅在于使用仪器设备，而且在于通过训练和边干边学获取了制造和维护同类设备所需的知识，以及获取了不可程式化的专业技术，使得苏联的工程师能够自行研发新一代的设备。

布西报告确定，“最高层面的最有效的技术转移”是通过“一系列设计和制造信息（或专业技术）的出口加上重要的培训帮助，为接受方培养了技术能力来设计、优化和生产该技术领域范围内的广泛的产品”。[6]报告主张，出口管制要包括管制伴随着所谓的“关键”设备的专业技术。关键设备是那种独特类型的设备，它可以优化生产过程的运行，使其得到进一步的调整和改进。被用得最多的例子是集成电路检查或测试设备。

布西强调，“技术”（technology）（与“专业技术”[Know-how] 合并使用的术语）分享对外国有巨大的好处。正如他所描述的，设计和制造的专业技术“给接受国以新的能力来生产产品满足现在和长期的需要”，[7]也给赠予国带来了巨大的风险；技术的专业知识是“无形的……记在心里的，体现在机器和设备当中的”。[8]因此，“一旦解禁，技术既不能收回也无法管制，这是一个不可逆的决定”。[9]

布西确认了技术转移的几种“活跃”机制，包括人员之间或面对面的专业技术的转移。它涉及学习，正如《布西报告》所描述的，这种最活跃的技术转移形式是一个典型的“反复过程：接受者寻求特别信息，继而应用它，寻找新的发现，然后要求更多的信息”，特别是关于关键设备的使用信息。[10]

通过建议管制的焦点不要死盯在这些产品上，布西希望合理调整出口管制的过程。他表明，尽管管制应该聚焦于具有军事意义的物品，但仅限于军用是不够的。最终用途对于出口管制并不是一个好的选择标准，既因为表面上看似良性的最终用户（如大学）常常被彻底整合进苏联军事系统，也因为表面上看似良性的设备也具有有价值的军事应用。重要的是，某些产品具有跨越经济中民用行业和军用行业之间界线的潜在可能性（例如，某产品的“两用”功能）。实际上，布西的担忧是，20世纪70年代后期，许多新型革命性的技术进步在“转向”国防市场之前是由民用产业生产的。因此出口管制应该瞄准的目标，不仅仅是明显的军用物品，还要包括作为一个整体的苏联军事工业的复合体；它们应该被看成经济战争的工具。这就是布西如此看重专业技术，要强调它的无形特点的原因。“同样的”物品可以跨越民用—军用的界线：如果你知道如何设计和制造用于电脑的芯片，你就更容易设计和制造出适用于核弹头制导导弹的固化芯片。

国防部根据布西的意见开始制订《军用关键技术清单》时，从“强调产品的管制转向对技术（特殊产品、设备和一系列的专业技术）的管制”。[11]然而，《军用关键技术清单》并不意味着简化出口管制机制，而是比它所要替代的《贸易管制清单》的覆盖范围更为广泛。它的范围逐渐扩大，既因为军用“意义”的概念模糊性，也因为每一个与此相关的执行部门都试图覆盖每一个角落，以免以后因忽略了某个可能部署于战场的两用物项而承担责任。[12]这个《军用关键技术清单》的 620 个标题公布在 1981 年 10 月的《联邦公报》（*Federal Register*）上；这些标题之下规定了“毫不夸张地说，数以千计的”技术要素。[13]

把专业技术作为出口管制目标的新重点，对大学具有革命性的影响。正如第一章里已经指出的，20 世纪 50 年代后期，至少就大学研究致力于产生基础的、不保密的、发表的或不发表的成果而言，在《出口管制法案》中，技术资料传播是不受管制的。专业技术是另一码事。1982 年，在一个涉及向苏联转移技术的国会小组的听证会上（长达 5 天），一位证人这样解释道，一位电子工程专业的学生在麻省理工学院或斯坦福大学一年就能学会如何制造微处理器芯片：“在这一年里，从空白的笔记本开始，学生可以运用计算机辅助绘制来设计微处理器，可以用计算机辅助布局在硅片上布置处理器，然后（在实验室或者和制造商合作）制造芯片、检测电路、封装电路，把这台微电脑装在印刷电路板上，使新产生的计算机开始运行。”[14]获取专业技术是美国工程教育的重要方面：大学被无情地拖入了出口管制的轨道。

根据布西的建议，1969 年的《出口管理法案》（1974 年和 1977 年有过两次修订）在 1979 年做了大量修改。它至今仍然是商务部出口管制系统的基础。执行这一法案的《出口管理条例》现在把“技术”定义为“研发”、“生产”以及“使用”“贸易管制清单”上的物品所需的信息，清单上总计有超过3 000多种“两用”商品。要“出口”以下使用方式所必需的特定信息，都需要许可证：“操作、安装（包括现场安装）、维护（检查）、修理、彻底检修和翻修……任何此类物品。”这类信息是通过人员之间的“技术援助”分享的，它“可以采取多种形式，如指导、技能演示、培训、经验交流、咨询服务”，并且“可能涉及‘技术资料’的转移”。对于《出口管理条例》来说，载有这种资料的“稳定的可携带物”“可能采取的形式有，书面的或记录在其他媒介或设备上（如硬盘、磁带、只读存储器）的蓝图、计划、图表、模型、配方、表格、工程设计方案和说明书、手稿和指令。”[15]在此，把可能造成知识出口的其他交流形式摘录如下：

> （1）外国人对源自美国的仪器设备的视觉检查；
>
> （2）在美国或国外的关于信息的口头交流；
>
> （3）把在美国获得的个人知识或技术经验应用于国外场景。[16]

与商品和服务大不相同的知识以及知识的获取，是今日出口管制的一个重点目标。

出口管制逐渐侵入知识传播系统，是对20世纪70年代缓和政策给美国的技术领导地位造成威胁的反应。冷战早期，由国家推动的技术创新给美国带来了没有竞争对手的技术霸权。这些创新刺激了国内市场；国家安全是通过对商品和服务（美国在欧洲和亚洲的大多数伙伴都表示接受）的“禁运”来保护的。到冷战“中期”，美国的盟友可以自行争夺社会主义国家的市场，拒绝让美国的外交政策来支配它们的贸易协议。缓和是对这种形势的一种意识形态的、政治的和经济的响应。它对社会主义阵营放松了出口管制，为美国、西欧和日本的公司与苏联军事工业综合体进行贸易打开了机会之窗。苏联则动员科学家、工程师和设计、生产单位用一切可能的手段获取外国技术和专业知识，用（在华盛顿的反对贸易自由化的人们所声称的）长则 10 年短则几年的时间，到 20 世纪 70 年代后期左右，削弱美国在战略部门的技术领先地位。与此同时，随着私人企业在生产民用市场和军用市场都需要的新产品方面起着越来越重要的作用，创新的政治经济也发生了转变。由于技术运动场变得越来越势均力敌，以国家安全为名义对“两用”商品进行的管制就更难以实施。知识，特别是设计和制造先进技术产品的专业技术，被挑选出来作为确保能压倒对手的竞争优势的最重要因素之一。因此，监管知识获取的需要得到了新的强调，而且针对的不仅仅是敏感商品的出口。在这样紧张的气氛中加强了对苏联威胁的重新评估后，作为学习基本场所的研究型大学，迟早会陷入国家安全局编织的出口管制监管之网——这只是时间问题。

防止民用变军用：基础研究的范围

1979年12月，苏联对阿富汗的入侵改变了美苏两个超级大国之间的关系。在美国和西方技术的帮助下，在卡马河工厂生产的苏联坦克，轰隆隆地开进了阿富汗，对其批评者来说，这是强调了把贸易自由化当作政治改革有多愚蠢。众多的信息来源——包括苏联克格勃（苏联国家安全委员会）的叛逃者（在1981—1982年间向法国移交了成千上万的秘密文件——被称为告别档案），描述了苏联大量地、有组织地、或合法或非法地努力获取西方技术。正如商务部部长助理劳伦斯·布雷迪（Lawrence Brady）在1981年3月所说，“从使馆、领事馆和所谓的商业代表团出发，克格勃的行动人员在发达资本主义国家布下了天罗地网，这个网络就像一台巨大的真空吸尘器，以可怕的精准度吸收配方、专利、蓝图和专业技术”；他认为，这些人利用了美国开放社会的“软肋”，包括“学术界渴望小心翼翼地保留其作为不受政府管制所妨碍的学者团体的特权”。1982年3月，中央情报局局长威廉·凯西（William Casey）强调说，美苏之间的科学交流是“一个大漏洞，我们把学者或年轻人派到苏联去学习普希金的诗歌；他们却从克格勃或国防部门选出45岁的人，将其精准地派到那些致力于研究敏感技术的学校和教授那里”[17]。洛斯阿拉莫斯国家实验室的拉腊·贝克（Lara

Baker）说，苏联人利用了“世界上最好的技术转移组织——美国的大学系统”[18]。

这种对大学的攻击，企图把在 20 世纪 50 年代建立的研究团体和国家安全体系之间的权宜之计挡回去。在那个时代，大学借助于“基础”科学和“应用”科学之间的区别，努力为知识无阻碍地跨境交流开辟出一个空间。[19]这对国会的、也确实是总统的担忧给出了一个政治上让他们满意的回答。他们担心过分强调保密的需要，会削弱《美国宪法第一修正案》*，也会损害国际合作，这对开放社会而言无论如何都是一个诅咒。在对被邀请到国会作证的美国诺贝尔奖获得者的咨询中，知识被分为应用科学和基础科学，前者应该受到管制，后者则可以在国境内外自由地传播，这确保了美国研究团体能够进入全球知识库又不损害国家安全。现在有人认为这样做太松了。基础研究和应用研究之间的差距越来越小，而且美国面对的是如此咄咄逼人的苏联，后者已经取得了如此巨大的进步——其部分原因就是苏联获得了大量美国创造的知识。

戴尔·科尔松（Dale Corson）（康奈尔大学名誉校长）被邀请领导一个专门小组，负责研究“合法的担忧”：科学的开放可能会为敌手提供与“军事相关的技术”，进而危害国家安全。美

---

* 《美国宪法第一修正案》：“国会不得制定关于下列事项之法律：建立宗教或禁止宗教信仰自由；剥夺人民言论自由或出版自由；剥夺人民和平集会及向政府申冤请愿之权利。”

国国家科学院 1982 年在一份名为《科学交流与国家安全》(*Scientific Communication and National Security*)的冗长报告中发表了他们的上述发现。[20]这个小组把精力集中在联邦政府给大学新施加的压力上，认为这些压力的增强，部分原因是具有军事意义的“基础”研究是两用的，是在不用担心诸如保密之类的传统管制的条件下进行的，而且接近于应用研究；正如科尔松报告所说的，他们有一种“感觉，美国大学正在转向接近技术前沿的研究”，根据美国情报机构的报告，这些“新出现的技术，尤其是那些直接从科学研究中发展出来的技术”，是苏联努力收集的主要目标。[21]

科尔松小组就研究团体内科学交流发生泄露的风险进行了研究。报告区分了外国政府可能会有兴趣的 4 种不同类型的技术信息和它们的转移方式。科学理论的进步和特定科学领域对进步的洞见是其中的两种，是在团体中以书面或口头的交流方式分享的。此外，还有涉及“实物运输”的体现在科技仪器上的知识转移。最后，还有实验和程序上的专业技术、详细信息，这些大部分是“通过直接观察以及和科技技术打交道的经验”获得的；这种转移方式是“美国情报界主要关注的”。《科尔松报告》解释说，这种“详细的信息转移机制既不涉及文件也不涉及仪器，除其他手段外，它更为典型地涉及实际参与正在进行的研究，是一种通过长期科学交流发生的‘学徒经验’”。[22]因此，毫不奇怪，某些特定国家的科学访问的许可，有时会被国务院突然取消。而且，大学被要求协助监视校内的外国科学家和外国学生的活动并实施相应限制。[23]

这个报告在附录中还附上了几份资深大学教师和政府之间，就把出口管制扩大到学术界这一新的努力进行的激烈交锋的记录。其中有一份由加州理工大学、康奈尔大学、麻省理工学院、斯坦福大学和加州大学等校校长集体签名的，寄给了美国商务部部长、国务院国务卿、国防部部长的信件。信中强烈反对出口管制的新“框架”，认为这种框架似乎“考虑把政府管制”强加给国际科学交流。[24]特别是，国籍成了在校园里接近知识的主要标准，这违反了美国大学系统的基本价值。正如 5 位校长在信中所解释的，似乎在现行出口管制监管条例定义的广泛的科学技术领域里，可能出现这样的情况：“当教室里有外国学生时，老师们就不能上课；老师不能与外国访问学者交流信息，不能向有外国人出席的研讨会、学术会议提交论文或参与讨论，也不能聘请外国人到其实验室工作，不能在公开刊物上发表研究成果。”简而言之，《科尔松报告》是对非常具体的争论的一个回应，即对“政府”想使出口管制超出“文件的保密和实际产品的出口许可制度”这一企图的回应。现在政府希望把目标瞄准通过“科学交流和外国科学研究领域访问学者”进行的“技术”或信息的转移。国家监管正在将其触角延伸到跨国科学交流的核心——面对面的交流，在这个领域，敏感但不保密的知识“被交流”给了外国人。人们担心，这些人会用他们的新见解损害美国的国家安全。

科尔松小组的成员完全熟悉苏联获取的范围广泛的、有军事意义的技术，他们集中仔细地强调了发生这类技术转移的众多合法或非法渠道。但是，在大学对国家安全形成的威胁方面，他们的结论是明确的："小组和全美情报机构代表的讨论，没有透露具体的证据，证明从美国学术界获取的信息造成了对美国国家安全的损害。"[25]因此结论是，"绝大多数大学研究（基础的和应用的）的接触和交流，不应该受到限制"。[26]在那些少数需要保密的特殊案例中，只要加以保密即可。小组承认，公开的和秘密的知识之间存在"灰色地带"，在此领域，不保密的基础研究不知不觉地迅速融入了应用研究之中。在这里，"公开"是受到欢迎的，除非（例如）最终产品"具有可确定的直接军事用途"，是两用的，并涉及面向生产的处理器技术。[27]在这些灰色地带的泄露风险，要通过和大学的研究协议的条款来处理，即禁止外国人参与这些研究，允许联邦机构负责协议的官员对研究成果进行发表前的检查。科尔松小组反对调用出口管制来对付在联邦资助的大学研究中出现的灰色地带。

指引科尔松小组思考的潜在哲学（事实上，每当对知识传播的管制隐约出现在地平线上时，这也是指引学术界思考的哲学）是，安全在于取得的成就，以及"技术成就不可缺少的成分就是公开和自由的科学交流"，[28]不受限制的基础研究推动了科学和经济的进步以及军事技术的发展。风险确实存在，但此风险值得承受。美国企业能够利用新的技术，速度也比其对手要快得多。毕竟，其目标是保持领先，在朋友和敌人之间拉开最大可能的技术差距。达到这种目标的最佳途径是开发利用全球知识库，而不是建造一堵秘密的墙（这是情报机构无情的要求）来限制对它的接触。

《科尔松报告》被引入到持续存在的政治争论中，导致了学术界和政府中形成了一股强大的对立力量。某些人，如中央情报局副局长、海军上将博比·英曼（Bobby Inman），愿意接受科尔松小组在国会证言中的调查结果。然而，在内心深处，他们却感到，防止未来威胁的先发制人的行动是绝对必要的。英曼在 1982 年美国科学促进会的年会上警告学术界，“除非科学家能管制住敏感的研究信息的‘出血’［hemorrhage］，否则意在管制此类信息发表和发布的压制性立法将会如‘潮水般’涌来”。[29]这已成为“明确的趋势”：苏联更为积极主动地盯上了大学和研究机构，美国现在必须采取行动来阻止它。

随后几年里并没有采取什么重大措施。政策问题是如此复杂，不同的利益相关者极其不愿意放弃，以致有效的妥协无法达成。最后打破僵局的，是由负责科学研究和工程设计的国防部副部长理查德·德劳尔（Richard DeLauer）和斯坦福大学校长唐纳德·肯尼迪（Donald Kennedy，以前提到过的给商务部部长、国务卿和国防部部长写信的 5 位签名者之一）共同领导的一个协商小组组织的国防部-大学座谈会。德劳尔表态道，他非常同意科尔松小组的意见，认为没有必要限制大学的研究，除非它是保密的。[30]因此在那时，一个（致力于确定连贯一致出口管制政策的）部门间的工作小组被召集起来，根据这些讲话起草了一个政策。他们的建议被总统的科学顾问乔治·基沃思（George Keyworth）以及国防部高级官员接受，这构成了里根总统在 1985 年 9 月 27 日签署的《国家安全决策 189 号指令》（National Security Decision Directive 189，NSDD189）的基础。

《国家安全决策 189 号指令》规定，“在最大可能的程度上，基础研究仍然不受限制”[31]；当国家安全需要时，要通过对其保密来管制传播。广义基础研究（fundamental research）实际上超过了术语“基础研究”（basic research）* 所涵盖的研究范围。它是一个发明出来用于特定目的的艺术术语，特别地和联邦资助的学院、大学及实验室里的科学、技术和工程中的活动相关；它被定义为“科学和工程中的基础和应用研究，其成果通常公开发表或在研究团体中广泛分享；它不同于专利研究、工业研发、设计、生产和产品的使用，这些成果通常由于专利或国家安全的理由受到限制”。这个被人称为“广义基础研究排除条款”的指令受到学术界的欢迎，它犹如给学术研究划了个

* “fundamental research”和“basic research”都可译为“基础研究”，但前者包括范围更广，所以译为“广义基础研究”，以示两者区别。

"圈"，"在圈内传播和分享的学术研究不受限制"。[32]在本质上，指令未给知识生产设立管制，既不管制使用仪器，也不管制使用者，只集中于输出内容的敏感性。

《科尔松报告》专注于科学交流，并不直接关注美国产业的需要——这些是后来考虑的事情。考虑者中最引人注目的就是美国科学院小组。这个小组是由《综合贸易和竞争力法案》授权成立的，时间是 1989 年 10 月，正好是柏林墙倒塌的 1 个月前，对他们而言，其意义显然是十分重大的。[33]他们主要关注的有两点：一是加强对大规模杀伤武器扩散的管制；二是使得美国的公司能够主动地做出贡献，把苏联的国防工业转化为市场导向的民用企业。为达到此目的，他们希望在"直接军用技术"和"两用技术"之间划出一条比较清晰的界线。最终用途是对商品出口实行管制的关键标准，它使得公司可以自由交易商品。确实，这个小组走得更远，它建议美国国家安全政策抛弃"否定制度"（denial regime），这个制度已经影响了美国和社会主义国家的关系长达 40 多年，应该"逐渐解除对苏联和东欧国家的、可以证实的、把两用物项最终用于商业用途的出口管制"[34]。因此，到了 20 世纪 90 年代早期，美国主动促进全球贸易解除管制（明确的军事物资和大规模杀伤武器除外）。20 世纪 80 年代，甚至中国也从此项放松的限制中受益——直到它开始取代苏联，在美国人的想象中成了其国家安全和经济卓越地位的主要威胁。

监视卫星发射："从摇篮到坟墓"

20 世纪 70 年代早期，尼克松总统时的"乒乓外交"开启了中华人民共和国与美国关系的正常化，接踵而来的是里根总统的第二个任期里中国和美国之间贸易的大规模扩张（包括技术和武器。）[35] 当然，这些紧密联系并非没有挑战，后来上任的总统们不得不在相互冲突的压力雷区中寻找正确的应对方法。

双方的冲突在克林顿的第二个任期中达到高潮，当时共和党成员在国会两院中占据多数。几个丑闻困扰着克林顿政府[36]，其中有两个直接关系到出口管制：一个涉及给予出口许可，允许美国卫星制造商使用中国的发射装置；另一个涉及从美国国家核实验室窃取小型核武器的绝密技术。国会议员克里斯多夫·考克斯（Christopher Cox［R－CA］）领导的一个国会委员会的煽动性报告，为后一指控火上浇油。这个委员会的任务是调查对中国已经获取了敏感技术和信息的指控——这些技术和信息增强了他们的核洲际弹道导弹和大规模杀伤武器的制造。

在一场意在羞辱这个作为国家合法领导人的——总统——激烈的政治对抗中，纠缠着泄露军事敏感知识的丑闻。多起丑闻（其中最臭名昭著的是克林顿和白宫实习生莫妮卡·莱温斯基［Monica Lewinsky］的桃色事件）一同损害了克林顿的公众形象。随后的出口管制政治化，伴随着指控执行部门未严格执法，为 1999 财政年度准备的《斯特朗·瑟蒙德国防授权法案》的第十五章呼吁新的立法；这一章对于那些在中国发射卫星的公司有着特别重要的意义，导致了对西方顾问和中国工程师之间的知识分享的严格管制。

1995 年和 1996 年，美国两家民用通信卫星制造公司，休斯航天通信国际股份有限公司和劳拉航天系统公司，帮助中国工程师寻找火箭失败以及由美国制造的机组损坏的原因。[37]这些公司就和中国分享的技术知识为自己辩护说，这类援助在他们 1994 年 2 月从商务部获得的出口许可证允许的范围之内。司法部不相信并开始对此展开刑事调查，看两家公司是否违反了出口管制法律。至少有 3 个保密研究得出了以下结论：这些公司帮助中国人改进其未来弹道导弹（包括导航系统）的精密度和可靠性，损害了美国国家安全。2002 年 1 月，劳拉航天系统公司同意支付 2 000 万美元罚金，以平息对它的非法技术转让的指控；15 个月后，于 2000 年并购休斯公司的波音公司同意为其多次违反出口管制条例支付 3 200 万美元的罚金。这些公司都因允许其公司的科学家和工程师与他们的中国同行分享知识而受到了重罚。

支持这些惩罚的法律框架是由 1976 年的《武器出口管制法案》（Arms Export Control Act of 1976）提供的。这个法案明确规定，凡是出口可能用于提高（广义上）军事能力的物品和技术，必须向国务院的国防贸易管制局申请，获得许可证。该局执行的是《国际武器交易管理条例》，参考的是《军需品清单》，这个清单规定了什么需要管制：从火箭到高速计算机，到先进的机械工具（如5轴联动数控机床），再到卫星和适用于航天的组件。在此，对我的论证更为重要的是，该法案也要求，必须要有许可证才可以分享“和它们（例如清单上的物品）有关的文件、设计和展示，以及和它们相关的任何其他服务（包括操作、维护和修理）”。[38]但当时，休斯公司和劳拉公司都没有获得这类的许可证。

美国国会在实施罚款之前就开始的、对这些知识转移方面的失误的攻击，只是一种更为普遍担心的一部分：人们担心，克林顿总统把和中国的商业关系摆在美国国家安全之上。所谓的违反出口管制，以及随后的担心泄露国家武器实验室的绝密信息，不仅让克林顿政府感到尴尬，而且突出反映了美国对中国成为新兴技术强国的担心。

它也有重大的立法意义。直到20世纪90年代，通信卫星一直被认为是国防物品，出口受到《国际武器贸易条例》管制。1992年开始，布什总统和后来的克林顿总统逐渐将其转到审批两用物项出口的商务部这种不太严格的管辖之下。[39]克林顿特别热衷于和中国重建交往和对话。1996年，他授权商务部来管辖所有商业卫星（甚至那些有潜在军事价值的）的出口，[40]《斯特朗·瑟蒙德国防授权法案》推翻了这个命令。法案中有一个很短的部分，专门针对卫星技术出口的管制：所有“卫星以及相关产品”[41]都是应该保密的军用物品。通信卫星被放在“武器出口管制法案”的第38条款里，由国务院管理。在《斯特朗·瑟蒙德国防授权法案》的第1513条款里，也删去了总统改变卫星（及其相关产品）管辖地位的权力，即使它们是明确的民用产品：只有国会有权改变。这样，该举动使得卫星（即使是用于空间科学的）成了法律要求将其作为国防物品来管制的唯一的两用物项。

美国卫星行业的公司（以及如美国国家航空航天局这样的机构）不停地游说，以期改变这种状况。[42]布什政府负责处理核不扩散事务的高级官员亨利·索科尔斯基（Henry Sokolski）确定了问题的核心。他解释说，要及时、可靠、准确地把卫星送入轨道并发射载有核弹头的导弹，“无形的技术”是关键。这两者的共同知识包括耦合载荷分析、制导数据包、上一级火箭推进剂认证、上一级控制设计认证、下一级设计认证和总体质量保证，[43]《国际武器贸易条例》严格限制和外国人分享这些知识。确实，对中国（和俄罗斯）而言，在21世纪实施的新程序被认为是确保当美国用自己的火箭发射自己制造的卫星时，没有“技术转移”的可能。

为了回应《斯特朗·瑟蒙德法案》的要求，国防部国防威胁降减局成立了一个新的航天发射监察部来密切监视运往国外的物资和服务，以防止它们泄密给外国人。监视队伍包括航空航天、卫星和发射方面的工程师以及安全专家。[44]他们“监视会议和电话”，甚至“出国监视美国卫星在中国国土上安装和发射的实际过程”。[45]来自国防部的詹姆斯·博德纳（James Bodner）向参议院下属委员会保证，如今国防部在技术会议和发射场地有专门的监视队伍，“确保不发生不恰当的技术转移……这就是他们所做的一切。他们监视这些东西，从摇篮到坟墓”。对中国和俄罗斯的监视还延伸到设计阶段。

确实别无选择。正如来自商务部的一个高级官员提醒参议院下属委员会时所说的那样，时代已经发生变化。在20世纪50年代和60年代，美国几乎在所有和军事有关的重要物项方面领先世界。出口管制很“容易”，因为没有外国竞争者。美国必须要做的事情只是“做出决定：我们希望其他伙伴得到什么，而不用太过担心如果我们说‘不’，会有什么结果”[46]。现在技术上的拒绝并不会增强国家安全：相反，其他国家挤进来抢占美国的地盘会直接减少美国的市场份额，从而进一步削弱美国国防工业的基础。市场的维持要求停止日益加强的监视，因为最佳的情况是，无形知识的损失发生在高利润、但又非军事敏感的两用技术的部分。

管制大学校园的知识出口

在1999年《斯特朗·瑟蒙德法案》的许多规定当中，也要求政府在实施出口管制时加强透明度，特别是要求负责执行出口管制的机构在以后 8 年里每年向国会报告。

2004 年，商务部、国务院、国防部、能源部、国土安全部连同中央情报局的多位监察长，专门评估了将“视同出口”明确作为限制外国人在美国接触“受管制技术”的政策的有效性。每个机构都提交了自己的报告，报告最重要的部分集中在一并递交给国会的联合报告中。[47]

在此我要回过头来解释“视同出口”是什么。《出口管制/管理法案》的原初版本，并没有把技术资料的“出口”直接定义为从美国专家那里把这类资料和专业技术转移给在外国的他人。你不必离开美国去“出口”技术资料。重要的是这些资料可能去哪儿。因此，在 1965 年《出口监管条例》的第 385.1（b）条款中，技术资料的出口被定义为“用于美国之外的不保密技术资料的任何发布，包括在美国［着重是我加的］给他人提供资料，知道或有意让资料接受者带着这些资料离开美国”。[48]那时，这一条款本质上是打算防止美国的公司向其客户分享敏感信息，这些客户被派到美国来学习有关他们已经获得的产品或生产流程的更多知识。1994 年，监管的范围进一步扩大：限制和外国人分享知识，不管有没有说过，知道不知道这个人会把这类信息带出国。正如在第 734.2（b）（2）条款中所说的，出口如果采取“把符合《出口管理条例》的技术或源代码披露给外国人”的形式，它就要遵守《出口管理条例》“这种披露就视同［着重是我加的］向外国人的祖国或其他国家的出口”。这里的“祖国”是根据外国人最近确立的合法的永久居住权或者最近确立的公民身份而确定的。

在联合报告中，监察长们因某些大学及研究中心对传播出口管制技术的要求缺乏意识而感到不安。[49]《广义基础研究排除条款》依然在那里。2001 年，国务卿康多莉扎·赖斯（Condoleezza Rice）实质上在世界贸易中心遭到袭击之后立即就重审了这一条款，它依然是学术界抵制政府对学术研究的监管所能求助的关键标准。这些监察长坚持认为它有重大的漏洞[50]，尤其让他们苦恼的是，关于在美外国人（他们将其简称为"FNUS"）参与培训和研究这一问题，人们对《广义基础研究排除条款》给出了宽泛的解释。

学术界（以及商务部某些官员）对《广义基础研究排除条款》的宽泛解释认为，一般而言，在美国的外国人使用出口管制的技术不需要任何许可。如果研究结果要发表在公开的文献上，那么，谁进行研究、用什么研究仪器得到结果都不重要，因而无需获得出口许可。换句话说，在他们的解释中，《广义基础研究排除条款》在此类研究实践中没有价值，即使该研究运用了出口管制技术。只有在研究结果不公开发表时，它才需要许可。这就是监察长们想要弥补的漏洞。对他们而言，显然，外国人没有许可是不允许使用出口管制的仪器设备的，即使他们从事的是发表不受限制的基础研究。

对监管条例的不同解释来自对《出口管理条例》中"使用"

定义的不同含义。记得《出口管理条例》中将使用仪器定义为涉及 6 种不同的行动，即“操作、安装（包括现场安装）、维护（检查）、修理、彻底检修和整修”。争议来了，因为大学官员方把此条款后面的“和”（and）解释为，只有外国人在仪器上进行以上所有 6 种行动，该仪器才符合出口管制要求。这种情况在实践中几乎不会发生。相反，这些监察长把这一小段解释为一个清单，意味着在美外国人只要以条例中明确的 6 种方式之一使用管制的仪器，就需要“视同出口”的许可。为了澄清这个问题，工业安全局在 2005 年 3 月的《联邦公报》上发表了一个通告，恳请评论者改变对《出口管理条例》中“使用”的定义，并和他们官方的解释保持一致：他们建议把使用标准后面的“和”替换为并列的“和/或”（and/or）。这样 6 种行动中的任何一种都可以被当作“使用”仪器。

大学纷纷通过政府关系委员会来抵制上述建议中对“使用”的定义。这是为联邦政府工作的 160 所研究型大学和相关实体（2005 年）建立的评估政府政策对高端研究影响的联合委员会。委员会指出，工业安全局没有给出理由，说明为什么在现在的这种管制（即外国人的签证审查和保密措施）下，国家安全没有得到充分的保护。他们强调，《广义基础研究排除条款》可以理解为给处于所有阶段的知识生产的过程覆上一层保护罩，只要研究是基础的——也就是说，只要成果是可以公开传播的。而且他们指出，要为多达 6 000 位在大学校园接触成千上万件两用仪器的人申请许可证，其费用巨大而且不切实际：一个大学有5万多种研究仪器，每件价值5 000多美元；再说，大学有许多学院，有大约14万件仪器有待评估。工业安全局对此做了让步：回到《出口管理条例》范围内，要求在使用管制的仪器时，研究者除非要进行所有6种操作才需要申请许可。

还有使用者的国籍或政治忠诚问题，这是困扰商务部在2006年新成立视同出口咨询委员会的主要问题之一。这个咨询委员会是由诺曼·奥古斯丁（Norman Augustine）领导的，他是洛克希德·马丁公司的前首席执行官，杰拉尔德·福特（Gerald Ford）政府的前陆军副部长。委员会受命寻求“确保国家的‘视同出口’政策能继续最好地保护美国国家安全，同时能努力提升美国工业和学术研究的能力，继续在技术创新前沿保持领先”的方法。[51]

那时，《视同出口》在美国的实施并不适用于某些类型的外国人。《出口管理条例》的特别条款第§734.2（b）（2）中提到，“‘视同出口’规则并不适用于在美国合法获得永久居住权的人，也不适用于受到《移民和归化法案》（Immigration and Naturalization Act）保护的个人［获准政治避难的人］”。监察长们反对这一规定，认为不能假定绿卡持有者已向美国承诺不可能给它带来伤害，就让他们不受管制地接触敏感技术。正如他们所指出的，永久居民没有义务成为公民（这一步表明对美国的更大程度的忠诚），而且可以自由地往返于他们的祖国。因此在外国雇员或来访者要使用此类敏感仪器时，监察者要求美国实体："如果他们出生在相关技术受到《出口管理条例》管制的国家，无论他们最新的公民身份是什么或者是否拥有永久居留身份（着重是我加的），都应该为其申请许可证"。[52]

每年当成千上万的外国人从美国的研究型大学毕业时，视同出口咨询委员都会极力与针对外国人的如此宽泛的含义搏斗。他们引用的国家科学基金会数据表明，"在最近 20 年里，身份为美国公民的工程师毕业率下降了 20%，现在美国大学授予的工程学博士学位中，有三分之二不是出生于美国的美国公民"，[53]这些人中有许多在既能提高美国经济实力又能增强其国家安全的两用领域里做研究。过去有许多人留在美国，用自己的知识回馈美国（从 1995 年到 2005 年，来到美国的外国人主要是印度人，他们建立了硅谷 52% 的公司和加州 39% 的创业型企业）。[54]这是赞同宽松解释"视同出口"监管条例的支持论证。而这种观点的反对者说，人们必须承认，现在有许多人回国，最引人注目的是回中国。确实，到 2005 年，中国自己已经拥有近 100 万训练有素的科学家和科学研究者，[55]这给美国的安全专家造成了一个重大的困境。正如视同出口咨询委员会在报告中所说的，"在当前的全球化时代中，在网络互联的世界上，知识是格外难以管制的商品，不为别的，只因为它能贮存于人的大脑，而人的流动性变得越来越大"[56]，"当此类研究者在美国时，我们受到工业间谍和国防间谍的威胁；当他们被遣返回国时，又有带走知识的潜在可能性”[57]。一方面，如果“视同出口”监管条例过于宽松，则有放纵意图损害在美外国人在美国接触有价值的科学和工程知识的风险；但另一方面，如果条例过于严格，则可能会使美国的研究系统不能接触全球知识库的一些重大发展。

视同出口咨询委员会提出了几个相互关联的建议，来对付美国研究实验室的门开得太大带来的风险。这个委员会强调，要更坚定地付出努力来确认和保护“那些在国家/祖国安全领域，可能产生巨大效果的技术知识和军事优势的基本要素”，最好是保护住精选的、高度敏感的军事领域，“而不是把我们的精力分散于在大量知识体周围筑起高墙这一不切实际的企图上”[58]。一旦这种围绕着敏感技术的保护性盾牌安装到位，国家安全就能得到保证。然后，《广义基础研究排除条款》就可以继续实施下去，无需试图在研究成果和获取成果的过程之间做出区分，有关解释使用仪器的含义是什么的争论也就变得毫无意义。

话虽如此，视同出口咨询委员会同意这些监察长所说的，用永久居住权来评估某个在国外出生的人可能给美国带来伤害的风险是一个弱标准。事实上，他们注意到，自己知道的违反出口管制监管条例的大多数刑事犯罪者都是美国公民和美国的永久居民——这些人不受视同出口条例的限制。委员会顾问也不相信出生国有那么重要，他们认为，重要的不是一个人出生在哪里或者是否有绿卡，而是他对美国的忠诚；确实，拒绝给予一个外国人接触敏感知识的许可的第一理由，就是他缺乏这种忠诚。要回答“此人的忠诚是否专属于某个国家?”这个问题，[59]就必然要求实行相较于现在的“更广泛的评估”：“确定潜在被许可人的国籍，[应该] 包括考虑其出生国、曾居住国、现在的公民身份以及个人以前和现在的活动特点。”[60]

这种思想中有一个显著的变化，即从国籍转到忠诚，从容易记录的个人生活史的客观特征，转到被视为政治忠诚象征的定义模糊的“以前和现在的活动”。的确如此，出口管制一直是外交政策的工具，但其本身也受到冷战时期与社会主义国家之间的意识形态竞争的驱使。简而言之，在那个时代，一个国家意识形态上的忠诚度是用来决定货物出口或和一个外国人分享技术资料是否需要许可的筛选工具。在全球知识经济中，“对美国忠诚”亦服务于意识形态目的。问题是，当要决定是否给予出口许可或究竟一个人是否需要出口许可时，确定一个人的“忠诚”是非常随意的，比起公民身份或有国家的永久居住权（通常都有官方文件作为证据）它更容易受到偏见的影响。杰西卡·王把在 20 世纪 40 年代晚期扎根美国的忠诚-安全体系描述为，假定“存在某种私人的真正的自我，它可以通过间接的手段被了解。在这个自我里，一个人的阅读材料、组织归属、政治老友、异议倾向、对当权的抵制以及表达的政治信仰都可以为可靠性和忠诚度提供线索”，她继续写道，在这种环境里，“黑白分明的刻板印象、爱国的美国精神为指导忠诚-安全体系及对人格的评估提供了文化资源”。[61] 比起公民身份和永久居住权，“忠诚”是更具侵略性的标准，它具有极大的灵活性以便于广泛应用，很容易被指控为是在意识形态上满足“美国堡垒”支持者的工具。[62]

我不知道视同出口咨询委员会的建议是否已经执行或如何执行，[63] 在此要强调的重点是，现在美国研究系统中一如既往不受阻碍地产生和传播的知识，要受到不断协商的监管的约束，这些约束取决于涉及个人的国籍/忠诚与不保密知识和专业技术的特点。至少“基础”知识在全球是“自由”传播的——这个观念是虚构的谎言，正如约翰·里斯·罗斯懊恼地了解到的，对他的惩罚意在杀鸡儆猴，其威慑效果因他年老多病而被放大。这个策略似乎已经奏效。我们看到，在 20 世纪 80 年代，当国务院采取措施将来自中国和俄罗斯的学者和来访者的行程管制在仅限校园时，某些大学发出了强烈的抗议。[64] 这些限制现在被认为是理所当然的，是确保国家安全（反对生物恐怖主义以及其他威胁）和对中国的经济竞争力的工具。在冷战晚期还有可能的知识在学术界传播的相对自由，甚至也正在被削弱：国际科学交流是一个协商出来的、脆弱的社会成就。

结语

众所周知，出口管制是神秘、曲折而模糊的。它们也几乎被研究科学技术的历史学家和社会学家忽视，他们大概认为出口管制只是监管全球贸易流动的工具。确实如此——但出口管制也是监管技术（被理解为科学—技术的信息、知识和专业技术）跨国流动的重要工具，因此它们在本书研究的项目中也具有核心重要性：这个项目把知识的传播确定为科学技术跨国史的关键对象（参见本书导言）。

本章内容挑战了全球知识是自行流过边界的这一神话。恰恰相反，它强调，这种流动是一个社会成就。这种成就包括规划一条由美国国家安全局设立的监管知识传播的路径；这些监管意在保护美国的科学技术的领导地位，从而保护其国家安全，并且不用把自己同全球研究共同体隔绝开来。制定政策监管贸易是一回事，监管在大学实验室里传递的、在雇佣了外国人的高科技公司产生的或者在和外国同行调查事故时获取的无形知识的传播又是另一回事。所有这些情况都可能涉及在美国专家和外国人之间“师徒”般关系中的“视同出口”。

在 2003 财政年度，美国商务部收到了 12 446 件出口许可证的申请，其中 846 件（约 7%）是和知识有关的“视同出口”，其中大部分都得到批准，被授予许可证。[65] 从这一点也许可以得出结论：我们在此讨论的是一种边缘现象。但是数字往往具有欺骗性。对卫星制造商征收的罚款和对年老多病的大学教授的监禁则叙述着另一类故事——正如最近高度专业化的官员输出数和全国大学校园内培训计划数的快速增长。[66]国家安全局非常重视管制敏感知识和专业技术向外籍人员的流动。对休斯公司、劳拉公司和约翰·里斯·罗斯施加的惩罚似乎达到了要求的威慑效果。高科技公司和重点工程院校的研究者都很清楚出口管制，而且每天都和它打交道，因此非常希望研究科学技术的历史学家和社会学家在有关知识跨国传播的更进一步的研究中，也把出口管制当作重要的研究对象。

注释

1. *US Government vs. John Reece Roth*, transcript of proceedings in the US District Court for the Eastern District of Tennessee, Northern Division, at Knoxville, TN, before the Honorable Thomas A. Varlan on May 13, p. 117, July 1, 2009.
2. Daniel Goldberg, "Why the Professor Went to Prison: Is John Reece Roth a Martyr to Academic Freedom or a Traitor?," *Bloomberg News*, Nov. 1, 2012, accessed Mar. 24, 2017.
3. Mario Daniels and John Krige, *Knowledge Regulation and National Security in Cold War America* (Chicago: University of Chicago Press, forthcoming).
4. This section draws extensively on Harold J. Berman and John R. Garson, "United States Export Controls — Past, Present and Future," *Columbia Law Review* 67, no. 5 (1967): 790 - 890.
5. Michael Mastanduno, *Economic Containment: CoCom and the Politics of East-West Trade* (Ithaca, NY: Cornell University Press, 1992), chap. 6,

is relied on extensively here. See also Fred Bucy, "Technology Transfer and East-West Trade: A Reappraisal," *International Security* 5, no. 3 (1980 - 81): 133 - 151; *Defense Science Board Task Force on Export of U. S. Technology, An Analysis of Export Control of U. S. Technology — a DoD Perspective* (Washington, DC: Office of the Director of Defense Research and Engineering, 1976), hereafter the Bucy Report.

6. Bucy Report, Finding I, 1.
7. J. Fred Bucy, "On Strategic Technology Transfer to the Soviet Union," International Security I, no. 1 (Spring 1977): 25 - 43, at 28.
8. Mastanduno, *Economic Containment*, 189.
9. Bucy, "On Strategic Technology Transfer to the Soviet Union," 28.
10. Bucy Report, Finding II, 4.
11. "Export Control and the Universities," *Jurimetrics Journal*, Fall 1982, 40 - 49, at 40 - 41.
12. Mastanduno, *Economic Containment*, 213 - 216.
13. "Export Control and the Universities," 41.
14. Lara H. Baker Jr., "Transfer of High Technology to the Soviet Union and Soviet Bloc Nations," in *Hearings Before the Permanent Subcommittee on Investigations of the Committee on Governmental Affairs, United States Senate*, 97th Cong., 2nd Sess. (May 4 - 6, 11 - 12, 1982), 56.
15. "Technology," pt. 772, *Definition of Terms, Export Administration Regulations*, p. 41.
16. "Scope of the Export Control Regulations," EAR §734. 2 (b).
17. Cited by Baker, "Transfer of High Technology to the Soviet Union and Soviet Bloc Nations," 55.
18. Ibid.
19. Mario Daniels and John Krige, "Beyond Regulation? Basic vs. Applied Science in Early Cold War America," *Technology and Culture*, in press.
20. *Scientific Communication and National Security, a Report Prepared by the Panel on Scientific Communication and National Security, Committee on Science, Engineering and Public Policy, National Academy of*

Sciences, *National Academy of Engineering*, *Institute of Medicine* (Washington, DC: National Academy Press, 1982), hereafter the Corson Report.

21. Ibid., II, 17. 20 世纪 80 年代在《拜杜法案》(the Bayh-Dole act) 和其他类似措施的帮助下，研究的商业化已经产生效果。
22. Ibid., 15, for this and all quotations in this paragraph.
23. For details, see Harold C. Relyea, *Silencing Science: National Security Controls and Scientific Communication* (Norwood, NJ: Ablex, 1994), chap. 4.
24. Corson Report, appendix G.
25. Ibid., 19.
26. Ibid., 48.
27. Ibid., 49.
28. Ibid., 47.
29. Cited in Edward Gerjuoy, "Controls on Scientific Information Exports," *Yale Law and Policy Review* 3, no. 2 (Spring 1985): 447 - 478, at 460.
30. David A. Wilson, "Federal Control of Information in Academic Science," *Jurimetrics Journal*, Spring 1987, 283 - 296.
31. *National Policy on the Transfer of Scientific, Technical and Engineering Information*, National Security Decision Directive 189 (Sept. 21, 1985), accessed Mar. 28, 2017.
32. Wilson, "Federal Control of Information in Academic Science," 295.
33. National Academy Complex, *Finding Common Ground: U. S. Export Controls in a Changed Global Environment* (Washington, DC: National Academy Press, 1991).
34. Ibid., 2, 182.
35. Hugo Meijer, *Trading with the Energy: The Making of the US Export Control Policy toward the People's Republic of China* (Oxford: Oxford University Press, 2016).
36. Robert D. Lamb, *Satellites, Security, and Scandal: Understanding the Politics of Export Control*, Center for International and Security Studies at Maryland (Digital Repository of the University of Maryland, Jan.

2005), 44ff.

37. 此处遵循的解释是建立在《考克斯报告》上的, esp. chaps. 5 – 8. See also Lewis R. Franklin, "A Critique of the Cox Report Allegations of PRC Acquisition of Sensitive U. S. Missile and Space Technology," in *The Cox Committee Report: An Assessment*, ed. Michael M. May, with Alastair Iain Johnston, W. K. H. Panofsky, Marco Di Capua, and Lewis R. Franklin (Stanford, CA: Stanford University Center for International Security and Cooperation, Dec. 1999), 81 – 99, At sec. 3. 2. 1 – 3. See also Shirley A. Kan, *China: Possible Missile Technology Transfers from U. S. Satellite Export Policy — Actions and Chronology*, Congressional Research Service Report 98 – 485, updated Oct. 6, 2013; Meijer, *Trading with the Energy*, chap. 9.
38. David Damast, "Export Control Reform and the Space Industry," *Georgetown Journal of International Law* 42 (2010): 211 – 232, at 213.
39. Joan Johnson-Freese, "Alice in Licenseland: US Satellite Export Controls since 1990," *Space Policy* 16 (2000): 195 – 204.
40. Lamb, *Satellites, Security, and Scandal*, 41.
41. Pub. L. 105 – 261, Title XV, "Matters Relating to Arms Control, Export Controls, and Counterproliferation," Subtitle B, "Satellite Export Controls."
42. On NASA, see John Krige, Angelina Long Callahan, and Ashok Maharaj, *NASA in the World, Fifty Years of International Collaboration in Space* (New York: Palgrave Macmillan, 2013), chap. 14.
43. Kan, *China*, 16.
44. Bianka J. Adams and Joseph P. Harahan, Responding to War, Terrorism, and WMD Proliferation: History of DTRA, 1998 – 2008, DTRA History Series (Fort Belvoir, VA: Defense Threat Reduction Agency, Department of Defense, 2008), 40.
45. Damast, "Export Control Reform and the Space Industry," 216.
46. Ibid., 31 – 32 (statement of William A. Reinsch).
47. Office of Inspector General, Department of Commerce, Bureau of

Industry and Security, Deemed Export Controls May Not Stop the Transfer of Sensitive Technology to Foreign Nationals in the U. S., Final Inspection Report No. IPE-16176, Mar. 2004, accessed Mar. 28, 2017.

48. Berman and Garson, "United States Export Controls," 823-824.
49. Offices of Inspector General of the Departments of Commerce, of Defense, of Energy, of Homeland Security, of State, and the Central Intelligence Agency, Foreign National Access to Export-Controlled Technology in the United States, vol. I, Report No. D-2004-062, Apr. 2004, accessed Mar. 26, 2017.
50. See also John Krige, "National Security and Academia: Regulating the International Circulation of Knowledge," *Bulletin of the Atomic Scientists* 70, no. 2 (2004): 42-52; John Krige, "Regulating the Academic 'Marketplace of Ideas': Commercialization, Export Controls and Counterintelligence," *Engaging Science, Technology and Society* 1 (2005): 1-24.
51. Deemed Export Advisory Committee, *The Deemed Export Rule in the Era of Globalization: Report to the Security of Commerce*, I, Dec. 20, 2007, accessed Mar. 27, 2017, hereafter the DEAC Report.
52. Ibid., 41.
53. DEAC Report, 12.
54. Ibid., 64.
55. Ibid., 69.
56. Ibid., 56-57.
57. Ibid., 69.
58. Ibid., 3.
59. "Seven Steps Deemed Export Decision Process," in ibid., 89.
60. Ibid., 86. A call for public comments on this proposal was made in *Federal Register* 73, no. 97 (May 19, 2008): 29785-29787.
61. Wang, "A State of Rumor," 420-421.
62. *Beyond Fortress America: National Security Controls on Science and Technology in a Globalized World* (Washington, DC: National Academies Press, 2009).

63. The deadline for public comments (see n. 66) was extended to September 2008, after which the issue disappears without a trace in the *Federal Register*.
64. Samuel A. W. Evans and Walter D. Valdivia, "Export Controls and the Tensions between Academic Freedom and National Security," *Minerva* 50 (2012): 169 - 190.
65. Office of Inspector General, Department of Commerce, Bureau of Industry and Security, *Deemed Export Controls*, 4.
66. The Association of University Export Officers now has more than 170 members from over 110 different institutions of higher learning, accessed Mar. 27, 2017.

第二部分

殖民时期和后殖民时期的知识跨国流动

第三章　柑橘和知识跨国流动

蒂亚戈・萨拉瓦

在 1961 年出版的《大地上受苦的人》（*The Wretched of the Earth*）* 一书中，弗朗茨・法农（Frantz Fanon）出色地描述了殖民主义在空间上的物化（materialization）："殖民者居住的区域是物质丰富、生活节奏缓慢的区域，这个区域的商店里永远是各种高档商品琳琅满目。殖民者居住的区域是白人区域，是外国人居住区。被殖民者居住的区域或至少可以说'本地人'居住的地区、以及棚户区、阿拉伯人聚集区 ** 、土著保留地，是声名狼藉的地方，住满了声名狼藉的人。这里的人不知何故

---

* 参见弗朗茨・法农:《全世界受苦的人》，汪琳译，上海：东方出版中心，2022 年版；《大地上的受苦人》，杨碧川译，北京：人民文学出版社，2023 年版。有改动。

** Medina，阿拉伯人聚集区。这里的"阿拉伯人"主要指北非马格里布地区的居民。该地区在历史上深受阿拉伯文化影响，因此其居民常被撒哈拉以南非洲称为"阿拉伯人"。（参见《全世界受苦的人》）

出生在什么地方，也可能莫名其妙地死在什么地方……这里是黑人居住区、阿拉伯人居住区。”[1]这种摩尼教的殖民空间具有全球性质。法农编织了一条连续的线索，把马格里布的阿拉伯人、南非的黑人工人、法国帝国主义统治下的越南农民以及“黑人歧视法”（Jim Crow）之下的非洲裔美国人联系到了一起。而且他号召用暴力消灭殖民主义世界——“摧毁殖民者区域，将其深埋于地下，或将其从这片领土上驱逐出去，这是当务之急”，这种声音确实在全世界回荡。[2]正当让·保罗-萨特（Jean Paul-Sartre）在巴黎的咖啡馆里挥舞着《大地上受苦的人》，指责他的那些支持对阿尔及利亚进行殖民统治的法国同胞们不亚于纳粹时，史蒂夫·比科（Steve Biko）和他的朋友以及南非学生联盟的同志们（南非非洲人国民大会未来的领导人），在纳塔尔大学的学生宿舍里传阅这本书。[3]根据黑豹党*的基础神话，1966年博比·西尔和休伊·牛顿在奥克兰的一幢房子里

---

* 博比·西尔（Bobby Seale）和休伊·牛顿（Huey Newton）于1966年10月在美国加利福尼亚州奥克兰成立的维护黑人权利的组织，1968年底更名为黑豹党。黑豹党反对美国政府，试图通过群众组织和社区项目规划来创建革命社会主义。他们斗争的目标是要获得“土地、面包、住房、教育、服装、正义与和平”。黑豹党坚持武装自卫和社区自治原则，他们组织了武装巡逻队，跟随黑人社区中的警察。他们还从事社区服务工作，设立了免费早餐计划、医疗诊所和课后项目。这些活动赢得了很多黑人社区的支持。后来由于内部分裂和政府压力，于1982年正式解散。

读了法农的书；在因“阻碍交通”被捕后，他们发起并组织了“黑人民族党”。[4]《大地上受苦的人》在全球的传播，指向了远离传统地理参考书的南方。这个南方就在巴黎城区或约翰内斯堡的小镇，就在西费城或马提尼克的法兰西堡（法农的出生地）。正如后殖民学者喜欢说的那样，在这个全球性的“脏乱不堪的地方”，这个“全球南方”，不平等的地方动态只是殖民主义最基本范畴的症候之一。[5]

在此，我想探索一下把法农的两极分化的殖民空间置于其实际历史地点的价值。重点不是要以肤浅的全球历史为代价来赞扬详尽的地方史，而是要证明，其与实际相联系可以揭示出和历史相关的不同方面。以法农强有力的呼吁（把表面上分离的殖民经验结合在一起）为基础，我要强调建立在人群、意识形态、日常实践和物质产品的实际流动之上的跨国历史的价值。这一章主要讨论位于阿尔及尔西南的米蒂贾平原上的卜利达-茹安维尔精神病医院（1953 年到 1956 年间，法农在此工作）周围的柑橘园。它详细描述了法国统治下的阿尔及利亚柑橘生产的社会和政治维度，说明了起源于加利福尼亚的克隆技术在形成法农谴责的殖民关系中的作用。

嫁接和芽接这种传统的园艺技术就处在现代克隆观念发源的地方——这些观念是在 20 世纪前十年里，由在洛杉矶周围的柑橘带工作的科学家提出的。[6]同时，科学史学家和科学学者意识到了这种起源；正是对农业的习惯性忽视，导致他们只在和生物医学、人类生殖相关的领域内讨论克隆。[7]与此相反，本书这一章指向对农业环境进行历史研究的重要性，正是在这些环境中，克隆出现并成了有着广泛社会影响的技术。

接下来，我会探讨（作为把科学、技术和政治融为一体的技术科学密集型产品运动的）柑橘从加利福尼亚到阿尔及利亚的迁移。[8]这种探讨丰富了环境历史学家的传统植物迁移叙事，他们倾向于把一个物种从一个地方到另一个地方的迁移视为理所当然。[9]最近，资本主义社会的历史学家提出了理所当然具有影响力的、聚焦于商品链的跨国叙事，但是他们忽视了在世界不同地区培植不同种类棉花的历史意义。[10]在本文中，我详细探讨了，当技术科学产品——知识、社会制度、劳动习惯、政治关系以及民主观念流动时，是什么在转移，什么在改变。通过这些，我旨在探究（在用把不同空间现实绑在一起的具体的、跨国的历史动力替代诸如“全球南方”这样的类属概念时）科学技术史的价值。

相较于葡萄，聚焦于柑橘这种在法国对阿尔及利亚的殖民化叙事中更为普遍的商品，有两个主要的优势。首先，柑橘阐明了以美国为榜样及运用其生产模式对于理解20世纪殖民地种植技术的重要性，丰富了基于欧洲大都市和非洲殖民地之间的紧张关系的故事。对于本书的论证来说，关键是在和美国建立的这种联系中，科学家是主要角色。第二，法国人拥有的葡萄园尽管易于成为当代批评者攻击法国在阿尔及利亚的存在的目标，还吸引着人们关注被少数大地主控制的大片土地，但在柑橘的故事中，只有少数白人定居者（即著名的“黑脚”法国人［pied noir］*）处于故事的中心。事实上，这些“黑脚”法国人成了反殖民主义斗争攻击的主要目标，不仅是因为他们剥夺了农民的土地并且剥削农民，还因为他们深深扎根于被殖民国家，人数众多，比大型葡萄种植园的老板更难于根除。换句话说，关注阿尔及利亚的柑橘，能使我们更好地理解反殖民主义暴力的动力，这可以在其最雄辩的提倡者之一——弗朗茨·法农那里找到。

卜利达的柑橘园和法国帝国主义

1953 年，法农来到卜利达精神病院。迎接法农和他妻子的房屋很美，门口鲜花盛开，毫无疑问这属于“白人区”。[11] 医院内有被精心照料的花园，道路两旁绿影婆娑，美轮美奂的亭子散落其间，这正是《大地上受苦的人》一书中所谴责的一种殖民城市的自然环境。引人注目的是，法农的医疗技术就是要推翻这种殖民的两极分化。[12] 他与众不同地在殖民主义和精神障碍之间建立了直接联系，断言对个人神经症的讨论会导向对

---

* “黑脚”法国人，生活在阿尔及利亚和北非的殖民主义时间法国移民的后裔，他们在血统和宗教信仰上和本土的法国人基本相同，但由于长期生活或出生在北非，和法国本土联系日渐疏远，对法国的认同日渐淡薄，通常被视为非洲人。

社会状况的分析。[13]住在精神科病房的病人是殖民主义的文字体现，他们的病理是殖民政权的非人化效果的表达。法农在法国念书时学到的方法，即通过在医疗机构的墙内重建犹如发生在外部世界的社会生活，使病人重新回归社会——这在殖民状况下没有多大意义：为什么要不断地把治愈的病人送回到导致其精神错乱的原初环境？让患病的农民在医院的小菜园里做一些园艺工作，以便在他们痊愈后送其到欧洲人的农场去当雇佣劳动者，然后系统地把他们变成"声名狼藉的人"，这样做目的何在？[14]唯一可能取得持久治愈效果的方法在于整个地反对殖民主义。1956年，法农从其岗位上辞职，离开了卜利达及其周围的柑橘园，成了阿尔及利亚民族解放阵线的全职成员；该阵线成员开展了游击运动，要在1962年结束法国在此领土上的统治。

卜利达位于米蒂贾平原的南部边境，是"黑脚"法国人（即法国定居者）在阿尔及利亚的殖民化史诗的典范地区。[15]这一教化的使命展现在这样的风景中：一片有害健康的沼泽地区被改造成一望无际的葡萄园和柑橘园。[16]在泰勒阿特拉斯山脚下，被誉为"南方门户"的卜利达市位于多山干旱的南面与北面米蒂贾平原之间的十字路口。1953年（这一年法农到达卜利达），围绕着位于城西北的欧洲市集广场成长起来的社区，大约有1万5千欧洲人聚集于此。在达梅斯，"法裔阿尔及利亚人可以坐在咖啡馆品尝甜美的茴香酒，让阿拉伯儿童给他们擦皮鞋"。[17]阿拉伯人和柏柏尔人是欧洲人数的 3 倍，居住在城中心的聚集区——夹杂于法国人在南面和东面开辟的新林荫大道之间——以及其他周边地区，如位于奎德艾凯比尔河南岸的布阿尔法社区。[18]

19 世纪 30 年代，卜利达曾经是法国用暴力征服阿尔及利亚的南部和西部诸省的军事前哨。19 世纪下半叶，由于其处于米蒂贾平原的主要商业和行政城市中心的位置，该城吸引了越来越多的欧洲人。至于本地人口，来自南部山区的移民加速了它们的增长。阿特拉斯山脚的居民们，通常兼营谷类作物种植、果树栽培（无花果、橄榄树）和牧羊。牧羊是他们和平原居民贸易的基础，平原居民会卖给牧羊人小麦以换取牛奶、肉类和羊毛，这对补充山区贫乏的谷物生产是不可或缺的。这类在山区和平原之间的交换，因法国殖民者在米蒂贾平原的土地夺取而中断。这种夺取是通过典型的殖民混合暴力（军事占领和本地人负债机制）两手并用达到的。[19]平原居民被从他们的土地上赶到贫瘠的山区，山区牧羊人也失去了其谷物的基础来源。阿特拉斯地区很快成了人口过多和悲惨的饥荒的同义词，为殖民宣传把本地的落后和欧洲定居者的勤勉加以对比增添了材料。[20]留给柏柏尔人和阿拉伯人的选择是，或者成为为白人殖民者所有的农场的雇佣劳动者，或者加入导致阿尔及利亚迅速城市化的日益增长的移民大军。来自南部山区的人们的涌入，促进了卜利达周边社区，如布阿尔法的迅速扩张；卜利达成了背井离乡和“自生自灭”的人们生活的地方。

法农在卜利达生活的几年里，殖民地农产品出口中的柑橘仅次于葡萄。[21]在法属阿尔及利亚的最后时期，柑橘园面积达到了最大，有 4 万 5 千公顷，而且还有进一步扩大的趋势。到 1960 年，柑橘在阿尔及利亚农业产出的价值中占了 20%以上。这种柑橘和法国殖民主义在阿尔及利亚获得成功的故事，正是源于卜利达。自从 16 世纪以来，这座城市就因其灌溉的果园被誉为该地区柑橘栽培的主要中心。那些果园是来自安达卢西亚的摩尔人培育的，他们因 1492 年西班牙人占领格拉纳达而逃难至此。[22]安达卢西亚学术精英中的杰出成员伊本·赫勒敦（Ibn Khaldun）就把柑橘作为他的历史循环理论的象征。[23]柑橘代表了城市的成熟和沉迷于享乐主义的快乐，是更关心美而不在乎实用的饱受教育的精英们的至爱；它们宣告推翻了由好战的野蛮部落组成的王国。接着，这些部落被野蛮的勇士替代，也被柑橘树的魅力迷倒，开始培植新的果园。伊本·赫勒敦的柑橘历史社会学指向了这样一个重要的事实：由阿拉伯扩张、传播到马格里布的各种柑橘并不是主要作为食物种植的。受到赞美和重视的是整个的柑橘树：绿叶、白花和沁人心脾的芳香，这些是把柑橘树等同于文明的所有理由。从柑橘叶子提取的精华，事实上成了和实际的果实——苦橙——一样重要的商品。

不同于伊本·赫勒敦的预言，不是来自南部山区的柏柏尔人部落抢夺了卜利达的郁郁葱葱的果园，而是来自北方的暴力的法国军队。1830 年，帝国主义对阿尔及利亚的侵略，把这片土地变成了法国的环境适应论（acclimatization theory）* 的拥护者的主要试验场地。这些人试图使动物和植物适应和它们的起源地非常不同的环境。[24]根据拉马克的后代会逐渐适应新的环境条件的进化假说，在军事征服之后，法国人在此建立了不少于 21 个“试验果园”。[25]植物学家通过许以可预期的巨大财富的承诺，引诱殖民地官员相信该事业的重要性。这些财富来自在新征服的土地上种植的、在大都市市场上有巨大需求的热带水果。适应环境理论激发了某些人的帝国想象，他们认为可以在北非复制由热带加勒比海岛的人工种植系统带来的丰厚收益。

柑橘和国际技术交流

从 1842 年到 1867 年，奥古斯特·哈迪（Auguste Hardy）是阿尔及尔试验果园的主管。[26]毫不奇怪，他是法国致力于推进适应环境事业的主要研究机构——帝国适应环境动物学学会最活跃的成员之一。[27]他和全球植物学家建立起经常的联系，在阿尔及尔郊区的试验果园里，在众多植物中，引进了

---

* 环境适应论是一种关于生物适应环境的理论。它强调环境对于生物的重要性。该理论认为，环境通过自然选择对生物产生影响，而生物则通过长期进化增强了对环境的适应能力，从而增强了生物自身的生存能力。

桉树、柑橘和香草。将后者从马提尼克岛移植到阿尔及利亚的失败和艰苦努力，为拉马克方案面临的困难提供了一个很好的案例。这种方案基于认定有机物有无限的生理灵活性的假设，旨在使植物适应不同的地理环境，无论它们原初生长地的种植条件如何。把一种经济作物直接从弗朗茨·法农的出生地——马提尼克岛移植到阿尔及利亚的失败，也说明殖民主义的转移并不是自动的历史现象，而是一个需要更多苦心经营的过程。

1859年，哈迪从地中海的其他地方，即马耳他和西西里，引进柑橘到阿尔及利亚的例子，表明"转移"需要更深厚的植物地理知识。[28] 19世纪下半叶，植物学家们开始利用对当地环境条件更为熟悉的知识，来指导他们适应环境的努力，并且搁置了把热带植物引入阿尔及利亚的方案。和开始的计划相反，法国对阿尔及利亚的殖民并没有把它变成一个新的热带地区；就其领土的大部分（即米蒂贾平原）而言，它带来的是两种典型地中海风景的扩张：葡萄园和柑橘园。

在阿尔及利亚的"试验果园"里成功地种植了柑橘之后，哈迪把柑橘的栽培推广到卜利达（这个殖民地的第一个柑橘区）。法国定居者现在是这座城市周围的灌溉果园的主人[29]：军事占领赶走了大部分以前的当地业主，军事工程师也扩建了水利基础设施，建造水坝以收集来自高山的流水，增加了分流水渠，扩大了灌溉地区。哈迪的柑橘在欧洲，特别是在巴黎作为备受推崇的水果，给重建被战争重创的果园带来了希望。[30]为了生产水果而种植的柑橘园，替代了因为芳香而受到赞誉的酸橙园。值得注意的是，虽然所有殖民宣传都因为自从罗马时代以来的领土逐渐减少而指责当地人，新的殖民事业却是建立在以前的当地经验上的。[31]

根据法国国家园艺学会副会长查尔斯·乔利（Charles Joly）在 1887 年对卜利达柑橘园的描述，他对该城东北部 400 公顷的柑橘园表示欢欣鼓舞。[32]在面积上，所有法国人所拥有的果园很少有超过 5 公顷的。阿拉伯人和柏柏尔人只有在专门作为 10 月下旬雇佣的采摘工人和把水果分成不同等级的女工群组时，才会出现在果园里，这些人的区别仅在于雇佣劳动者所需的代价不同（工资是男人 1 天 2 法郎，女人 1 天 1.5 法郎），就好像他们在卜利达柑橘园的历史中没有其他作用。该副会长详细记载了长达 30 千米的灌溉渠道对于整个产业的重要性，强调了这一水利基础设施是在米蒂贾平原（位于卜利达北部）的其余地方扩大柑橘生产的关键。[33]当乔利想象法国殖民者在米蒂贾平原的这些新地区所应该遵循的模式时，加利福尼亚的柑橘生产引起了他的密切关注。洛杉矶周围的新柑橘园的图片，与西班牙巴伦西亚的柑橘树形象和对意大利园艺事业的详细描述平分秋色。乔利赞扬了加利福尼亚柑橘的迅速扩张，却不忘提一下西班牙是第一个把柑橘出口到欧洲市场（包括法国）的国家，因此法国殖民者应该熟悉巴伦西亚地区的果园。[34]

如果我们更仔细地关注把柑橘引进到卜利达的实际过程，就很清楚我们面对的，不是简单地用欧洲植物学家引入的更为丰产的品种替代当地人培植的传统品种。为了抗流胶病，必须把柑橘侧芽嫁接到酸橙的根茎上。流胶病在世界许多不同的地方影响了柑橘园，如摧毁了阿尔雷斯群岛的柑橘产业，这些群岛曾经是英国市场的主要供应地之一。[35]流胶病从阿多雷斯传到西班牙和意大利，在19世纪60年代又传入阿尔及利亚：跨越地中海，流胶病从意大利的柑橘产地传到了阿尔及利亚的米蒂贾平原，对此最有可能的解释是，哈迪所做出的那些适应环境的努力，导致流胶病的真菌伴随着他的国际植物交流网络所提供的侧芽一起漂洋过海。

虽然当地人一直用传统的播种方式来种植果树，但殖民者的柑橘却必须嫁接到抗流胶病的根茎上。这种把柑橘侧芽嫁接到酸橙根茎的无性繁殖过程，导致了更为同质化的果园和更为矮小的果树的出现。用播种法（有性繁殖的结果）培育的果园更为多样化，不仅单株果树水果产量有更大的差异，水果的质量也大不相同。在即将到来的几十年里，为了识别有趣的柑橘的新品种和新品系，法国科学家需要研究这种由当地阿拉伯人和柏柏尔人的园艺师创造的多样性。[36]

1892年以来，阿尔及利亚政府植物服务部门的负责人路易斯·特拉布特（Louis Trabut）打算扩大由哈迪开创的果园交流网络，促进对当地土壤和气候的勘测。[37]他的通信网络包括法国殖民政府的军队官员和地方官员，也包括澳大利亚、日本和美国的科学家。据特拉布特说，柑橘特别适合交换，因为侧芽极为容易邮寄。你只要拿蜡把侧芽的边缘封上，用石蜡纸把单个芽盖好，再先后包上一层湿报纸和不透水的油纸，最后放入金属管内，就可以邮寄。[38] 1898 年，在特拉布特欢迎沃尔特·斯温格尔（Walter T. Swingle）到访阿尔及利亚时，美国农业部的农业植物学家就运用类似的方法，把枣椰树的枝条从阿尔及利亚的绿洲寄到了美国。[39]这些种子要在科切拉山谷开创加利福尼亚的枣子种植业。在反向路径上，特拉布特能够从美国柑橘产业繁荣的基地——加利福尼亚——把最早的脐橙引入阿尔及利亚。[40]但是，虽然加利福尼亚的种植者坚持围绕不超过两个品种（华盛顿脐橙和巴伦西亚橙）发展自己的商业优势，特拉布特却执行着另一种计划：不断地增加可供阿尔及利亚的法国定居者食用的品种数量。

在此世纪之交，特拉布特努力推广克莱门氏小柑橘的种植。这是由克莱门特神父在奥兰省的米瑟金孤儿院里首先培育出来的酸橙和柑橘的杂交品种。[41]克莱门氏小柑橘比起其他柑橘的优势是结果期早，它的成熟期是 11 月到 12 月下旬，这时其他柑橘还非常青绿，又恰逢欧洲圣诞节庆祝活动，是柑橘消费的高峰期。凭借扩展的网络，特拉布特还在他的阿尔及尔果园里试验栽培了无核小蜜橘、广东柑橘、孟买柑橘、好望角柑橘、暹罗柑橘王和橘柚。[42]他的目标是为法国殖民者提供不同的柑橘品种，让他们把来自阿尔及利亚的柑橘在欧洲市场上的存在时间从10月延长到3月。

特拉布特明确地把加利福尼亚确定为阿尔及利亚的柑橘生产发展的重要范例。他特别重视加利福尼亚的柑橘品种，特别是无籽的华盛顿脐橙的价值，[43]但是他的植物地理学方法并没有把加利福尼亚和世界上其他有趣的柑橘地区加以区分。在阿尔及尔郊区的试验田里，特拉布特在酸橙的根茎上嫁接了许多植物学家同行寄来的侧芽，不仅有加利福尼亚的，还有好望角、佛罗里达、巴西、西班牙、意大利和澳大利亚的。正如在乔利对卜利达的描述中所说的那样，对特拉布特来说，加利福尼亚就是世界上的另一个地中海。[44]正是这个地区的地中海气候，为特拉布特提供了基于他的植物学家全球学会的成员身份能够接触到的园艺资源。

法国殖民和柑橘生产

尽管早期殖民者的果园是嫁接在卜利达的阿拉伯人果园上的，柑橘地区更大的扩张却发生在米蒂贾平原更北的地方。在法国人占领该地之前，奥斯曼帝国统治者把这个平原分为两部分：由阿尔及尔的统治精英们拥有的大片农业地产和地方部落在本地开发的大庄园。早期法国殖民者把土耳其人统治下的米蒂贾描述为脏乱且未开垦的等待法国“教化使团”的地区。他们倾向于忽略这一点：这个地区不仅已经有人居住，而且已经被当地人开发用于畜牧业。1846 年，一条没收“土耳其人财产”的法律，收回了农业地产，把 9 万 5 千公顷的土地转手给了殖民政府，后者将其分配给了欧洲殖民者。[45]

布法里克新城恰好坐落在米蒂贾的地理中心，位于海岸上的阿尔及尔和阿特拉斯山脚下的卜利达之间。在 20 世纪最初的十年里，布法里克追上卜利达，成为阿尔及利亚柑橘生产的主要中心。1913 年，柑橘园覆盖了大约 4 千公顷的土地，到了 1928 年，柑橘园面积已经翻了一番。[46]这个城市展现了军事征服和乡村定居的叠加效果：垂直的街道展示了法国军事工程师在城市规划中的作用，它们成了散落在这平原上的 38 个新定居村落（最后一个建于 1897 年）追随的典范。到 1911 年，米蒂贾有 4 万 4 千欧洲人和 5 万 8 千阿拉伯人、柏柏尔人；后者失去了 80% 土地的权利。阿拉伯语中表示“耕者”含义的“fellah”（农民），传统意义上是指小农、佃农和公家土地的耕种者：正如一位反殖民的法国学者所描述的，农民“拥有尊严，他通过土地和祖先发生联系，他不是奴隶，而是土地的主人”[47]。对法国殖民者来说，非常重要的是，农民成了“农业雇佣工人”的同义词。根据地理学家马克·科特（Marc Côte），在整个马格里布，没有一个地方的土地剥夺情形可以和发生在米蒂贾的相比。[48]

尽管白人定居者的故事总是痴迷于开拓者的勇气和独立，

但殖民国家才是米蒂贾殖民化的主角。法国殖民政府剥夺了当地人的土地，产生出廉价的雇佣劳动力；建设了铁路，连接卜利达和阿尔及尔，在布法里克设立地方车站；修建了由国家工程师设计的代价昂贵的排水系统和灌溉基础设施；为农业出口提供了安全的市场。从 1920 年到 1930 年，农业产品占了阿尔及利亚多达出口的 86％，供养了大约 2 万 6 千名来自欧洲的土地所有者。来自西部的奥兰省的葡萄酒，是迄今为止最重要的产品，占了出口价值的大约 33％—39％。但是葡萄园在 20 世纪前 30 年里经历了一个剧烈的财产集中的过程，产生了一个独特的大土地所有者阶层；而柑橘园，特别是布法里克周围的柑橘园，是小业主的产业，这导致了一种非常不同的社会性[49]：超过 2/3 的阿尔及利亚柑橘园占地不到 5 公顷，[50] 如果只考虑布法里克地区，这个比例甚至会更高。[51]

1922 年，一个柑橘合作社在布法里克成立。[52]合作社建立在农业辛迪加（syndicates）* 的法国传统基础上，它的目的在于通过将其成员的产品（水果）集中起来，同时提供更好的信贷条件，保证产品有一个好的市场价格。葡萄园和柑橘园代表了重要的投资和对信贷的日益增多的依赖：抵押债务占了法国农业土地总价值的 9％，但在阿尔及利亚这一占比超过了 22％（另一

---

* 资本主义垄断组织的一种基本形式。它是指同一生产部门的少数大企业为了获取高额利润，通过签订协议，共同销售产品、采购原料，从而形成对该产品利润的垄断。

不同的估计为27%)。[53]出口价格的波动和债台高筑，导致葡萄园集中到了几个土地所有者手里。布法里克的合作社承诺反对这种倾向，使市场也为小微定居者（即“黑脚”法国人）服务。合作社的促进者中，有圣查尔斯庄园的经理、激进的社会主义者、布法里克市长阿梅迪·弗罗热（Amédée Froger，1925—1956），弗罗热是第三帝国的教化的使命以及承诺通过向阿尔及利亚移民来解决法国社会动乱的具体化身；[54]作为阿尔及利亚市长联盟的主席，他是小微定居者利益的最坦率的代表之一。

布法里克周边的柑橘园主人加入了合作社，种植了许多特拉布特自20世纪初就极力推广的品种，如柑橘、脐橙和无核小蜜橘。但是，克莱门氏小柑橘一直是最受欢迎的水果，被宣传为法国殖民者的才智和独一无二的园艺鉴赏力的证明。[55]种植者为巴黎克莱门氏小柑橘的高昂零售价所吸引，忽视了这一品种的重要局限——产量的巨大波动。[56]柑橘种植者们组成了合作社来补偿市场的上下波动，但是他们种的果树一年高产，另一年又使他们到了破产的边缘。只有财大气粗的种植者能够承受这样的变化，因此柑橘生产似乎也导向了和葡萄园相同的土地集中模式。只是这个问题在大萧条时期，以及随后阿尔及利亚水果在欧洲的消费量急剧下降时，变得更为严重。[57]

正是在这样的背景下，特拉布特的后继者——在阿尔及利亚殖民政府提供园艺服务的布里谢（M. J. Brichet），逐渐把加利福尼亚宣传为维持布法里克种植者的活力的解决方案。[58]从1929年12月开始，布里谢在代表摩洛哥和阿尔及利亚出口农业利益的主要刊物——《非洲北方农业》（*Afrique du Nord agricole*）上撰写了一系列文章，警告要防止阿尔及利亚果园中柑橘的品种过多以及它们在市场中不稳定的价格，[59]并把阿尔及利亚的克莱门氏小柑橘及其波动情况和加利福尼亚的大脐橙及其在产量和品质上的稳定性做了对比。

柑橘与美国克隆技术

布里谢的目的并不局限于在米蒂贾推广加利福尼亚的柑橘品种。加利福尼亚不仅仅是一个植物资源的源泉，就如它对于特拉布特那样。布里谢对阿奇博尔德·沙梅尔（Archibald D. Shamel）的关于南加利福尼亚柑橘园中柑橘产量变异性的科学研究工作的广泛讨论，把他导向了对在水果之外还要学习什么的更为成熟的研究。华盛顿脐橙和巴伦西亚橙，这两种帮助南加利福尼亚种植者致富的品种，是无籽品种，通常是通过砧木嫁接来培育的。根据沙梅尔的研究，尽管是使用无性形式培育，加利福尼亚果园中的不良树木却在增加，产出的是“品质低劣的低产作物”[60]。到1919年，通过沙梅尔对南加利福尼亚果园的调查，已经确定了超过13种品系的华盛顿脐橙、12种品系的巴伦西亚橙、6种品系的马什葡萄柚，以及8种品系的尤里卡柠檬和5种品系的里斯本柠檬。这些品种对种植者财富的影响是显而易见的，正如沙梅尔在评估华盛顿脐橙果园时所强调的那样："经研究，在原始果树中，大约有25%的树木要么一直低产，要么果实品质低劣，或者兼而有之，就像澳大利亚的不结果的、皱巴巴的、梨形的、羊鼻子似的、扁平的、干涩的品系以及其他低劣的品系。"[61]要保证一个果园在商业上的成功，光种脐橙是不够的。据布里谢的看法，布法里克的定居者还必须引进加利福尼亚人那种保证只种植品系良好脐橙的做法。

1932年，布里谢到美国着手执行一项农业任务，去看阿尔及利亚应该从加利福尼亚学习些什么。[62]在报告中，布里谢详尽描述了加利福尼亚水果合作社的运作，这个合作社负责大约1万5千家联营公司水果的采收、包装、运输和营销。这种合作社证明了，加利福尼亚柑橘种植者（大多数为拥有5到10公顷小柑橘林的业主），在适当地组织成联盟后，实际上可以在市场经济中繁荣起来并能够应对铁路垄断的力量（这种像章鱼似的垄断力量体现了美国资本主义的邪恶）。尽管有很多次"新奇士公司"（Sunkist，这个合作社在美国家喻户晓）被描述为与加利福尼亚农业综合企业相关的众多问题的典型，但修正主义史学论证了它作为进步时代（Progressive Era）的改良主义社会组织的重要性。[63]

布里谢的主要观点是，一个把成千上万种植者的水果集中起来的合作社的良好运作，取决于其成员的统一生产。把劣质品系水果送到合作社包装厂的种植者会破坏合作的努力，必须被清除出去。因此，从1917年开始，沙梅尔在加利福尼亚的合作社中创办了芽材选择部，确保从选定的果树上采集芽材并分发给栽培者。遵照沙梅尔的指示，个体种植户要记录他们每棵果树的表现，在每个果园确定最好的果树，然后从这些果树上采集芽材。合作社不仅要负责保质和分发芽材，还要负责“把芽材的费用付给母树的主人，再继续收集、汇总和研究大量个体树的资料，选择优良的母树，收集有关芽材以及其长成的果树的表现信息，并且调查新的果园地区，以找到更多的母树”[64]。从1917年到1935年，加利福尼亚的合作社分发了来自优良品系的超过1 402 950个华盛顿脐橙的优选芽材和2 338 004个巴伦西亚橙的优选芽材。[65]

根据布里谢，在阿尔及利亚发生的事件其发展方向正好相反。由培植者销售的供种植者嫁接的芽材，取材毫无控制，因此并非来自选定的果树。绝望的布里谢说：“果农随意从任意一根树枝上采集芽材。”[66]在对加利福尼亚的参观中，他得出了结论：布法里克的合作社必须扩大行动范围，不能只局限于通过控制多少水果投入市场为种植者保持高价，也应该为果园里的水果质量和数量负责，以保证稳定的收入来源。换句话说，为了照顾好其成员，合作社也必须照顾好果园里的果树。在加利福尼亚之旅的直接鼓舞下，从1937年起，布里谢通过园艺服务，对培育者销售的芽材实行了强制控制。[67]现在每个芽材都必须包括一个能确认其母本的标签，证明其来自选定的果树。从这时开始，只有附加了表明其来自哪棵果树的标识的芽材，才能合法地运输。[68]这个时机特别合适，因为西班牙内战的爆发推动了阿尔及利亚柑橘园栽培的新繁荣。这次内战导致欧洲市场主要供应商的出口急剧减少，阿尔及利亚种植柑橘的地区面积则从1937年的占地大约1万公顷，增长到1942年的2万2千公顷。

引进加利福尼亚的对柑橘树栽培的进行控制的方法所要求的远不止是到美国旅行几次。这一进程的基础是当地的科学殖民的基础设施，特拉布特在1927年建立的布法里克实验站就是这种情况下的代表。[69]基于上面讨论过的对农业实验作用的设想，对特拉布特来说，实验站的首要任务就是使最大可能数量的新柑橘品种适应阿尔及利亚的环境。与特拉布特不同，布里谢只是想利用布法里克实验站，来保证只有某种品种的最好品系才能得到栽培。[70]尽管法国支持小微白人定居者的殖民计划因引进美国标准化的做法变得更为可信，但显然，只有通过调动已经由殖民政府开发到位的资源，美国产地的做法在殖民地日益增多才是可能的。这里有一个更为普遍的趋势：一方面欧洲殖民国家通过展望美国来重塑自己的种植技术，另一方面美国通过旧的欧洲殖民渠道实现全球化。

在1929年培育了第一批根茎后，1931年实验站的果园完成了不同品种的嫁接。在随后的几年里，园艺服务还在布里谢的控制之下，实验站的主要目标就是通过记录果树表现，确保每一个最多产的品种得到克隆。[71]“克隆”一词的现代用法，是由河滨市的加利福尼亚大学柑橘实验站、南加利福尼亚柑橘生产中心的负责人赫伯特·韦伯（Herbert J. Webber）提出的。他用“克隆”来描述那些以任何形式使用植物的某一部分（如鳞茎、块茎、切块、嫁接、芽块等）以及直接用同一个体幼苗的某一部分来培育的植物群。[72]虽然这些都是非常传统的方法，全世界的农民和园丁已经使用了许多世纪，但韦伯创造这个新词，来吸引大家关注在现代农业栽培形式中的无性繁殖形式的重要性。没有人怀疑对来自祖先实践的嫁接和芽接技术的使用，但是有人质疑依赖于详细记录其祖先和后代的克隆技术的创新性。[73]按照最早由沙梅尔在加利福尼亚提出的程序，布法里克实验站每一棵由嫁接在根茎上的芽材长出的新柑橘树（即每一次新的克隆），都要有标识其水果产量和品质表现的记录。通过对这些表现记录的分析，人们就能选择出由培育者采集芽材，并加以培育的克隆品种。从 1937 年到 1950 年，阿尔及利亚的园艺服务站确定了超过 1 万 2 千棵优秀克隆果树，从中采集了 45 万个芽材。[74]这段时期也见证了柑橘栽培地区的急剧扩张，到 1962 年阿尔及利亚独立前，柑橘面积达到了 4 万 5 千公顷。这种增长是建立在加利福尼亚克隆技术基础上的。

克隆技术成了布法里克-卜利达柑橘合作社成功的关键。每年只有通过由实验站确保的克隆树，生产出相同质量、相等数量的水果，合作社才能维持并扩大。在 20 世纪前十年里栽培产量变化很大的克莱门氏小柑橘，尽管在巴黎市场售价很高，但只有那些能用一年的获利补偿另一年损失的大果园主能够坚持下去。相反，加利福尼亚脐橙的稳定性，为大约5千家小微果园主带来了柑橘利润增加的希望。或者，就像雷内·迪蒙（René Dumont）在一份法国农学家赴美代表团的报告中雄辩地总结的，“只有大的水果是民主的”[75]。小的克莱门氏小柑橘被认为仅有利于大地主，大的加利福尼亚脐橙使小微农场主也能和大农场主一起，在水果销给欧洲消费者的过程中获利。

在有关阿尔及利亚的米蒂贾如何复制加利福尼亚克隆技术的详细讨论中，没有提到是谁实际完成了把选出的芽材嫁接到根茎上的工作，又是谁挑选了柑橘。顺便说一下，法国科学家在比较加利福尼亚和阿尔及利亚的情况时，谈到了后者比美国种植者有更为廉价的劳动力上的巨大优势。正如加利福尼亚的种植者完全抹去了中国、日本和墨西哥的种植者在20世纪初使洛杉矶地区发了财的柑橘园培育中的作用，“黑脚”法国人完全遗忘了当地农民的作用。正如我们在上面看到的，他们不仅忽略了阿尔及利亚的果园培育最早是由来自安达卢西亚的阿拉伯人在卜利达开创的，也忽视了以下事实：按照加利福尼亚模式培育的非常现代的果园，依赖于阿尔及利亚农民的园艺技术。芽材采集和嫁接都是由来自阿特拉斯山脚的柏柏尔人完成的，他们世世代代栽培无花果和橄榄这种经济作物。受雇来做这类工作的工人以及负责修剪的工人，比起仅仅在收获季雇来的采摘工，有更为长期的工作。但临时工是大多数（在葡萄酒之乡，长期工与临时工之间的比例是 1∶5），对他们而言，失业是家常便饭，而且工作合同缺乏规范。在天气条件不好或处理柑橘不够小心时，他们很容易被解雇；摘水果的速度是重要的，但同样重要的是，要防止因指甲太长或手指笨拙导致水果外皮损伤；[76]取悦工头时，勤奋、能力和顺从一样重要。[77]

结论：殖民地的反抗

居住在米蒂贾平原的大约 4 万 2 千欧洲人（即“黑脚”法国人）的民主，依赖于对 19 万阿拉伯人和柏柏尔人的直接的剥削和早先的剥夺，阿拉伯人和柏柏尔人是追求独立的民族解放阵线及其游击战争招募对象的主要基础。1930 年，为了纪念把一个沼泽地区变成了园艺天堂的“黑脚”法国人的“米蒂贾奇迹”，殖民政府在布法里克建立了纪念碑，碑上根本没有提到当地农民。一个高 9 米、长 45 米的巨型雕塑把法国定居者和军事人员并列在一起，强调了军事行动和农业垦荒的紧密联系。这个大都市的政府花费了至少 4 千万法郎，来纪念法国人到此 100 周年，这个数字相当于用于当地人口的社会和教育计划的经费总数，而且纪念活动还遭到了法属阿尔及利亚代表的反对。[78]

1954 年，那些被排除在“米蒂贾奇迹”之外的人们终于发声。10 月 1 日，阿尔及利亚民族解放阵线发起一系列配合一致的进攻，开始了独立战争，该战争直到 1962 年结束；早期的炸弹之一就是在布法里克的柑橘合作社爆炸的。如果合作社在其成员中实现了民主和平等主义，他们就有希望在加利福尼亚克隆技术基础上再生产，当然，它给当地阿拉伯人和柏柏尔人带来的是与民主、平等截然不同的东西。

在随后的几年里，紧随爆炸之后的是许多根除柑橘树的行动。1956 年 12 月，布法里克市长、“黑脚”法国人合作社的发起人阿梅迪·弗罗热在阿尔及尔被杀害。大约有 1 万群众跟随他的送葬队伍走上了这座首都城市的街道。军人护卫为林立的老兵（古代战士）旗帜开道，展现了把弗罗热视为法国民族主义的象征。经过美国大使馆门前时，人群在大声呼喊“法属阿尔及利亚！法属阿尔及利亚！”之后，唱起了《马赛曲》（*La Marseillaise*）、《非洲人》（*Les Africains*）、《这是我们的再见》（*Ce n'est qu'un revoir*）等，这些全部是强硬派“黑脚”法国人的圣歌，歌声不时被“刺客们去死吧！”的口号打断。与此同时，一个隐藏的炸弹在弗罗热坟墓边上的另一个坟墓里爆炸，因为仪式推迟而避免了一场大屠杀。右翼极端分子煽动起乌合之众，铁棍、步枪和大刀突然成倍增加。在码头，路过的阿拉伯人被扔到 10 米深的水里；“嫌疑犯”被冷血的警察直接开枪击倒；那天晚上大约发生了 100 到 300 起（没有人知识确切的数字）的私设公堂和严刑拷打。[79]

为了理解阿尔及利亚去殖民化进程中的极端暴力，社会学家皮埃尔·布尔迪厄（Pierre Bourdieu）把殖民主义描述为一种连根拔起的普遍现象。[80]只是最近才有社会理论学者开始承认，独立战争中布尔迪厄在阿尔及利亚的那几年，对于理解他对晚期现代性的解释的重要性。[81]只要注意下面这一点就足够了：看布尔迪厄是如何把参与礼物经济的卡拜尔农民（他的民族志著作描述的对象）的习惯，和由法国殖民秩序强加给资本主义世界的理性而冷静的计算加以对比的。在布尔迪厄看来，强迫大约200万阿尔及利亚农民（大约这个国家的1/4人口）背井离乡，用暴力将他们重新安置到模范村（法国军队为了对付游击队而强制实施的策略），这样做尽管有着明显的、独特的残暴，却和之前的土地剥夺处在一个直接相关的连续体中。土地的剥夺强迫被殖民者放弃他们的习俗，把他们融入由冰冷的劳动关系构成的现代世界中。这种劳动关系支撑了在法国人控制下的米蒂贾平原的农业。因此，殖民主义，尽管有通过种族主义产生的特殊的权力关系，但可以被视为现代性的主要先驱，用背井离乡的农场雇佣工人或城市劳动者替代了扎根农村的农民。[82]

布尔迪厄在其有关阿尔及利亚的著作中只是顺带提到了柑橘，葡萄酒才是他进入“黑脚”法国人世界的港口。[83]这当然是合理的，因为，如上所述，在殖民者经济中，葡萄园总是比柑橘园更为重要，尽管在殖民地的最后时期里后者的增长比前者快得多。而且葡萄酒在布尔迪厄的论证中信手拈来。在《阿尔及利亚社会学》(*Sociology of Algeria*)一书中，他描述了雇佣300至400个工人，每年生产大约500万升葡萄酒的600公顷的大产业，是如何打破了“黑脚”法国人围绕着定居者对土地的依恋建立起的所有天方夜谭。[84]萨特在为法农的《大地上受苦的人》撰写的序言中，也引用了这些数字来谴责那些把以前养育当地人的土地，转变成现在生产葡萄酒的大片栽培葡萄的地区的行径。[85]正是这样的推理，使得布尔迪厄和萨特在法国知识分子关于阿尔及利亚危机的激烈辩论中，站在了去殖民化的一边，留下少数左倾知识分子之一的阿尔贝·加缪(Albert Camus)形单影只，为两个社群在这同一片土地共存而奋斗。[86]

如果布尔迪厄、萨特和法农注意到了柑橘生产在定居者生活中日益增长的存在，他们也许会更加同情加缪的观点。和大型葡萄酒庄园相反，柑橘园在面积上很少超过10公顷，但是比起葡萄栽培维系了更多的白人社群。对于这一章的论证更为重要的是，加利福尼亚的做法并没有把现代化等同于脱离土地、机械化和大产业化；相反，加利福尼亚风格的现代化使得定居者深深地扎根于这片土地。加利福尼亚的克隆技术被转移到阿尔及利亚，的确养活了在小微产业生产标准化的水果和组成合作社的大量白人定居者人口。清楚地认识这些把米蒂贾柑橘园和南加利福尼亚果园连在一起的具体联系是重要的。在仅有的殖民主义的一般概念基础上，白人定居者在阿尔及利亚的不受约束的极端暴力形式是难以理解的。换句话说，现代化的总体性理论（在其中资本主义的盲目力量连根拔起当地人口）并非完全令人满意。加利福尼亚—阿尔及利亚柑橘间的联系，暗示了现代化的形式和美国在全世界的在场，有着始料不及的扎根效果。

注释

1. Frantz Fanon, *The Wretched of the Earth*, trans. Richard Philcox (1961); repr., New York: Grove Press, 2004), 4–5.
2. Ibid., 6.
3. Homi K. Bhabha, "Farming Fanon," foreword to Fanon, *Wretched of the Earth*.
4. Ibid.
5. 法农自己有关当地重要性的立场更为微妙。Stefan Kipfer, "Fanon and Space: Colonization, urbanization, and Liberation from the Colonial to the Global City," *Environment and Planning D: Society and Space* 25, no. 4 (2007): 701–726。有关"全球南方"奖学金的介绍，参看专刊"The Global South and World Dis/order," ed. Caroline Levander and Walter Mignolo, *Global South*, no. 1 (2011)。
6. Tiago Saraiva, *Cloning Democracy: Californian Oranges and the Making of the Global South* (forthcoming).
7. 关于克隆，参看 Jane Maienschein, *Whose View of Life? Embryos, Cloning and Stem Cells* (Cambridge, MA: Harvard University Press, 2003); Hannah Landecker, *Culturing Life: How Cells Became Technologies* (Cambridge, MA: Harvard University Press, 2007). 莎

拉·富兰克林（Sarah Franklin）已经证明了将绵羊多莉放在它原本的农业环境中的好处，参见 *Dolly mixtures: The Remaking of Genealogy*（Chapel Hill，NC：Duke University Press，2007）。关于科学史学家忽视了农业的讨论，参见 Jonathan Harwood，"Introduction to the Special Issue on Biology and Agriculture，" *Journal of the History of Biology* 39（2006）：237 - 239。

8. 有关技术科学的范畴，参见 Tiago Saraiva，*Fascist Pigs: Technoscientific Organisms and the History of Fascism*（Cambridge，MA：MIT Press，2016），235 - 242；Ken Alder，"Introduction to Focus Section on Thick Things，" *Isis* 98，no. 1（2007）：80 - 83；John Tresch，"Technological World Pictures：Cosmic Things and Cosmograms，" *Isis* 98，no. 1（2007）：84 - 99；Bruno Latour，"From Realpolitik to Dingpolitik，" in *Making Things Public: Atmospheres of Democracy*，ed. B. Latour and P. Weibel（Cambridge，MA：MIT Press，2005），4 - 31；Lorraine Daston，ed.，*Things That Talk: Object Lessons from Art and Science*（New York：Zonebooks，2004）。
9. 关于这类叙述的一般批评，参见 William Beinart and Karen Middleton，"Plant Transfers in Historical Perspective：A Review Article，" *Environment and History* 10，no. 1（2004）：3 - 29. 传统叙述的经典范例，我指的是 Affred W. Crosby，*The Columbian Exchange: Biological and Cultural Consequences of 1492*（Westport，CT：Praeger，2003）。
10. 在另一本很有见地的书中，斯文·贝克特（Sven Beckert）有一次提到了不同棉花种类的不同基因，但他没有抓住这些差异的历史重要性。参见 Sven Beckert，*Empire of Cotton: A Global History*（New York：Alfred A. Knopf，2015）。这一批评对爱德华·巴普蒂斯特（Edward Baptist）也是有效的，参见 *The Half That Has Never Been Told: Slavery and the Making of American Capitalism*（New York：Basic Books，2014). 在一次激烈的辩论中，奥姆斯特德（Olmstead）和罗兹（Rhodes）谴责了历史上对种子的忽视。他们认为，这种忽视就像浸信会所犯的错误那样，牺牲了对种子更有力的反思。参见 Marc Parry，"Shackles and Dollars，" *Chronicle of Higher Education*，Dec. 8，2016. 有关棉花进化历史的重要性的充分讨论，参见 Edmund Russell，

Evolutionary History: Uniting History and Biology to Understand Life on Earth (Cambridge: Cambridge University Press, 2011), 103 - 130。

11. 有关法农传记的细节，参见 David Macey, *Frantz Fanon: A Biography* (2000; repr., New York: Verso, 2012)。
12. Ibid., 110 - 151; Hussein A. Bulhan, *Frantz Fanon and the Psychology of Oppression* (New York: Springer, 1985); Françoise Verges, "Chains of Madness, Chains of Colonialism: Fanon and Freedom," in *The Fact of Blackness: Frantz Fanon and Visual Representation*, ed. Alan Read (Seattle: Bay Press, 1996), 47 - 75.
13. Frantz Fanon, *Black Skin, White Masks*, trans. Charles Lam Markmann (New York: MacGibbon and Kee, 1967).
14. Nigel Gibson, "Thoughts about Doing Fanonism in the 1990s," *College Literature* 26, no. 2 (1999): 96 - 117.
15. Marc Côte, "L'exploitation de la Mitidja, vitrine de l'entreprise colonial?," in *Histoire de l'Algérie à la période colonial*, ed. Aberrahmane Bouchéne at al. (Paris: La Découverte, 2014). 269 - 274; Georges Mutin, *La Mitidja décolonisaton et espace géographique* (Paris: CNRS, 1977).
16. For general views on the French mission civilisatrice, see Alice L. Conklin, *A Mission to Civilize: The Republican Idea of Empire in France and west Africa, 1895 - 1930* (Stanford, CA: Stanford University Press, 1997); Diana K. Davis, *Resurrecting the Granary of Rome: Environmental History and French Colonial Expansion in North Africa* (Athens: Ohio University Press, 2007).
17. Macey, *Frantz Fanon*, 210.
18. Xavier de Planhol, "La formation de la population musulmane à Blida," *Revue de géographie de Lyon* 36, no. 3 (1961): 219 - 229.
19. For this dynamic and for the formation of a new sedentary group among Algerian "Arabophones," see Pierre Bourdieu, *Sociologe de l'Algérie* (1958; repr., Paris: PUF, 2018), 67 - 91.
20. Germaine Tillon, *L'Algérie en 1957* (Paris: Les Editions de Minuit, 1958).

21. Georges Mutin, "L'Agérie et ses agrumes," *Revue de géograaphie de Lyon* 44, no. 1 (1969): 5–36.
22. Louis de Baudicour, *La colonization de l'Algérie* (Paris: Jacques Lecoffre, 1860); L. Trabut and R. Marés, *L'Algérie agricole en 1906* (Algiers: Imprimerie Algérienne, 1906).
23. Stephen Frederic Dale, *The Orange Trees of Marakesh: Ibn Khaldun and the Science of Man* (Cambridge, MA: Harvard University Press, 2015).
24. Michael A. Osborne, Nature, the Exotic, and the Science of French Colonialism (Bloomington: Indiana University Press, 1994); Warwick Anderson, "Climates of Opinion: Acclimatization in Nineteenth-Century France and England," *Victorian Studies* 35, no. 2 (1992): 135–157; Christophe Bonneuil, "Mettre en ordre et discipliner les tropiques: Les sciences du vegetal dans l'empire français, 1870–1940" (PhD diss., Paris VII, 1997).
25. Michael A. Osborne, "The System of Colonial Gardens and the Exploitation of French Algeria, 1830–1852," in *Proceedings of the Meeting of the French Colonial Historical Society*, ed. E. P. Fitzgerald (Lanham, MD: University Press of America, 1985).
26. Louis Trabut and René Maire, "La station botanique de Maison-Carré en Algérie," *Revue de botanique appliquée et d'agriculture coloniale* 2, no. 7 (1922): 86–92; Paul Carra and Maurice Guait, *Le jardin d'essai du Hamma* (Algiers: Gouvernement Général de l'Algérie, Direction de l'Agriculture, 1952).
27. Michael Osborne, "The Société Zoologique d'Acclimatation and the New French Empire: Science and Political Economy," in *Sciences and Empires*, ed. P. Petitjean, C. Jami, and A.-M. Moulin (Dordrecht: Kluwer, 1992), 299–306.
28. Bonneuil, "Mettre en ordre," 183–186.
29. Charles Joly, *Les orangeries et les irrigations de Blidah* (Paris: Georges Chamerot, 1887); Baudicour, *La colonisation.*
30. Gouvernement général de l'Algérie, *les fruits et primeurs d'Algérie* (Algiers: Imprimerie Algérienne, 1922).

31. 论法国殖民使团重建罗马粮仓的愿景，参见 Davis，*Resurrecting the Granary of Rome*。
32. Jolly，*Les orangeries*，6 – 8.
33. Ibid.，8 – 12.
34. 4 年后，查尔斯·乔利详尽地讨论了加州的水果生产。参见 *Note sur la production fruitiére en Californie*（Paris：Gaston Nee，1891）。
35. Louis Trabut，*L'arboriculture fruitiére dans l'Afrique du Nord*（Algiers：Imprimerie Algérienne，1921），139 – 141，182 – 184. 论亚速岛的柑橘生产，参见 Fátima Sequeira Dias，"A importância da economia da laranja no arquipélago dos Açores durante o século XIX，" *Arquipélago-Revista da Univerdidade dos Açores* 17（1995）：189 – 240。
36. Trabut，*Arboriculture fruitiére*，34，138 – 139.
37. Rene maire，"Louis Trabut：Notice nécrologique，" *Revue de Botanique appliquée et d'agriculture colonial* 98（1929）：613 – 620.
38. Trabut，*Arboriculture fruitiére*，146.
39. Walter T. Swingle，*The Date palm and Its Utilization in the Southwestern States*（Washington，DC：US Department of Agriculture，1994）.
40. Louis Trabut，"Les oranges précoces du groupe Navel en Algérie，' *Bulletin des séances de la Société royale et central d'agriculture*，1910，867 – 895.
41. Louis Trabut，"Les hybrids de Citrus nobilis：La Clémentine，" *Revue de botanique appliquée et d'agriculture colonial* 60（1926）：484 – 489.
42. Ibid.，488.
43. Trabut，"Les oranges précoces du groupe Navel"；Louis Trabut，"Mutation par bourgeons chez les *Citrus*：La carpoxenie et la cladoxenie，" *Revue de botanique appliquée et d'agriculture colonialde* 22（1923）：369 –377.
44. Jean-Baptiste Arrault，"A propos du concept de Méditerranée：Expérience géographique du monde et mondialization，" *Cybergeo: Eurepean Journal of Geography*，Epistémologie，Histoire de la geographie，Didactique，document 332（Jan. 3，2006），accessed Feb. 14，2017，doi：10. 4000/

cybergeo. 13093.

45. Marc Côte, *L'Algérie, espace et société* (Paris: Amand Colin, 1996); Hildebert Isnard, *La réorganisaation de la propriété rurale dans la Mitidja (1851 - 1867): Ses conséquence sur la vie des indigénes*, Mélanges d'historie algérienne (Algiers: A. Joyeux, 1947), 15 - 126.
46. Mutin, "L'Algérie et ses agrumes."
47. Michel Launay, *Paysans algériens: La terre, la vigne et les homes* (Paris: Seuil, 1963), 203.
48. Julien Franc, *La colonization de la Mitidja* (Paris: Champion, 1949); Mutin, *La Mitidja*.
49. Hildebert Isnard, *Lavigne en Algérie* (Paris: Gap, 1954).
50. Henri rebour, *Les agrumes en Afrique du Nord* (Algiers: Union des Syndicats des Producteurs d'Agrumes, 1950), 34; Mutin, "L'Algérie et ses agrumes," 14.
51. 奥兰（Oran）和切利夫（Chelif）山谷的新灌溉区培植了更大的果林。参见 Mutin, "L'Algérie et ses agrumes."。
52. "Coopérative agricole dela Mitidja," *L'écho d'Alger*, Oct. 20, 1922; "Une industrie agricole algérienne," *L'Afrique du Nord illustrée*, dec. 20, 1924.
53. Corinne Desmulie, "L'agriculture colonial en Algérie, 1930 - 1962: Objet et sources," *Colloque jeunes chercheures en histoire économique*, Paris X, 2008.
54. Olivier Chartier, *Les ombres deBoufarik* (Paris: Flammarion, 2010). 沙捷（Chartier）是一位新闻记者，也是弗罗热的孙子。在此著作中，他试图继承弗罗热的有争议的"遗产"——小微定居者、激进的社会党市长，体现了黑脚法国人中的反动的种族主义立场。
55. Rebour, *Agrumes*, 37.
56. Ibid., 46.
57. 有关大萧条对阿尔及利亚农业出口带来的困难局势的详细讨论，参见 Desmulie, "L'agriculture colonial."。
58. 有两位作者已经探索了加利福尼亚通过柑橘与在北美的法国帝国事业之间的这种联系：Antoien Bernard de Raymond, "Une Algérie

californienne? L'économie politique de la standardization dans l'agriculture colonial (1930 - 1962)," *Politix* 95 (2010): 23 - 46; Will D. Swearingen, *Moroccan Mirages: Agrarian Dreams and Decentions, 1912 -1986* (Princeton, NJ: Princeton University Press, 1987).

59. J. Brichet, "Un petit aperçu sur la production et le commerce mondiaux d'agrumes," *Afrique du Nord agricole*, Dec. 7, 1929; "Planteurs d'orangers, attention! II y a Navel ... et Navel," *Afrique du Nord agricole*, Dec. 6, 1930; "Tant que nous ne séléctionnerons pas nos orangers navels l'avenier de leur culture restera chimérique,' *Afrique du Nord agricole*, Nov. 3, 1931.
60. A. D. Shamel, *Cooperative Improvement of Citrus Varieties* (Washington, DC: US Department of Agriculture, 1919), 250.
61. Ibid.
62. M. J. Brichet, *Mission algérienne agricole et commercial aux États Unis* (Mai-Juin 1932) (Algeiers: V. Heintz, 1932).
63. Douglas Cazauz Sackman, *Orange Empire: California and the Fruits of Eden* (Berkeley: University of California Press, 2005); David Vaught, "Factories in the field Revisited," *Pacific Historical Review* 66, no. 2 (1997): 149 - 184; Tiago Saraiva, "Oranges as Model Organisms for Historians," *Agricultural History* 88, no. 3 (2014): 410 - 416.
64. Shamel, *Cooperative Improvement*, 265 - 275.
65. Hamilton P. Traub and T. Ralph Robinson, *Improvement of Subtropical Fruit Crops* (Washington, DC: US Department of Agriculture, 1937) 784 -785.
66. Brichet, *Mission algérienne*, 206.
67. Rebour, *Agrumes*, 168.
68. Ibid., 191.
69. L. Blondel, *La station expérimentale de Boufarik* (Algiers: Imprimerie Moderne, 1951).
70. Brichet, *Mission algérienne*, 208.
71. Blondel, *Station expérimentale de Boufarik*, 11.
72. H. J. Webber, "New Horticultural and Agricultural Terms, " Science 18

(1903)：501 - 503.

73. 关于韦伯和克隆的详细讨论，参见 Saraive，*Cloning Democracy*。
74. Rebour，*Agrumes*，168.
75. 引用于 Raymond，"Une Algérie californienne?，" 24.
76. Rebour，*Agrumes*，363 - 378.
77. 关于葡萄园工人中的相同特性，参见 Launay，*Paysans algériens*。
78. Jean-Pierre Peyroulou，"1919 - 1944：L'essor de l'Algérie algérienne，" inBouchéne et al.，*Histoire de l'Algérie á la période coloniale*，319 - 346，at 330.
79. 这是基于 Chartier，Les ombres de Boufarik，30 - 33。
80. Pierre Bourdieu and Abdelmalek Sayad，" Paysans déracinés：Bouleversement morphologiques et changements culturels en Algérie，" Études rurales 12 (1964)：56 - 94；Bourdieu，*Sociologie de l'Algérie*；Paul A. Silverstein，" On Rooting and Uprooting：Kabyle Habitus，Domesticity，and Structural Nostalgia，" *Ethnography* 5，no. 4 (2004)：553 - 578.
81. See Loïc Wacqant，" Following Pierre Bourdieu into the Field，" *Ethnography* 5，no. 4 (2004)：3887 - 414；Craig Calhoun，foreword to *Picturing Algeria*，by dour，"Bread and Wine：Bourdieu's Photography of Colonial Algeria，" *Sociological Review* 57，no. 3 (2009)：385 - 405.
82. 布尔迪厄有意带有讽刺意味地借用了法国极右派的一个重要主题，即查尔斯·莫拉斯（Charles Maurras）和他的法兰西行动，莫拉斯谴责了资本主义在法国农村造成的破坏传统和败坏道德的影响，批判殖民主义是对现代性的暴力根除。
83. Bourdieu，*Sociologie de l'Algérie*，120 - 129.
84. Ibid.
85. Jean-Paul Sartre，preface to Fanon，*Wretched of the Earth*，xliii-lxii.
86. James D. Le Sueur，Uncivil War：*Intellectuals and Identity Politics during the Decolonization of Algeria* (Philadelphia：University of Pennsylvania Press，2001)；Paul Clay Sorum，*Intellectuals and Decolonization in France* (Chapel Hill，NC：Duke University Press，1977).

第四章　美国技术和印度现代化

普拉卡什·库马尔

在第一次世界大战前夕，一个印度地主锡达尔·约根德拉·辛格（Sridar Jogendra Singh）买了一台英国制造的25匹马力拖拉机，运到了他在凯里的大片田地里。在那个时代，这一举措是个非凡的举动，似乎也是一个非常大胆的考虑，因为辛格毕竟是一个印度地主，不是一个来自欧洲的典型的富裕庄园主兼投资者；众所周知，后者为他们在殖民地的种植园进口昂贵的机器。[1]当辛格的拖拉机开向阿格拉和乌德联省凯里地区的艾拉庄园时，殖民地的农业部鼓励他在该省继续前进。确实，农业部的最高官员曾驱车赶到凯里，希望记录下这次行动的详情，以评估拖拉机对殖民地农业的实用性。这个地区有几片该省的丰产田地，农业部已经投资修建了灌溉渠道网络，邀请人们来此地区定居。约根德拉·辛格的渴望，正好与这个殖民地国家扩大应纳税耕地的动机不谋而合。[2]

辛格是一个富裕的农民，继承了 12 000 亩的大片田地。他把田地的大部分租给佃户耕种，但是还有很大部分没有人耕种，他希望这些地方也种上庄稼。但是，这一部分土地每年都被当地河流泛滥的洪水淹没。洪水留下了肥沃的冲积土，加上常年没有得到耕种，现在土地被浓密的杂草（坎斯草和班苏拉草）覆盖。由于土地面积广大，杂草生命力顽强，人工清除费时费力，不要几年也要几个月，使用拖拉机则是明智之举。[3]

有趣的是，辛格这个善良的地主，把自己将艾格庄园改造成耕作区的计划，看成了对那些可能要来此谋生的佃农的慷慨之举。作为一个富裕的地主，他写道，致力于改善这个地区极端贫困的佃农的生活是他的“责任”。“真是遗憾，乌德乡村以及联合省其他地方的劳动阶层，年复一年的缺食少穿……走进联合省的任何一个村子，你会立即被那些饱尝山珍海味的富人和那些勉强维持生存的穷人在体格上的对比所震惊。婆罗门、军官还有牛倌人高马大、体格强壮，而贫穷的乡村苦力则骨瘦如柴。”[4]辛格想用他的田地来安置这些“贫穷的乡村苦力”，通过灵活地使用拖拉机，让他们获得雇用。在此过程中，把他们转变为交租的农民，变为殖民地国家在法律和自由主义的框架内实施的税收措施的对象。[5]

正是通过诸如约根德拉·辛格留下的文本，农业土地上的赤贫者，即所谓的“乡村苦力”进入了我们的视野，吸引我们去分析外国机器的重要性和对他们来说是有条件的现代化。这些劳动阶层在很大程度上和殖民地社会的下层人（subordinate）或“底层人”（subaltern）重合，南亚人认为这些人被遗忘在民族、阶级和文明的技术视野之外。20 世纪 80 年代以来，恢复这些底层人的“特殊形式的主体性、经验和能动作用”的任务，就一直是从事底层研究学者的研究项目。在后殖民批评的影响下，南亚人表达了他们对诸如“现代化”的普遍性感到的不安。[6]本章根据这种不安，质疑技术知识跨国流动研究中的某些假设。南亚人所做的精细的工作，突显了（作为一个和假定永不停止“进步”的技术交织在一起的、永恒的、永远有效的范畴的）现代化和完全不同的政治、社会身份之间的复杂关系。在本章中，作者要在三个特殊时期的现代化冲动中分析这种关联性：殖民时期、长老会时期和赠地时期。在此过程中，本章突出展现了在特定历史时刻中起作用的几个关于普遍性的社会局限：殖民国家希望带来生产变化的技术想象的局限；美国长老会求助于“人”（human）的价值把印度的“穷人”转变为从事生产的小农的局限；以及美国农学家推广提高农业生产力的集约化运动模式的局限。现代化主义者的强烈愿望本身就为发现盲点提供了线索。在其他时间里，这些角色偶尔也表达了他们的担忧。机器和知识的跨国流动，通过彰显这些人的主体性而获得权威。本章质疑这个过程的可靠性。

如果不质疑这类跨国过程的陷阱，就会使得我们和现代化主义者一样犯同样的健忘症。因此，考虑到南亚历史学中表达的关切，本章开启了南亚学者和专门研究知识跨国流动的历史学家的对话。

美国技术与南亚殖民地

南亚殖民地的历史学家通常都聚焦在“殖民地—民族”复合体的局部地点上。然而，南亚主义者（South Asianists）并没有忽略跨区域现象。人们可能会说，在南亚殖民地历史中，经常作为参照物的远离殖民地的大都市或帝国，使得这种“殖民地”研究本身就是跨国的。南亚主义者很早就注意到了需要把南亚历史和遥远之地的历史相联系，在更为宽广的范围撰写历史。[7]戴维·卢登（David Ludden）为专注范围问题的南亚学者非常好地总结了这种全球转向的意义。他重新强调了区域研究学者们提供的这类对地方层面精细分析的必要性，也注意到了需要考虑“全球和相互性”，以及“地方和多重性”。[8]卢登只是表达了南亚的一种主流趋势，即在分析地方殖民的趋势时，不仅涉及帝国，而且涉及跨国的因素。[9]

聚焦美国—南亚联系以及有意把印度次大陆殖民的现代性和美国的现代化合并在一起，是为了改变南亚历史学把区域研究的焦点放在殖民地—民族中心轴上的做法。[10]显然，印度在20世纪农业现代化的经验，因美国的技术和专业知识的存在而变得复杂。在殖民时期这种存在非常有限，但在后殖民时期却变得尤为突出。通过聚焦于上面勾勒过的三个“时期”，本章突出展现了这些努力和殖民关系以及后殖民发展体制之间的纠缠。在我的分析中，偶尔会使用“技术”（technic）一词，旨在扰乱现代化的叙事，达到被现代化取代的视角和世界观，防止持续使用使我们陷入用现代化的语言来分析“前现代”的“科技”（technology）一词。使用术语“科技”使得我们看到了参与、借用和抵制的过程；对“技术”一词的使用指向现代主体的形成并争取到他们的赞同。它丰富了我们的分析，强调了现代化对殖民地和民族主义精英们日益增长的吸引力。具体地说，我提请注意两件事：第一，美国技术对一般的殖民“改良”计划而言的外在性，因而也是对必须花费在加速其进入殖民地的额外努力而言的外在性；第二，20世纪50年代，面对政治上的左翼（共产党和印度国民大会党中的社会主义左派）指责其为“美国帝国主义”的指控，尼赫鲁（Nehru）政府为了在印度培育美国技术而采取的微妙策略。这一额外努力表明，现代化的吸引力在日益增强。

在此需要补充几句来澄清这个理论上的借鉴。喜欢用术语“技术”来指称人工物的偏好，使得我们能够释放福柯式的控制人口生物力量的概念的解释潜力；用（和科技形成对比的）技术来构建人工物，为接触不同类型的殖民国家索赔要求提供了途径。[11]吉安·普拉卡什（Gyan Prakash）是以系统综合的方式使用“技术”并将其普及于南亚研究的第一人。在他的翻译中，科技是外在的具体的东西，而对比之下的技术，则是某种在人类意识和经验中流淌的东西。使用“技术”术语意味着忽略了自然、人类（包括国家）和技术力量之间的障碍。[12]这种表述类似于帕塔·查特吉（Partha Chatterjee）使用“国家的政府化”（governmentalization）这一概念，它为理解晚期福柯传统中权力研究的“微观力量”的运用提供了帮助。查特吉用这个概念来探索为什么“一个政权不是通过公民参与国家事务，而是通过声称为人民谋福利来确保其合法性”[13]。这种概念的内涵正好以几种方式和本书中提出的论点相吻合并且丰富了后者。它强调了技术和知识跨越国境的流动，突显了这些隐含在特定社会关系中的知识所施展的魅力，而且，它提醒我们注意在印度和美国的由官方和非官方角色推动的改造项目中，“当地”对许多地点的抵制。

进入殖民地的拖拉机和脱粒机

让我们回到我们的对话者约根德拉·辛格身上；把加勒特拖拉机运到凯里并非易事，辛格清楚地预见到了这些困难。凯里是连卡查路（*Kacha* road，泥泞土路）都不通的地方，离最近的邮局也有9英里远。辛格知道，运送100莫恩德*的谷子到区总部也要花16卢比，这是一笔非常昂贵的代价。在这样的条件下，要把一台大型机器一直运到凯里是一个艰巨无比的任务。但是约根德拉·辛格意志坚定。他接受了政府农业工程师的建议，选出了最能满足其需要的适当型号的拖拉机，再从当地的代理商——加尔各答的伯恩斯公司购买了拖拉机并把它装上火车。他在拉希姆布尔把拖拉机卸下来，接着开始了21英里的艰苦旅程，整整花了1个半月才走完。在软土和小溪里行进时，辛格甚至一度把拖拉机拆开装到小船上渡过深溪，然后到溪对岸由公司的机械师重新组装起来。一天晚上，这个庞然大物终于到达艾拉，“后面跟着大量［好奇的］村民”[14]。

使拖拉机适应坚硬土地的任务是可怕的，但是无论是什么，这个农民企业家和殖民地支持者都做好了应付的准备（图4.1）。最大的障碍来自车轮，它深陷在殖民政府灌溉部门修建的水渠周边的软土之中。辛格重整土地，使得这块有着许多长条矩形耕地的25英亩土地只有一边有水渠流过，这样拖拉机就总是可以在另一边干硬的道路上行驶。

---

* maund，尼泊尔、印度、巴基斯坦及某些中东国家使用的一种重量单位。

图 4.1　凯里地区使用的蒸汽拖拉机和犁。
来源：B. C. Burt，"Steam Ploughing Experiments in the Aira Estate，Kheri，United Provinces，" *Agricultural Journal of India* 9 (1914)：1-6，pl. 1，facing p. 2.

有趣的是，在约根德拉·辛格同情的表述中短暂出现的"乡村苦力"，在他关于凯里的拖拉机耕种益处的殖民话语的叙述中再也没有出现过。辛格诚恳地以"那些在此上帝的世界里如此不协调的人们"的名义开始了拖拉机计划。但是底层人似乎只是偶遇了他的关键时刻，随后便从约根德拉·辛格的计算中被抹去了。监督凯里耕作的殖民地代表伯特得出了为其目的所需要的结论，他权威地宣布，根据凯里做出的计算，"利用拖拉机清理杂草丛生的土地，［用拖拉机］开垦处女地是合算的"，费用比手工挖地要低廉得多。他对继续发展的中肯建议是，40 匹马力的拖拉机比现在使用的拖拉机能更好地满足清除杂草的需要；换句话说，马力更大的拖拉机效率更高。官员们也没有做出把“乡村苦力”放在心上的明确的计算。[15]

说到更重要的一点，在第一次世界大战前后的几年里，这个殖民国家的农业部做出了明确的努力：在平整土地、收割和脱粒时推广使用较大型的机器。像凯里地区适宜使用拖拉机，因为它们有许多可耕种的荒地。正如报告中所说，凯里有着“超过本村现有人口用普通方式种植的生产潜能”。农业官员竭其所能来证明这种做法的可行性，他们坚持认为，这种做法将能收回垦荒的工作成本。以后几年，来自这块土地的租金就成了起初在拖拉机上的投资的部分利润。但是任何以为大地主会欣然接受这种垦荒的期望，都遭遇到了殖民者自己引进的、弱化的资本主义现代性的内部路障。官员们承认，即使未来几年的租金能得到保证，但期待许多人会做出初始投资仍然“希望渺茫”，因此，他们认为，应该是国家而不是个人必须继续为垦荒做出努力。[16]

国家官员们对在能确保灌溉的生产地区，特别是在旁遮普省和联合省中心圈的运河殖民地区采用收割机、脱粒机更为乐观。畜力收割机在运河殖民地区非常适用，并在第一次世界大战早期得到了大力推广。[17]官员们常常抱怨土地规模太小，这样的土地结构阻碍了采纳有用的机器。但是收割机体积小，易于从一块田地移到另一块田地，一头小公牛就能轻松地拉动，容易受到农民的欢迎。在此官员们也强调了把机器承包给别人来收回购买和运营成本的好处。从收割中解放的劳力可以用于收集和捆扎机器收割的庄稼。

殖民地官员特别喜欢在麦子（北方省份的主要冬季作物）生产区引进蒸汽脱粒机。[18]几家收割的庄稼可以运送到某个中心地去脱粒，从而绕开了土地规模小的“问题”。此外，不再用牲畜来脱粒（让它们用脚踩），蒸汽脱粒机的使用解放了牲畜，以便于用其平整土地来种植季风季节（*kharif*）的作物。在这个国家的卡恩波雷农场进行的试验表明，普萨 8 号小麦用蒸汽机脱粒是“一个可行的建议”，这个建议使人们相信，这一创新如果被广泛采用，就可能打破依赖牲畜来脱粒，却导致不能种植下一季作物的恶性循环。[19]

在战间期的年月里，对于在殖民地加大力推广拖拉机、收割机和脱粒机及其配套设备有了更大的需求。其中某些原因是受到战争导致的食品短缺和生产成本提高的刺激，但是更重要的是人们日益意识到了农业的停滞。这种停滞发生在由可耕地扩大带来的农业产出几十年的增长之后。在一战之前的岁月里，利用现有手段不可能轻易地扩大农业，只有加大引入全新的投入，如灌溉和技术，才可能实质性地改变这种状况。因此在凯里从事蒸汽耕作的伯特注意到，近来越来越多的印度地主找到农业部要求用拖拉机帮他们清理土地。印度地主非常愿意为每英亩土地的蒸汽耕种支付固定的费用。在 1923 年的一篇文章里，莱亚尔普尔农业学院的农业教授斯图尔德（H. R. Stewart）和殖民地官员约翰斯顿（D. P. Johnston）注意到，“战争以来，用机械手段……种植在很大程度上吸引了农学家们的注意”。这个意识使得斯图尔德和约翰斯顿写了一篇文章，论述不同类型的拖拉机在此殖民地的实用性，以及它们被用于不同地方和不同的农业作业的可持续性。[20]

这种通过采用机器及其配套设备走向机械化的趋势一直持续到 20 世纪 20 年代。使用英国和美国公司生产的拖拉机以及由这些公司生产的配套设备得到了普及。传教士萨姆·希金博顿（Sam Higginbottom）提到了在阿拉哈巴德使用“我们美国的泰坦拖拉机，后面拖了三个犁”清理杂草丛生的土地。他提到的是芝加哥万国联合收割机公司在 1915 年推出的著名型号，这种拖拉机没几年就出现在这片殖民地上。[21]不久，人们不再延续以前的用拖拉机清理土地的惯例，拖拉机——毫无疑问是在特定地区精选的几个例子——被用于实际耕作。1920 年，政府在莱亚尔普尔的农场开始使用拖拉机耕作。1930 年，旁遮普农业部的约翰斯顿也许可以声称，在过去 10 年里对拖拉机配套设备的使用，带来了关于那些工具的“丰富的”知识。他的观察特别适合运河殖民地区。[22]约翰斯顿也提供了有关英国公司和美国公司制造的机器在印度殖民地日益增长和广泛流行的信息（图 4.2）。

Name of implement	Manufacturer	Agent	Price
			Rs. A.
1. Three-furrow self-lift plough 120-A.	International Harvester Co., Chicago, U. S. A.	Messrs. Volkart Brothers, Lahore.	445 8
2. Two-furrow self-lift plough .	Ransomes, Sims & Jefferies, Ltd., Ipswich.	Messrs. Duncan, Stratton & Co., Lahore.	640 0
3. Two-furrow non-self-lift plough.	Ditto .	Ditto .	610 0
4. Two-furrow disc plough, non-self-lift.	Ditto .	Ditto .	400 0
5. Grand Detour 5-disc self-lift plough.	J. I. Case Threshing Machine Co., U. S. A.	Messrs. Greaves, Cotton & Co., Lahore.	1,100 0
6. Ransomes "Orwell" cultivator, 11-tined.	Ransomes, Sims & Jafferies, Ltd., Ipswich.	Messrs. Duncan, Stratton & Co., Lahore.	510 0
7. Tandem disc-harrow, 32 discs	International Harvester Co., Chicago, U. S. A.	Messrs. Volkart Brothers, Lahore.	556 12
8. Spring-tined harrow . .	....	Ditto .	200 0

图 4.2　英国和美国在印度制造的拖拉机配件。

来源：D. P. Johnston, "Tractor Implements Tried at the Lyallpur Experimental Farm," *Agricultural Journal of India* 25 (1930): 317 – 320, at 317.

传教士与印度农业技术

伴随着 1912 年由美国长老会传教士发起的阿拉哈巴德农业学院（图 4.3）的建立，印度殖民地的技术发展出现了一个显著的美国时期。阿拉哈巴德农业学院的创立根源于一个日益蓬勃的全球农业传教运动。后者的核心是这样的信念：传播福音的任务必须源自改良农业和群众福利的基础，而这里所说的群众中的大多数是贫穷的农学家。正是这种信念使得俄亥俄州的本地人——萨姆·希金博顿从一个纯粹的"福音传教士"转变为一个印度的“传教士农民”。[23] 1903 年第一次来到印度的希金博顿创建了阿拉哈巴德农业学院，并在那里一直工作到 1945 年退休。在印度独立前两年，希金博顿让出了他在学院的院长职位回到美国。这个学院在印度独立后仍在美国传教士的控制下继续开展工作。

图 4.3　阿拉哈巴德农业学院。
来源：Frank H. Shuman, *Extension for the People of India*（Urbana：University of Illinois Press，1957），1.

当阿拉哈巴德农业学院发展成了一个教学学院、一个示范农场和一个农具制造中心时，它在小范围内开创了殖民地农业改良的独特路径。阿拉哈巴德农业学院起初被批准为从事中等教育的学校，随后在 1932 年成为附属于阿拉哈巴德大学的学位授予学院，并逐渐发展出农学、农业推广、畜牧业和家庭经济学四个独立的院系；学院开设了制造小型农具的教学计划，并在 1942 年开设了农业工程学学位课程，此举为南亚首创。学院的农业工程师在周边地区开辟了 42 英亩的“自然浇灌”实验农场。1954 年，该学院把农具制造厂移交给了专门从事工具制造、销售的独立实体——农业发展学会。

主要由一波又一波受过农业训练的美国传教士组成的阿拉哈巴德农业学院，是一个进口美国技术和理念的渠道。学院的美国教职员成功地绕过了殖民地机构，和杰出的民族主义者如著名的甘地（Mohandas K. Gandhi）建立了联系。阿拉哈巴德的传教士显然从与殖民国家官员稍微不同的立场来处理农业问题。他们视所有这些问题，包括印度农村贫民问题，都是由同一位上帝审判的，因而本身是“可改进的”。阿拉哈巴德的传教士的目标显然也不同于甘地的计划。萨姆·希金博顿第一次遇见莫罕达斯·甘地是 1916 年在贝拿勒斯印度教大学的就职典礼上，之后他和甘地保持了持久的通信。甘地对希金博顿的乡村改良计划印象深刻。但在优先性上他不同于希金博顿。对甘地来说，乡村工业的发展作为农业的补充是非常重要的，家庭手工业（棉布的纺织）是甘地计划的基础。但是对希金博顿来说，农业的改良是优先的，这个目标本身需要新的技术和观念。虽然甘地和希金博顿仍然相互尊重，但甘地后来认为在外国政府领导下，真正的乡村改良是不可能的。自由是任何实质性的乡村改良计划的先决条件，它需要只有民族政府才能召集的广泛的资源和政治参与。[24]

在许多方面，阿拉哈巴德的传教士们也是美国杰弗逊式自耕农——自力更生的共和理想的倡导者。最重要的是，这也反映在他们对“小农”利益的维护上。传教士们想象中的理想的农民是一个拥有自己的土地和农具，和家人耕作在自己的田地上的农民。在此想象的基础上，美国人批评了阿拉哈巴德附近村庄的印度农民的习俗。尽管是通过暗指“人的”问题，从普遍性而不是偶然性角度推断，传教士想象中的典型小农，和从经济边缘化及缺乏“基督教的”节俭方面来看伤了元气的印度“他者”形成了强烈的对比。这样的想象来自一种道德观，这种道德观把农民的贫穷归结为他们自己的劳动观念，这常常为殖民国家的任何不法行为开脱，并通过“自助”文化，把改善的责任推给农民。

这种倡导“小农”的特别倾向，在阿拉哈巴德的传教士们努力发展并偏爱农业机械化的计划中表现得最为明显。萨姆·希金博顿最早的著作中就提到了印度农村的居民，特别是联省农民的贫穷和文盲。希金博顿写道，联合省中一户佃农的平均田产是3.5英亩，而一个地主的平均田产是4.5英亩。大多数佃农拥有“很少的资金，非常少的农具和完全不够的食物和衣物”。正是这个阶层的农业工作者必然成为传教士发起的阿拉哈巴德改良计划的目标。这样做最好的方法就是“在中心机构训练最好的、最聪明的农民，然后让受过训练的农民回到他们自己的村子当中［并影响其他人］”。希金博顿也概述了他的目标是鼓励采用适合印度条件的更好的机械耕作方法。[25]

没有人能比密苏里州的本地人、阿拉哈巴德农业学院的农业工程师梅森·沃夫（Mason Vaugh）更能代表“小农机械化”的精神。梅森·沃夫出生在密苏里的法明顿，在密苏里的农业学院上大学，1921 年获得农业工程学位。同年，他向长老会海外传道部申请成为一名农业传教士，被指派到印度阿拉哈巴德农业学院工作。同年，他到达阿拉哈巴德，并在此学院连续工作到 1958 年。[26]

梅森·沃夫在阿拉哈巴德的两个主要责任是教授农业工程课程和管理学院里专门制造简单农具的工厂。在学院的工厂里，沃夫协助研发了三种犁（沙巴什、哇—哇、优皮一号）。农具制造计划非常成功，引起了省农业部的关注。从 1938 年到 1939 年，沃夫签约研发的农具通过政府所有的农场，被用于阿格拉和乌德联省全省。1943 年，农业部部长请他为整个联省研发“改良的”农具。[27]除了农具计划外，20 世纪 40 年代接下来的两个发展也和此处论证有关：一个是 1942 年在阿拉哈巴德农业学院启动了农业工程学位项目；一个是在 1944 年建立了自然浇灌的实验农场，由农业工程系负责。这个农场从事农具和栽培技术的试验，沃夫常常称农场应用的这种方法为“文化实践”，它不使用人工控制的灌溉而是依靠自然雨水。

阿拉哈巴德农业学院的计划有三个突出的方面，它们通过着眼于小农的“需要”而相互联系。[28]自然灌溉的实验农场正是以小农的名义确定的。小农中的大多数通常不能利用人工灌溉的资源。1945年，印度大约有15％的耕地是用水渠和管井灌溉的；另有15％是用原始的形式，如井、水塘和泛滥的运河灌溉的；剩下70％耕地完全依靠雨水灌溉。为了适应大多数小农，自然灌溉农场的支持者们断言，农业实验必然和大多数人的需求一致。在此争论中，这些美国倡导者也增加了对殖民地农业部的批评。他们说，农业部“在制造或推荐任何用具时，都倾向于简单地假设灌溉的便利……忽视了那些缺乏灌溉设施的农民的困难”。与此相反，他们说阿拉哈巴德实验农场的努力是要研发出一种栽培方式，“使得小农，特别是那些没有灌溉设施的小农，最充分地利用时间，从其努力中获得最大收益”。[29]

阿拉哈巴德计划也涉及提倡一种特殊形式的机械化，这种提倡的描述中又一次提到了“小农”角色。1953年，梅森·沃夫在菲律宾马尼拉提交的一篇题为“为小农的机械化”（“Mechanization for the Small Farmer”）的论文里，讨论了他所认为适于后殖民时代的印度农业的机械化类型，建议不要使农场作业（如耕地、耙地、播种、除草）机械化。考虑到小农家小业小，缺乏资金，以及这种机械化导致的劳力过剩，沃夫明确地表达了他反对任何追求农场作业机械化的努力，因为其既不合理也不实际。此外，这样的措施会导致社会组织的崩坏。沃夫和他在阿拉哈巴德的同伴们阐述了简单“改良的”农具和使用畜力以及畜力机械的相关性。但是，区别于“农场作业”，沃夫表达了他对“谷场”作业的发动机驱动这一机械化的赞同。这些作业可以在乡村场地或任何其他中心地进行。后一建议让人想起了以前在两次世界大战之间，聚焦于殖民地范式中的脱粒机的例子。[30]

在有关的第三领域，阿拉哈巴德中的持不同意见者也大胆地反对“合作农场”的想法，这种想法在殖民地范式以及民族主义的视野里受到普遍的欢迎。这种合作计划包含这样的观念：为了在农业机械的作业中产生规模经济，要把个人的土地所有权和劳动力集中起来。阿拉哈巴德的这群人反对任何这类要改变土地结构和耕种作业经营模式的动议。沃夫谈到了反对涉及合作耕种和联合机械化的方式。在他自己的计算基础上，他得出了以下结论：在合作农场引进拖拉机是“不经济的建议”。他把这种方式的支持者称为“充满幻想的改革者”，并且指出这种计划在此基础上不可行，不会带来产量的增长。他也暗示了把种植者和资源集中起来的障碍。[31]

在此把焦点集中在三番五次出现在阿拉哈巴德模式里的，或者在他们建议一种适合“小农”需要的系统时想象的“进步农民”的形象上是谨慎的。这是可以追溯到 19 世纪中期美国农业的典型的农民形象。[32]这些观念看到的是从事“科学耕种”和爱好创新的农民。根据这种观点，在现代经济中，和进步主义者相反，传统主义者是心胸狭窄走向失败的人。特别要注意的是，这些观念非常执着于土地所有权和“独立”的家庭农场，在很大程度上属于资本主义倾向，因而和殖民地的资本主义计划保持一致。

因此，这是非常有趣的，20 世纪 40 年代沃夫把他对合作产业以及在此基础上引进拖拉机的计划的最严厉的批评建立在这样的预期上，即它们会导致“家庭农场”的毁灭。据他所说，农业毕竟有两个严肃的目标：“提高生产和发展人格，获得最大可能的人类幸福。”他论证说，这两个目标“只有通过作为每个单元的家庭农场（无论大小）持续在家庭手中，并在家庭的完全控制之下，在最大可能的程度上由家庭运作”才可能确保。[33] 这一“进步农民”的原型，明确地出现在后来对阿拉哈巴德农具研发计划的逻辑，以及对阿拉哈巴德自己的自然灌溉农场的栽培技术的解释当中。再次引用梅森·沃夫的话，阿拉哈巴德实验“是为了模拟进步农民的条件……期望仅仅使用更好的农具和与之相连的更好的栽培技术来改良他的土地”。这是一个充满想象和实践的世界，面对着印度后独立时期的农业新时代，它瞬间失去了基础。正如从阿拉哈巴德的传教士们的实验向下一阶段创新的转化，现代化容纳了几种不同的技术。

赠地时期美国与印度农业现代化

当美国的赠地 * 机构开始涉足印度农业现代化规划时，“赠

* 政府赠与大学土地，以开设农业机械类的课程为条件。

地时期”悄然而至。[34]这一交集始于20世纪50年代早期印度独立之后，直到1971—1972年达到一个明显的截点，这时，由于对美国在印巴战争中支持巴基斯坦不满，印度政府突然中断了和美国人继续合作的计划。但是，在此之前，美国赠地大学参与了印度农业大学及其研究项目的发展。此外，美国的大学教师（应用科学和社会科学的专家）以中央政府顾问的角色出现：作为全国和地区项目的计划者，作为社区发展项目中乡村层面工作者的顶层培训者，作为就具体问题提供意见或从事有影响研究的应用科学和社会科学专家（图4.4）。印度政府所有层面的官员都积极地寻求他们的意见。对支持这种机构联系的推动最早来自1950年福特基金会的请求，随后美国国务院对建立这种联系做出了具体的推动。1952年在“第4点计划”（Point Four Program）指导下，美国和印度签署了更为具体的技术合作协议。20世纪50年代和60年代，源源不断的美国大学教师和联邦机构工作人员访问印度，伴随着印度农学教师和农业技术人员的反向流动。印度这些人员在美国的赠地大学花费了大量的时间，完成正式学位或修读短期进修课程。所有这些都是美国的技术官僚在去殖民化时代，解决察觉到的印度农业缺乏现代化的问题的开端。

二战后，在美国对技术作为社会改良工具的无比信任的出现，为和印度建立机构联系提供了基础。[35]1949年，杜鲁门总统宣布的技术援助发展中国家的“第4点计划”，首先开启了出口

图 4.4 舒曼太太（Mrs. Shuman）和弗兰克·舒曼（Frank Shuman）。弗兰克·舒曼是伊利诺伊大学的一位农学家，是在福特基金和美国国务院计划资助下，最早被派往印度的美国大学院系专家组成员之一。他在阿拉哈巴德农业学院工作。舒曼坚持认为印度土壤氮元素缺乏；他因为不断地解释植物中的"氮饥渴"迹象，在阿拉哈巴德周边村民中赢得了赞誉。在这个地区待了 4 年之后，当他在阿拉哈巴德踏上列车转道去美国时，一群村民给他戴上一个花环，上面写着"Nitrogen Zindabad"，意思是"氮元素万岁"。

来源：Frank H. Shuman, *Extension for the People of India* (Urbana: University of Illinois Press, 1957), 23.

农业理念和专业技术的可能性。[36] 1952 年，在“第 4 点计划”的指导下，最早一笔大额款项——5 300 万美元流入印度。第二年援助的总额下降为 4 500 万美元，1954 年又急剧上升到 2 亿 3 150 万美元。随后这种上升趋势一直保持了几年。[37] 此外，1951 年后，美国国务院利用大学协议计划，开发了大学的教师资源并把他们部署在印度（以及其他后殖民国家）。

美国的基金会和国务院合作，实施了印度农业和农村振兴计划。[38] 在 20 世纪 50 年代，它们也做出努力和印度的机构及决策者们建立长期的联系。根据福特基金会的倡议，阿拉哈巴德农业学院和伊利诺伊大学厄巴纳-香槟分校结成“姐妹学校”，制订了教师交流，派遣美国农学家、推广专家和家政学、畜牧业专家到阿拉巴哈德的长期计划。[39] 后来，赠地大学对印度事务的参与越来越多。在 1955 年到 1972 年之间，国际合作署（即后来的美国国际开发署）扩大了与印度农业的交流计划。印度被划分为 5 个区域，5 所大学——伊利诺伊大学厄巴纳-香槟分校、堪萨斯州立大学［后来被宾夕法尼亚州立大学替代］、俄亥俄州立大学、密苏里大学和田纳西大学——分别和不同区域的农业大学联系。国务院和各大学签署了协议，从这些大学派遣“技术人员”到印度去仿效美国赠地大学的模式建立起科研、教学和推广。当这个计划在 1971—1972 年结束时，在印度总共有 48 所农业大学、学院和研究所成为这种“美国参与计划”的合作者（图 4.5）。

图 4.5　宾夕法尼亚州立大学教师在普纳。

来源：Special Collections Library，University Archives，Pennsylvania State University，College of Agricultural Sciences Records，*India Project: Reports and Pictures*，undated，box 119 AX/CATO/PSUA/07199.

和以前一样，在这个阶段人们开出的“现代化”的处方是多种多样的，关于它们的功效，在美国人和印度人中间引发了激烈的争论。在印度这一端是以非常不同的方式生效的，而且是在远离了美国这一端假定的条件下实施的。在印度议会制度的框架内，左翼政党激烈地批评了美国的技术援助。当前美国援助的许多框架中被误认为“冷战”政治的东西，在强调国家最需要维持其主权的新独立的印度，被几股重要的政治力量批评为“英美帝国主义”的翻版。1952 年，印度共产党（马克思主义）总书记乔希（P. C. Jochi）在印度共产党（马克思主义）的官方刊物《今日印度》（*India Today*）上撰文，怒斥尼赫鲁政府和美国签订技术合作协议，指责尼赫鲁“出卖印度主权——至少是在经济事务中——给美帝国主义者”。他警告说，印度正处于“变成另一个菲律宾”的危险，呼吁媒体和其他民主分子起来反抗“英美帝国主义者的阴谋”。[40]当尼赫鲁政府开启了美国技术专家帮助社区发展的规划时，《今日印度》解释说，美国的真实意图是要为美国资本打开印度经济的大门。[41]甚至甘地的亲密伙伴库马拉帕（J. C. Kumarappa）也在印度开启其社区规划方面，把印度和美国的伙伴关系描述为“是和任何有自尊的独立国家不相称的”。库马拉帕也批评这个规划回避了关键的土地改革问题。[42]最起码的是，这些来自共产党（马克思主义）和尼赫鲁自己的国会党的左翼民主派的批评，对尼赫鲁政府有了影响，缓和了尼赫鲁领导下实施的规划的性质。

因此，印度的“赠地现代化”展现出道路多样化的迹象。印度独立后中央集权主义者对乡村发展的倡议，大致上以两种并行的努力为标志：一种追求农村增长模式；另一种直接追求总产量提高的生产目标。在印度实行赠地计划的教师支持每一方的都有。前者来自 1952 年开始的社区发展规划，涉及合作农业和联合农业的实验，其范围包括在乡村层面建立“规划”，特别是通过地方政府主动地参与其中。后者来自从“种植更多粮食计划”（Grow More Food Program）到“综合地区计划”（Integrated Area Program）的化肥进口计划和综合地区计划，并且最终在 1964 年到 1966 年间以新农业政策（New Agricultural Policy）的面目出现。在后一时间框架里，林登·约翰逊（Lyndon Johnson）政府采取了利用粮食援助、逼迫印度走向新农业政策的策略。[43] 印度的长期赠地计划，通过在其展开工作的所有 5 个地区开始新的农业生产项目来响应这些提高产量的新策略。

有一个明显的迹象：印度的美国赠地计划工作者，在农业集约化的做法方面是分裂的。1957 年梅森·沃夫和一群美国提倡者发生了争论，后者主要在印度极力推广使用化肥。沃夫在印度农业研究会的主要刊物《印度农业》（*India Farming*）上发表了一篇文章，标题为“提高农业产量的简单办法”（“Simple Ways to Raise Farm Production”）。这篇文章有可能是由印度最近开启的“一揽子计划”引发的。这个计划确定了几个地区，通过向农民提供信贷和保证最低购买价格来达到以集中的方式使用化肥、灌溉和良种的目的。显然，沃夫在他的文章里并没有强调使用化肥。此时在印度使用化肥的势头很猛，而沃夫没有提到化肥，这引来了印度肥料协会首席农学家的反驳，最后导致印度农业研究会给沃夫正式发函，询问他是否愿意做出回应，就使用化肥澄清他的立场。[44]沃夫回复说，他没有提到化肥是“有意的”。他解释道，在印度的经验“导致……［他］非常不赞同许多化肥提倡者以及似乎是政府政策的某些方面”。他接触到的农民告诉他，使用化肥可以迅速提高产量，但是在后来的几年里却会导致产量下降。沃夫猜测，这可能是由于对印度的土壤条件缺乏充分的了解以及不恰当使用化肥造成的。确实，他相信，持续使用化肥导致土壤中的有机物减少，会带来灾难性后果。但他不是反对使用化肥本身，而是觉得“没有必要的相关措施”而广泛地使用化肥是错误的；而且他甚至暗示道，是“既得利益”在促进化肥在印度的使用。[45]

我们应该注意到，在更为广泛的计划中，沃夫的声音是孤单的，因为印度政府正在迅速地走向农业集约化。1959 年福特基金会的一份有影响的报告提到，在提高产量的基本任务方面，以前许多通过“社区发展”做出的官方努力都以失败告终。它焦虑地指出印度不乐观的粮食形势并建议立即采取措施来提高总产量。看来印度政府的措施和这些建议是非常一致的。[46]

可以这样说，为了简单化，印度正沿着福特基金会建议的提高农业产量的道路前进，这条道路是以机械化、灌溉、化肥和支持价格为基础的，因此梅森·沃夫成了这种安排的局外人。越来越明显，他和福特基金会日益疏远。人们只能想象他在阿拉哈巴德农业学院本身也日渐孤立，这个学院早在1950年就开始接受来自福特基金会的资助。起初，福特基金会在阿拉哈巴德是用于推广活动的实验和教学的。然而，到了20世纪50年代末期和60年代，福特基金会在印度农业方面转向了生产主义策略。其在阿拉哈巴德的倡议开始侵入梅森·沃夫非常珍爱的领域——农具领域。为了给属于集约农业区域规划内的乡村提供农具，基金会开始扶持阿拉哈巴德的农业发展协会，这个协会是沃夫1954年在阿拉哈巴德农业学院帮助创立的一个独立的农具制造分公司。沃夫没有隐藏他的难过。1960年7月他写信给北卡罗莱纳州立大学的一个农业工程师华莱士·贾尔斯（G. Wallace Giles），后者最近接受了福特基金会顾问的职位并且即将启程去印度参与"一揽子计划"。沃夫对这位奉命来监管这个协会的新来者说得很清楚，"我并不总是同意他们所做的一切"[47]。他告诉贾尔斯和基金会，他不喜欢这协会正在进行的农具发展方式，他的意见却被断然拒绝。[48]这只是加剧了他与贾尔斯的分歧，贾尔斯被认为是20世纪60年代赞成发展中国家农业机械化的一个强有力的声音。当美国农业工程师学会刊物的编辑邀请沃夫来评审一篇贾尔斯提交的论文时，他的回信近乎蔑视。他拒绝了审稿要求并向编辑指出，自己"非常不赞同这篇论文的几乎每一段落”，“完全怀疑其发表的价值”[49]。

印度农业与科技跨国流动

有三种分析模式可以用于分析印度农业现代化的历史。蒂莫西·米切尔（Timothy Mitchell）对外国专家以及他们对技术和管理规则的垄断的研究是第一种模式。[50]讨论了美国国际发展机构20世纪中期在埃及所做的工作后，米切尔解释说，发展话语抹去并隐藏了支持此话语的政治。为了回应帕塔·查特吉对印度各邦规划研究的阐述，米切尔坚持认为，发展话语实际上是在“自我欺骗”，因为发展对象部分地就是由话语构成的。换句话说，发展对象不是“外在于”话语的。但是，在分别涉及埃及和印度的地方“邦”和邦的形成过程方面，两者的方式（米切尔为一方，查特吉为另一方）还是有些差异。在相较于米切尔而言的更大的讨论范围内，查特吉标出了印度各邦的形成过程以及它们对发展项目规划的重要性。在查特吉的分析中，现代化项目的内在差异及政策的内在变化都包含在对规划的政治分析中。也许这就是查特吉构架的用于探索印度现代化经验的一个主要弱点，在某种意义上它掩盖了政治角度的内在差异和变化。

第二批学者参照周围的阶级及种姓群体来看待独立后印度的农业规划。这些学者告诉我们，这个国家的农业规划被某些特殊群体盗用来促进他们自己的利益。在这些研究中的压倒性结论是，强大的种姓群体和阶级划分挫败了农业发展者的规划，确保了被压迫阶级的大多数人仍然被排除在这类政策的积极影响之外。[51]

第三条史学轨道认为，印度的农业“现代化”道路本身就是复杂的，因为现代化及其发展的基本工具是在资本的逻辑内运行的。底层人的生活及意识和资本的逻辑是不相通的。

农业现代化是异质性的，有着各种各样的经验，这是理所当然的。在这样的背景下，后殖民地农业的彻底地修正主义的历史不仅需要超越美国国务院的外交关系记录，也要超越尼赫鲁和英迪拉·甘地的解释。关注地方邦形成过程中释放出来的力量是受欢迎的。与此同时，关注地方叙事可以为我们迄今已知的故事增添细节。实地专家的叙述，伴随着那些叙述中东拉西扯的断裂，可以为我们了解非精英们的经验以进入更为丰富的农业规划历史提供入口。这样的关注（如果有的话），为我们理解和欣赏使20世纪60年代的印度农业加速转向高度机械化模式的力量做好了准备。这种模式被称为“绿色革命”。从绿色革命的时代回望过去，人们很容易陷入某种“发展”或“现代化”的同质观点。[52]或者人们可以关注多种不同的技术和技术政治：如从国外进口大型机器，通过在本地制造和销售改良农具实现机械化，以及把农业工程建成为运用“第4点计划”暗示的和福特基金会鼓励的富有“高”科技含量和资源密集型方法的领域。这些技术政治中的每一种选择，都表达了不同形式的现代性，它中止了特定形式的社会关系，包含着不同的意识形态宣传，从事着与邦、邦的形成及资本主义不同的工作。把这些针对农业“问题”的、不同的技术“解决方法”放入分析的核心，吸引着我们关注农业现代化的跨国经验及其涉及的不同的冲突力量，关注知识和权力关系的不同表达方式。对印度农业现代化的全面研究要求我们不仅要把南亚看成冷战的目的地，还要看成区域构造、后殖民群岛、地点（locality）和现场（locale）。[53]对处理全球维度和二战后由美国主导的全球秩序问题持开放态度，要求我们同时看到回溯至印度殖民时期的地方性和多样性的来龙去脉。

注释

1. 这台拖拉机来源于一个位于萨福克郡的英国公司——理查德·加勒特父子有限公司（Richard Garrett and Sons Limited）。这家公司通过其在加尔各答的代理商——伯恩公司，为这个殖民地供应农业机械。人们可能把这台拖拉机看成帝国或殖民地的机器。但是对于从这里推导的解释角度来说，关键是机器的基本异域性。
2. Elizabeth M. Whitcombe, *Agrarian Conditions in North India* (Berkeley: University of California Press, 1972). 大体上说，西部的“运河殖民地”受到了南亚历史学家更多的学术关注，他们考察了修建灌溉运河的技术环境背景和国家控制层面，以及围绕着殖民地灌溉网络而扩大的社区的形成。关于旁遮普及边境地区灌溉网络的殖民地性质，参见 David Gilmartin，“Irrigation and the Baloch Frontier，” in *Sufis*，*Sultans and Feudal Orders*，ed. Mansura Haidar（New Delhi：Manohar，2004），331 - 389；David Gilmartin，“The Irrigating Public：The State and Local Management in Colonial Irrigation，” in *State*，*Society and the Environment in South Asia*，ed. Stig Toft Madsen（London：Curzon Press，1999），236 - 265。关于环境的含义，参见 David Gilmartin，“Models of the Hydraulic Environment：Colonial Irrigation，State Power and Community in the Indus Basin，” in *Nature*，*Culture and Imperialism: Essays on the Environmental History of South Asia*，ed. David Arnold and Ram Guha（Delhi：Oxford University Press，1995），210 - 236。关于灌溉工程师所做的工作，参见 David Gilmartin，“Scientific Empire and Imperial Science：Colonialism and Irrigation Technology in the Indus Basin，” *Journal of Asian Studies* and channels appears in Daniel Haines，*Building the Empire*，*Building the Nation: Development*，*Legitimacy and Hydro-politics in Sindh*，*1919 - 1960*（Karachi：Oxford University Press，2013）。亦参见 David Gilmartin，*Blood and Water: The Indus River Basin in Modern History*（Berkeley：University of California Press，2015）。

3. B. C. Burt，“Steam Ploughing Experiments in the Aira Estate，Kheri，United Provinces，” *Agricultural Journal of India* 9（1914）：1 - 6；Sirdar Jogendra Singh，“Experiments in Steam-Ploughing，” *Agricultural Journal of India* 13（1918）：47 - 53.
4. Singh，“Experiments in Steam-Ploughing，” 49；Burt，“Steam Ploughing Experiments in the Aira Estate.”
5. 关于殖民地自由主义及其在印度农村的作用，参见 Andrew Sartori，*Liberalism in Empire: An Alternative History*（Berkeley：University of California Press，2014），96 - 129。
6. 30 多年来南亚学术界一直批判西方社会思想，确定了印度次大陆独特的“底层”阶级意识，并使用这一概括性术语来确认被压迫和被剥夺者的历史经验。参见 Rosalind O'Hanlon，“Recovering the Subject：Subaltern Studies and Histories of Resistance in Colonial South Asia，”

Modern Asian Studies, no. 1 (1988): 189 - 224, quotation on 190; Gyan Prakaxh, "Writing Post-Orientalist Histories of the Third World: Perspectives from Indian Historiography," *Comparative Studies in Society and History* 32, no. 2 (Apr. 1990): 383 - 408; Gyan Prakash, "Can the 'Subaltern' Ride? A Reply to O'Hanlon and Washbrook," *Comparative Studies in Society and History* 34, no. 1 (1992): 168 - 184; Gyan Prakash, "Orientalism Now," *History and Theory* 34, no. 3 (Oct. 1995): 199 - 212。正如由底层学者和后殖民主义者表达的关切成了南亚历史学的主流，历史学家们一直喜欢用两个独特的方法来考察底层人民的立场，某些人主张底层意识的完全自治，特别是面对面（vis-à-vis）的现代化，而有些人则谈论更多的互动主义的“场所”，在此，现代化的定向是有“底层人”参与的。关于相关的理论和经验问题的讨论，参见 Akhil Gupta, *Postcolonial Developments: Agriculture in the Making of Modern India* (Durham, NC: Duke University Press, 1998)。关于严格按照后殖民模式的泰米尔纳德邦的卡拉尔社区的农业变化史，参见 Anand Pandian, *Crooked Stalks: Cultivating Virtue in South India* (Durham, NC: Duke University Press, 2009)。潘迪安（Pandian）不是用“发展”的框架，而是通过卡拉尔社区的“修养的美德”来研究农业，这种美德吸收了殖民的遗产以及泰米尔的美德、自治和社区生活的观念。换句话说，潘迪安表明，卡拉尔社区“发展”的观念和实践的历史，不能简单地还原为殖民主义或发展的外部话语的国际化。还可参见吉安·普拉卡什讨论科学技术在“现代化”进程中的位置的重要著作：Gyan Prakash, *Another Reason: Science and the Imagination of Modern India* (Princeton, NJ: Princeton University Press, 1999)。

7. Sanjay Subrahmanyam, "Connected Histories: Notes Towards a Reconfiguration of Early Modern Eurasia," *Modern Asian Studies* 31, no. 3 (1997): 735 - 762; Sanjay Subrahmenyam, *Explorations in Connected History: From the Tagus to the Ganges* (Delhi: Oxford University Press, 2005).
8. David Ludden, "Why Area Studies?," in *Localizing Knowledge in a Globalizing World: Recasting the Area Studies Debate*, ed. Ali

Mirsepassi, Amrita Basu, and Frederick Weaver (Syracuse: Syracuse University Press, 2003), 131 - 136.

9. 姆里纳利尼·辛哈(Mrinalini Sinha)的著作强调了在研究殖民话语中,帝国含义和全球含义都有其必要性。参见 Mrinalini Sinha, *Specters of Mother India: The Global Restructuring of an Empire* (Durham, NC: Duke University Press, 2006); Mrinalini Sinha, "Premonitions of the Past," presidential address, *Journal of Asiaan Studies* 74, no. 4 (Nov. 2015): 821 - 841。学者们一直把注意力放在殖民环境的"外部性"上。参见 Sugata Bose and Kris Manjapra, eds., *Cosmopolitan Thought Zones: South Asia and the Global Circulation of Ideas* (New York: Palgrave, 2010); Sugata Bose, *A hundred Horizons: The Indian Ocean in the Age of Global Empire* (Cambridge, MA: Harvard University Press, 2009)。最近的著作通过聚焦于大流动和网络,强调了南亚历史和远方世界的联系。参见 Pedro machado, *Ocean of Trade: South Asia Merchants, Africa and the Indian Ocean*, c. 1750 - 1850 (Cambridge: Cambridge University Press, 2014); Sana Aiyar, *Indians in Kenya: The Politics of Diaspora* (Cambridge, MA: Harvard University Press, 2015); Johan Mathew, *Margins of the Market: Trafficking and Capitalism across the Arabian Sea* (Berkeley: University of California Press, 2016)。

10. 学者们已经表明,美国现代化的两个截然不同的周期化是可能的。一条史学轨道以社会科学中的观念融合为中心,这反映在 20 世纪 50 年代末期现代化"理论"的出现及其后来对美国外交政策的影响。另一条轨道——交替周期化,建立在把现代化的出现看成可追溯到新政时代之子的一种"意识形态"。把 20 世纪中期的"现代化"看成美国外交政策的一种工具的观点出现在 Michael Latham, *The Right Kind of Revolution: Modernization, Development, and U. S. Foreign Policy from the Cold War to the present* (Ithaca, NY: Cornell university Press, 2010); David Ekbleadh, *The Great American Mission: Modernization and the Construction of an American World Order* (Princeton, NJ: Princeton University Press, 2011); Daniel Immerwahr, "Modernization and Development in US Foreign Relations," *Passport* 43 (Sept. 2012): 22 - 25; Nils Gilman, *Mandarins of the Future: Modernization Theory*

in *Cold War America*（Baltimore：Johns Hopkins University Press，2003）。

11. Michel Foucault，"Governmentality，" in *The Foucault Effect: Studies in Governmentality*，ed. Graham Burchell，Collin Gordon，and Peter Miller（Chicago：University of Chicago Press，1991），87 - 194；David Scott，"Colonial Governmentality，" Social Text 43（Autumn 1995）：191 - 220.
12. 普拉卡什把马丁·海德格尔（Martin Heidegger）的技术观念用作纳入作为资源的所有存在的框架（Prakash，*Another Reason*，159 - 60）。
13. Partha Chatterjee，*The Politics of the Governed: Reflections on Popular Politics in Most of the World*（New York：Columbia University Press，2006），34；亦参见他的 "Two Poets and Death：On Civil and Political Society in the Non-Christian World，" in *Questions of Modernity*，ed. Timothy Mitchell（Minneapolis：University of Minnesota Press，2000），35 - 48.
14. Singh，"Experiments in Steam-Ploughing，" 50.
15. 这正是后殖民历史学家提出的观点，即现代化的项目没有，也不可能和底层阶级的主体性及利益联系在一起。
16. H. C. Young and B. C. Burt，"Experiments with a Light Motor Tractor in the Oel Estate，Kheri，" *Agricultural Journal of India* 9（1920）：375 - 380.
17. S. Milligan，"Reaping Machines for Wheat in the Punjab，" *Agricultural Journal of India* 3（1908）：327 - 332.
18. R. Shearer，"Steam Threshing in India，" *Agricultural Journal of India* 2（1907）：246 - 251.
19. B. C. Burt，"Some Experiments with Steam Threshing Machinery at Cawnpore，" *Agricultural Journal of India* 8（1913）：346 - 354.
20. Burt，"Steam Ploughing Experiments in the Aira Estate"；H. R. Stewart and D. P. Johnston，"Tractor Cultivation at Lyallpur，Punjab，" *Agricultural Journal of India* 18（1923）：23 - 39，at 23. 最近关于第一次世界大战前几年农业停滞的争论，参见 Tirthankar Roy，"Roots of Interwar Crisis in Interwar India：Retrieving a Narrative，" *Economic and Political Weekly* 41，no. 52（Dec. 30，2006-Jan. 5，2007）：5389 - 5400。

21. Sam Higginbottom, *The Gospel and the Plow* (New York: Macmillan, 1921), 61 - 62.
22. D. P. Johnston, "Tractor Implements Tried at the Lyallpur Experimental Farm," *Agricultural Journal of India* 25 (1930): 317 - 320.
23. Higginbott, *The Gospel and the Plow*, 124; Sam Higginbottom, *Farmer: An autobiography* (New York: Charles Scribner's Sons, 1949), 102. 关于希金博顿对阿拉哈巴德农业研究所的创建和发展的贡献的最详细描述出现在 Gary Hess, *Sam Higginbottom of Allahavad: The Pioneer of Point Four to India* (Charlottesville: University of Virginia Press, 1967)。
24. Hess, *Sam Higginbottom of Allahavad*, 62 - 65.
25. Higginbottom, *The Gospel and the Plow*, 13 - 14, 31, 51.
26. Mason Vaugh, "An Agricultural Engineer as a Missionary," *record 3130, undated, typed, the State Historical Society of Missouri* (hereafter MHS), Columbia.
27. Mason Vaugh, "Recent Activities and Interests," *record 3130, undated, typed, MHS.*
28. 用"需要"作为比喻来定义科学和技术的实践受到达娜·西蒙斯（Dana Simmons）关于法国历史的著作的影响。参见 Dana Simmons, *Vital Minimum: Need, Science, and Politics in Modern France* (Chicago: University of Chicago Press, 2015)。
29. Mason Vaugh, "A New Experimental Farm," *Allahabad Farmer* 19, no. 3 (May 1945): 1 - 6, quotations on 1, 6.
30. Mason Vaugh, "Mechanization for the Small Farmer," *speech given at the Eighth Pacific Science Conference, Manila, Philippines*, Nov. 14 - 28, 1953, C 26939, folder 140, Mason Vaugh Papers, MHS.
31. Mason Vaugh, "The Co-operative Farm: Is It the Solution of India's Agricultural Problem?," *Allahabad Farmer* 20, no. 3 (May 1946): 1 - 4.
32. 不要把"进步"农民的概念和进步时代的美国农村概念混为一谈。农村生活运动是进步时代的一项改革努力，它以非常局限的方式看待农村人，主要将他们看成是弱势的和落后的。而"进步"农民这一概念在赠地大学的研究及其延伸发展的“农业院系”和美国农业部内部，仍然活跃。我把这一见解归功于和宾夕法尼亚州立大学的萨莉·麦克默里（Sally McMurry）的谈话。

33. Vaugh，“The Co-operative Farm，” 3.
34. 赠地大学是在莫里尔法案（Morrill acts［1862 年和 1890 年］）下建立的，由 1914 年的史密斯-利弗法案下的“合作扩展计划”首先开始并发展的地方。这个所谓的扩展计划，在 20 世纪的前 25 年里，在赠地大学和美国农业部之间的机构合作联系的支持下，逐渐成熟。
35. Michael Asas，*Dominance by Design: Technological Imperatives and America's Civilizing Mission*（Cambridge，MA：MIT Press，2006）；Nick Cullather，*The Hungry World: America's Cold War Battle against Poverty in Asia*（Cambridge，MA：Harvard University Press，2011）.
36. 关于“第 4 点计划”的早期开始和初步形成，参见 Stephen Macekura，“The Point Four Program and the U. S. International Development Policy，” *Political Science Quarterly* 128，no. 1（Spring 2013）：127 - 160。
37. RG 286，*Records of the Agency for International Development and Predecessor Agencies*，India Brach，1951 - 54，box 1，multiple folders，National Archives and Records Administration，College Park，MD.
38. 关于美国国务院和基金会（如洛克菲勒基金会和福特基金会）意识形态的集中分析，参见 Inderjeet Parmar，*Foundations of the American Century: The Ford，Carnegie，and Rockefeller Foundations in the Rise of American Power*（New York：Columbia University Press，2015）。关于福特基金会在印度的工作，参见“Foundations in the field：The Ford Foundation New Delhi Office and the Construction of Development Knowledge，1951 - 1970，” in *American Foundations and the Co-production of World Order in the Twentieth Century*，ed. John Krige and HelkeRaish（Göttingen：Vandenhoeck und Ruprecht，2012），232 - 260。
39. “Programmers in India Receiving Assistance from the Ford Foundation，” “Foundation Activities in India，” folder “US Projects in Indea，1952 - 53，” Special Collections，University of Illinoie at Urbana _ Champaign.
40. P. C. Joshi，“Nehru Mortgates India to America，” *India Today*，June

1952，22－28，at 26，available at the P. C. Joshi Archives in New Delhi.

41. O. P. Sangal，"Our Community Projects，" *India Today*，June 1952，13－18，available at the P. C. Joshi Archives in New Delhi.
42. J. C. Kumarappa，"Community Projects，" *India Today*，Sept. 1952，14，22，available at the P. C. Joshi Archives in New Delhi.
43. Kristi Ahlberg，*Transplanting the Great Society: Lyndon Johnson and Food for Peace*（Columbia：University of Missouri Press，2008），106－146.
44. Letter from M. G. Kamath，editor，*Indian Farming*，to Mason Vaugh，Jan. 2，1958；copy of letter addressed to the editor，Dec. 24，1957；letter from mason Vaugh to M. G. Kamath，undated；all in folder 16，3130，Mason Vaugh Papers，MHS.
45. Letter from Vaugh to M. G. Kamath，undated but probably following the Jan. 1958 letter by Kamath to him，folder 16，3130，mason Vaugh Papers，MHS.
46. Ford Foundation，*Report on India's Food Crisis and Steps to Meet It*（New Delhi：Government if India，Ministry of Food and Agriculture，1959）.
47. Letter from Vaugh to G. Wallace Giles，July 25，1960，folder 10，3130，Mason Vaugh Papers，MHS.
48. Ford Foundation letter from New Delhi office to Vaugh，Mar. 24，1962，folder 10，3130. Mason Vaugh Papers，MHS.
49. Letter from Vaugh to James A. Bassalman，may 13，1964，folder 5，3130，Mason Vaugh Papers，MHS. 特别是，考虑到沃格相信小农具和畜力在农场的效用，沃格和贾尔斯的差距是可以理解的。贾尔斯是重型机械农业机械化的强烈支持者。他在 1967 年写了一份报告，这个报告在世界许多地方一直被那些赞成农业机械化的人们引用。G. W. Giles，"Agricultural Power and Equipment，" in *The World Food Problems*，vol. 3，*A Report of the President's Advisory Committee*（Washington，DC：Superintendent of Documents，Government Printing Office，1967）. 175－216.
50. Timothy Mitchell，*Rule of Experts: Egypt*，*Techno-politics*，*Modernity*

(Berkeley: University of California Press, 2002), 233; Partha Chatterjee, *The Nation and Its Fragments* (Princeton, NJ: Princeton University Press, 1999), 200 - 219.

51. Francine Frankel, *India's Political Economy, 1947 -2004: The Gradual Revolution* (Princeton, NJ: Princeton University Press, 1978; repr., New Delhi: Oxford University press, 2005), ; Francine Frankel, *India's Green Revolution: Economic Gains and Political Costs* (Princeton, NJ: Princeton University Press, 1971); Atul Kohli, *The State and Poverty in India: The Politics of Reform* (Cambridge: Cambridge University Press, 1987); Ashutosh Varshney, "Ideas, Interest and Institutions in Policy Change: Transformation of India's Agricultural Strategy in the Mid - 1960s," *Policy Sciences* 22, nos. 3/4 (1989): 289 - 323.
52. Daniel Immerwahr, "Modernization and Development in U. S. Foreign relations," *Passport* 43 (Sept. 2012): 24.
53. Arjun Appadurai, "The Production of Locality," in *Counterwork*, ed. R. Fardon (London: Routledge, 1995), 204 - 225.

第五章　知识跨国和美国霸权

——美国占领下的日本社会科学家

米里亚姆·金斯伯格·卡迪亚

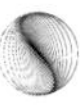

1945 年后，美国通过部分地支持同盟国知识重建的“软势力”巩固了其作为全球霸主的地位。最近，学术界考察了美国对被摧毁的盟友和昔日的敌人的自然科学和工程的支持。支持的结果是产生了以美国为中心的、支持美国地缘政治野心的知识生产的跨国网络。[1]研究较少但并非不重要的是社会科学的贡献。冷战前夕，根据当时流行的现代化意识形态理想，美国社会科学家用他们的研究推进了“进步”。现代化展示了作为假定的普遍终极目标的民主、资本主义及和平的美国价值。换句话说，现代化的推崇者相信，所有社会都能够朝向和平的、自由的资本主义迈进。冷战时期，他们把美国对此目标的援助加以扩大，招募国家投入美国的怀抱，以对抗苏联提供的社会主义的竞争诱惑。

日本，这个美国战后和平占领时间最长（从 1945 年 8 月到

1952年4月）的地方，被认为既是现代化理论的测试案例，也是它的展示案例。[2]因此，这个国家为考察社会科学在美国霸权范围内的地缘政治的重要性提供了特别有效的透镜。西方风格的社会科学在19世纪晚期传到日本，被嫁接到本地的知识传统上。到20世纪初，这个国家就屹立于知识生产国的新兴群体之中。然而，二战的爆发使得日本学者与外界隔绝。1945年日本的战败，为美国根据美国的文化价值重塑日本的研究传统，重建战前的跨国知识网络，服务于冷战时代美国政治野心的美国主导的实体提供了机会。

认识到面对面的相互作用在达到这些目标中的重要性，美国占领当局向日本派遣了大量学者。社会科学家没有来，没有像他们常常在美国土著人和殖民地人那里那样开展“原始性”（primitivity）和“他性”（Otherness）研究。相反，正如日本学者和美国学者后来声称的那样，他们的关系常常表现为师生关系，这是一个在很大程度上被用来形容占领本身的一个积极的隐喻。通过课本、讲课以及最重要的实地协作工作，美国社会科学家塑造并推广了现代化理念。与此同时，他们的日本同行利用他们前所未有的地位以及对政府和公众的影响，在作为美国盟友的有利的国家身份内神化了这些价值。

日本与欧洲不同，美国承认自己与欧洲的文化相似性和历史债务，这些都暗示着美国有义务去恢复当地的稳定和繁荣，而战后早期的大多数美国人对日本没有什么认同感。相反，第二次世界大战标志着几十年的反日情绪达到了顶点。恶毒的仇恨文学比比皆是，把日本人描述成病态的、不可救药的劣等种族。在拘留日本移民及其后代（包括许多美国公民）的美国政府政策中，种族主义处于核心地位。[3]虽然战争的结束淡化了大部分人的内心厌恶，但是战后美国人的情绪继续反映了对以前的敌人（众所周知日本被占领军总司令道格拉斯·麦克阿瑟[Douglas MacArthur]比作12岁的小男孩[4]）的某种优越感和家长作风。这些态度在1945年后并未消失，在某种程度上直到今天继续影响着美国对日本的立场。战后对相互价值的拥抱并不能压倒所有现存的偏见，然而，在新秩序的建立中，对现代化的信仰有助于通过形成集体未来的想象来取代共同过去的缺失。通过建立由共享价值观协调的知识生产的共同路线，美国和日本的学者一起重新设想了美国霸权下的世界。

新知识，旧生产者

尽管日本有着悠久而杰出的学术传统，但是直到19世纪中期，西方风格的社会科学及其伴随的机构（包括大学、博物馆和研究组织）才在这片国土上扎下根来。最早一代的日本社会科学家主要是通过留学或向在国内的欧洲或美国老师学习来精通这些领域的。就像在世界上许多地方一样，德国的社会理论和方法特别有影响。仅仅几十年之内，日本学者就证明了自己不仅能够精通而且能够发展社会科学。在两次世界大战之间的年代里，日本人参与国际会议和用外文发表论文的比率迅速飙升。[5]

作为最早获得承认的、合法的创新知识生产者的非西方强国，日本在国际学术界有着某种跨国的，而不仅仅是欧美实体的地位。然而，事情发展太快，20世纪30年代战争的爆发，为日本学者参与知识生产带来了新的政治的、意识形态的甚至是物理的边界。日本不再继续培养和大国的知识联系，而是集中精力发展新兴帝国内的学术网络。为了追求职业地位和资源，研究者努力为日本民族的优越性以及随之而来的权利和义务（即所谓的神圣天皇对亚洲、大洋洲一些民族的强加统治）寻找证据。在调查当地民族的身体和行为的同时，田野工作者提供信息来加强对被征服领土进行人力资源和自然资源的掠夺、安抚、管理，以及促进日本帝国内人口的同化。[6]为了最大限度地提高在遥远的、充满抗争的领土上的安全和效率，他们成群结队地去那里冒险。参与者从几个到几百个不等，这些探险队在知识阶层和帝国主义及战争合谋的同时，在社会科学家中建立了某种职业的团结感。

1940年开始，日本对东南亚的侵略引发了一系列事件，最终促使美国加入了第二次世界大战。为了反对轴心国的敌人，同盟国集结在代议制政府、自由市场及和平的旗帜下。正如那时流行的现代化意识形态所教导的，这些价值是发展的终极目标，普遍适用于所有（美国监护的）社会。即将到来的同盟国的胜利似乎是这种信念的“客观”证明。

从传统上说，跨国社会科学家群体支持客观性，认为它是没有倾向和偏见的普遍“真理”，是合法学术的定义值。然而，正如历史学家表明的那样，实际上客观性常常被不同的意识形态立场用作合法性的修辞。[7]同盟国的社会科学家对第二次世界大战的破坏性和暴行感到震惊和恐惧，他们断言，知识创造的至高无上的责任，不是去简单地描述人类的状况，而是要推进现代化的终极目的（telos）。一群跨国的杰出知识学者兴奋地说：“显然，这是世界历史上的第一次，许多地方的人们正式地转向社会科学家寻求帮助。”[8]到战争结束时，客观研究的做法已经等同于追求民主、资本主义以及和平。

为了了解敌人和准备和平时期的重建，美国社会科学家加强了对日本文化和社会的研究。关于这个主题最有影响的研究是著名人类学家露丝·本尼迪克特（Ruth Benedict）的专著《菊与刀》（*The Chrysanthemum and the Sword*，1946）。她对日本的研究始于1944年中期，但该书的大部分内容撰写于战争结束之后。本尼迪克特试图阐明对日本的认识，以帮助其向和平过渡，促进合作式的而不是惩罚式的占领。本尼迪克特的研究遵循了“民族性格”研究的传统，这种传统将民族人格化、同一化为个人，而这些个人是由扎根于（特别是儿童早期的）文化灌输的人格特质决定的。许多本尼迪克特的同事把日本人的民族性格看成病态的异常：他们好斗、群体意识强、服从权威、僵化以及怕丢脸。他们把这些倾向看成对日本人在第二次世界大战中旷日持久的、注定失败的战斗和暴行的解释。[9]相比之下，本尼迪克特拒绝了这种不可救药的不正常民族性格的观念。相反，她把这个民族战时的路线归结为一小撮军国主义分子引导日本人走上了"错误的道路"。她暗示道，剥夺权威领导人的权力就能解放大众社会，使他们转向美国式的民主。美国人类学家克利福德·格尔茨（Clifford Geertz）后来说，《菊与刀》把日本人描述为"我们所征服的敌人中最理性的"[10]。

几乎所有准备服务于海外的占领人员都学习过《菊与刀》，这本书将专业社会科学的可信性带给了以下具有实用性的结论：日本可以迅速有效地被重建为美国在东亚和环太平洋地区的盟友。美国的政策制定者们渴望利用日本（像西德一样）来反击苏联的威胁。必须尽快废弃战前的天皇体制，为朝向民主、资本主义以及和平的新的意识形态方向开辟道路。本尼迪克特建议，不必通过原来拥护军国主义、法西斯主义和帝国主义的普通大众实现艰难转变，美国可以直接要求"和主流区别、隔离开来的……具体的个人和机构"为战争罪和反人类罪负责。[11]最终，20 世纪 40 年代末的法庭审判了大约 2 万人，仅仅占整个日本人口的 0.29%。（相比之下，大约有 2.5%的德国人在美国的占领下被依法排除在公共生活之外。）[12]日本学术界的罪犯不到 100 人，约占活跃教授人数的 0.3%。[13]证据表明，占领者更为关心的是根除可疑的共产党人而非起诉之前的帝国和战争的拥护者。[14]

美国学术机构赞同这种对日本知识分子过去活动的洗白，指责军阀官僚无法抵制由统治“强加的破坏稳定的规约”，使得社会科学家堕落到“特殊的拥护者和宣传者的地步”。[15]考虑到他们自己对战争做出的贡献——例如，据估计 20 世纪 40 年代初期在美国有 3/4 的职业人类学家至少兼职于应用研究，美国的学者们倾向于把他们的日本同行理解为“只不过是在民族主义时期一般地爱国”[16]。而且，日本帝国时期的社会科学研究后果大部分是由殖民地人民承受的，而在战后伸张正义时，这部分人大多被美国及其盟国忽视了。[17]

日本学者十分喜欢这种对他们战时记录的辩护。这种免责激励他们通过表明自己是民主、资本主义以及和平的热情拥护者，来证明占领时期的战时压迫这种叙事是真的。随着作为民族认同仲裁者的日本国家和军队被打败以及之后的声名扫地，日本社会学者对公众生活产生了前所未有的影响。东京大学（日本高等教育中的名牌大学）的校长南原繁（Nanbara Shigeru）在 1945 年 11 月的讲话中为这种立场奠定了基调，他宣称学者“对这个国家……在真理和自由基础上……的重建有着特别的义务”。[18]南原繁的后继者、著名经济学家矢内原忠雄（Yanaihara Tadao），同样强调社会科学家对培植美国吹嘘的价值的责任：“如果要使我们的知识从今以后真正成为一种积极的力量，最重要的是……知识要在人民中间广泛地自由地传播，从而在他们生活的各个方面激起对和平的强烈的渴望。在实践中，只有信任人民，和他们步调一致，我们科学家才能有所成就。”[19]日本社会科学家以这种方式努力重建学术，形成积极的民族认同，使知识界和美国的地缘政治联系在一起。[20]

战后日本学术研究的重塑

在占领时期的美国观察员看来，日本社会科学家似乎是“一个格外有趣的群体”，“所有人都非常聪明和有效率”。然而，战争把他们和跨国知识界隔绝开来，导致了“一个隔绝时期。这种隔绝，对于日本学者和科学家来说，和上个世纪日本开放之前时期（历时 250 多年的自我封闭，不和外国科学家接触）一样严厉。”[21]而且，一个美国学者观察到，“绝对不幸的是德国社会科学的过长时间的持续影响”[22]。尽管美国学者本身从德国理论和方法中获益匪浅，但是德国作为战败国的地位以及纳粹对科学的恐怖的滥用，毫无疑问地玷污了他们的知识遗产。在咨询了 80 多位日本学者之后，哈佛大学人类学家克莱德·克卢克洪（Clyde Kluckhohn）教授（20 世纪 30 年代他曾经在奥地利学习）指责德国的逻辑、哲学和有关法律与国家的观念，把战前日本的研究塑造成“助长对内独裁、对外侵略的工具”，“而不是建立在自由探索基础上的追求普遍的善的努力”[23]。

同盟国或盟国最高指挥官（SCAP，通常用于代表整个占领当局的缩略语）试图用美国的民主、资本主义以及和平的理想，去替换以前轴心国崇尚的“不民主”的、“法西斯”的精神。这些价值观是重建知识生产的跨国网络的基础。和战前以欧洲人为主的知识界不同，这个网络将以美国为中心并且支持美国占主导地位的维持与扩张，以对抗美国大肆渲染的苏联及其盟国构成的威胁。[24]

起草于1946年并由占领当局在1947年实施的日本宪法，通过保证学术自由、思想和良心自由，为日本人加入这个网络奠定了基础。[25]富布莱特学者项目和占领地区政府的援助与救济计划，资助了一小部分日本社会科学家到美国的学术机构接受培训。然而，考虑到占领时期的资金有限和对日本公民旅行的限制，大部分培训是在占领当局于1945年9月成立的民间情报教育部的监督下在本地进行的。民间情报教育部成员包括许多精通日语的人，这些人或在日本生活过（常常在传教士家庭）或二战期间在军事语言学校接受过培训。招募人员范围从精英机构的著名学者到寻求职业机会和冒险经历的未考核的准博士研究生。[26]一位在1947年8月加入民间情报教育部的耶鲁大学社会学学生戴维·西尔斯（David L. Sills）直接把自己描述为“一个纯粹的雇佣兵”，他回忆道，“我参与对日本的占领工作是为了赚钱，以便我可以继续我的研究生学业”[27]。

作为重组知识生产的努力的一个起点，民间情报教育部工作人员试图建立一个图书馆网络，通过这个网络使得日本同行可以接触到外国学术。从美国政策制定者的视角来看，图书馆是“民主的有力发动机……使得所有人能够利用原来只有少数人能够接触的资料”。尽管日本自 19 世纪末以来就有一个现代的图书馆系统，但是战争中断了外国资料的获取和国内的出版。据估计，20 世纪 40 年代早期的轰炸，焚毁了一半的日本图书资料，到战败时整个国家留下了不到 500 万册图书。[28]最新文献的匮乏尤其突出。一位美国相关学者写道，“我猜……［日本社会科学家］订阅了很少的学术刊物（如果有的话），因此学生和教师接触不到过去出版的关键性的重要文章和专著”[29]。短缺就是机会。一位人类学家预言道：“这个领域对有远见的国家是开放的，它可以为日本的读者大众重新提供大量的资源。”[30]另一位人类学家写道：“美国的任务就是确保为日本信息饥渴的知识分子和受过较高教育的群众，提供充足的、种类繁多的、可以接触到的有关民主的信息。只有这样的信息可以为形成所需的有利于民主秩序的态度提供背景。”[31]隐藏在此种主张之中的，是担心苏联会用宣传淹没日本，把民心引向共产主义。

由于地缘政治的压力，一个民间情报教育部雇员向即将到日本的同事恳请道：“带上你能拿到的所有有关公众意见、社会心理学、社会研究和方法等的资料。立即写信请求许可，以获得额外 300 磅的托运行李指标，以托运书和论文……我们特别渴望关于实际研究项目的专著以及课本和教学资料。”[32]他和其他人都请求国内机构给他们邮寄富余的、重要的最新专著和期刊。[33]来自慈善基金、学术基金、社会和政府机构、出版商以及热心公民的其他捐赠也蜂拥而至。到了占领中期，大约有 125 万册英文书籍抵达日本。[34]

在民间情报教育部努力创造一个遍布日本列岛的图书馆网络的同时，捐赠图书的分配瓶颈导致某些书困在仓库长达一年之久。东京市中心的旗舰设施收藏了大约 1.3 万册图书和 500 本期刊。在阅览室里，战后日本社会科学的领军人物第一次学习了本尼迪克特和其他人的著作。上述努力的最终结果是，23 座民间情报教育部图书馆每年为 200 万读者不仅提供文本服务，还提供讲座、音乐会、小组讨论、英语课程班、纪录片放映和展览等。[35]占领当局也引入法规，通过扩大和重建现有设施和资源、采用现代编目方法、实行免费借阅，来创建公共图书馆网络。到 20 世纪 50 年代末，日本几乎每个县和超半数的城市，以及某些乡镇、村庄都有了公共图书馆。[36]

除了引进英文图书到日本外，民间情报教育部还支持了某些社会科学著作的日文翻译，包括露丝·本尼迪克特的《菊与刀》。但让那些认为大众化的东西没有价值的美国官员倒胃口的是，翻译者也翻译了棒球手册和家务指南，还有玛格丽特·米切尔（Margaret Mitchell）1936 年的畅销书《飘》（*Gone with the Wind*）以及儿童文学。由于占领当局匆忙应对了察觉到的大量日文版苏联著作中隐含的共产主义威胁，引进英文图书计划迅速地扩大。到占领中期，民间情报教育部赞助了大约 150 种著作的翻译并且批准了 200 个其他项目。[37]通过为日本消费者提供美国文明的经典之作，占领当局试图灌输所谓的美国民主、资本主义和国际合作的精神。

公开讲座为传播这些价值观提供了另一种方式。演讲者不仅传递信息，而且还和听众建立起个人联系。一位民间情报教育部的人类学家回顾道："在此我尽最大努力把新思想传递给我的日本朋友，教年轻人如何组织项目，向他们介绍美国的方法和知识……我一直在教书，我宁愿做这事而不是别的。"[38]一位来自日本的社会学家的感谢函这样写道："我们从您和我们的视角非常不同的讲座中受益匪浅……我希望在不久的将来，我们将向您展示更好的社会学，为世界社会科学做出更大的贡献。"[39]通过面对面的接触，美国学者招募日本同行成为建立支持美国占主导地位的跨国知识网络的参与者。

1950 年，更为系统的培训计划是以美国研究学术研讨会的形式开始的，由东京大学和斯坦福大学联合主办，由洛克菲勒基金会资助。在战后早期，私人基金会为发展有利于美国占主导地位野心的全球知识网络提供了关键性支持。[40]以在萨尔茨堡和奥地利所做的类似努力为模型，美国研究学术研讨会渴望"向战败的日本民族灌输美国的民主精神……以促进美国和日本的知识界、学术界的交流。"[41]正如一位支持者所规劝的："展现在美国生活中的民主制度应该在日本家喻户晓，关于美国传统的历史应该成为新时代正规大学的课程。要鼓励一代又一代的日本学者研究美国事务，这样他们就能把对我们国家的更好的认识带入他们对公共生活的引导当中去。”[42]通过（用美国方法）教授交叉领域社会科学的计划，这种研讨会努力把美国的价值观传播给日本的知识分子。

在1950年夏季的5周课程中，5位著名美国资深教授（每位代表一个不同的领域）在每个工作日的下午，为总共大约125位日本参会者（年龄从23岁到54岁）进行2小时的讲课并举行小型圆桌讨论会。[43]根据参与者英语熟练程度的不同，研讨会组织者按照名片预先分发提纲，有将近24位口译者来帮助参会者交流。这些教学助手帮助授课教授达到自由、无限制的知识交流的目的，这被视为美国式民主的精华。正如一位教授赞扬的：“在第1周，我们建立起研讨会的交流方式。讨论的质量很高，达到了日本人和美国人之间绝对的坦诚；第1周结束前，研讨会在东京学术界就享有了盛誉。”[44]

“尽管天气炎热，会议时间长，但这个计划非常成功”，它每年开展一次，直到占领结束4年后的1956年。[45]总共有600位教授和学生（包括研究生和本科生）参加了这种研讨会。而且，1952年开始，京都大学和同志社大学（历史悠久的基督教学院）开始举行类似的京都美国研究研讨会。每年夏天（1953年除外）举行，直到1976年。竞相参与的竞争日益激烈，保证了班级的高质量和主动性。参与者从整个列岛选择，以期他们把知识带回家乡。课堂之外，学生可以在答疑时间、实地考察、文化活动以及国家媒体的公开场合和教授面谈。[46]研讨会创建了指定阅读书目的图书馆；到 1953 年，图书馆收藏了 1 000 多册图书。[47]它还催生了一个奖学金计划，每年派遣 2 位日本学者到美国进行为期一年的学习；还有一个系列的公开讨论计划，主题如"日本人对美国民主的接受与抵触"、"美国对日本人思想、宗教、艺术和生活方式的影响评估"。[48]

考虑到"令人沮丧的微薄"补偿和相对缺乏的生活设施（有人建议一位教授带上自己的冰箱），大多数来访的美国人受到了志愿者的精神激励。[49]一位教授回顾道，"我在日本的日子是我一生中最幸福的时期之一。我知道我收获很大；如果作为回报我曾给予过什么，如果我曾为我的日本同行的思考和教育做了某些微薄的贡献，那我也满足了"（着重号是原来的）。[50]其他人也赞扬了自己从此计划中获得的惊人的知识上的益处："我们相信，对美国学者来说，对美国传统和文化作出的日本诠释是有价值的。尽管我们常常发现自己并不赞同这些诠释，却从日本人的视角中得到了许多真知灼见……这些常常刺激我们讨论和重新考虑我们的自负。"[51]美国教授的这种总体上的谦虚态度，给日本参与者留下了良好的印象。1953 年在第 4 次研讨会的开幕式上，矢内原忠雄描绘了这种合作的氛围："美国的教授是我们的客人，同时是我们的同事。他们来此不是为美国做宣传，也不是来诊断日本人对美国人的感受。我们站在平等的学问基础上，我们是同事，在对科学真理的探求中向着共同的目标努力。”[52]日本参与者也以类似的词语表达了他们的感激。一位日本学者感激地给他的导师写了封信：“我衷心地感谢您再次来到日本，启蒙我们这些年轻的（精神上的）爱好智慧者。您对教育的热忱深深地感动了我。”[53]通过重建社会科学，美国学者召集起他们的日本同行，不是作为下属而是作为有着共同价值观的同一战壕中的、为建立支持美国主导的跨国知识网络的同事和伙伴。

实地研究：在日本实现美国理想

比起图书馆和课堂的培训，实地研究在更大程度上象征并推动着日本转变为和平的、资本主义的社会。通过收集经验数据，日本和美国的社会科学家寻求“客观的确定性数据”，以之作为民主的包容性决策的基础。与此同时，研究者之间的关系也塑造了他们希望在整个社会中培养的平等的合作精神。

到了占领时期，日本社会科学家中已经有了悠久的（在家里和帝国内）实地研究的传统。[54]从占领开始，对占领当局来说，要继续并改进实地研究方法的兴趣是显而易见的。1947 年的一项调查显示，整个列岛的日本学者“格外渴望实地研究”，并且“许多大学的管理者对于实证社会研究的观念至少在口头上已经有了。”[55]一个显著迹象是布罗尼斯瓦夫·马林诺夫斯基(Bronislaw Malinowski，1884—1942）著作的翻译激增，这个波兰出生的英国社会人类学家被说成是“客观”实地研究的方法论指导的设计者。战后早期岁月里翻译的文本包括马林诺夫基的《野蛮社会的犯罪与习俗》（*Crime and Custom in Savage Society*，1926 年第 1 版）、《美拉尼西亚西北部野蛮人的性生活》（*The Sexual life of Savages in North-Western Melanesia*，1929 年第 1 版）和《文化的科学理论》（*A Scientific Theory of Culture*，1944 年第 1 版）。[56]

在占领之前，唯一对日本实地研究的英语学术著作是《须惠村》（*Suye Mura*），一部由芝加哥大学社会学家约翰·恩布里（John F. Embree）撰写的 1936 年的村庄民族志。“每一个 20 世纪 50 年代在日本的人类学家都熟悉恩布里的著作”，一位民间情报教育部的雇员回忆道。[57]在恩布里的著作 10 年之后，露丝·本尼迪克特把他的某些结论融入了《菊与刀》；但是由于战争的阻隔，她无法亲自访问日本。[58]相反，她采用了所谓的“远程研究”方法进行研究。在第二代日裔美国知情人的帮助下，本尼迪克特采访了被拘留的日本移民及其后代并对他们进行了心理测试，分析了日语文本、图像和电影。对于许多为准备参与占领日本而阅读《菊与刀》的美国人类学家来说，实地研究意味着有了证实本尼迪克特在此领域的结论的机会。

占领当局的公共舆论与社会学研究司负责协调占领时的早期实地研究。该司创建于1946年早期，是民间情报教育部的下属委员会，其目的在于用美国的理论和方法培训日本社会科学家并提供关于民族情绪的研究。对占领当局的政策制定者来说，“占领创造的民主气氛在政府官员和普通民众中带来了普遍的感觉：对于民主政府来说，了解公共舆论是非常重要的。”[59]因此，舆论研究的出现，既是民众参与政治的动因，也是民众参与政治的结果。

赫伯特·帕辛（Herbert Passin，1916—2003），芝加哥大学社会学博士，公共舆论与社会学研究司副主任。帕辛是一个经验丰富的调查研究者，他通过和在拘留日本人和日裔美国人的拘留营里待过的囚犯一起工作，对日本产生了兴趣。由于20世纪40年代早期在位于芝加哥大学的陆军语言学校学习过，他能流利地运用日语书面语言和口语。在公共舆论与社会学研究司的原主任离任之后，帕辛招了他以前的同学、俄亥俄州立大学人类学系助理教授约翰·贝内特（John W. Bennett）来任此职。公共舆论与社会学研究司还聘用了其他几个美国研究者，包括研究战时美国西部拘留营的日裔美军老兵。[60]不久，研究司的人数就被20多位日本社会科学家以及30多位临时雇员和秘书雇员超过了。

仅从财务角度上看，在公共舆论与社会学研究司的工作也是非常理想的。在20世纪40年代晚期的绝望岁月里，日本大学的学术职位几乎不能为学者提供经济上的稳定。占领当局的顾问们描述了教授们面临的“为了维持生存”的“可怕的斗争”[61]：“总是经费不足的大学工资没有给予个别学者甚至是最低生活水平的工资保障，结果本该用于研究的时间被他们用来补充家庭收入（通过到其他大学、学院反复上课，通过受雇写作和其他甚至更远离研究和学术生活的活动）。”[62] 贝内特总结道，通过提供工作，“该司拯救了许多日本社会学家、人类学家和社会心理学家的职业生涯。”[63]

和贝内特、帕辛以及他们美国同事的年纪轻轻、没有经验相比，许多日本雇员德高望重，这有助于预防预期的胜利者和战败者的等级制。贝内特把他的日本同事描述为“这个国家的顶级社会科学家，在技术和智力上完全可以和美国最优秀者媲美——事实上还更胜一筹。”他给妻子的信中写道：“这是一种奇怪的感觉……在我的办公桌旁围着日本政府的交通部长、日本最著名大学的社会学系主任和日本顶级社会心理学家，所有人都向我鞠躬、致敬！”[64] 贝内特尊重日本学者的知识和经验，再加上相应的日本人对美国方法的兴趣以及对胜利的同盟国的谦卑，总体上促进了富有成效的工作关系。

公共舆论与社会学研究司的最早、最有影响的研究，是一项在 1947 到 1948 年开展的对土地改革的评估。一年前，占领当局下令分割和重新分配大的地产，寻求创建一个独立的自耕农国家，“用民主的生活方式替代传统的土地封建主义”。[65] 为了评估这给日本乡村带来的社会上和经济上的变化，占领当局邀请了美国农业部著名的社会学家亚瑟·雷珀（Arthur F. Raper）。和公共舆论与社会学研究司一起，雷珀选择了 13 个地理上分散的所谓有代表性的社区进行研究。他的研究报告发表后，被誉为恩布里之后的又一经典研究，并被称赞为对日本乡村生活的“完全无偏见的独立的解释”。[66]

在公共舆论与社会学研究司，雷珀和 4 位美国社会科学家以及 15 位日本社会科学家一起工作。在 1947 到 1949 年间合计 7 个月的 3 次实地考察过程中，他的团队考察法为战后的早期研究确定了基调。对日本学者来说，团队工作是从帝国时期就已熟悉的做法，那时现场调查的危险和费用需要他们协作。尽管独立的实地研究是美国学术界的规则，美国社会科学家也认为合作还是有利的。像玛格丽特·米德（Margaret Mead）这样的发言人也赞扬了这种智力互补在个人和实践上的好处。[67]除了这些优势外，雷珀的团队工作的决定还反映了占领时期日本的特殊条件。虽然美国学者一开始打算培训日本同事，但后者很快就成为关键的专业知识的生产者。这项研究的关键贡献者帕辛回忆道，“当开始这项研究时，我利用了我在南伊利诺伊大学读研究生时最新的社会学研究，我对美国南方佃农的知识，我对墨西哥农民的经验，以及我在人类学和农村社会学领域的一般的阅读积累……但是我甚至没有语词来描述吸引我的注意的新现象。”[68]

除了语言和文化的障碍外，美国研究者还遭到了为他们提供信息者的不信任。许多农村社区将舆论研究与战时军警相联系，对外国人心存疑虑。为了减少怀疑，日本社会科学家率先到达研究地，安排乡村官员分发问卷，与当地提供信息者进行密集访谈。最终，他们为公共舆论与社会学研究司收集到了95%的数据。[69]

除了作为知识生产的场所外，实地也是直接的培育民主的空间，包括分享意见、表达异议、培养共识。帕辛描述了他的典型的现场惯例："每天访谈结束后……我们坐在一起，讨论访谈的问题、结果的意义，把当地的访谈结果和我们在东京时获得的结果加以比较。有人建议要记下更为详细的材料、选举和政治记录。"[70]一位日本社会科学家后来回忆过连续两个晚上为调查技巧辩论的兴奋之情。[71]

实地研究的合作使日本和美国的社会科学家团结在一起，保持了长久的个人联系。雷珀以肯定的态度回忆起他的团队，尽管还是提到了民族性格的某种刻板印象："这个民族的能力给我留下了深刻的印象。他们受到非常严格的管制。我回来时非常确信，如果我们的文明开始学习微积分，他们也开始学习微积分，那么他们会存续下来而我们不会——因为如果他们需要学习微积分，他们所有人都会在一年内学习微积分；因为他们已经把它固化下来，这样他们可以以这种方式运作。"[72]与此同时，日本社会科学家感谢在帕辛领导下所接受的实操培训，尽管他们对提高速度的要求感到恼火。第2次的实地研究特别仓促。坐火车和吉普车往返，考验地方官员的好意；而且他们“马不停蹄地”工作，研究者仅在45天内就访问了5个村子，然后返回东京，24小时后再出发去后面的6个地点。考虑到旅行的时间因素，他们在每个地点只待一个或最多两个晚上。关于“一天内做一个月的研究”的挑战，一位学者回忆道：“大家有很多抱怨。”[73]

在土地改革研究结束后，公共舆论与社会学研究司又在其他课题上开展了实地和舆论研究，如传统的渔业权、邻里关系、家庭构成、雇佣制度（*oyabun-kobun*）、城市工人和消费者的问题、妇女地位的变化、财阀改革、识字与语文教育。[74]这些研究强调民主、资本主义和合作的先进性，它们在战后的日本和美国之间建立起了价值观的趋同。

美国占领的遗产

尽管贝内特及其合作者雄心勃勃，但他们最终对占领当局的政策没有太大的影响。部分原因是公共舆论与社会学研究司人员配备不足：一位雇员观察到，那里需要20—30位社会科学家来完成分配给2—3人的工作量。[75]更为糟糕的是，除了公共舆论与社会学研究司所认为的阻挠或干涉的管理，对于研究的重要性，占领当局只是嘴上说说而已。此外，把研究发现应用于决策还通常受到目标不明确（这是占领时期的特点）的掣肘。用心怀不满的贝内特的话来说，“在占领时期，没有人知道政策的真实意图，他们也没有具体的计划。只是从一个小问题到另一个小问题，出现一个解决一个。除了模糊的按美国方式处理一切问题的想法外，完全缺乏远见和目标”[76]。

然而，美国在占领时期对日本学术界的重塑，对美国、日本及其他国家战后的社会科学有着持久的影响。有了和日本同事一起实地工作的经验后，在日本的美国学者开始质疑有关日本民族性格的早期假设。他们所见的不是本尼迪克特让他们期望的同质性，“在类型上”，他们遇到“很大的区域异质性”。不是“我遇到的每个小组似乎都不同；而是我遇到的每个人都是不同的个体”，贝内特总结道，“在赋予研究者某种能力来对日本文化的秩序做出类似原始社会的概括性结论时”，运用同质性的假设“是危险的”。[77]公共舆论与社会学研究司图书馆悄悄地把《菊与刀》下架了。许多占领时期的学者不再考虑类似民族性格的研究，即把它看成“建立在肤浅和不可靠证据上的高度精细的结构”[78]。

在占领期即将结束的 1951 年 6 月，公共舆论与社会学研究司解散了。仅仅 3 个月之后，日本和美国签订了标志着第二次世界大战结束的《旧金山条约》以及《共同合作及安全保障条约》（通常称为“旧安保条约”［Anpo］）。这两个条约确定了占领结束后两国关系的条款。安保条约确定了在美国军事和核保护伞下保卫日本，日本根据《宪法》不能拥有武装力量和发动战争。它也逐项列举了呼吁日本支持美国霸权在亚洲的地缘政治的进程，包括保留美国陆、海、空军的永久性军事基地。条约规定，日本在 1952 年 4 月重新获得独立的主权。

回国后的美国社会科学家，利用他们在占领时期的经验，在美国引领日本研究。以前被边缘化的日本研究领域在 1952 年后迅速发展起来，成了冷战时期区域研究的基础。这种研究在 20 世纪 50 年代和 60 年代之间是认识发展中国家的主要方法。多领域共同努力的区域研究，力求通过强化的语言准备、实地研究、当地观点和解释的纳入，来推进有关国家和地区的理论及经验知识。今日的批评者们常常把区域研究理解为一种使冷战时期帝国主义的权力结构永久化的企图，用在不结盟的发展中国家培养公认的美国价值观的间接努力，来替代公开的政治控制。这种研究建立起一个由本国政府慷慨资助的“学生”和受由此产生的知识支配的“主体”（subject）的等级制度。然而，日本研究的轨道并不符合这一模式。到 20 世纪 60 年代，日本已经从一个发展中国家转型为世界最大的经济体之一。因此社会科学家承担起这样的任务：为在美国地缘政治占主导地位下的其他国家，提供结构、文化和心理学教学。[79]

占领也改变了日本的学术界。1952 年 2 月，仅仅距占领当局离开只剩几周，日本社会科学界的 20 位领导人联合起来，就战后国家研究现状的长期计划举行了一次圆桌会议。参与者反思了这次占领，认为它是“一座通向日本学术重建的桥梁”，一个真正客观的知识探索的出发点。[80]民主、资本主义以及和平，这些价值观支撑着知识的生产。这种共同的信念促进了美国和日本之间的合作以及在研究和改革方面的相互满意。

源自共同理念的知识伙伴关系，也许是占领当局彻底修订日本知识生产的最持久的遗产。在战后的日本学术界找一份工作的竞争非常激烈：受人尊敬的老先生和刚毕业的学生竞争，留守日本的老师和从前帝国时期大学召回的学者竞争。在占领后的岁月里，和美国社会科学家的联系成了获得教职的关键凭证和接触人员的渠道来源。简单地说，实际上所有 20 世纪 50 年代在学术界任职的日本人，都有在占领当局领导下工作的经验，从而接触了美国文化、友谊和价值观。民间情报教育部和公共舆论与社会学研究司，特别关注他们的下属在占领结束后的命运，帮助许多人获得了大学工作。在没有这种就业机会的情况下，占领当局就帮助他们在图书馆、博物馆、报纸和杂志编辑部以及独立的研究组织寻找职位。少数学者甚至获得奖学金到美国学习。[81]

在占领结束后的很长时期内，日本学者通过在自己国家和其他地方引进和深化现代化，继续从事美国地缘政治霸权加强的研究。可以肯定，美国价值观的可接受性并不能排除对美国的异议。随着 20 世纪 50 年代极右翼民族主义的重现，某些日本社会科学家促进了日本的重新武装和天皇直接统治的“复苏”。更为常见的是，左派谴责日本与美国地缘政治进程串通一气，激起了社会科学的每一分支议论纷纷。历史学家、哲学家鹤见俊介（Tsurumi Shunsuke，1922—2015）在刊物《思维科学》（*Shisō no Kagaku*）上为流行的和平主义发声。在艺术理论和实践方面，冈本太郎（Okamoto Tarō，1911—1996）谴责了西方美学的霸权，呼吁日本从其“原始的”过去获取灵感，通过与不结盟的第三世界合作，摆脱欧美的统治。现代政治科学家丸山正夫（Maruyama Masao，1917—1996）回顾日本作为战后早期自由主义最杰出的发言人时，列举了一系列的关于战前法西斯主义的著作和文章，以及表达了对能够抵制其民主制度所面对的外国压力的积极公民的需要。[82]

日本知识分子越来越多的批评立场并没有被他们的美国同行忽视。曾经20世纪50年代末期在东京大学从事研究，曾任占领时期随员的爱德华·塞登斯蒂克（Edward Seidensticker）回忆道：

> 我周围都是非常非常聪明的小伙子，这很清楚，也根本无法否认……但是他们不友好、偏执、格外固执己见、格外教条……他们的世界观认为，美国应对世界上所有的伤害、所有的苦恼和所有的痛苦负责，这是无法接受的……他们的世界观让我很生气，但是我想我也感到自己对他们相当蔑视。在我看来，他们在滥用他们不可否认的才能……我的意思是说，这不是一种配得上一流头脑的世

界观。[83]

现在，塞登斯蒂克已经被广泛认为是20世纪最优秀的历史学家、日本文学翻译家之一，一位具有非凡的敏感和优雅的作家。1975年，他获得了日本政府颁发的授予文化贡献者的最高奖章——旭日勋章（Order of the Rising Sun）。上面的话出自这样一位有名望的人物，表明了美国对日本的家长式作风，甚至是种族主义的普遍性和持久性。无论美国在多大程度上依赖日本这个盟友，它仍然固守于战后初期的等级观念：学生不能挑战或取代老师。

1960年，杰出的日本知识分子通过领导群众抗议《日美安全保障条约》的延长，就日本和美国军方的持续关系展开了争论。在对民主、资本主义以及和平的热情中，日本知识分子强烈反对美国在亚洲的军事行动，包括在本国土地上保留美国军事基地、继续占领日本最南端的冲绳县以及70年代初才结束的越南战争。在日本国会的强烈反对下，首相岸信介（Kishi Nobusuke）对《条约》的强行批准，进一步激起了对允许强人（strongman）战胜民选代表意志的政治制度的反对。此时，在许多日本社会科学家看来，他们国家和美国的关系不是展示而是背叛了他们在美国监护下接受的价值观。

这次日本历史上最大的抗议，动员了代表广泛社会阶层的数百万公民，表明公认的美国价值观在日本民族意识中的确立和成熟。而且，也许正是因为这个原因，对《日美安全保障条约》的反对虽然纠缠不休但没有产生实质性的变化。残酷的战争结束15年之后，这个国家有太多的利害关系，使得它不能认真地讨论它和美国的关系。[84]由社会科学家引领，民主、资本主义以及和平的共同理想已经编织成了一个支持美国占主导地位的知识生产的弹性网络。

注释

1. E. g.,参见 James R. Bartholomew, *The Formation of Science in Japan: Building a Research Tradition* (New Haven, CT: Yale University Press, 1989); Nakayama Shigeru, *Science, Technology, and Society in Postwar Japan* (New York: Routledge, 1991); John Krige, *American Hegemony and the Postwar Reconstruction of Science in Europe* (Cambridge, MA: MIT Press, 2006); John Krige, *Sharing Knowledge, Shaping Europe: U. S. Technological Collaboration and Nonproliferation* (Cambridge, MA: MIT Press, 2016)。
2. Sebastian Conrad, "'The Colonial Ties Are Liquidated': Modernization Theory, Japan and the Cold War," *Past and Present* 216 (2012): 181 - 214.
3. John W. Dower, *War without Mercy: Race and Power in the Pacific War* (New York: Pantheon Books, 1986).
4. John W. Dower, *Embracing Defeat: Japan in the Wake of World War II* (New York: W. W. Norton, 2000), 556.
5. Miriam Kingsberg, "Legitimating Empire, Legitimating Nation: The Scientific Study of Opium Addiction in Japanese Manchuria," *Journal of Japanese Studies* 38, no. 2 (2012): 325 - 351.

6. Kawamura Minato, "*Dai Tōa minzoku*" *no kyojitsu* (Tokyo: Kodansha, 1996); Nakao Katsumi, ed., *Shokuminchi jinruigaku no tenbō* (Tokyo: Fūkyōsha, 2000); Sakano Tōru, *Teikoku Nihon to jinruigakusha: 1884 -1952 -nen* (Tokyo: Keisō Shobō, 2008).
7. 关于社会科学的客观性，参见 Peter Novick, *That Nobel Dream: The "Objectivity Question" and the American Historical Profession* (New York: Cambridge University Press, 1988); Thomas L. Haskell, *The Emergence of Professional Social Science: The American social Science Association and the Nineteenth-Century Crisis of Authority* (Urbana: University of Illinois Press, 1988); Thomas L. Haskell, *Objectivity Is Not Neutrality: Explanatory Schemes in History* (Baltimore: Johns Hopkins University Press, 1998); Lorraine Daston and Peter Galison, *Objectivity* (New York: Zone Books, 2007)。
8. "Common Statement," in *Tensions That Cause Wars*, ed. Hadley Cantril (Urbana: Universtiy of Illinois Press, 1950), 17.
9. E. g., Geoffrey Gorer, *Japanese Character Structure* (New York: Institute for Intercultural Studies, 1942); Douglas Haring, *Blood in the Rising Sun* (Philadelphia: Macrae Smith, 1943); Arnold Meadow, *An Analysis of the Japanese Character Structure Based on Japanese Film Plots and Thematic Apperception Tests on Japanese Americans* (New York: Institute for Intercultural Studies, 1944).
10. Quoted in Pauline Kent, "Misconceived Configurations of Ruth Benedict: The Debate in Japan over The Chrysanthemum," in *Reading Benedict/Reading Mead: Feminism, Race, and Imperial Visions*, ed. Dolores Janiewski and Lois W. Banner (Baltimore: Johns Hopkins University Press, 2004), 179 - 190, at 189.
11. Herber Passin, *The Legacy of the Occupation of Japan*, Occasional Papers of the East Asian Institute (New York: East Asian Institute, Columbia University, 1968), 4 - 5.
12. John D. Montgomery, *Forced to Be Free: The Artificial Revolution in Germany and Japan* (Chicago: University of Chicago Press, 1957), 26.
13. Sebastian Conrad, *The Quest for the Lost Nation: Writing History in*

Germany and Japan in the American Century, trans. Alan Nothnagle (Berkeley: University of California press, 2010), 82.

14. 在一个具有讽刺意味的案例中，由于战时曾和奥地利-德国同事合作过，一位杰出的日本社会学家被排除了共产主义倾向。参见 Application for Employment: Ishida Eiichirō, "Record Group 331, Records of the Allied Operational and Occupation Headquarters, World War II, box 5870, file "Ishida Eiichirō," *National Archives and Records Administration*, College Park, MD。
15. 美国对日本的文化科学使命，*Report of the United States Cultural Science Mission to Japan* (Seattle: University of Washington Institute for International Affairs, 1949), 14。
16. John C. Pelzel, "Japanese Ethnological and Sociological Research," *American Anthropologist* 50, no. 1 (1948): 72.
17. Yuma Totani, *The Tokyo War Crimes Trial: The Pursuit of Justice in the Wake of World War II* (Cambridge, MA: Harvard University Asia Center, 2009).
18. Nanbara Shigeru, *Bunka to kokka* (Tokyo: Tokyo Daigaku Shuppankai, 1968), 339 - 346.
19. "Sensō to heiwa in Kansuru Nihon on kagakusha no shōmyō," *Sekai* 39 (1949): 9.
20. Ishida Takeshi, *Nihon no shakai kagaku* (Tokyo: Tokyo Daigaku Shuppankai, 1984), 223; Laura Hein, *Reasonable Men, Powerful Words: Political Culture and Expertise in Twentieth Century Japan* (Berkeley: University of California Press, 2004), 2 - 3; Andrew E. Barshay, *The Social Sciences in Modern Japan: The Marxian and Modernist Traditions* (Berkeley: University of California Press, 2004).
21. Joseph C. Trainor, *Educational Reform in Occupied Japan* (Tokyo: Meisei University Press, 1983), 224.
22. John W. Bennett, "Some Comments on Japanese Social Science," Record Group 331, Records of the Allied Operational and Occupation Headquarters, World War II, box 5915, file "Comments on Japanese Social Science," *National Archives and Records Administration*.

23. US Cultural Science Mission to Japan, *Report of the United States Cultural Science Mission to Japan*, 9, 1.
24. Letter from John W. Bennett to Kathryn G. Bennett, Mar. 24, 1949, John W. Bennett Papers (hereafter JWB Papers), box 2A, file 38U, Rare Books and Manuscripts: Collections, Rare Books and Manuscripts Library, Ohio State University.
25. The Constitution of Japan (1946), accessed Oct. 21, 2016.
26. Merle Fainsod, "Military Government and the Occupation of Japan," in *Japan's Prospect*, ed. Carl J. Friedrich (Cambridge, MA: Harvard University Press, 1946), 287 - 304, at 294.
27. Interview, David L. Sills, Hastings-on-Hudson, NY, Apr. 14, 1979, 12, Marlene J. Mayo oral Histories with Americans Who Served in the Allied Occupation of Japan, Gordon M. Prange Collection, University of Maryland.
28. Theodore F. Welch, *Libraries and Librarianship in Japan* (Westport, CT: Greenwood, 1997), 17.
29. Letter from Julian H. Steward to Fred Eggan, Dec. 29, 1955, Fred Eggan Papers, box 23, file 8, special Collections Research Center, University of Chicago.
30. Douglas G. haring, "The Challenge of Japanese Ideology," in Friedrich, *Japan's Prospect*, 259 - 2866, at 280.
31. Robert B. Textor, *Failure in Japan* (New York: John Day, 1951), 149.
32. Letter from John W. Bennett to Richard Morris, Apr. 12, 1949, JWB Papers, box 24, file 215.
33. Ishida Mikinosuke, "Tōhō minzokugaku kankei ōbun kincho (ichi)," *Minzokugaku kenkyū* 13, no. 1 (1948): 80 - 85.
34. Textor, *Failure in Japan*.
35. Reorientation Branch Office for Occupied Areas, *Semi-annual report of Stateside Activities Supporting the Reorientation Program in Japan and the Ryukyu Islands* (Washington, DC: Office of the Secretary of the Army, 1951), 19.
36. Japanese National Commission for UNESCO, *Japan: Its Land, People*

and Culture (Tokyo: Ministry of Education, 1958), 546.

37. Textor, *Failure in Japan*.
38. Letter from John W. Bennett to Kathryn G. Bennett, Sept. 4, 1949, JWB Papers, box 2A, file 38YYY.
39. Letter from Monkichi Nanba to John W. Bennett, July 6, 1950, JWB Papers, box 24, file 215.
40. Inderjeet Parmar, *Foundations of the American Century: The Ford, Carnegie, and Rockefeller Foundations in the Rise of American Power* (New York: Columbia University Press, 2012).
41. Quoted in Wada Jun, "American Philanthropy in Postwar Japan: An Analysis of Grants to Japanese Institutions and Individuals," in *Philanthropy and Reconciliation: Rebuilding Postwar U. S. -Japan relations*, ed. Yamamoto Tadashi, Iriye Akira, and Iokibe Makoto (New York: Japan Center for International Exchange, 2006), 135 - 184, at 163.
42. George H. Kerr, "An Institution for American Studies in Japan, 1948 - 1958: A Prospectus for a Ten-Year Project," 5, *American Studies Seminar in Japan, Records, 1950 - 1981*, box 1, file 2, Special Collections and University Archives, Stanford University.
43. James Gannon, "Promoting the Study of the United States in Japan," in Yamamoto, Iriye, and Iokibe, *Philanthropy and Reconciliation*, 189 - 194; "Tōdai no Amerika kenkyū kōkai kōgi," *Yomiuri shinbun*, July 7, 1954, 6.
44. "Proposal to the Rockefeller Foundation concerning the Seminar in American Studies," 1953, *American Studies Seminar in Japan, Records, 1950 - 1981*, box 1, file 1, Special Collections and University Archives, Stanford University.
45. Julian H. Steward, "Report of the Director, Kyoto American Studies Seminar, 1956," 3, Julian H. Steward Papers, box 20, *Special Collections and University Archives*, University of Illinois at Urbana-Champaign.
46. "Kaigakusei no sanka mo yurusu: Amerika kenkyu semina," *Yomiuri shinbun*, Apr. 15, 1952, 3; "Todai no Amerika kenkyu semina kokai kogi," *Yomiuri shinbun*, July 2, 1953, 6.

47. Yanaihara Tadao, "The Committee for the Seminar in American Studies Report, 1953," American Studies Seminar in Japan, Records, 1950 - 1981, box 1, file 7, Special Collections and University Archives, Stanford University.
48. "Round Table Conferences," American Studies Seminar in Japan, Records, 1950 - 1981, box 1, file 5, Special Collections and University Archives, Stanford University.
49. Letter from Virgil C. Aldrich to Julian H. Steward, Dec. 26, 1955, and letter from Matsui Shichirō to Julian H. Steward, Jan. 5, 1956; both in Julian H. Steward Papers, box 20, Special Collections and University Archives, University of Illinois at Urbana-Champaign.
50. Fritz Machlup, "Report on My Activities at the Kyoto American Studies Seminar," Aug. 22, 1955, 3, Julian H. Steward Papers, box 20, Special Collections and University Archives, University of Illinois at Urbana-Champaign.
51. Joseph S. Davis, Clause A. Buss, John D. Goheen, George R. Knoles and James T. Wakins, "American Studies in Japan, 1950: report of the Stanford Professors," American Studies Seminar in Japan, Records, 1950 - 1981, box 1, file1, Special Collections and University Archives, Stanford University.
52. Yanaihar Tadao, "Opening Address," July 13, 1953, American Studies Seminar in Japan, Records, 1950 - 1981, box 2, file 1, Special Collections and University Archives, Stanford University.
53. Letter from Kanamatsu Kenryo to John D. Goheen, July 31, 1951, Julian H. Steward Papers, box 1, file 6, American Studies Seminar in Japan 1951, Rare Books and Manuscripts Library, University of Illinois.
54. Kawamura, "*Dai Tōa minzoku*" no kyojitsu; Nakao, ed., *Shokuminchi jinruigaku no tenbō*; *sakano*, *Teikoku Nihon to Jinruigakusha*.
55. Clyde kluckhohn and Raymond Bowers, "Report on Field Trip to Southern Honshu and Kyushu, 8 - 13 january 1947," JWB Papers, box 1, file 15.
56. Marinousuki, *Mikai shakai ni okeru hanzai to shūkan*, trans. Aoyama Michio (Tokyo: Nihon Hyoron Shinsha, 1955); B. Marinofusukī, *Bunka*

no kagakuteku riron, trans. Himeoka Tsutomu and Kamiko Takeji (Tokyo: Iwanami Shoten, 1958); B. Marinofusukī, *Mikaijin no sei seikatsu*, trans. Izumi seiichi, Gamo Masao, and Shima Kiyoshi (Tokyo: Kawade Shobō, 1957).

57. Robert J. Smith, "Time and Ethnology: Long-Term Field Research," in *Doing Fieldwork in Japan*, ed. Theodore C. Bestor, Patricia G. Steinfoff, and Victoria Lynn Bestor (Honolulu: University of Hawai'I Press, 2003), 252 - 366, at 354.
58. Ruth Benedict, *The Chrysanthemum and the Sword: Patterns of Japanese Culture* (Boston: Houghton Mifflin, 1946), 5.
59. Herbert Passin, "The Development of Public Opinion Research in Japan," *International Journal of Opinion and Attitude Research* 5 (1951): 21.
60. John W. Bennett, "Summary of Major Research Problems of the Public Opinion and Sociological Research Division, CIE," JWB Papers, box 1, file 4.
61. Hugh Borton, "The Reminiscences of Hugh Borton" (New York: Oral History Research Office, Columbia University, 1958), 48.
62. US Cultural Science Mission to Japan, *Report of the United Stated Cultural Science mission to Japan*, 15.
63. John W. Bennett, "Social Research in the Japanese Occupation," JWB Papers, box 1, file 1.
64. Letter from John W. Bennett to Kathryn G. Bennett, Mar. 9, 1949, JWB Papers, box 2A, file 38M.
65. Arthur F. Raper, *The Japanese Village in Transition* (Tokyo: General Headquarters, Supreme Commander for the Allied Powers, 1950), 12.
66. Ibid., i-ii; John W. Bennett, "Community Research in the Japanese Occupation," *Clearinghouse Bulletin of Research in Human Organization* 1, no. 3 (1951): 5.
67. Margaret Mead, "the organization of Group Research," in t*he Study of Culture at a Distance*, ed. Margaret Mead and Rhoda Métraux (New York: Harper Row, 1953), 85 - 87.
68. Herbert Passin, *Encounter with Japan* (New York: Kodansha

International, 1982), 143.

69. Bennett, "Summary of Major Research Problems of the Public Opinion and Sociological Research Division, CIE."
70. Herbert Passin, "Report to Field Trip to Yuzurihara," Herbert Passin Collection, "Field Trip to Yuzurihara Report," Special Collections, DuBois Library, University of Massachusetts at Amherst.
71. "CIE ni okeru shakai chōsa no tenkai," *Minzokugaku kenkyū* 17, no. 1 (1953): 68 – 80.
72. Arthur F. Raper, "The Reminiscences of Dr. Arthur F. Raper" (New York: Oral History Research Office, Columbia University, 1971), 149.
73. "CIE ni okeru shakai chōsa no tenkai," *Minzokugaku kenkyū* 17, no. 1 (1952): 73.
74. "Summary of Major Research Problems of the PO&SR Division. CIE," JWB Papers, box 1, file 4.
75. Textor, *Failure in Japan*, 174.
76. Letter from John W. Bennett to Kathryn G. Bennett, Aug. 8, 1949, JWB Papers, box 2A, file 38NNN.
77. Letter from John W. Bennett to Kathryn G. Bennett, Apr. 26, 1949, JWB Papers, box 1, file 1; John W. Bennett, "Social and Attitudinal Research in Japan: The Work of SCAP's Public Opinion and Sociological Research Division," 18, JWB Papers, box 1, file 12.
78. Fred N. Kerlinger, "Behavior and Personality in Japan: A Critique of Three Studies of Japanese Personality," *Social Forces* 31, no. 3 (1953): 257; "Inventory of Books," Record Group 331, Records of Allied Operational and Occupation Headquarters, World War II, box 5873, file "PO&SR," National Archives and Records Administration.
79. David L. Szanton, "The Origin, Nature, and Challenges of Area Studies in the United States," 1 – 33; Alan Tansman, "Japanese Studies: The Intangible Art of Translation," 184 – 216; both in *The Politics of Knowledge: Area Studies and the Disciplines*, ed. David L. Szanton (Berkeley: University of California Press, 2004).
80. "CIE ni okeru shakai chōsa no tenkai," *Minzokugaku kenkyū* 17, no. 1

(1953): 68 - 80; Japan Society for Ethnology, *Ethnology in Japan: Historical Review* (Tokyo: K. Shibusawa Memorial Foundation for Ethnology, 1968), 4.

81. Letter from Ishino Iwao to John W. Bennett, June 5, 1951, JWB Papers, box 20, file 197.
82. 这些人物中的每一个都是丰富的传记文学主题。关于鹤见(Tsurumi)最近的著作,参见 Sdam Bronson, *One Hundred Million Philosophers: Science of Thought and the Culture of Democracy in Postwar Japan* (Honolulu: University of Hawai'I Press, 2016); Kurokawa Sō, *Kangaeru hito Tsurumi Shunsuke* (Fukuoka: Genshobō, 2013); Kimura Tsuneyuki, *Tsurumi Shunsuke no susume: Puragumateizumu to minshushugi* (Tokyo: Shinsensha, 2005)。关于冈本(Okamoto),参见 Hirano Akiomi, *Okamoto Tarō no shigoto ron* (Tokyo: Nibon Keizai Shinbun Shuppansha, 2011); Kawagiri Nobuhiko, *Okamoto Tarō: Geijutsu wa bakuhatsu ka* (Tokyo: Chūsekisha, 2000)。关于丸山,参见 Yanagisawa Katsuo, Maruyama Masao to Yoshimoto *Takaaki: Kaisōfū shisōron* (Tokyo: Sōeisha/sanseidō Shoten, 2014); Yoshida Masatoshi, *Maruyama Masao to sengo shisō* (Tokyo: Ōtsuki Shoten, 2013); Fumiko Sasaki, *Nationalism, Political Realism and Democracy in Japan: The Thought of Maruyama Masao* (New York: Routledge, 2012); Andrew Barshay, *The Social Sciences in Modern Japan: The Marxian and Modernist Traditions* (Berkeley: University of California Press, 2004)。
83. Interview with Edward Seidensticker, Columbia University, Nov. 10, 1978, 71, Marlene J. Mayo Oral Histories with Americans Who Served in the Allied Occupation of Japan, Gordon M. Prange Collection, University of Maryland.
84. 关于"安保斗争"的最新研究,参见 Hosoya Yuichi, *Anpo ronsō* (Tokyo: Chikuma Shobō, 2016); Kobayashi Tetsuo, *Shinia sayoku to wa nani ka: Han Anpo hosei, han genpatsu undo de shutsugen* (Tokyo: Asahi Shinbun Shuppan, 2016); Nikhil Kapur, "The 1960 U. S. -Japan Security Treaty Crisis and the Origins of Contemporary Japan" (PhD diss., Harvard University, 2011)。

第六章　圣马科上空的博弈

——卫星发射背后的美国和意大利

阿西夫·西迪基

这就是科学技术如何跨越国界，以地点（site）为分析单位。[1]在此我引用了冷战时期在肯尼亚海岸附近的意大利和美国的圣马科项目，以如何运用地点这个概念，揭示跨国科学的方方面面，提出一些初步的见解。这些方面在关于“知识传播”的陈旧的扩散主义叙事中，或在有关相遇和知识的合作的较新框架（通常以“传播”为框架）中，就不那么明显。在后一种情况下，我们现在相对有大量的研究可以利用。这些研究是由许多历史学家、科学家、技术人员和社会学者完成的。对知识不仅是传播的，而且是在新的环境中被监管、阻碍、重塑和重组的这一事实，他们有着不同的兴趣。[2]本研究特别从后殖民时期的科学研究中取材，通过揭示相遇和传播的不平等逻辑，展示在学术圈、实验室和国家层面知识生产的原子化和偶然的变化，颠覆了二分法的公认语言。[3]

这一章从有关现代和殖民时期科学的历史学家那里借鉴了某些对知识传播的见解，但是把注意力从知识、物件和学术界转向了对“地点”的启发式研究（heuristic）。我用“地点”是想说，在最还原的层面上，不仅仅要考虑为什么（*why*）和什么（*what*），还要更加特别地考虑在什么地方（*where*）。“地点”可以是一个空间概念：一间实验室、一项设施、一种网络、一个民族国家或者一个国际协会；也可以是一个本体论概念：辨识知识生产的地点，超越地理的范围（contours）。在考虑地点概念时，规模也是一个因素，因为任何具体地点的地理范围都取决于研究的活动规模。例如，我们可以想象，同一现象在我们眼中可能是“地方的”，也可能是“全球的”，这取决于作为学者的我们选择用什么地点来界定我们的故事。[4]在现在这个案例中，我对区分“本地的”和“全球的”不感兴趣，而是把兴趣集中在阐释由“本地”和“全球”交集导致的认知混乱和物质混乱上。探讨这些混乱引发了更深层的问题：什么是跨国项目中的地点，特别是涉及一个后殖民国家时？其边界在哪里？在一个地点发生了什么，使得它成为这个地点的一部分？是什么妨碍了给地点下定义？最后，（作为地点的本体论固定概念的崩塌结果）揭示了什么样的社会混乱和暴力？

在本书的导言中，约翰·克里格有说服力地强调了，在我们有关“跨国”的思考中，不能抛弃“国家”（national）；因为民族—国家总是寻求（有时成功，有时不太成功）监管知识的跨境流动，有时甚至似乎涉及超出其正式管制范围的知识。在一个物理地点，如一个大学的国际研究机构，国家当局的监管可以采取多种形式，包括签证限制、出口监管和安全协议这种明显的手段。[5]人们可以想象这种监管制度的影响：不仅是对项目期间信息的传播，而且是对某一具体跨国项目在公众想象当中表达的方式。以克里格的观察为出发点，我用一个冷战时期“成功”的科学项目——圣马科项目，来探讨可能会出现在民族国家监管知识流动规则中的两个现象。

首先，这样的监管措施很少会产生“密不透风”的制度，无论是由于设计还是由于失败，具体项目的知识（以及物件和学术圈）——不仅仅是纯粹的科学技术知识——经常绕过或突破为它们规定的“边界”。监管措施也会产生以逆反形式出现的阻力和摩擦机制，其形式可能是政治行动、科学抵制或者和所产生的知识相反的主张。第二，人们也许会把选择一个具体地点来生产合作的科学和技术本身看成一个监管行为，这是一个体现在两种相互矛盾的力量较量的过程：一方同意放弃控制而把项目置于对方的（地理）控制之下；从另一方来看，这个过程确定了其控制地位。从每一方的角度看，这种选择会破坏地点的“密封性”（airtightness）。

当然，正如加布里埃·赫克特（Gabrielle Hecht）、彼得·雷德菲尔德（Peter Redfield）和其他人已经表明的那样，当欧洲的科学项目选择在后殖民空间开展时，这些选择会导致进一步的源于不平等的、重叠的主张、冲突和摩擦，主要表现在资源以及关于主张谁“拥有”知识几方面。[6]这种不平等不仅体现在项目内部的权力关系中，也体现在参与者和历史学家谈论项目时所使用的语言和框架中。在此，我特别感兴趣的是（由几种不同声音代表的）肯尼亚人所认定的圣马科项目的意义；他们的看法完全不同于意大利人和美国人，而且就是在肯尼亚视角本身内部，关于其意义也常有不一致的看法。[7]通过考察圣马科这个从地理、本体论和历史来定义的后殖民空间中的有争议的主张，本章对地点概念提出了某些思考；我引入了分散成碎片的科学地点的观念，在此地点上，知识、物件和学术圈的痕迹超越了正式的边界，而且，根据“看到”什么和谁“在看”重塑了地点本身的本体论轮廓；其结果往往是故意遮挡某些“碎片”，尤其是那些以强烈的社会混乱为特征的碎片，正如圣马科的情况所表明的那样。

圣马科与卫星发射：故事的基本架构

圣马科历史的基本轮廓是众所周知的。[8]在某种程度上，涉及几次科学卫星发射的圣马科项目已经被研究科学技术的历史学家考虑到了，它被认为是在（由学术界和意大利政府代表的）西欧国家——意大利和美国（美国国家航空航天局，也包括学术界的科学家）之间的一项非常成功的合作成果。在此，地理和科学框架为探讨冷战时期知识传播的动力提供了有效的切入点，并且为约翰·克里格（通过查尔斯·迈耶［Charles Meier］）所说的由美国利益驱动的“双方同意的霸权”提供了范例。[9]最初由罗马大学教授、空军军官路易吉·布罗格里奥（Luigi Broglio）提出的想法，内容是要为意大利的科学和工业在空间研究中建立一个立足点。意大利回应了美国国家航空航天局提出的空间合作建议，但是有一个转折：布罗格里奥提出，意大利要利用美国国家航空航天局的斯科特火箭将意大利的小型科学卫星发射到绕地球的赤道轨道。为了这样做，布罗格里奥建议使用海上机动平台，这种平台可以在全球任何地点的赤道水域安装。这个计划的一个关键因素是，由接受过美国国家航空航天局人员培训的意大利人来执行卫星发射，而没有美国人的任何贡献，尽管美国提供了关键的物资和技术支持。在 1962 年 5 月，布罗格里奥（代表意大利空间研究委员会）和休奇·德赖登（Huge Dryden）（代表美国国家航空航天局）同意了这些条款。[10]

1963 年和 1964 年，几十位意大利工程师前往美国，在来自美国国家航空航天局和得克萨斯的 LTV 航空航天公司/沃特导弹与航天公司（4 级斯科特火箭的主要承包商）的工程师的监督下，在不同的地方受训建造卫星、维持发射范围和发射火箭。与此同时，他们在靠近罗马乌尔贝机场、由罗马大学管辖的意大利航空航天研究中心学习掌握探空发射车的组装。[11]最关键的是，在布罗格里奥的指导下，意大利人采购了两个浮动发射平台，一个命名为圣丽塔（Santa Rita），另一个命名为圣马科（San Marco）。前者曾用于首次试验发射，但后来被改装为范围控制设施、掩体和遥测设备。后者是一艘设备齐全的矩形钢质驳船，能够发射将有效载荷送入地球轨道的火箭。这两个平台相距550千米，就安置在肯尼亚海岸附近，接近赤道。[12]在发射了一系列的试验火箭后，1967年4月26日，意大利人从圣马科平台发射了斯科特火箭，把一颗卫星送入了绕地赤道轨道，这是地球卫星第一次到达这样的轨道。这个名为“圣马科”2号的卫星由罗马大学建造；它进行了两项科学实验，一项是（利用卫星的球形形状）直接测量350千米以下的空气密度，另一项是电离层信标（ionospheric beacon），用来探测地球和卫星之间的电子含量。两者都取得了巨大的成功，获得了赤道地带地球高层大气的重要数据，这个地区在此之前基本没有被研究过。这颗卫星一直运行到1967年8月5日，最终在10月19日从轨道上退役。[13]

直到20世纪80年代末期，意大利人又从圣马科平台发射了几颗卫星，包括几颗美国国家航空航天局的卫星。其中著名的是1970年发射的所谓的“X射线探索者”，它是第一颗以研究X射线天文学为明确目标的卫星。[14]在轨道上，该卫星对整个天空进行了寻找X射线源的第一次全面扫描，它被认为是早期空间时代的最伟大科学成就之一。从卫星返回的数据，帮助科学家编撰了第一份全面的X射线目录。“X射线探索者”也发现了最有可能被确认为黑洞的物体之一——天鹅座 X-1（Cygnus X-1）。[15]尽管其主要仪器是在麻省剑桥市建造的，“X射线探索者”的主要科学调研员是里卡多·贡科尼（Riccardo Giacconi），他是著名的意大利科学家，后来（在2002年）因“宇宙X射线源的发现对天体物理学的开创性贡献”获得诺贝尔物理学奖。[16]他对整个项目的参与以及从“X射线探索者”取得的格外有价值的成果，毫无疑问使得意大利和美国的这个项目非常引人注目，在基于空间天体物理学的更为广阔的世界中赢得了赞誉。仅仅在那个测量的基础上，圣马科实验毫无疑问是一个无与伦比的成就。

在圣马科项目中，我们可以把关于“地点”的想象最好地描述为延伸到全球的许多分散的地方。我们可以把罗马的各种设施（如罗马大学、乌贝尔机场由航空航天中心管理的实验室）、美国的（瓦洛普岛、戈达德太空飞行中心、在华盛顿特区及得克萨斯的美国国家航空航天局总部的）许多办公室和意大利、美国的科学仪器采集数据的实际所在地——地球赤道轨道包括在内。当然，分散是所有大规模科学努力的特点。因为它需要利用的知识、基础设施、人员和资金有多种来源。圣马科项目（以及同样位于后殖民空间的跨国项目）的不同之处，在于核心地址（locale）的选择（在肯尼亚的海岸内和海岸外）主要是由地理、科学和政治层面的考虑综合决定的，这些考虑和肯尼亚本身一点关系都没有。但是一旦这个地点被选定，这个项目的主要建筑师——意大利人，就会尽力限制肯尼亚人的参与；他们的目标是清清爽爽地把圣马科项目（以尽可能少的不一致的方式）铺展在圣马科这一地点。然而，这种干净的规划随着时间的推移，变得越来越难以维持或想象，因为分散地点的碎片与新独立的强大国家——肯尼亚的根深蒂固的人文地理和政治需要发生了激烈的摩擦。

意大利和美国的选择

意大利要发射本国建造的卫星的野心，和美国国家航空航天局积极邀请友好国家参与空间探索合作的策略一拍即合。1958 年，当美国国家航空航天局根据国会法令建立时，决策者把以下要求明确地纳入了《国家航空航天法案》（National Aeronautics and Space Act），即其主要目标之一就是"美国和其他国家以及国家集团的合作"必须在"总统的外交政策指导下"进行。[17]正如约翰·洛格斯登（John Logsdon）所指出的，"新的空间机构把这一条款解释为赋予其在国际空间交往中采取主动的权力"，而且"在 6 个月内，美国国家航空航天局开始制定国际空间合作计划，这个计划在接下来的 30 年里使得（美国）和 100 多个国家达成协议"[18]。最早的邀请是 1959 年 3 月在由海牙举行的空间研究委员会第二次年会上发出的，当时美国国家航空航天局通过美国科学院的代表宣布，美国希望这个委员会"可以起到道路作用，通过这条道路，卫星发射国的能力可以和其他国家的科学潜力结合在一起”[19]。英国首先抓住了这个机会，提出了和美国国家航空航天局的第一个国际合作计划，于 1962 年用美国火箭成功发射了英国卫星“碧浪 1 号”。[20]同样，路易吉・布罗格里奥欢迎美国的提议，到 1961 年初形成了一个和英国人显然不同的想法：用美国国家航空航天局的火箭，把完全由意大利制造的卫星送入轨道。起初，这个计划打算从撒丁岛发射火箭。但是之后，在 1961 年 5 月，布罗格里奥提出了一个独特的建议：从一个海洋移动发射平台上把卫星送到赤道轨道；这个发射平台可以用海上石油钻井机来改装。发射卫星到赤道的要求（意味着从地球的赤道地区发射），显然是由美国国家航空航天局和意大利科学家推动的。这些科学家认为这是一次极好的机会，可以研究那些从相对更北的纬度发射的其他卫星所不能研究的现象。[21]

对意大利人来说，最重要的问题是选择地球赤道的什么地方？1961 年，第一个想法是建造“一个移动发射平台，停泊在靠近赤道的地方，大约在索马里海岸附近”[22]。传闻证据表明，布罗格里奥当时考虑在离基斯马约大约 24 千米的“境外水域”建造一个平台。基斯马约是索马里南部的港口城市，靠近索马里和肯尼亚的边界，有可用于移动设备的大型船坞。[23]选择索马里，从许多方面来看是显而易见的，因为它是唯一有赤道穿越而过的大片陆地和大片海岸的意大利以前的殖民地。[24]当时，一家媒体为这位极具魅力的布罗格里奥所做的解释生动地描述了地理和政治如何牢牢地限制了这个项目的地点："这位教授抽出一张世界地图，开始浏览赤道地区。这地点必须是在沿海，海边水域要足够浅，足以停泊发射平台；它也必须位于这样一个国家，其政府足够稳定，可以确保项目的持续。"[25]

出于至今还不完全清楚的原因，对索马里的选择没有持续多久；后来，在1962年5月美国国家航空航天局和意大利真正的《谅解备忘录》* 中并没有提到具体地点，只是神秘地指向"赤道水域"。[26]布罗格里奥的注意力很快转向位于索马里南面的肯尼亚。[27]1962年12月，在沃特导弹公司（斯科特火箭的制造商）的帮助下，意大利人开始了对翁瓦纳湾的研究，认为这是一个更为合理的地点。[28]从索马里转向肯尼亚背后的思考至今无人知晓，但是有一位圣马科的老兵回忆到，在意大利人中有一种考虑，即新独立的索马里的亚丁·阿卜杜拉·奥斯曼·达尔（Aden Abdullah Osman Daar）政府和苏联人太友好，使得他们很难向美国寻求帮助。[29]我们也可以推测，除了"稳定"的政府外，动机之一就是意大利人希望这两个发射平台尽可能地靠近海岸——以提供后勤保障，确保工作人员能得到安置——但是要离国际水域足够远，这样他们的主要活动就不必受到意大利

---

* 《谅解备忘录》（*Memorandum of Understanding*），指处理较小事项方面的条约。双方经过协商、谈判达成共识后，用文本的方式记录下来，"谅解"旨在表明"协议双方要互相体谅，妥善处理彼此的分歧和争议"。

之外的其他任何国家实体的监管。就索马里而言，其可能的地点离海岸太远；而肯尼亚刚刚宣布其沿海水域延伸不超过 3 海里（5.56 千米）。[30]这对圣马科项目而言是十分完美的。

人们很少考虑的这两个发射平台的起源，把圣马科的故事延伸到了美国境内想象不到的地方。圣丽塔发射平台原来是位于美国得克萨斯州朗维尔的勒图尔诺公司在 1959 年建造的海上石油钻井平台，当时被称为第 9 号移动补给辅助平台（Mobile Tender-Assisted Platform Number 9）。[31]这个公司是罗伯特·勒图尔诺（Robert G. LeTourneau，1888—1969）创建的。他是一个原教旨主义基督徒、一个自封的发明家；他生产的大型土方机械，在 20 世纪无处不在。据说，他的公司的机械在二战期间盟军使用的土方机械和工程车中占了近 70%。[32]勒图尔诺还创建了勒图尔诺大学，这是一所私立的基督教大学，坐落在得克萨斯州朗维尔。在他的自传里，勒图尔诺提到，在他奉献给上帝的众多工作中，利比亚和秘鲁的“殖民化”的福音项目，奇异地预见了他的一个钻井平台将要在肯尼亚所起的作用。[33]他所说的这个平台，先是被意大利石油公司——赛佩姆公司购买并重新命名为斯卡拉贝奥，后来 1963 年初被意大利航空航天研究中心购买用于圣马科项目。[34]航空航天研究中心购买后再次对之重新命名（这次命名为“圣丽塔”），加以改装以符合卫星项目的要求后运到了肯尼亚海岸。与此同时，实际的发射平台圣马科是从美国陆军剩余物资储备中购买的，在其库存中有通常用于快速对接的可漂浮的钢制驳船。其中一艘驳船的甲板面积大约是27.4× 91.4 平方米，被放置在 1957 年起就一直封存的海军设备中。最终，美国国家航空航天局和美国陆军签了一份租借该驳船的协议，后来在 1965 年 5 月，该驳船被一艘意大利拖船从南卡罗莱纳州的查尔斯顿拖到了意大利的拉斯佩齐亚，改装成圣马科平台。[35]

意大利和肯尼亚的角力

肯尼亚，尽管其在圣马科故事中处于核心地位，但关于圣马科项目的文献中几乎完全看不到它。一方面这是令人惊讶的，不仅因为圣马科项目的运行依赖于肯尼亚政府的支持，还因为这个项目实际的、后勤的和技术的运行的很大一部分，都发生在肯尼亚的领土上。另一方面，考虑到肯尼亚只是碎片化地点的一个例子，其在圣马科的标准叙事中被抹去同时又不令人感到奇怪。这个例子不能很好地融入围绕着“项目”建构的叙事中，即展现了分散的开始、结束、轮廓和布局的叙事；肯尼亚人毕竟没有参与项目的敲定，也没有获得从圣马科平台发射的卫星收集的任何科学数据。

肯尼亚的参与还有一个奇怪的方面：起初意大利对肯尼亚的兴趣（在放弃索马里的选择之后）出现在 1962 年，当时肯尼亚还是英国的一个殖民地。协议的最初细节是由代表意大利政府的罗马大学和代表伦敦大学的东非内罗毕皇家学院（今内罗毕大学）的管理者制定的。在协议签署的时候（1963 年 9 月 18 日），肯尼亚的国家正式领导人还是女王伊丽莎白二世。正如一位肯尼亚议会代表约翰·姆巴迪（John Mbadi）后来指出的，“所有这一切都是她协商的”[36]。这也许不是一个巧合，这个协议正好是在肯尼亚独立之前两个月签署的，此后肯尼亚新政府有义务遵守圣马科协议（以及由英国人在独立之前仓促推出的许多其他协议）。[37]换句话说，让意大利人进入肯尼亚的初始协议也许根本就没有和肯尼亚人协商过。

1963 年的协议之后，独立了的内罗毕皇家学院和意大利空间委员会之间又签署了另一项协议，允许前者在一位身处内罗毕的英国物理学家亨特（A. N. Hunter）教授的指导下参与该项目。学院的 4 名教职工（加上一名技术人员）被允许从初始探空火箭（sounding rockets）获取两个科学实验的数据。布罗格里奥和亨特在新闻发布会上大力地宣传了这次参与。[38]布罗格里奥反复地、不诚实地把圣马科项目称为“皇家学院和意大利空间委员会的合作计划”。同样，亨特指出，这个项目把“肯尼亚纳入了科学‘版图’，世界科学家欢迎肯尼亚的空间项目”[39]。美国国务院的文件证实，把内罗毕皇家学院拉进来是一个有意思的举动，这“从许多角度来看是非常有用的，包括以下事实，即任何［来自肯尼亚人的］对此项目的不负责任或激进的攻击，都是在与内罗毕大学及其科学事业为敌，而这两者在公众眼里都是神圣不可侵犯的”[40]。毫不奇怪，除了斯科特火箭上的两个初始实验外，没有任何记录证明肯尼亚参与了其他卫星收集数据的科学实验；这个问题对某些肯尼亚人来说，成了后来争论的焦点。

在支持意大利项目的运营方面，肯尼亚政府在独立后的协议中授予意大利人在蒙巴萨运营的某些权利，包括机场和港口。[41]根据美国国务院的文件，肯尼亚的“首相办公室基本上对意大利项目表示同情”，但是对美国人出现在肯尼亚感到紧张；“［这是］政治危机相当严重的时期……［他们］害怕受到肯尼亚左派分子的批评”[42]。通过这一切，就可以理解肯尼亚人对此项目及其运行和结果没有任何权利。事实上肯尼亚人从未参与这两个平台（圣马科和圣丽塔）的运营，它们从技术上讲处于国际水域，而且没有任何肯尼亚人参与确定它们的科学目标，也没有任何肯尼亚人获得在此发射的任何卫星的科学成果。

然而，圣马科项目的运营有相当大的部分是经过了肯尼亚领土的。包装好的斯科特火箭以及真实的意大利卫星，都是分别从华盛顿特区和罗马空运到内罗毕的；之后在内罗毕机场，这些装在密封箱里的敏感的技术产品，是在意大利人监督下由肯尼亚机场的工作人员帮助转运到大型卡车上的。卡车先从内罗毕开到蒙巴萨，然后沿着海岸开大约两个半小时（145 千米）到达马林迪地区，这里是圣马科和圣丽塔平台运营的基地。利用内罗毕机场需要肯尼亚政府的特别证件和批准，但是也要向美国国家航空航天局和意大利人保证肯尼亚机场人员不会接触到敏感技术。与此同时，蒙巴萨不仅仅是卡车的停靠站——它的港口也是圣马科和圣丽塔平台进行准备和修理工作的主要地点，这些都是在当地肯尼亚人的协助下进行的。马林迪定居点同时也提供支持服务：从这里用直升飞机（用时 90 分钟）或摩托艇（用时 3 个半小时）把工作人员送到平台上去。[43]

肯尼亚参与圣马科项目的最明显的实际表现，就是所谓的作为“平台运营的临时区域”而创建的“大本营”。大本营靠近恩戈梅尼村，位于马林迪以北约 21 千米、蒙巴萨以北 113 千米。为达此目的，意大利人“经肯尼亚政府批准……和土地所有者签订了长期租约”，要了一块两英亩（75×126 平米）的土地。整个筹备工作，包括 4 个帐篷、1 栋单面开放的建筑、营房、厨房、食堂、无线电台和小型船坞，以确保对两个平台的充分支持。这两个平台位于翁瓦纳湾，离海岸约 5 千米。住在大本营的意大利人乘坐两艘 15 米长的摩托快艇，经过 25 分钟路程到达两个平台。那些被认为用空运不安全的危险物资，如固体推进剂、火箭发动机和烟火，则用远洋货轮从弗吉尼亚历时 1 个月直接运到平台。抵达后用起重机把这些物资转移到平台上，用来完整组装火箭和有效载荷。圣马科平台是火箭的组装和发射地点，而约 550 米外的圣丽塔平台则是指挥和控制的中枢。由于这两个平台都位于国际水域，肯尼亚人是不被允许登上这两个平台的。[44]

当时对圣马科项目的描述，暗示了关于该地点的相互冲突主张的根源。1967 年在首次卫星发射之际，《生活》（*Life*）杂志，刊发了一篇热情洋溢的文章，其中提到了当火箭从圣马科平台发射时，来自“一群巴朱尼部落人的欢呼声”。这种描述所隐含的意思是，该科学项目并没有扰乱当地生活：《生活》杂志的记者热心地指出（毫无疑问是引用了布罗里奥的话），这个地方适合这个项目，因为这里“只住了一群野生狒狒和一帮靠捕鱼和卖木头勉强维持生计的巴朱尼部落人”，从而不经意间把巴朱尼人和野生狒狒联系在一起。《生活》杂志让其读者放心，由于圣马科项目，“恩戈梅尼的巴朱尼部落村庄呈现出一派繁荣景象。意大利人雇佣了 60 个当地人在大本营帮忙，支付了 4 倍于现行标准的工资。当卫星升空的时候，有 7 个砖泥结构的新茅屋已经竣工，还有 4 个在建”[45]。虽然意大利人显然难以适应当地食物（主要是英国食物，这是英国殖民存在的一个遗产），但他们通过教会当地人做意大利面来解决这个问题，“［因此，大本营］很快就赢得了肯尼亚最佳美食所在地的声誉”。除饮食外，恩戈梅尼的说着被称为基巴朱尼的斯瓦希里方言的主要人口、肯尼亚和索马里的弱势少数民族巴朱尼人，由于产权问题，和肯尼亚政府的关系极度紧张、充满矛盾。就像肯尼亚沿岸的许多其他社群一样，这个以水手和渔夫为主的社群的历史充满着种族冲突，并受其损害；这些种族冲突的根源则常常是英国的殖民统治。

马林迪：冲突下的衰落

虽然圣马科和圣丽塔平台被意大利人用作发射地点，恩戈梅尼是大本营的东道主，但被意大利人视为家外之家的是在大本营以南 21 千米处的马林迪市。马林迪因 1498 年瓦斯科·达·伽马（Vasco da Gama）造访此地而闻名于世，它是肯尼亚海岸有争议的 16 千米地带的一部分，主要杂居着“斯瓦希里”人和迁移来的“阿拉伯人”。[46] 1861 年，桑给巴尔岛的苏丹马吉德（Sultan Majid）将马林迪纳入自己的统治之下，但是在 1895 年他签署了一个条约，把它作为桑给巴尔岛国的法定“保护地”“租借”给英国。在整个 20 世纪，马林迪是殖民时期肯尼亚的一个不起眼的旅游目的地，但是随着肯尼亚独立的临近，英国审查委员会——罗伯逊委员会（其成立是为了确定肯尼亚沿海地区行政区划的精确）建议将马林迪及其周边城镇并入新独立的肯尼亚（而不是像桑给巴尔一样并入坦桑尼亚）。当地的阿拉伯人和斯瓦希里居民（包括巴朱尼人）害怕肯尼亚的非洲人的政治统治，发起了一场在新独立的肯尼亚保持自治的运动。非洲人为一方，斯瓦希里人、阿拉伯人为另一方的深刻的民族和种族仇恨，随时可能爆发为暴力冲突（像 20 世纪 60 年代早期在桑给巴尔那样），而马林迪及其周边地区声称拥有产权而擅自占地的越来越多的非洲人，则更加深了这种仇恨。[47]

来自政府的零星干预和彼时意大利人的进入，使（肯尼亚）独立后令人不安的现状更加雪上加霜。独立后不久，肯尼亚总统乔莫·肯雅塔（Jomo Kenyatta）否决了允许巴朱尼人拥有土地所有权的协议，这个协议实际上对外来淘宝者（包括意大利人）开放了恩戈梅尼周围的土地。[48]意大利人对这次冲突的干预，加上他们大本营的长期租约（到 2017 年仍然有效），无疑加深了巴朱尼人（以及其他斯瓦希里人）和肯尼亚官方之间的摩擦，导致了对前者权利的进一步剥夺。

越来越多参与圣马科项目的意大利人纷至沓来，他们通过加入到杂居的斯瓦希里人、阿拉伯人和非洲人中间，慢慢地改变了马林迪；越来越多的人决定永久居住在这里。20 世纪 70 年代，一波又一波的新意大利人涌入马林迪，开始发展旅游业、开办餐馆并创建热门景点（go-to-destination），特别是针对那些热衷于体验“热带地区”的意大利人。在对 20 世纪 70 年代日益增多的欧洲人到马林迪旅游的研究中，人类学家罗伯特·皮克（Robert Peake）把他们想象成欧洲后殖民时期的“有闲阶级”（重复了索尔斯坦·维布伦［Thorstein Veblen］的话）：“旅游代表了西方对不发达世界的权力，”鉴于这一点，游客们在第三世界度假时，“他们享受的设施和活动远非大多数本地接待者享受得起的”[49]。

20 世纪 70 年代开始，特色航班直接从罗马带来了一波又一波的游客。正如一位记者最近写道，“在 20 世纪 80 年代，马林迪作为意大利逃犯和与黑手党有联系的领取养老金者的避风港的名声，已经成为意大利媒体的主要内容。马林迪是意大利坏家伙们的性和毒品的天堂，这得益于肯尼亚和意大利之间没有引渡条约”[50]。这座城市的一切都呈现出意大利风味——食物、服装、语言、街道标识和旅馆；这座城市开始和充满低级情调魅力的、令人愉快的、庸俗的旅游业联系在一起。意大利大亨弗拉维奥·布里亚托雷（Flavio Briatore）在马林迪进行了一连串的投资（在一系列欺诈指控迫使他缩小规模之前）。2014 年他又回到这里，创办了亿万富翁度假村，参加开业典礼的有意大利前首相西尔维奥·贝卢斯科尼（Silvio Berlusconi）、方程式赛车手费尔南多·阿隆索（Fernando Alonso），甚至有肯尼亚总统乌胡鲁·肯雅塔（Uhuru Kenyatta）。但是这个度假村也引发了争议，它被指控侵占并破坏了受保护的肯尼亚海洋地带。马林迪的俗气的暴发户文化客户，不仅有意大利人和其他欧洲游客，还有许多本地的意大利人，他们举家永久移民于此，至今仍留在马林迪。他们当中包括像以前的卫星工程师佛朗哥·埃斯波西托（Franco Esposito）这种人。埃斯波西托 1964 年作为圣马科项目的团队成员到达马林迪，后来从未离开过此地。2017 年他不再参与任何与空间有关的事情，成了一名肯尼亚公民，去竞选国家议会中的一个职位。[51]到 2015 年，马林迪有 1 千意大利常住居民、数千意大利房主，每年有多达 5 万人次游客。[52]

尽管有意大利这么多的参与，马林迪仍然是一个极端贫困的地区。一位记者写道："在30年的［意大利］黑手党资金泛滥和猖獗的性交易热潮之后，马林迪的旅游收入开始枯竭。"[53]缺乏旅游资金，加上旅游业对地方产业造成的负面效应，以及肯尼亚政府对此地总体上不感兴趣，使得马林迪现在还是肯尼亚所有城市中最贫穷的城市之一。在此有78%的人口生活在贫困线及贫困线以下。[54]贫困率毫无疑问地导致了意大利人留在此地的最令人不快的遗产：未成年少女中蓬勃发展的性交易，这引起了肯尼亚和意大利的女权主义者与反对性交易运动者们的关注。幸运的是，这个运动至少降低了这种交易活动的恐怖程度；尽管有些人猜测，这种交易只不过是转入了地下。

肯尼亚的主权要求

曾经支持圣马科项目的肯尼亚政府也开始提出谴责。原来的1963年的协议已于1964年、1987年和1995年更新。在此期间的1969年，意大利人几乎不得不停止他们卫星项目的工作，因为这一年该地点的地位（不是在实际方面，而是在法律行为能力方面）发生了改变，地点本身遭到反诉。那一年，乔莫·肯雅塔总统发布了一项公告，宣布即日起肯尼亚的"内海水域"从3海里延伸到12海里（22.24千米）。直接影响就是在翁瓦纳海湾的两个圣马科项目平台，此时非常突然地就直接处于肯尼亚的主权之下。[55]意大利人急忙安抚肯尼亚政府，而后者显然决定不再就平台的领土主权问题进行谈判，而是允许意大利人获得豁免，可以像以前一样运作他们的项目。随后美国国家航空航天局 X 射线探测器的发射，幸运地安排在了 1970 年肯尼亚的独立日。美国国务院官员发现了一个“不寻常的公关机会”，建议用斯瓦希里语命名火箭，大概是“乌胡鲁”（Uhuru），即斯瓦希里语里“独立”的意思。[56]正如一位记者注意到的：“乌胡鲁的发射［升空］……［就意大利人而言］是一个承认该航天中心［现在］处于肯尼亚境内的声明。”[57]

在发射了 27 次火箭之后，意大利人实际上在 1988 年最后一次发射后就放弃了圣马科的卫星发射设施。原因有许多，包括意大利内部科学界、企业界不同派系之间的斗争，以及布罗格里奥无力把离岸平台扩展成陆地的（在肯尼亚海岸上的）发射地点：这一直是这个项目的最终目标。[58]然而尽管这两个平台被放弃了（现在被遗弃在海里，任由海水侵蚀），意大利（通过意大利航天局，自从 2003 年来）保留了旧的大本营的“所有权”，将这个大本营升级扩大到 3.5 公顷（约 8.61 亩）并重新命名为路易吉·布罗格里奥航天中心。在肯尼亚、意大利人和欧洲航天局于 1995 年签订了一个重要的三方协议之后，这个地点仍然是追踪卫星、从轨道获取数据（大部分是从遥感卫星）的主要设施。[59]更为重要的是，意大利人开始把中心的设施承包给第三方，如中国和欧洲航天局，它们需要在赤道地区追踪和获取数据。

航天中心新一轮的活动以及原来和意大利人的协议即将到期，使得肯尼亚政府重新审查整个安排。随之而来的是媒体的热切关注。2012年，肯尼亚政府的能源委员会和教育委员会合作委托进行了一项研究，结果发现除其他疑难外，还存在以下问题：意大利人在许多账目上拖欠债务，他们拒绝和肯尼亚分享该中心获得的收入；他们没有得到肯尼亚批准就接待第三方国家；他们拒绝和肯尼亚当局分享第三方在中心收集到的数据；而且在航天技术业务对肯尼亚人的培训人数方面，远未达到他们原来承诺的40人。所有这些规定都明明白白地列举在意大利人和肯尼亚人于1995年签订的协议中。2012年，在媒体的关注中，意大利航天中心——以及少数几位赞同其存在的肯尼亚政府代表——在肯尼亚国会受到了激烈地批评。各种抱怨众说纷纭。许多人对肯尼亚人被意大利人雇佣感到不爽；一些人以主权问题为由提出反对。据了解，意大利政府做出和解的姿态，通过肯尼亚海岸发展局为大马林迪的社区发展支付了2.4亿肯尼亚先令（约合2012年的288万美元）。由于早期直接拨款自20世纪60年代初该项目启动以来，就和意大利人分享，肯尼亚人受益不大，因此这笔钱被广泛地看成是对不体面的马林迪旅游业的促销费，或者说在意大利人到此近50年后，这笔钱太微不足道了。一位愤怒的国会议员丹森·蒙加亚纳（Danson Mungatana）站出来指出：

部长助理站在这里告诉我们，从1963年到现在，圣马科项目只给了社区项目［288万美元］，这是一个笑话。我们想质问部长助理的是，你能否说明这个项目对马林迪和海岸省的平民百姓有什么好处？……我们要求国家国防部认真对待这件事。政府站在这里告诉我们，他们什么也没有赚到，这是不公平的。[60]

后来，林业和野生动物部部长诺亚·韦克萨（Noah Wekesa）博士加入了讨论：

我认为，我们（肯尼亚）和意大利人的协议已经逾期［未重新谈判］。但是就像那些在独立时期签订的所有协议一样，肯尼亚政府被许多人骗了。在这种特殊情况下，有必要重新审查这个协议。作为部长，我发现，这个中心做了许多我们不知道的事情。他们非常神秘。[61]

这种由某些肯尼亚人挑起的对意大利人存在的敌意，通过一个代表意大利人和肯尼亚人的联合指导委员会的努力解决了（至少是暂时地）；这个委员会于 2014 年 9 月举行了第一次会议。[62]经过了两年多的努力，2016 年 10 月，意大利和肯尼亚在路易吉·布罗格里奥航天中心正式签署了续签协议。意大利外交部在一份声明里指出，这个中心是“和整个非洲大陆进行科学和技术对话的工具”[63]。对肯尼亚方面来说，现在意大利对肯尼亚迅速发展的航天机构提供了支持，帮助肯尼亚建立一个区域地理观察中心以及允许它利用布罗格里奥中心收集的数据。最关键的是，意大利人将为当地人提供培训和教育，并帮助开展远程医疗。协议的达成，并非没有冲突和分歧。这一年早些时候，一位深受爱戴的肯尼迪航天科学家、意大利和肯尼亚协议的强烈的反对者之一、国会议员威伯·奥蒂奇洛（Wibur Ottichillo）博士警告说，肯尼亚将失去在马林迪进行的各种追踪和通讯实验的大量收入，除非所有协议的条款变得更加公平。奥蒂奇洛和议会中其他许多人长期向政府游说，不要和意大利续签协议，这说明2016年最终协议的签订也遭到了包括国会议员、学者和科学家在内的大量国内肯尼亚选民的强烈反对。[64]

结论：地点的分散

在这一章里，我把“地点”作为一种启发证据，把圣马科项目作为案例研究，审查关于冷战时期后殖民环境中的跨国科学的假设。政治、科学和地理是圣马科项目明显的决定因素，但是（除了“什么”之外）对“何处”的更深入地调查，揭示了更为深层的矛盾以及在主要参与者间的接触中模糊了的界限和不平等。聚焦马林迪的地点（例如，在项目、社区、科学目标之外），揭示了主要参与者更为异质性的小圈子，他们相互接触，常常达成一致，但也频繁产生摩擦。这样的方法使我们颠覆了公认的圣马科项目的历史，这种历史不仅把肯尼亚完全排除在故事之外，还把它说成是绝对成功的。在此，将其定义为成功，关键取决于使地点和项目相联系，从而排除了参与者——如马林迪地区的居民、肯尼亚国会议员、意大利移民和游客、蒙巴萨的海上劳工和建造圣丽塔的得克萨斯工厂的工人，他们所有人促成了项目的实施，最终导致了其含混的结果的出现。特别是，圣马科项目提供了调解相反主张的可能性，就如一位肯尼亚议员提出的一个反对意见，他在2012年指出，意大利人在肯尼亚存在了40年后，圣马科项目事实上是不成功的，因为“这不是一个产生收益的投资项目”[65]。

在这里我提出了三个主要的论点，每个论点都来自对圣马科地点的考察（在更为明显的参照系——圣马科项目之外）。首先，对圣马科项目的多个历史的更深入探索，让我们不再把这个地点看成单一的、分散的量，而是看成一个被分散成碎片的整体。这种分散性表现为相关参与者、行动和地方的全球性分散，它们都受到欧洲人和美国人精心策划的、表面上看起来是跨国的科学项目的影响。它们要求特定地区的地理优势，被定义为地方的，但实际上是分散的、全球的。这个分散场地的碎片和非项目现象发生的分歧，引发了相互冲突的主张，导致了一连串的混乱。例如，在肯尼亚剥夺少数族裔的财产，使得肯尼亚反对该项目的呼声高涨，以及最令人不安的是，它对马林迪的新自由主义改造，导致了对弱势群体的性剥削。圣马科项目的后殖民背景，为理解这种社会秩序重置下的暴力提供了强有力的语言，为描述圣马科历史提供了另一种框架。这种框架与意大利人和美国人塑造的公认的叙事相差甚远。当圣马科被看成分散的碎片化的地点时，伴随着对有争议的后殖民空间的侵入，殖民主义的原始暴力仍未消除，这种后殖民的框架也就变得清晰可辨。

其次，我认为地点的分散不仅解释了地点在肯尼亚实际分散为全球各点，还凸显了一种本体论的分散。在此，“项目是什么?”对不同参与者有不同的含义。对同一项目的这些非常矛盾的世界观，来源于同一项目的众多的、不相称的、冲突的地理环境——每一个都有它自己的历史、规则和界限。它们产生了深刻的具有争议的主张，这些主张在后殖民背景下以一种特别引人注目的方式表现出来，知识生产中特有的旧殖民形式的暴力，被用新的语言表述出来以制定新的控制形式。其结果就像圣马科的情况一样，是非常含混的，以产生有价值的科学知识和随之而来的社会觉醒及秩序混乱为特征。

最后，圣马科案例说明，跨国科学的具体地点的选择，本身就代表了一种对抗知识监管的力量；特别是因为，根据定义，将项目定位为某个特定地点的选择，会制造和加强某些摩擦。一个用来从事跨国科技的地点，在一方看来，是它拥有更多控制的一个声明；在另一方看来，则是它承认放弃控制的声明。因此，根据定义，从事跨国科技的地点是不稳定的。在这种情况下，地点分散、地点的实际上和本体论的扩大，需要生产一种特殊的科学和技术知识；这些知识常常会抵制民族国家监管知识流动的运动，这样的跨国科学和技术的努力——在某种程度上，全部都涉及地点的分散——在它们内部，以碎片的形式，隐含着给项目的严格边界之外的空间带来摩擦和暴力的力量。它们产生的这种力量和现象，在项目的历史之外，只有当我们把跨国地点看成是可变的、不固定的并且最终是分散的，包括所有类型的异质的、无计划的现象，它们才会变得清晰易读。圣马科项目一直被认为是成功的，因为作为一个各部分互不关联的项目，它在物理上被看成是封闭的。但是事实上，利用地点的视角，特别是后殖民地点的视角及其模糊的边界和众多主张，我们看到，圣马科项目的成功是有条件的，它的遗产被令人深感不安的社会现实所破坏。

注释

1. 关于“地点”在全球科学史中启发式研究的某些先前的思考，参见 Asif Siddiqi，“Another Global History of Science：Making Space for India and China，” *British Journal for the History of Science: Themes* I（2006）：115 – 143；Asif Siddiqi，“Another Space：Global Science and the Cosmic Detritus of the Cold War，” in *Space Race Archaeologies: Photographs，Biographies，and Design*，ed. Pedro Igancio Alonso（Berlin：DOM，2016），21 – 37。
2. Naomi Oreskes and John Krige，eds.，*Science and Technology in the Global Cold War*（Cambridge，MA：MIT Press，2014）；Grégoire Mallard，Catherine Paradeise，and Ashveen Peerbaye，eds.，*Global Science and National Sovereignty*（New York：Routledge，2009）；Kapil Raj，“Beyond Postcoloniaism ... and Postposivism：Circulation and the Global History of Science，” *Isis* 104（2013）：337 – 347；Francesca Bray，“Only Connect：Comparative，National，and Global History as

Frameworks for the History of Science and Technology in Asia," *East Asian Science, Technology and Society: An International Journal* 6 (2012): 233 - 241; Fa-ti Fan, "The Global Turn in the History of Science," *East Asian Science, Technology and Society: An International Journal* 6 (2012): 249 - 258; Lissa Robetts, "Situating Science in Global History: Local Exchanges and Networks of Circulation," *Itinerario* 33, no. 1 (2009): 9 - 30; Sujit Sivasundaram, "Science and the Global: On Methods, Questions, and Theory," *Isis* 101 (2010): 146 - 158; Simone Turchetti, Nestor Herran, and Soraya Boudia, "Introduction: Have We Ever Been 'Transnational'? Towards a History of Science across and beyond Borders," *British Journal for the History of Science* 45, no. 3 (2012): 319 - 336.

3. 关于此书的犀利总结，参见 Warwick Anderson, "Introduction: Postcolonial Technoscience," *Social Studies of Science* 32, nos. 5/6 (2002): 643 - 658; David Arnold, "Europe, Technology, and Colonialism in the 20th Century," History and Technology 21, no. 1 (2005): 85 - 106; Roy M. Macleod, introduction to *Nature and Empire: Science and the Colonial Enterprise*, ed. Roy M. MacLeod, Osiris, 2nd ser., vol. 15 (Chicago: University of Chicago Press, 2000), 1 - 13; Suzanne Moon, "Introduction: Place, Voice, Interdisciplinarity: Understanding Technology in the Colony and the Postcolony," *History and Technology* 26, no. 3 (2010): 189 - 201; Michael A. Osborne, introduction to *Science, Technology and Society: An International journal Dedicated to the Developing World* 4, no. 2 (1999): 161 - 170; Suman Seth, "Putting Knowledge in Its Place: Science, Colonialism, and the Postcolonial," *Postcolonial Studies* 12, no. 4 (2009): 373 - 388; Asif A. Siddiqi, "Technology in the South Asian Imaginary," *History and Technology* 31, no. 4 (2015): 342 - 349。
4. 关于规模问题，我提出了一些初步想法，参见 "Science, Geography, and Nation: The Global Creation of Thumba," *History and Technology* 31, no. 4 (2015): 420 - 451。
5. 参见本书第一、二章。

6. Gabrielle Hecht, Being Nuclear: *Africans and the Global Uranium Trade* (Cambridge: MA: MIT Press, 2012); Peter Redfield, *Space in the Tropics: From Convicts to Rockets in French Guiana* (Berkeley: University of California Press, 2000).
7. 关于"我们"谈论非洲科学技术的方式中的语言和权力之间关系的有用见解，特别参见 Clapperton Mavhunga, "A Plundering Tiger with Its Deadly Cubs? The USSR and China as Weapons in the Engineering of a 'Zimbabwean Nation,' 1945 - 2009," in *Entangled Geographies: Empire and Technologies in the Global Cold War*, ed. Gabrielle Hecht (Cambridge, MA: MIT Press, 2011), 231 - 266。
8. 唯一的学术研究（尽管简短）可以参见 John Krige, "Introduction and Historical Overview: NASA's International Relations in Space," in *NASA in the World: Fifty Years of International Collaboration in Space*, by John Krige, Angelina Long Callahan, and Ashok Maharaj (New York: Palgrave Macmillan, 2013), 31 - 33。对此项目的一个半官方的解释也提供了非常有用的细节：Michelangelo De Maria and Lucia Orlando, *Italy in Space: In Search of a Strategy, 1957 - 1975* (Paris: Beauchesne, 2008), 77 - 106, 189 - 222. 还可参看此书更早的版本，它覆盖更长的时期：Michelangelo De Maria, Lucia Orlando, and Filippo Pigliacelli, *Italy in Space*, 1946 - 1988 (Noordwijk: ESA Publications Division, 2003), 13 - 20。
9. John Krige, *American Hegemony and Postwar Reconstruction of Science in Europe* (Cambridge, MA: MIT Press, 2006).
10. 空间研究委员会是培育意大利空间计划的主要决策机构，尽管这个委员会的工作人员都是学者：Edoardo Amaldi (University of Rome), Nello Carrara (University of Florence), Corrado Casci (Polytechnic of Milan), Mario Boella (Polytechnic of Turin), Giampiero Puppi and Guglielmo Righini (University of Bologna). 参见 De Maria and Orlando, *Italy in Space*, 57。关于这个计划的早期快照，参见 Warren C. Metmore, "San Marco Satellite to Probe Air Density," Aviation Week and Space Technology, Aug. 26, 1963, 76 - 78。
11. 意大利早期空间研究归属于国家研究中心之下，包括两个附属机构：空间研究委员会和空间研究所。太空研究委员会基本上是一个决策机构，而太空研究所确定科学研究的优先事项。第三个组织——航空航天研究中心主要是参与卫星和科学仪器的研发和生产。

12. 圣马科平台的确切地理坐标是东经 40°12′15″和南纬 2°56′18″。参见 *San Marco Range User's Manual*，Dec. 2，1968，pp. 1 – 11，NASA History Office Archives，Italy Space Program，San Marco folder。
13. 从“圣马科”2 号的两个实验收集到的数据，可以从美国国家航空航天局的空间科学数据协调档案（Space Science Data Coordinated Archive）获取。负责这一系列实验的首席科学家不是布罗格里奥而是罗伯特·费罗斯（Robert F. Fellows，1921—），费罗斯从 1961 年起就担任美国国家航空航天局的地球物理和天文学化学项目的负责人。在 20 世纪 60 年代和 70 年代，费罗斯负责监督美国国家航空航天局和国际的几个卫星项目的科学计划。
14. 在美国国家航空航天局的发言中，这个卫星被称为“小天文”卫星 – A 或“探索者”42 号。
15. N. Jagoda et al.，“Uhuru X-Ray Instrument，” *IEEE Transactions on Nuclear Science* 19，no. 1（Feb. 1972）：579 – 591；R. Giavvoni et al.，“An X-Ray Scan of the Galactic Plane from *Uhuru*，” *Astrophysical Journal* 165（Apr. 15，1971）：L27 – L35；SAS-A press kit，Dec. 2，1970.
16. “The Noble Prize in Physics 2002.”
17. National Aeronautics and Space Act of 1958，Pub. L. 85 – 568，72 Stat. 426，signed by the president on July 29，1958，reproduced as document II – 17 in *Exploring the Unknown: Selected Documents in the History of the U. S. Civil Space Program*，vol. 1，*Organizing for Exploration*，ed. John M. Logsdon（Washington，DC：NASA，1995），334 – 345，esp. 335，339.
18. John M. Logsdon，“The Development of International Space Cooperation，” in *Exploring the Unknown: Selected Documents in the History of the U. S. Civil Space Program*，vol. 2，*External Relationships*，ed. John M. Logsdon（Washington，DC：NASA，1996），1 – 15，at 1.
19. Porter to van de Hulst，Mar. 14，1959，in Logsdon，*Exploring the Unknown*，2：18 – 19.

20. Arnold W. Frutkin, *International Cooperation in Space* (Englewood Cliffs, NJ: Prentice-Hall, 1665), 42 - 43.
21. 布罗格里奥首次和美国国家航空航天局关于赤道卫星项目的官方联系时间是 1961 年 8 月 9 日，正式的提议是在 9 月 26 日发出的。参见 memo to Mr. Jesse Mitchell on Ad hoc Committee Meeting on Italian satellite proposal, Nov. 21, 1961, NASA History Office Archives, Italy Space Program, San Marco folder。
22. De Maria and Orlando, *Italy in Space*, 79.
23. Freddie del Curatolo, "Franco Esposito, Fifty Years of Kenya from S. Marco to Parliament," *Malindikenya. net*, Mar. 6, 2017. 亦见 American Embassy Rome to State Department, "Italian Space Program as Discussed with Congressman Anfuso," Oct. 10, 1961, folder 965. 8011/6 - 2861, box 3076, Central Decimal File, 1960 - 1963, RG 59, General Records of the Department of State, National Archives and Records Administration (hereafter NARA), College Park, MD。
24. 从 19 世纪 80 年代到 1941 年，意大利通过开拓殖民地统治了现在的索马里的大部分，称为"意属索马里"。之后从 1949 年到 1960 年，通过联合国的托管再次统治了索马里。参见 Robert L. Hess, *Italian Colonialism in Somalia* (Chicago: University of Chicago Press, 1966); Paolo Tripodi, *The Colonial Legacy in Somalia* (New York: St. Martin's Press, 1999)。
25. Michael Durham, "Italy's African Space Triumph," *Life*, May 26, 1967, 101 - 105.
26. "Memorandum of Understanding between the Italian Space Commission of the National Council of Research and the United States National Aeronautics and Space Administration," May 31, 1962, reproduced in H. N. Nesbitt, *History of the Italian San Marco Equatorial Mobile Range*, NASA CR - 111987 (Washington, DC, 1971), appendix A, A - 3 to A - 5. 亦见 "US-Italian Space Program Aims at Equatorial Launch," NASA News Release 62 - 192, Sept. 6, 1962, NASA History Office Archives, Italy Space Program, San Marco folder。
27. 早在 1962 年 9 月，肯尼亚就被作为选择认真地考虑过。参见 State

Department to American Embassy Rome, "Reports on San Marco Meetings," Oct. 12, 1962, folder 965. 802/1 - 1262, box 3076, Central Decimal File, 1960 - 1963, RG 59, General Records of the Department of State, NARA. 亦见 memo "Comments on the Communication Section of the San Marco 'Project,' " Dec. 6, 1962, NASA History Office Archives, Italy Space Program, San Marco folder。

28. "San Marco Environmental Study Program, Preliminary Report, Vought Missiles and Space Company — Texas, 00. 173," Feb. 22, 1963, cited in Nesbitt, *History of the Italian San Marco Equatorial Mobile Range*, 16, R - 1.
29. Del Curatolo, "Franco Esposito."
30. Nesbitt, *History of the Italian San Marco Equatorial Mobile Range*, 14.
31. 2012 年该公司被位于威斯康星州密尔沃基的久益环球（Joy Global）公司买断，现在有了新名称。参见 Mike Elswick, "Manufacturing Plant to Drop LeTournear from Name," *Longview News-Journal*, May 18, 1012。
32. Dennis Karwatka, "Technology's Past: R. G. LeTournear and His Massive Earth-Moving Equipment," *Tech Directions* 65, no. 10 (May 2006): 8.
33. R. G. LeTourneau, *Mover of Men and Mountains* (New York: Prentice Hall, 1960), 256 - 260.
34. SAIPEM stood for Società Azionaria Italiana Perforazione e Montagge. See Nesbitt, *History of the Italian San Marco Range*, 17; "Platform No. 9, Scarabep [sic] (Santa Rita)."
35. Nesbitt, *History of the Italian San Marco Range*, 19 - 20. 这是"自升式码头驳船"（或 BPL）。参见 Army Water Transport Operations, Field manual (Headquarters, Department of the Army, Oct. 1976), 2 - 5。
36. Kenya National Assembly, Official Report (Hansard), Wednesday, Apr. 18, 2012, 24 - 25. 在 1962 年 9 月美国国家航空航天局和意大利官员的一次会谈中，意大利人向美国国家航空航天局保证，他们正在寻求英国的同意来使用位于蒙巴萨的各种资源。参见 State Department to American Embassy Rome, "Reports on San Marco Meetings," Oct. 12, 1962。

37. 关于肯尼亚独立，参见 Bethwell A. Ogot and William Robert Ochieng, *Decolonization and Independence in Kenya, 1940 - 93* (London: J. Currey, 1995); Daniel Branch, *Defeating Mau Mau, Creating Kenya* (Cambridge: Cambridge University Press, 2009)。
38. 关于和该大学的协议，参见 "Memorandum of Understanding between the Italian Space Commission of the National Council of Research and the University of East Africa Royal College, Nairobi," Jan. II, 1964, folder SP-Space & Astronautics IT-A I/I/64, box 3076, Central Decimal File, 1960 -1963, RG 59, General Records of the Department of State, NARA.
39. "Possible Answers by Prof. Broglio at the Press Conference on San Marco Project." Feb. 8, 1964, folder SP-Space & Astronautics IT-A, box 3076, Central Decimal File, 1960 - 1963, RG 59, General Records of the Department of State, NARA ; "Space Probe May Help East Africa," *East African Standard*, Feb. 11, 1964; "Kenya on the Science 'Map,' " *Daily Nation*, Feb. 11, 1964; A. N. Hunter, "World Scientists Welcome Kenya Space Project," *East African Standard*, Feb. 14, 1964, 1.
40. American Embassy Nairobi to State Department, May 28, 1964, folder SP 12 - 4 Scientific Satellites IT/San Marco, box 3076, Central Decimal File, 1960 - 1963, RG 59, General Records of the Department of State, NARA.
41. 独立后的项目条款在意大利总领事 1964 年 1 月 10 日给肯尼亚政府的罗伯特 · 奥科（Robert J. Ouko）的信中列出，folder SP-Space & Astronautics IT-A I/I/64, box 3076, Central Decimal File, 1960 - 1963, RG 59, General Records of the Department of State, NARA.
42. First quotation from American Embassy Nairobi to State Department, May 28, 1964, folder SP 12 - 4 Scientific Satellites IT/San Marco, box 3076, Central Decimal File, 1960 - 1963, RG 59, General Records of the Department of State, NARA. Second quotation from American Embassy Rome to State Department, May 22, 1964, folder unnamed, box 3141, Central Foreign Policy Files, 1964 - 1966, RG 59, General Records of the Department of State, NARA.
43. 探空火箭和卫星的重量，使得它们不能被直接从蒙巴萨空运到马林迪，这两座城市机场的设备都不能处理这么大的精密货物。因此，它们被先空运到内罗毕，然后再陆运到马林迪。

44. Nestitt, *History of the Italian San Marco Equatorial Mobile Range*, 25, 26.
45. Durham, "Italy's African Space Triumph," 104.
46. 关于马林迪，参见 E. R. Bradley, The History of Malindi: A Geographical Analysis of an East African Coastal Town (Nairobi: East African Literature Bureau, 1973)。我使用“阿拉伯人”和“斯瓦希里人”这种术语来减少过多的细微差异和复杂性。“阿拉伯人”在此通常表示祖先起源于阿拉伯的人。“斯瓦希里人”在此指那些接受了沿海文化的社区，包括使用斯瓦希里语和自我认同为穆斯林的人。詹姆斯·布伦南（James R. Brennan）指出，在过去一世纪里，“‘阿拉伯人’和‘斯瓦希里人’已经明确地把自己和大陆非洲人分开来”。参见 James R. Brennan, "Lowering the Sultan's Flag: Sovereignty and Decolonization in Coastal Kenya," *Comparative Studies in Society and History* 50, no. 4 (2008): 831 - 861, esp. 832, ref. 3。
47. Brennan, "Lowering the Sultan's Flag."
48. 关于巴朱尼人，参见 James de Vere Allen, *Somali Origins: Swahili Culture and the Shungwaya Phenomenon* (Athens: Ohio University Press, 1993); Derek Nurse, "Bajuni Database General Document,". 亦见 Inter-Agency, Land, Property, and Housing in Somalia, Norwegian Refugee Council / UN Habital/UNHCR, July 2008.
49. Robert Peake, "Swahili Stratification and Tourism in Malindi Old Town, Kenya," *Africa: Journal of the International African Institute* 59, no. 2 (1989): 209 - 220, at 210.
50. Parselelo Kantai, "Kenya's malindi, a Paradise Lost," *Africa Report*, Oct. 29, 2014.
51. Del Curatolo, "Franco Esposito." 另一位永久定居此地的意大利人是克莱托·安科纳，参见 Freddie del Curatolo, "Cleto, and Italian Institution [sic] Man in Maalindi," *Malindikenya. net*, Dec. 19, 2016。
52. Tristan McConnell, "Kenya's 'Little Italy,' ".
53. Kantai, "Kenya's Malindi, a Paradise Lost."
54. Ibid.

55. Republic of Kenya, *The National Assembly: Official Report* (*Hansard*), *Third Session*, Tuesday, 21st March, 1972 to Friday, 12th May, 1972, entry for Apr. 11, 1972, 586.
56. State Department to American Embassy Rome, Dec. 10, 1970, folder SPIT, box 3005, Central Foreign Policy Files, 1967 - 1969, RG 59, General Records of the Department of State, NARA.
57. "The Space Center Kenya Doesn't Own," Owaahh, Mar. 31, 2016.
58. Michelangelo De Maria and Lucia Orlando, "Early Italian Space Activities — the San Marco and SIRIO Miracles," in *Proceedings of the Concluding Workshop: The Extended ESA History Project*, 13 - 14 April 2005, ESA SP - 609, ed. B. Battrick and L. Controy, 55 - 65 (Paris: ESA Headquarters, 2005), 55 - 65.
59. 2004 年，原来的正式名“圣马科赤道探测中心”（San Marco Equatorial Range, SMER）改为路易吉・布罗格里奥航天中心。布罗格里奥于 2002 年去世。意大利—肯尼亚—欧洲航天局 1995 年的三方协议于 2010 年 3 月 14 日到期后，延期到 2010 年 12 月 31 日，之后又延期到 2012 年 6 月和 2013 年 6 月。
60. Kenya National Assembly, Official Report (Hansard), Wednesday, Apr. 18, 2012, 24 - 25, at 21.
61. Ibid. 25.
62. 肯尼亚代表团由国防部行政秘书基里图・瓦迈（Kiritu Wamai）领导，而意大利代表团则是由意大利外交事务部负责撒哈拉以南非洲事务的副主任马尔科・克劳迪奥・沃齐（Marco Claudio Vozzi）领导。参见“San Marco Project — Latest Developments,”。
63. "Italy and Kenya Renew the 'Luigi Broglio' Space Centre Agreement (Trento, 24 October 2016)," Oct. 25, 2016; "ASI in Kenya for the First Joint Steering Committee," *Research Italy*, Jan. 27, 2017.
64. John Ngirachu, "Don't Renew Space Deal, MPs Tell State," *Daily Nation*, June 15, 2014; "Ottichillo Warns Kenya Set to Lose Sh60m in Space Tests," *Business Daily*, Feb. 1, 2016.
65. Kenya National Assembly, Official Report (Hansard), Wednesday, Apr. 18, 2012, 20.

第七章　美国陆地卫星和发展中国家

——主权与资源

尼尔·M. 马赫尔

1976年春，正当美国政府在为即将到来的7月4日国庆节庆祝建国200周年做准备之际，联合国发表了湄公河委员会的季度报告。该委员会创始于1957年，尽管目的在于通过大规模的大坝和灌溉项目来促进东南亚湄公河下游流域的发展，但这份特殊的报告公开了美国国家航空航天局研发的轨道卫星收集的科学数据。为了使此科学信息更为清晰易懂，报告附上了一整页的地图。那张地图显示的是美国国家航空航天局的一个卫星的10条轨道所覆盖的地区，包括老挝、柬埔寨、泰国和越南的部分地区。报告解释道，"美国陆地卫星2号的图像展示了新的重要信息"，并补充说，这颗特殊的地球观测卫星于1975年9月到1976年1月之间，在23万平方英里的区域上空巡回，收集了160多"帧"数据。报告的结尾部分肯定地说道，这项有价值的科学工作"仍在继续"。[1]

湄公河委员会的美国陆地卫星地图也展现了它们有助于创造技术和科学知识。技术和科学知识常常起源于某个国家（这里是在美国境内），但几乎总是会跨越国家边界。例如，湄公河下游流域的地图说明，不仅空间技术跨越了东南亚的政治疆界，科学知识传播也跨越了疆界；地图上有十余个小圆圈，代表在南越、柬埔寨、泰国和老挝地面接收和处理数据的“卫星图像中心”。因此，联合国发布的那张地图巧妙地展示了本书的新颖框架。它把民族政府和国家机构作为主要角色加以分析。这些角色常常是强有力的，在产生和传播科技知识的纷繁的国际网络中呼风唤雨。湄公河委员会的地图就像本书一样，不是要排除民族国家，而是要将其置于跨国背景之中。

然而，那张卫星地图和湄公河委员会的总体报告，还确定了当代跨国科学技术史学中缺失的另一个重要因素。美国陆地卫星 2 号在地球上空高 500 英里处巡游，在离它很远的地面上流淌着湄公河。虽然地图用双线标示了从缅甸东部蜿蜒到越南南端的河流，但报告正文却完全聚焦在这个盆地的自然环境上。该出版物解释说，湄公河委员会收集到的美国陆地卫星数据将用于分析该盆地的水文学（特别关注洪水），区分不同的森林类型（如常青林、落叶林和红树林），并确定从水稻种植到橡胶树种植的各种土地使用情况。该报告的导言解释说，“湄公河委员会利用美国陆地卫星数据调查的主要目的”，是收集可用于绘制“农作物和土地使用地图以及土壤湿度监测”[2]的科学数据。正如那幅整页地图所示，在跨国舞台上技术和科学并不是各行其是。相反，它们与自然界互动并且经常寻找关于自然界的信息。[3]

尽管研究跨国科学技术的历史学家不愿意把自然因素纳入他们的分析，但是环境历史学家几十年来一直在分析民族国家如何在其境内勘探和开采自然资源，以及联邦政府如何规范这类土地使用并制定法律来纠正环境问题。[4]这种以国家为中心的方法非常适合早期研究者。然而，正如环境历史学家唐纳德·沃斯特（Donald Worster）在其 1982 年的研讨会论文《没有边境的世界：环境历史的国际化》（“World without Borders: The Internationalizing of Environmental History”）中解释的：“民族国家已不再是合适的框架。”沃斯特预言道，这个领域未来的成功“将会出现在那些很容易跨越国家边界的研究中”。环境历史学家们听从了沃斯特的建议，追踪各种跨过政治边界的自然因素，无论它们是流水、漂浮的污染，还是迁移的动物、杂草和疾病。[5]沃斯特在 30 多年前总结道，这种跨国的方法“要求重新规划我们的研究，这样的话，当我们发现我们要研究的瓦尔登湖时，也就发现了恒河”[6]。

本章讨论湄公河流域以及其他美国之外的自然环境，把它们看成 20 世纪科学技术跨国史中的重要历史角色。我把美国航空航天局的地球资源卫星的历史用作研究案例，用来分析美国境内研发的技术如何成了一个枢纽，把一个庞大的跨国网络连接在一起。这个网络包括空间和地面的通信系统、国际和国内的机构、美国的公司和美国航空航天局，以及想更好地理解、控制自然环境的本土工程师、技术员和科学家。在此过程中，美国陆地卫星变成了有利于美国主导地位和发展中国家有限的地方控制的一种机制。

本章从考察美国陆地卫星技术在美国研发以及限制该技术在国外成功的几个障碍开始。有时在外国的偏僻地区建立地面接收站是危险的；外国研究者必须学会如何利用美国卫星和电脑提供的数据和图像；而且发展中国家的政府官员也担心空间轨道技术会侵犯他们国家的主权。为了克服这些问题，美国政府 20 世纪 70 年代早期就开始在亚洲、非洲、拉丁美洲各地“兜售”美国陆地卫星。最后，尽管本土科学家和政府官员所拥有的有关自己民族国家内各种自然环境的知识，给予了他们有关美国陆地卫星的一点权力，但庞大的卫星跨国网络，使得美国政府对空间技术及其产生的科学知识保有最终控制权。换句话说，技术、科学知识和政治权力上的不对称（即使被掩盖了）从未完全消除，尽管美国航空航天局声称并非如此。

美国国家航空航天局的工程师和科学家可以自豪地（并且非常正确地）声称他们的地球资源卫星是“美国制造的”。这是因为航天局于 1972 年 7 月 23 日首次发射的地球资源卫星的技术，最初是从军用硬件（如 CORONA 间谍卫星）和秘密用于战争的民用技术（包括泰罗斯卫星和应用实验卫星）发展而来的。如此绝密的起源排除了在美国陆地卫星上的国际合作，它在地球上空 560 英里处的近极地轨道上盘旋，拍摄了 13 000 平方英里的地球表面的“快照”。[7]在接下来的四分之一世纪里，另外 6 颗美国陆地卫星收集了数百万地球图像的数据。通过从太空发回地球的照片，《纽约时报》（*New York Times*）在 1975 年 1 月中旬解释道，美国陆地卫星“为理解人类对更好地管理地球有限资源所做的不懈努力，以及帮助评估和认识环境变化提供了新的视角”[8]。

这项彻头彻尾的美国技术包括多光谱扫描仪，它能从太空测量地球表面物体反射的 4 种不同波长的电磁辐射。起初，美国陆地卫星把这些波长的测量数据发回到位于阿拉斯加州费尔班克斯、加利福尼亚州戈德斯通以及马里兰州格林贝尔特的戈达德太空飞行中心的美国国家航空航天局接收站。在这些地方的每个接收站里，技术人员通过把不同的编码假色（false colors）分配给地球上不同波长的物体，把原始数据转换成可视地图。换句话说，美国陆地卫星通过测量从岩石、树木、水甚至动物身上反射的太阳热量的极其微小的温度变化，使得自然环境更加清晰可见。[9]正如《科学》（*Science*）杂志在美国陆地卫星 1 号发射 10 周年之际报告的那样，由地球观测卫星创制的地图描绘了“猩红的森林、红色的拼图农场、蓝色的城市网格、绵延的棕色山脉以及精致的高速公路网络。”[10]

美国陆地卫星的彩色地图很快就成了分析自然资源的科学工具，美国国家航空航天局立即开始通过易于阅读的小册子和手册来宣传这种能力。小册子和手册有着醒目的标题，如“改善我们的环境”、“来自太空的生态调查”、“有助于解决地球问题的太空摄影”。根据这些出版物，美国陆地卫星使得清点不同类型的作物和树木、发现植物病虫害的早期迹象、评估土壤湿度以指导未来的土地利用实践成为可能，从而有助于农业和林业。事实证明，空间技术同样有益于水文资源和大气资源的研究；美国陆地卫星数据，使得人们能够绘制出淡水和咸水图，预报干旱和洪水并且确定水污染及空气污染的来源。它也提供地理测量，来帮助定位包括石油、天然气和矿藏在内的地下资源，甚至能帮助生物学家追踪陆地和海底迁移的野生动物。[11]

通过协助管理自然资源，美国陆地卫星也有助于提升美国国家航空航天局的公共形象。20 世纪 70 年代早期，美国国家航空航天局在美国国内遭遇了严重的“NASA 疲劳”。正如《洛杉矶时报》（*Los Angeles Times*）在 1972 年 4 月描述的那样，“下个周日，当‘阿波罗’16 号从它的尾部喷出火焰冲向月球时，一个长长的精神哈欠将席卷美国”[12]。部分是因为这种冷漠，在 1969 年登月到 1975 年“阿波罗”-联盟号发射的这段时间，国会大幅削减了航天局的资金。总体上看，在“阿波罗”2 号之后的 6 年时间里，联邦政府将美国国家航空航天局的预算削减了

40％以上，扣除通货膨胀因素，其预算跌至1962年以来的最低实际美元水平。[13]

在有意识地扭转这种趋势的努力中，美国国家航空航天局管理者开始向美国公众宣传美国陆地卫星在科学评估美国国内自然资源方面的作用。从1972年到1974年，这种评估需要开展大面积的农作物调查试验。美国国家航空航天局、农业部、国家海洋和大气管理局开展了一个联合项目，把从美国陆地卫星获取的农作物种植面积测量数据和国家海洋和大气管理局的卫星获取的气象信息结合在一起，预测小麦产量，为美国消费者稳定商品价格。[14]美国国家航空航天局的这种宣传努力取得了成功；国会不仅在1975年和1978年批准了另外两颗美国陆地卫星，还在1975到1980年间使航天局的预算（扣除通货膨胀因素后）增加了10％以上。[15]

理查德·尼克松（Richard Nixon）总统很快就意识到，美国陆地卫星可以在国际上为美国做它在国内为美国国家航空航天局所做的事情。早些时候，他就明白了美国陆地卫星的推广潜力，1969年9月他向联合国大会宣布，美国新的地球资源观测卫星将“不仅为美国，也为国际社会提供信息”[16]。航天局官员甚至更加明确地将他们有关美国陆地卫星的生产性应用的许多公开讲话，特别集中在较贫穷国家的自然资源上。美国国家航空航天局一篇关于遥感的立场文件解释说，新的空间技术将“在提供地图和其他重要资源的调查数据方面，一视同仁地帮助世界上的发达地区和发展中地区”。与此同时，文件继续说明道，“因此，利用美国国家航空航天局宇宙飞船上的遥感仪器来帮助发展中国家，代表了美国提升其世界形象的一个重要方式”[17]。让贫穷国家获得可以帮助它们改善其自然资源管理的科学数据，美国陆地卫星技术通过帮助发展中国家发展来提高美国的国际地位。

这种乐观情况存在两个问题。首先，至少在最初时期，几个发展中国家公开抵制美国国家航空航天局的遥感技术，担心该技术会侵犯它们的主权。苏联担心美国陆地卫星被用于间谍活动，而拉丁美洲的国家更为担心发达国家会利用这种技术去开发位于发展中国家的自然资源；像美国一样的富裕国家利用卫星数据，不仅能够识别较贫穷国家国内的以前未发现的资源（如矿物和石油储藏），而且能够预测全球农作物的产量以操纵农产品价格。[18]为了防止这种行为，1975 年，几个发展中国家，包括阿根廷、智利、委内瑞拉和墨西哥，共同提出了一项不成功的联合国提案，要求禁止任何未经被空间遥感所测量的国家事先同意的，以及受该国管辖的与自然资源有关的遥感活动。[19]

阻碍美国政府的美国陆地卫星的全球推广渴望的第二个问题是，发展中国家的科学家没有接受过如何利用美国国家航空航天局卫星获取的数据，来评估他们自己国内资源方面的培训。美国国家航空航天局的地球观测经理之一维尔·威尔玛斯（Verl Wilmarth），在 1971 年夏季曾就外国科学家提交的对美国陆地卫星试验感兴趣的提案表示恼怒，并得出了一个结论："这些准备不充分的提案，表明提出提案者对计划的内容和能力缺乏了解。"[20]美国国家航空航天局的管理者同样担心，即使外国科学家最终理解了美国陆地卫星的能力，他们仍然缺乏充分利用新空间技术所必需的科技专业知识。特别令人关切的是，发展中国家缺少能够分析卫星获取的图像的、从中找出具有经济价值数据类型的训练有素的图像分析员。[21]因此，为了构建知识生产者和使用者的跨国网络，航天局不仅必须说服发展中国家的领导人，让他们相信美国陆地卫星不会对他们的国家主权构成威胁，还必须培训外国科学家，让他们了解空间技术对其本国的科学和经济的益处。

20 世纪 70 年代早期，政府官员和美国国家航空航天局的管理者开始着手解决这些问题。他们先是向国际科学界发布了大量描述美国陆地卫星如何工作的新闻稿，同时也呼吁外国科学家自己提出建议，去改善自然资源管理，特别是在发展中国家。[22]航天局随后通过与国际机构（如联合国、世界银行、美洲开发银行）合作举办有关科学利用美国陆地卫星遥感数据的学术会议、研讨会和工作坊（有些长达两周之久），延伸了这方面的努力。[23]起初，航天局邀请了外国科学家、工程师和政治家参与在美国举行的此类活动，地点在密歇根大学这样的学术机构，也有美国国家航空航天局的研究机构，包括休斯敦约翰逊航天中心。该中心在 1975 年夏季举办了长达一周的"地球资源调查研讨会”。在休斯敦的地球资源学术会议上，美国国家航空航天局的一些重量级人物，包括“阿波罗”飞船的宇航员拉塞尔·施韦卡特（Russell Schweickart）、马歇尔航天飞行中心主任韦恩赫·冯·布劳恩（Wernher von Braun）和约翰逊航天中心主任克里斯·克拉夫特（Chris Kraft），就地球观测技术的实际应用，他们向来自至少 24 个国家的 1 200 位科学家、工程师、政治家和管理者发表了演讲。[24]

20 世纪 70 年代中期，美国国家航空航天局管理者和美国政府也把这些教育培训机会，直接带给了发展中国家的科学家和政府领导人。例如，1975 年夏季，航天局在西非举行了几场有关地球观测技术的为期 3 天的研讨会。他们力求让这个地区的科学家和政府官员了解美国陆地卫星技术的能力，并鼓励他们提交旨在更好地管理他们本国稀缺自然资源的建议。为英语参会者举行的第一次会议是在加纳。加纳和邻近国家（包括尼日利亚、利比亚和多哥）的科学家、工程师及政府领导人参加了会议。为了缩小不发达国家与发达国家之间的“技术差距”、推动前者沿着现代化的弧线前进，主题发言人恳请与会者充分利用像美国陆地卫星等“加速工具”，同时，他们和以前的电影童星、美国驻加纳大使秀兰·邓波尔·布莱克（Shirley Temple Black）一起聆听了会议（图 7.1）。[25]在 20 世纪 70 年代，美国国家航空航天局在亚洲和整个拉丁美洲举行了类似的会议，宣传地球卫星技术给发展中国家带来的好处。[26]

图 7.1　加纳科学与工业研究委员会执行主席塔基（A. N. Tackie）博士向美国国家航空航天局的地球资源专题研讨会的参会者致辞。右起第 3 位是美国驻加纳大使秀兰·邓波尔·布莱克（Shirley Temple Black）。布莱克的左手边是美国信息服务中心主任潘科斯特（Ed Pancoast）和加纳工业研究所所长拉提特（E. Lartyte）。
图片来源：美国国家航空航天局授权。

一方面，美国国家航空航天局的学术会议、工作坊和研讨会有助于来自发展中国家的参会者了解美国陆地卫星的科学用途；另一方面航天局同时也试图通过培训外国科学家自行收集、分析和解读地球观测数据，来减轻他们对该技术侵犯国家主权的担忧。如同其他美国陆地卫星学术会议的这类培训既在美国国内也在国外举行。例如，20 世纪 70 年代早期，美国国家航空航天局扩大了国际奖学金计划，以鼓励外国科学家前往美国的大学学习遥感基础课程。[27]航天局也把发展中国家（如巴西和墨西哥）的科学家请到美国国家航空航天局的研究中心（包括约翰逊航天中心），让他们熟悉遥感数据的获取、处理和分析。[28]

为了使这些欠发达国家中的这类培训制度化，美国国家航空航天局和美国政府一道，鼓励世界各地的政治领导人建立自己的遥感部门，培训自己的图像分析员来评估遥感数据，以及建立自己的国家委员会以自行确定遥感信息的最佳应用和分配。[29]也许最重要的是，美国政府敦促这些发展中国家建立他们自己的美国陆地卫星接收站，收集有关其国家自然资源的数据。在南美洲，这个进程始于 1974 年，当时巴西建立了自己的接收站。3 年之后，智利签订协议建造了另一个接收站；委内瑞拉也正式表达了同样的兴趣。到 1977 年早期，中东的埃及、伊朗和非洲的扎伊尔已经建立起自己的接收站，以接收和处理美国陆地卫星数据（图 7.2）。这些东道国中的每个国家都资助、拥有和运营了在自己国家的美国陆地卫星地面接收站，使得他们的科学实验较少依赖美国。[30]

美国国家航空航天局的这些努力，使国际科学界了解美国陆地卫星并且减轻了外国政府官员对该技术影响国家主权的担忧，它取得了巨大的成功。根据一位参会者，在加纳举行的美

图 7.2　描绘了扎伊尔的美国陆地卫星地面接收站在非洲的覆盖范围。
来源：美国国家航空航天局授权。

国国家航空航天局研讨会上，与会者“对各自国家未来的遥感计划公开表示了欢迎”[31]。发展中国家的与会者似乎都同意这一点。到 1977 年，全世界有 50 多个国家依靠美国陆地卫星数据来更好地管理其自然资源。[32]《科学》杂志在 20 世纪 70 年代中期解释道，“这一新能力的好处对世界上的发展中国家来说尤其重要，”因为它们“缺乏调查和评估其资源的其他手段”。[33]

在亚洲各地，许多科学家利用美国陆地卫星来绘制他们国家的自然资源图。例如，在缅甸，当地科学家们利用美国国家航空航天局的多光谱扫描仪，描绘了 24 种土地类型（如湿地、草地和不毛之地）以及不同土地的用途（如农业和林业）。在印度和孟加拉国，科学家从事了类似的研究。[34]相反，在整个非洲，这种努力往往侧重于改善非洲大陆的粮食供应。美国陆地卫星的数据，使得苏丹的生物学家能够清点土地、植被和土壤资源；使得肯尼亚的野生动物管理员能够更有效地管理家畜和野生动物的牧场，以及使得博茨瓦纳的水文学家能够评估该国唯一常年流动的水道——奥卡万戈河，以促进可能的农业发展。[35]最后，在拉丁美洲，玻利维亚、委内瑞拉、哥伦比亚、智利和阿根廷的科学家依靠遥感数据定位当地矿藏，估计干旱地区的可用水，并为非洲大陆的大部分地区绘制了第一份精确的地图。[36]

虽然美国陆地卫星有助于发展中国家的科学家评估其当地的环境，但这些国家地面上的自然状况，反过来又影响了美国陆地卫星的利用方式。20 世纪 70 年代初期到中期，在袭击了几个发展中国家的所谓的“自然灾害”中，这一点表现得最为明显。[37]20 世纪 70 年代初发生的严重而持久的干旱就是其中之一。那次干旱使得非洲萨赫勒地区的土地干裂，并在非洲北部造成了大范围的饥荒。受灾最严重的国家之一——马里的科学家和政府官员做出了反应，他们向美国国家航空航天局提出了主办“萨赫勒地区遥感研讨会和工作坊”的建议。这次研讨会在1973年4月举行，参会的是来自9个非洲西部国家的30位科学家和项目经理。[38]作为培训的一个直接结果，当地科学家利用美国陆地卫星数据，追踪了沙尘暴对萨赫勒植物群落和土壤肥力恶化的影响，确定了能够扭转沙漠化进程的牧场管理技术。[39]

在拉丁美洲，自然环境起了有点不同但同样积极的作用。这一点在1975年7月变得非常明显。这时在巴西最多产的咖啡种植区之一，一场意外的霜冻摧毁了超过80%的树木。在这种情况下，极端天气促使当地农学家游说巴西国家太空研究院为该地区获取美国陆地卫星数据，以研究霜冻的生态影响。[40]其他意外的自然现象——从尼加拉瓜的地震，到巴基斯坦的洪水，再到危地马拉的火山喷发——也促使发展中国家的本地科学家向美国国家航空航天局提出建议，带来了美国陆地卫星数据的新的利用。[41]

尽管这些自然灾害给了本土科学家和技术人员对美国陆地卫星的一些控制权，他们在此领域的经历也突出地表明了构建这种跨国技术网络面临的重大社会障碍。例如，在巴西，分析卫星数据的技术人员常常缺少供应和替换设备，因为这些都必须来自美国；他们还必须克服军队官员们的反对，那些官员们担心对战略要地的空中监视；他们还必须劝说政治家们放宽限制自然资源勘探的禁止性法律，以及教育和培训其他政府部门的遥感数据的潜在使用者，让他们熟悉图像分析的技术。一位参与巴西遥感项目的科学家承认："在巴西开展高科技项目很困难。"《科学》杂志的一位记者对此深表同意，他注意到 1977 年在巴西领土上的这些社会障碍非常清楚地说明了，"在一个发展中国家引进一项新技术通常会涉及什么"[42]。

绕了一圈，最终我们又回到了东南亚和湄公河委员会 1976 年的季报。在该委员会的美国陆地卫星试验期间，横跨湄公河流域的 4 个国家——老挝、柬埔寨、泰国和南越——的本地科学家和政府官员，利用美国国家航空航天局的卫星数据绘制了 3 本自然资源地图。第一本地图是区分农业用地和林业用地以及不同类型的农作物和树种的，旨在帮助政府官员更好地了解他们目前的自然资源的使用现状。第二本地图主要评估该地区域的"土力"，在本质上是一本土壤地图集，旨在改善未来自然资源管理的规划。[43]这两本地图，不仅说明了美国陆地卫星技术跨越国界的实际移动，还说明了通过由不平等的合作伙伴组成跨国网络，生产和传播科学知识的复杂过程。

这个系列中的最后一本地图展示了在此跨国伙伴关系中由自然环境扮演的常常被忘记的角色。回到 1966 年，湄公河下游流域遭遇了有史以来最大的洪水，在老挝的万象平原，82%的耕地被淹没了；一些地区在 3 到 4 米深的水下浸泡了一个月。湄公河委员会的回应是调查解决这一环境危机的方法。该委员会的年度报告解释道："1966 年 9 月湄公河发生的毁灭性的洪水，突出了防洪和控洪的必要性。”[44]在20世纪70年代早期，美国陆地卫星提供了一种解决办法，该委员会鼓励这个流域的本地科学家和政府官员利用遥感数据绘制湄公河下游流域每年洪水和排水模式的地图。其结果就是湄公河委员会的第三本地图——对该流域一年中不同时期的洪水的水文调查。在此，影响了美国陆地卫星及其网络的，是东南亚的洪水而不是非洲的干旱或巴西的霜冻。

正如湄公河委员会所说，虽然这三本美国陆地卫星地图是“为了最终确定该流域战后实际发展计划所迫切需要的”，但最终对于发展中国家（包括老挝、柬埔寨、泰国和南越）的居民而言，美国国家航空航天局的遥感技术更多是喜忧参半的事情。[45]一方面，美国陆地卫星对从博茨瓦纳到巴西再到缅甸的自然资源的测量能否成功，取决于当地科学家和政治家的合作；该地区的生物学家最了解他们国家的哪些自然资源需要从空中研究，而本地政府官员拥有建造接收站和培训图像分析员的政治资本和经济资本。换句话说，美国陆地卫星对当地自然的关注，为当地控制美国陆地卫星数据留下了余地。[46]

然而另一方面，美国政府仍与美国国家航空航天局合作制造和发射美国陆地卫星，决定着它们应该在什么时间、什么地理区域上空“打开”，并且决定着哪些国家可以、哪些国家不可以参与该项目。美国国家航空航天局的管理者，有时在国防部等联邦机构的指导下，甚至有权要求在正式批准之前，对外国科学家提出的美国陆地卫星试验建议进行“谈判”或修改。[47]结果，一方面发展中国家的政治家和科学家接受地球观测项目，部分地因为他们能从下影响它们；而另一方面美国以几乎总是支持其自身外交政策进程和满足其军事情报需要的方式，最终从上控制着这个现代化项目。换句话说，当涉及美国陆地卫星跨国网络的建立和维护时，华盛顿特区集中的政治权力压倒了发展中国家科学家的外围影响力。

对亚洲、非洲和拉丁美洲的公民来说，这种外交政策困境在第二次世界大战后不久，当美国科学界和政府的精英们共同努力在饱受战争蹂躏的欧洲重建研发工作时，就已经根深蒂固了。正如发展中国家的科学家和政府领导人欢迎美国陆地卫星一样，可以理解，欧洲的技术人员也欢迎这样的努力。通过分享这种科学外交，他们最终帮助共同制造了美国陆地卫星，因此不太可能反对更令人反感的美国外交政策的倡议。美国陆地卫星的作用与此类似，它增强了美国在发展中国家中的软实力。[48]

美国国家航空航天局参与东南亚湄公河委员会的情况就是如此。这种参与始于 1973 年，当时美国军队开始撤离越南。通过利用美国陆地卫星，来帮助横跨这个流域的 4 个国家更好地管理它们的自然资源，美国政府和航天局把此项目的部分控制权转让给了当地政府和科学官员。为了验证美国陆地卫星数据的精确性，美国国家航空航天局的技术人员必须将其与老挝、柬埔寨、泰国和南越的政府管理者提供的航空照片，以及由当地林业、农业和其他自然资源管理机构的本地科学家做出的田野观测进行比较。在马里兰州格林贝尔特的戈达德太空飞行中心监督这个项目的美国国家航空航天局弗雷德里克·戈登（Frederick Gordon）解释说，在湄公河下游流域进行美国陆地卫星试验的“短期目的”，得到了“地面的真实数据和田野调查”以及该流域 4 个沿岸国家“国家部门提供的航空照片”的支持。[49]就这样，三年之后根据美国国家航空航天局的美国陆地卫星数据，航天局和东南亚本地居民共同绘制了这个流域的土地利用地图、土壤地图和洪水地图，这是他们共同努力的结果。

然而，这种共同努力并不是平等的。美国国家航空航天局和美国政府以支持美国外交政策的方式，指导湄公河委员会的美国陆地卫星项目的压倒性能力，在航天局参与合撰的 1976 年 4 月的季度报告中展现得相当明显。美国国家航空航天局的官员们，也许是一厢情愿地，在文本中提到了“南越”这个国家，即使这个国家已经不再运转。在报告所附的整版美国陆地卫星地图中，美国的利益同样处于最重要的位置。美国国家航空航天局的插图将卫星的 10 条轨道叠加在该地区国家边界的政治地图上，没有使用即将重新统一的国家的正式名称——越南社会主义共和国，而且还非常显眼地包括了非军事区的虚线；这个非军事区不久前才在北纬 17 度线附近把北越和南越划分开来。[50]此外，当这个国家在 1976 年重新统一时，虽然美国国家航空航天局并没有“关闭”越南上空的美国陆地卫星，但是美国政府禁止援助取得胜利的共产党政府的决策，实质上停止了湄公河委员会的遥感项目。[51]

20 世纪 70 年代中期，美国陆地卫星在发展中国家（包括那些在越南战争中遭到破坏的国家）推广和利用的历史，显现了有关 20 世纪技术和科学跨国历史的重要教训。第一个教训是，历史学家常常把他们的目光仅仅集中在技术和科学上，因为技术和科学在国家内部和国家之间的边界上传播。他们在这样做的时候，忽视了难以驾驭的自然，以及试图征服它所涉及的巨大的工作。第二个教训是，这样的工作几乎总是合作完成的。本地科学家努力编织由政府官员、地方机构、美国国家航空航天局和美国政府组成的跨国网络。这些网络创造、维护和传播有关如何更好地管理他们国家自然资源的科学知识。航天局从上面提供这些科学信息，同时帮助培训地面上的本地人处理和利用这些数据，以评估他们的农作物、森林、沙漠，甚至他们自己国家的边界。

发展中国家的本土自然，无论是臭名昭著的洪水、霜冻，还是更为普通的农作物、树林和矿物，给了本地科学家和政府领导人在某种程度上影响美国陆地卫星技术及其创造的科学信息的能力。其结果是缓解了地方层面认为美国陆地卫星潜在地威胁了国家主权的焦虑。然而，这种国家自主权总是受到形成这一网络的不对称权力关系的制约，尽管美国国家航空航天局一直在淡化这种不平等。在国内方面，一个由美国陆地卫星用户组成的国际社群帮助提升了美国国家航空航天局的公共形象，并确保了该机构预算的增加；在国际方面，美国国家航空航天局必然服务于美国政府的全球野心，它可以通过拒绝使用者对美国陆地卫星的访问，在短时间内建立或中断这一技术科学网络。

大自然是将这个美国陆地卫星用户的跨国社群联系在一起的物质基础。它现在也是如此，正如在我们21世纪的世界里，自然环境继续连接着依赖技术和科学的社群网络一样。我们当前的气候变化危机仅仅是一个最紧迫的例子。环境历史把（常常是无序的、脆弱的和被利用的）自然界带回到科学和技术的历史当中，自然界不是作为上演这段历史的被动的舞台，而是作为一个塑造人类行为和社会变化的最终轨迹的角色。因此，在研究这些超越国家框架的事件时，历史学家必须记住，要把技术和科学放入它们的环境以及跨国的语境中。

注释

1. Mekong Committee Secretariat, Mr. W. J. van der Oord and Mr. Frederick Gordon, Technical Monitor, Goddard Space Flight Center, "Agriculture/Forestry Hydrology," 5a, Quarterly Report, Dec. 1975 –

Feb. 1976, Mekong Committee Secretariat, c/o ESCAP Sala Santitham, Bangkok, Thailand, dated Apr. 1, 1976, NASA Technical Reports Server, Document ID 19760016569, Accession ID 76N23657, report no. E76 - 10330, NASA - CR - 147211, REPT - 2.

2. Ibid., 1.
3. 从历史上来说，术语“自然”和“环境”都是复杂的。关于定义“自然”的困难，参见 Raymond Williams, *Keywords: A Vocabulary of Culture and Society* (New York: Oxford University Press, 1976), 184 - 189。物质的自然根植于文化，因而也是社会建构的。这种观念在环境历史领域已经被学者广泛接受，最早对此进行分析的是 William Cronon, ed., *Uncommon Ground: Rethinking the Human Place in Nature* (New York: W. W. Norton, 1995)。在这本重要著作中，特别参看 William Cronon, “The Trouble with Wilderness; or, Getting Back to the Wrong Nature,” 69 - 90；和 Jennifer Price, “Looking for Nature at the Mall: A Field Guide to the Nature Company,” 186 - 203。因为自从《不寻常的地面》(*Uncommon Ground*) 问世后，把自然和文化描述成相互构成的环境历史的例子就比比皆是了。例如，参见 Jennifer Price, *Flight Maps: Adventures with Nature in Modern America* (New York: Basic Books, 1999); Kathryn Morse, *The Nature of Gold: An Environmental History of the Klondike Gold Rush* (Seattle: University of Washington Press, 2003); Paul Sutter, *Driven Wild: How the Fight against Automobiles Launched the Modern Wilderness Movement* (Seattle: University of Washington Press, 2009)；以及 Thomas Lekan and Thomas Zeller, eds., *Germany's Nature: Cultural Landscapes and Environmental History* (New Brunswick, NJ: Rutgers University Press, 2005)。
4. 环境历史学家对这方面的研究非常多。关于这个领域的总体概貌，包括这类著作的讨论，参见 Mart Stewart, “Environmental History: Profile of a Developing Field,” *History Teacher* 31, no. 3 (May 1998): 351 - 368; J. R. McNeill, “The State of the Field of Environmental History,” *Annual Review of Environment and Resources* 35 (Nov. 2010): 345 - 374。

5. 关于呼吁这种跨国研究方法的环境历史学家的论文，参见 Samuel Truett, "Neighbors by Nature: L Rethinking Region, Nation and Environmental History in the U. S. — Mexico Borderlands," *Environmental History* 2, no. 2 (Apr. 1997): 160 - 178; Paul Sutter, "Reflections: What Can U. S. Environmental Historians Learn from Non-U. S. Environmental Historiography?," *Environmental History* 18, no. 1 (Jan. 2003): 109 - 130; John McKenzie, "Empire and the Ecological Apocalypse: The Historiography of the Imperial Environment," in *Ecology and Empire: Environmental History of Settler Societies*, ed. Tom Griffiths and Libby Robin (Seattle: University of Washington Press, 1997), 215 - 228; Jeremy Adelman and Stephen Aron, "From Borderlands to Borders: Empires, Nation-States, and the Peoples in between in North American History," *American Historical Review* 104, no. 3 (June 1999): 814 - 841。关于环境历史学家跨越国界追踪自然的几个例子，特别参看 Samuel Truett, *Fugitive Landscapes: The Forgotten History of the U. S. -Mexico Borderlands* (New Haven, CT: Yale University Press, 2008); Marc Cioc, *The Game of Conservation: International Treaties to Protect the World's Migratory Animals* (Athens: Ohio University Press, 2009); Mark Fiege, "TheWeedy West: Mobile Nature, Boundaries, and Common Space in the Montana Landscape," *Western Historical Quarterly* 36 (Spring 2005): 22 - 47。
6. Donald Worster, "World without Borders: The Internationalizing of Environmental History," in "Papers from the First International Conference on Environmental History," special issue, *Environmental Review* 6, no. 2 (Autumn1982): 8 - 13, at 13.
7. 正如《华尔街日报》所报道的，"地球资源计划的大多数技术都来源于高度保密的军事计划技术"。William Burrows, "Sizing Up the Planet: Satellites Will Seek to Inventory Resources of Earth from Orbit," *Wall Street Journal*, June 8, 1970, I. On the evolution of NASA technology from *TIROS* to *ATS* to *Landsat*; 参见 Henry Hertzfeld and Ray Williamson, "The Social and Economic Impact of Earth Observing Satellites," in *Societal Impact of Spaceflight*, ed. Steven Dick and Roger

Launius (Washington, DC: NASA Office of External Relations, History Division, 2007), 237 - 263. *Landsat was originally called the Earth Resources Technology Satellite* (ERTS).

8. United Press International, "NASA Satellite to Be Launched: 2d Earth Resources Craft to Relay Environmental Data," *New York Times*, Jan. 15, 1975, 53. 亦见 *Photography from Space to Help Solve Problems on Earth: NASA Earth Resources Technology Satellite*, 2, pamphlet published by NASA's Goddard Space Flight Center, ca. 1972, NASA Headquarters Archives, Washington, DC, NASA Historical Materials, folder 5745, ERTS Photos and Booklets。
9. M. Mitchel Waldrop, "Imaging the Earth (I): The Troubled First Decade of *Landsat*," *Science* 215 (Mar. 26, 1982): 1601.
10. Ibid.
11. "Ecological Surveys from Space," *Office of Technological Utilization*, NASA SP-230, 1970, NASA Headquarters Archives, NASA Historical Materials, folder 5754, Earth Resources Satellite, 1970; NASA, *Improving Our Environment* (Washington, DC: Government Printing Office, 1973); *Photography from Space to Help Solve Problems on Earth*.
12. Jeffrey St. John, "Space Effort: No Apologies Necessary," *Los Angeles Times*, Apr. 9, 1972, C3. 亦见 "Space: Can NASA Keep Its Programs Aloft?," *Business Week*, Feb. 13, 1971, 23。
13. 在这些年里，美国国家航空航天局的预算从每年 39 亿美元削减到 32 亿美元。关于美国国家航空航天局这些年的（真实的以及在考虑通货膨胀后根据 2008 年美元汇率调整的）总预算，参见 United States President, United States, and National Aeronautics and Space Council, *Aeronautics and Space Report of the President: Fiscal Year 2008 Activities* (Washington, DC: Government Printing Office, 2008), "Appendix D-IA: Space Activities of the U. S. Government, Historical Table of Budget Authority (in Millions of Real-Year Dollars)," 146, and "Appendix D-IB: Space Activities of the U. S. Government, Historical Table of Budget Authority (in Millions of Inflation-Adjusted FY 2008 Dollars)," 147。

14. 关于美国国家航空航天局的大面积农作物调查试验给美国农民带来的经济效益，参见 Hertzfeld and Williamson，“Social and Economic Impact of Earth Observing Satellites，” 240－241，262。在 20 世纪 70 年代末期，大面积农作物调查试验计划也被用来预测苏联的小麦供应，来帮助避免国际小麦市场的波动。关于大面积农作物调查试验，还可参见 “landsat－2 Data Aid Research Management，” *Bioscience* 25，no. 4（Apr. 1975）：280。关于其他卫星观察为美国带来的经济效益，参见 “Aerospace Research Profits Earth，” *Roundup*（约翰逊航天中心报），Feb. 18，1972，2。
15. 在 1975 到 1980 年间，国会把美国国家航空航天局的总预算从 32.2 亿美元增加到 52.4 亿美元。考虑到通货膨胀，根据 2008 年美元汇率进行调整，预算增加了 10％。关于美国国家航空航天局真实的以及以通货膨胀调整美元汇率后计算的总预算的历史数据，参见 United States President，United States，and National Aeronautics and Space Council，*Aeronautics and Space Report of the President: Fiscal Year 2008 Activities*，146，147。
16. “Text of Address by President Nixon to General Assembly of the United Nations，” *New York Times*，Sept. 19，1969，16.
17. “NASA Position Paper on the Remote Sensing of Planetary Surfaces（Earth，Moon，Mars，Venus，etc.）from Orbital and Fly-by Spacecraft，” paper attached to memorandum by NASA Advanced Missions Program Chief Peter Badgley，Oct. 8，1965，box 075－14，series Apollo，Johnson Space Center History Collection，University of Houston at Clear Lake，Houston，TX.
18. 关于这种担心的例子，参见 Edward Keating，“Hard Times：World Spy，” *Ramparts* 9，no. 8（Mar. 1971）。
19. 这个建议（最终搁置在联合国的科学技术小组委员会）实际上比一年前由法国和苏联在联合国提出的类似建议更为严格。关于这两个建议，参见 Hamilton DeSassure，“remote Sensing by Satellite：What Future for an International Regime?，” *American Journal of International Law* 71，no. 4（Oct. 1977）：714，720。关于地球资源卫星可能被发达国家用来在发展中国家开发自然资源，还可参见 John Hanessian，“International

Aspects of Earth Resources Survey Satellite Programs," *Journal of the British Interplanetary Society* 23 (Spring 1970): 548。

20. "ERTS-EREP Proposal Review," memorandum by Verl Wilmarth to TA/Director of Science and Applications, July 7, 1971, record no. 14994, box 529, Johnson Space Center History Collection, University of Houston at Clear Lake.
21. 关于发展中国家缺乏训练有素的图像分析员，参见 Hanessian, "International Aspects of Earth Resources Survey Satellite Programs," 545。关于美国国家航空航天局内部对发展中国家缺乏熟练的科学家来利用空间技术的其他关切，参见 "Practical Applications of Space Systems," 1975, NASA - CR - 145434, National Academy of Sciences, Washington, DC。
22. 关于美国国家航空航天局发布的这些新闻稿的例子，参见 "Earth Resources Experiments RFP," press release no. 70 - 117, July 14, 1970, NASA Headquarters Archives, NASA Historical Materials, folder 5754, Earth Resources Satellite, 1970; and "Skylab Experimenters Sought," press release no. 71 - 5, Jan. 19, 1971, record no. 142778, box 502, Johnson Space Center History Collection, University of Houston at Clear Lake。
23. 1971 年联合国开始了一个空间应用项目，专门来促进所有发展中国家利用地球观测遥感数据。关于这些国际组织在发展中国家促进地球观测技术的努力，参见 V. Klemas and D. J. leu, "Applicability of Spacecraft Remote Sensing to the Management of Food Resources in Developing Countries," Mar. 31, 1977, 31 - 48, Center for Remote Sensing, University of Delaware, report prepared for the School of Engineering and Applied Science, George Washington University, Washington, DC, and the Division of International Programs, National Science Foundation, Washington, DC。
24. 关于美国国家航空航天局在芝加哥大学的地球资源卫星会议，参见 "Earth Resources Workshop," NASA press release no. 70 - 215, Dec. 23, 1970, NASA Headquarters Archives, NASA Historical Materials, folder 5754, Earth Resources Satellite, 1970。关于约翰逊航天中心会议，参见

"All You Wanted to Know about Earth Resources," *Roundup* 14, no. 12 (June 6, 1975), 1。伯德·约翰逊夫人在她为一群报道早期的一次阿波罗卫星发射的外国记者举办的一次鸡尾酒会上，请美国国家航空航天局管理者托马斯·潘恩（Thomas Paine）做了类似的有关地球资源遥感的讲演。关于这次鸡尾酒会上的演讲，参见 oral interview of Dr. Thomas O. Paine by T. Harri Baker (tape 2), NASA Headquarters Archives, NASA Historical Materials, folder 4185, Paine Interviews Conducted by Baker, Lodsdon, Cohen, and Burke。

25. 关于在加纳和马里的地球资源卫星会议的描述，参见 "Landsat May Help Bridge Technological Gap," *Roundup*, May 23, 1975, 2; "W. African Confer on Uses of Remote Sensing Data," *Roundup*, June 6, 1975, 2。
26. 关于在菲律宾的类似的地球资源卫星会议，参见 "Earth Resources Team Visits to the Philippines," Sept. 21, 1971, record no. 210333, report SRE, box 546, Johnson Space Center History Collection, University of Houston at Clear Lake。关于在拉丁美洲推广地球资源卫星的努力，参见 "Inter American Geodetic Survey Proposal for Multinational ERTS (Earth Resources Technology Satellite) Cartographic Experiments," Apr. 7, 1972, record no. 213145, report IAGS-EROS, box 563, Johnson Space Center History Collection, University of Houston at Clear Lake。
27. 关于美国国家航空航天局国际奖学金计划的扩大，包括到美国大学学习地球资源卫星知识，参见 John Hanessian Jr. and John Logsdon, "Earth Resources Technology Satellite: Securing International Participation," *Astronautics and Aeronautics*, Aug. 1970, 60。
28. 关于美国国家航空航天局在约翰逊航天中心培训巴西和墨西哥的科学家和工程师，参见 Hanessian and Logsdon, "Earth Resources Technology Satellite," 59; Hanessian, "International Aspects of Earth Resources Survey Satellite Programs," 546。在这个特殊案例中，遥感数据是从在这些国家上空盘旋的飞行器而不是卫星上获取的。
29. "Landsat May Help Bridge Technological Gap," 2.
30. 关于美国国家航空航天局鼓励发展中国家建造它们自己的接收站，参见

Hertzfeld and Williamson, "Social and Economic Impact of Earth Observing Satellites," 239。关于发展中国家建造地球资源卫星接收站，参见 Klemas and Leu, "Applicability of Spacecraft Remote Sensing to the Management of Food Resources in Developing Countries," 42。特别是扎伊尔的地球资源卫星接收站，参见 "Landsat May Help Bridge Technological Gap," 2。

31. "Landsat May Help Bridge Technological Gap," 2.
32. 关于全世界 50 个国家广泛利用地球资源卫星数据，参见 Klemas and Leu, "Applicability of Spacecraft Remote Sensing to the Management of Food Resources in Developing Countries," 41。
33. Allen L. Hammond, "Remote Sensing (I): Landsat Takes Hold in South America," *Science* 196, no. 4289 (Apr. 29, 1977): 511 - 512.
34. 关于美国国家航空航天局和世界银行合作，在亚洲利用地球资源卫星的资料，参见 Klemas and Leu, "Applicability of Spacecraft Remote Sensing to the Management of Food Resources in Developing Countries," 35 - 36。
35. 关于地球资源卫星数据应用于苏丹的科尔多凡省和博茨瓦纳的奥卡万戈三角洲地区，参见 Klemas and Leu, "Applicability of Spacecraft Remote Sensing to the Management of Food Resources in Developing Countries," 7, 33。关于地球资源卫星数据用于肯尼亚牧场管理，参见 "Landsat May Help Bridge Technological Gap," 2。关于利用地球资源卫星数据进行实验的非洲国家名单，参见 lemas and Leu, "Applicability of Spacecraft Remote Sensing to the Management of Food Resources in Developing Countries," 47。
36. 关于地球资源卫星数据应用于中美洲和南美洲的描述，参见 Klemas and Leu, "Applicability of Spacecraft Remote Sensing to the Management of Food Resources in Developing Countries," 31 - 48; Allen L. Hammond, "Remote Sensing (II): Brazil Explores Its Amazon Wilderness," *Science* 196, no. 4289 (Apr. 29, 1977): 513 - 515。
37. 关于"自然"灾害，在环境历史领域有丰富的文献。虽然学术界大多数都接受这些现象的不可预测性——从洪水到山火，到极端天气如飓风，但他们认为这些"自然"灾害的影响几乎总是依赖于文化和社会实践的。在此，我主要关注这些自然现象如何影响发展中国家的当地人（包括科学家和政府官员）和地球资源卫星的跨国技术网络。关于环境历史中这种文献的范例，参见 Donald Worster，*Dust Bowl: The Southern Plains in the 1930s*（New York：Oxford University Press，1979）；Theodore Steinberg，*Acts of God: The Unnatural History of Natural Disasters in America*（New York：Oxford University Press，2000）；Christof Mauch and Christian Pfister，eds.，*Natural Disasters, Cultural Responses: Case Studies toward a Global Environmental History*（New York：Lexington Books，2009）。

38. 关于马里政府举办研讨会的详细讨论，参见 Brian Jirout，"One Satellite for the World：The American Landsat Earth Observation Satellite in Use，1953 - 2008"（PhD diss.，Georgia Institute of Technology，2016），139 - 143。
39. 关于美国国家航空航天局在非洲萨赫勒地区的地球资源卫星计划，参见 Klemas and Leu，"Applicability of Spacecraft Remote Sensing to the Management of Food Resources in Developing Countries，" 41；" Aid to W. Africa Aim of US Profs.，" *Chicago Defender*，Sept. 8，1973，25。
40. Hammond，"Remote Sensing（I），" 512.
41. 关于在这些灾害中应用地球资源卫星的描述，参见 Charles J. Robinove，"Worldwide Disaster Warning and Assessment with Earth Resources Technology Satellites，" in *Proceedings of the Tenth International Symposium on Remote Sensing of Environment*，Ann Arbor，MI，Oct. 6 - 10，1975（Ann Arbor：Environmental Research Institute of Michigan，University of Michigan，1975），2：811 - 820。
42. 这些引文以及巴西技术人员在建立必要的社交网络以使地球资源卫星在该国正常运行时遭遇的种种问题的描述，参见 Hammond，"Remote Sensing（I），" 511 - 512。关于地球资源卫星数据应用于中美洲和南美洲的描述，参见 Klemas and Leu，"Applicability of Spacecraft Remote Sensing to the Management of Food Resources in Developing Countries，" 31 - 48；Hammond，"Remote Sensing（II），" 513 - 515。
43. 关于这三本地图的详细描述，参见注释 1 所引的湄公河委员会报告，pp.1 - 6。
44. 引自 Jeffrey W. Jacobs，"Mekong Committee History and Lessons for

River Basin Development," *Geographical Journal* 161, no. 2 (July 1995): 142. 该文章亦描述了1966年的洪水。

45. Mekong Committee Secretariat Willem J. van Liere, "Applications of Multispectral Photography to Water Resources Development Planning in the Lower Mekong Basin (Khmer Republic, Laos, Thailand and Viet-Nam," 76, Mar. 9, 1973, NASA Technical Report, Document ID 19720008739, Accession ID 73N17466, report no. E73-10257, PAPER-W3, NASA Headquarters Archives.
46. 关于当地人把地球资源卫星数据用于自己的目的的类似讨论，参见 Karen Litfin, "The Gendered Eye in the Sky: A Feminist Perspective on Earth Observation Satellites," *Frontiers: A Journal of Women Studies*, Fall 1997, 41。
47. 关于美国国家航空航天局和美国政府对地球资源卫星实验保持最终控制，参见 Hanessian, "International Aspects of Earth Resources Survey Satellite Programs," 552。通过考察发展中国家提出的有关地球资源卫星的建议，美国国家航空航天局管理者可以把一个实验标示为"N"，意思是"需要协商"。这样做给予了美国国家航空航天局对所提议的实验更多的控制。关于这一过程的例子，参见"Additional EREP Investigations," memorandum by NASA Associate Administrator for Applications Charles Mathews to Manned Spacecraft Center (Johnson Space Flight Center) Director Chris Kraft, Apr. 21, 1972, record no. 146924, box 535, Johnson Space Center Archives, University of Houston at Clear Lake。
48. 我此处的思考得益于 John Krige, *American Hegemony and the Postwar Reconstruction of Science in Europe* (Cambridge, MA: MIT Press, 2006)，尤其是导言部分。关于在科学研究中合作生产的丰富文献的例子，参见 Shelia Jasanoff, *States of Knowledge: The Co-production of Science and the Social Order* (London: Routledge, 2004)。
49. 这个卫星数据是根据美国陆地卫星1号和美国陆地卫星2号编制的。关于当地科学家和政府官员参与核实地球资源卫星数据的描述，参见注释1, "Annex II: Note on the Land Use Map of the Lower Mekong Basin", pp. 2-3。

50. 关于“南越”，参见注释 1 中的报告。“The *Landsat* map”，以“Landsat－2 Ground Track Coverage of Lower Mekong Basin”为题出现在了同一报告中，并被手动标注为“5a,”，实际上是第 8 页。
51. 关于禁止湄公河委员会地球资源卫星工作的毁灭性影响，参见 Jeffrey W. Jacobs，“The United States and the Mekong Project,” *Water Policy* 1 (1998)：592。

第三部分

变化中的个人身份

第八章 美国身份与墨西哥国籍

——科学流动十字路口的跨国者

亚德里安娜·迈纳

> “受迫”和“听命”——但是被谁逼迫，听谁命令？受你和我，听你和我，受我们中的每个人。我们如此这般恰恰是因为那些深深扎根于我们每个人内心的思维和表达习惯，因为我们狭隘、排外、偏执和简单化的态度。这种态度将身份在各种方面简化为一种单一的联系，一种在愤怒中宣告的联系。
>
> ——阿明·马洛夫，《以身份的名义》[1]

这一章通过分析出生于墨西哥的麻省理工学院物理学教授曼努埃尔·桑多瓦尔·巴亚尔塔（1899—1977），在1942年决定放弃在美国的生活（他1917年来到美国）回到墨西哥这一情况，反思那些使得科学跨国主义成为可能以及受到限制的各种条件。桑多瓦尔·巴亚尔塔离开美国的时候，已经在美国取得了声望很高的科学成就。通过利用他和不同国家背景的联系，他还成了一个跨国者的形象：通过在美国、墨西哥以及其他拉丁美洲国家的科学群体之间建立起专业联系，促进人员、仪器和科学方法的交流，他在这一方面脱颖而出。然而，第二次世界大战改变了他在美国的职业状况。在此期间，他请假离开教学岗位，领导了一个政府资助的促进美国和拉丁美洲的科学交流的委员会。这种类型的科学动员是美国政府在此期间对拉丁美洲国家进行文化外交的一个方面，桑多瓦尔·巴亚尔塔的跨国主义对此很有帮助。然而，在他领导这个项目时，麻省理工学院关于战争努力优先事项的争论，牺牲了跨国主义，使得民族情绪甚嚣尘上，对桑多瓦尔·巴亚尔塔的生活产生了至关重要的影响。

在这一章里，我运用“跨国”（transnational）这个术语，作为指称个人及其建立跨越国界联系的能力的形容词。“跨国主义”（transnationalism）是一个相关术语，我用来描述那些生活在异国他乡的个人，他们一方面在所定居的国家里建立起自己的身份和社会关系，一方面和出生国保持着联系。[2]建立跨越国界关系能力的出现，并非移民的自动结果，而是取决于个人的信念和历史的偶然性。准确地说，桑多瓦尔·巴亚尔塔的案例表明，他积极参与跨越国界促进不同科学群体、不同文化之间的交流，是与其他科学家、私人机构和政府的不同目标相吻合的。在他的案例中，我强调的是他所保持的专业联系，这有助于创造科学知识传播的路线。正如我们将看到的，桑多瓦尔·巴亚尔塔的跨国主义至关重要地决定了他的职业轨迹，这是一种由异质的归属方式与混合的文化及职业价值观所滋养的条件。

以前对桑多瓦尔·巴亚尔塔的历史研究思考中，展现了“方法论民族主义”（即把单一国家作为主要框架来分析事件的倾向）的冲突解释及其局限性。[3]一方面，这就是在墨西哥的科学史研究中，桑多瓦尔·巴亚尔塔的案例主要是通过他对国家科学的贡献来进行解释，而不考虑他在美国度过的漫长岁月的原因。[4]另一方面，美国的21世纪科学史和物理史几乎没有提到桑多瓦尔·巴亚尔塔，尽管他为麻省理工学院物理学研究团队的形成做出了重要贡献，属于所谓的战间期美国的“幸运的一代物理学家”。[5]这些显著的偏见源于一种先入为主，即历史角色必须限制在一个国家的框架之内。桑多瓦尔·巴亚尔塔的案例恰恰强调了相反的情况，因为他属于不同的国家，往返于不同的国家并在其中建立起联系。通过跨国视角，我们对桑多瓦尔·巴亚尔塔有了不同的认识。这种视角使得我们能够把他看成具有代表性意义的历史角色的典范，因为他有能力建立起有利于知识流动的跨越国境的联系。事实上，正如某些学者所建议的那样，关注个人是建立跨国关系最基本的尺度，同时还要关注维持这种关系的基本结构。[6]

在我的分析中，我强调了桑多瓦尔·巴亚尔塔通过发展与墨西哥和美国的联系有关的归属感而建立的混合身份，并说明正是这种身份使得他能够把不同的地方联系到一起。这是把他定位为跨国者的一个重要特征。这并不否认他的国家认同（毫无疑问，正如迈克尔·巴拉尼［Michael Barany］在工作坊所说的，这也是一种棘手的情况）。确实，即使符合美国入籍的申请条件，他还是选择保持自己墨西哥人的正式的国家认同。在大部分时间里，这与他属于美国物理学学界并将自己的科学文化与美国物理学界联系在一起的事实是一致的。话虽如此，他的案例也说明了，作为一个未入籍美国的外国人，他的状况限制了他在这个国家能够做的事情。[7]换句话说，为了描述那些塑造桑多瓦尔·巴亚尔塔智识轨迹的因素，我们历史学家必须综合考虑所有这些个人的、文化的和专业的联系。正是第二次世界大战中紧急状态的特殊情况，迫使桑多瓦尔·巴亚尔塔放弃了自己的混合身份，把自己重新定义为属于单一国家。在这种背景下，受到质疑的不是他的国家认同而是他的跨国主义，当时跨国主义被人们认为是不忠诚，即与国家的战争努力不同心同德的一个标志。正如本章开头的引文所示，这种“做选择”可能比我们想象的更为常见。

这一章特别展示了第二次世界大战期间，不同形式的科学动员（研究、教学和外交）在多大程度上接近了桑多瓦尔·巴亚尔塔所特有的跨国主义。在战争期间，他的跨国主义阻止了他在战争期间参与更为引人注目的科学研究，促使他参与了科学外交。随之而来的危机对桑多瓦尔·巴亚尔塔的跨国主义提出了质疑，把他限制在另一种形式的科学动员之中：科技人力(scientific manpower)。他被迫用一个国家来定义自己，他不得不做出个人的和职业的选择。这种选择不仅决定了他以后在美国和墨西哥边界的哪一边工作，也决定了他将成为哪种类型的科学家而被人们铭记。在这一章里，我们将看到，跨国主义在科学事业的形成中是如何可能的，但它也是一个难以维持的、脆弱的状态。

巴亚尔塔：促进美洲国家科学交流的跨国者

曼努埃尔·桑多瓦尔·巴亚尔塔的科学生涯与他跨越不同国家，特别是在墨西哥和美国之间的能力密切相关。他在 1917 年第一次世界大战期间移民到美国。他提及此事时说，为了避免德国对船只的攻击，他家里[8]决定把他送到麻省理工学院而不是英国的剑桥大学。[9]他可以安全地从墨西哥城到达美国边界得克萨斯州的拉雷多，然后从那里到达马萨诸塞州的剑桥市。在麻省理工学院的暑假期间，他曾多次驾车旅行，沿着连接墨西哥城和美国边境的公路行驶。后来，这条公路成了（计划从北到南穿越美洲的）泛美高速公路的一部分。[10]

在美国生活的 25 年间，桑多瓦尔·巴亚尔塔完全融入了接收国的科学界。他甚至把自己的全名也改成符合美国文化的拼写方式，采取了省略他的第一个姓氏——桑多瓦尔的签名。从此他成了曼努埃尔·S. 巴亚尔塔，他的同事称他为“瓦拉塔”(Vallarta)。他是幸运的一代物理学家（他的麻省理工学院同事约翰·克拉克·斯莱特对这个集体的描述）中的一员。这样，他有幸游历了欧洲主要的物理中心，受益于通常授予美国学者的古根海姆基金会奖学金。巴亚尔塔是那些年轻的教授之一，他们在20世纪20年代的麻省理工学院（甚至在这个学院最出名的时期之前，这个时期始于卡尔·泰勒·康普顿［Karl Taylor Compton］当校长时）积极参与发展物理学团体，起到了增强科学研究的作用。[11]为了促进科学研究和训练，这群年轻的物理学家打算在麻省理工学院复制他们在欧洲学术机构的经验。[12]他们的集体目标使得巴亚尔塔接触到了大西洋两岸物理学家群体之间科学交流机制的建立。

特别是在参与诺贝尔奖获得者、物理学家阿瑟·康普顿(Arthur Compton）组织的科学考察时，巴亚尔塔开始参与建立跨境的科学联系。康普顿是在20世纪30年代初开始宇宙辐射的研究项目的。在康普顿考察期间，巴亚尔塔应邀做其在墨西哥的向导。[13]然而，他很快就参与到康普顿的研究计划中，甚至提出了一种理论来解释考察期间获得的测量结果。此外，宇宙射线研究本身就是吸引对物理学感兴趣的墨西哥工程师和专业人士的一种方式。巴亚尔塔通过培训墨西哥学者，为他们获取科学仪器，以及在总体上支持墨西哥科学机构的组建，帮助在墨西哥建立起这类研究项目。[14]

巴亚尔塔也发展了和拉丁美洲同行的联系。他参加了许多和拉丁美洲文化、科学及智能网络有关的委员会。从他还是麻省理工学院的一名学生开始，他就是美国的各种拉丁美洲专业人士协会的成员。[15]而且他多次参加了（泛美/美洲）科学大会。这些大会是 20 世纪上半叶作为美洲体系结构的一部分组织起来的，对于西半球联盟的建设具有重要的外交意义。[16]巴亚尔塔参加了这些委员会、组织和会议，有助于他和其他拉丁美洲知识分子及有影响的个人建立联系。因为他的专长和学术地位，他和其他专门研究宇宙射线的拉丁美洲物理学家（例如巴西和阿根廷的）也有联系。通过这些方式，他扩大了和许多拉丁美洲科学团体的联系并参与其中。

虽然他没有明确地为特别强烈的拉丁美洲主义辩护，但他在第二次世界大战时的干预行为表明，正如从他在美国的职业地位看到的，他对美洲持有一种整体主义的观点。在这种背景下，他的跨国主义符合美国政府对拉丁美洲外交关系的相关目标。正是和美国的战争努力相联系，通过美洲科学出版委员会，巴亚尔塔成了拉丁美洲科学和美国科学之间的协调员。这个团体致力于把拉丁美洲科学家撰写的文章从西班牙语、葡萄牙语翻译成英语，在美国学术期刊上发表，并在拉丁美洲科学界推广科学写作标准。[17]这主要是一种策略，目的是将拉丁美洲的科学成果吸引到美国期刊上（并且阻止它在欧洲期刊上发表）。这是一种有益于扩大美国科学国际影响的持续努力。作为美洲科学出版委员会的主席，巴亚尔塔在美国和拉丁美洲建立起科学家网络。这个网络使他能够与其他科学家见面，绘制拉丁美洲科学背景图，以这种方式为对美国利益有价值的“知识产业”做贡献。[18]后来，这种关于拉丁美洲的知识被汇集到参考目录中，其中包括来自机构、科学家和科学出版物的数据。

随着第二次世界大战的爆发，美国政府开始担心纳粹主义和法西斯主义在拉丁美洲的影响。这种担心促进了一个致力于加强和拉丁美洲的文化联系的组织的诞生，即由纳尔逊·洛克菲勒负责的美洲事务协调员办公室。[19]美国总统富兰克林·罗斯福已经对拉丁美洲政府推出了所谓的睦邻政策，以改善它们之间的关系。作为确保西半球团结的更广泛战略的一个部分，美洲事务协调员办公室扩大了在文化和科学领域的联系（参见本书第十章）。为此目的，美国许多科研机构纷纷报名参加。例如，美国国家科学院邀请哈佛大学生理学家劳伦斯·约瑟夫·亨德森（Lawrence Joseph Henderson）领导一个委员会，关注与拉丁美洲科学家的关系。[20]同样，美国物理学研究所（所长亨利·巴顿（Henry Barton）提议鼓励拉丁美洲的物理学家订阅该研究所出版的期刊。[21]

巴亚尔塔提出了一项与巴顿的目标类似的建议，尽管他的倡议并不局限于物理学出版物，而是考虑到一般科学。他的主要目标如下：

第一，促进美洲大陆各国之间的知识和科学交流；第

> 二，促进西半球任何国家出版的科学期刊在其他美洲国家的发行，更具体地说，促进美国科学期刊在拉丁美洲的发行；第三，确保在美国科学期刊上发表尽可能多的拉丁美洲国家的科学家撰写的论文……第四，在新世界（New World）其他地方的现有科学期刊上，发表合理数量的来自美国的代表性科学论文。[22]

当巴亚尔塔提出他的方案时，美洲事务协调员办公室的文化关系部已经接收到和科学出版物有关的其他几个申请。该部负责人和麻省理工学院历史学教授罗伯特·考德威尔（Robert Caldwell）向古根海姆基金会的亨利·艾伦·莫（Henry Allen Moe）寻求建议，莫也是美国科学院和美洲事务协调员办公室的顾问，与拉丁美洲的知识分子、科学家和艺术家有过大量接触，并且有丰富的经验。莫回答说，就美国在拉丁美洲外交政策的目标来说，对科学的考虑是非常重要的；他支持在这个意义上提出的倡议。然而，他发现巴亚尔塔的提案更具包容性，与其他选择相比有一个主要优势：巴亚尔塔是唯一真正了解拉丁美洲的提案者。[23]

巴亚尔塔和拉丁美洲的联系，对于开展这个项目和加强西半球的科学联系非常重要。他也利用了先前存在的拉丁美洲和美国之间的科学交流潮流，有能力将它们与跨境传播知识的共同目标结合起来。这包括克服在美国期刊上发表文章的科学写作语言和文化的差异。因此巴亚尔塔创造了一个空间，在此空间内他可以通过利用他的跨国主义来为战争努力做贡献，尽管他已经被排除在麻省理工学院的战争研究项目之外。

“因为你是墨西哥公民……”：中断的拉丁美洲之旅

1942年2月，在妻子的陪同下，[24]巴亚尔塔作为参加美洲天体物理学大会的美国代表来到墨西哥。后来他计划到拉丁美洲各国旅行，并且以美洲科学出版委员会主席的身份组建美洲科学院。这个计划是美洲事务协调员办公室和麻省理工学院支持并资助出版委员会活动协议的一部分。[25]具体地说，美洲科学院打算把在各自国家科学界有影响力的美国和拉丁美洲科学家聚集在一起。[26]这样，他们可以促进积极的知识交流。在此交流中，拉丁美洲的科学家递交了他们的论文供翻译并（用英语）发表在美国期刊上，而美国科学家递交了他们主要论文的摘要，（用西班牙语或葡萄牙语）发表在拉丁美洲的期刊上。此外，美洲科学院还要在此地定期组织科学会议。巴亚尔塔在拉丁美洲旅行期间，要和有关的科学家接触，劝说他们参加美洲科学院。他打算以这种方式建立起美国科学界和拉丁美洲科学界相互联系的新方式。

他计划3月晚些时候在墨西哥国立自治大学开设一门课程，[27]随后他要前往秘鲁的利马，并继续赶往智利的圣地亚哥，在每个城市停留10天。之后，他要到阿根廷停留两个半月，在图库曼、拉普拉塔和布宜诺斯艾利斯举办讲座。然后，他要在乌拉圭的蒙得维的亚停留 1 个月，因受当地一所大学邀请去做演讲。不久之后，他要前往巴西的圣保罗和里约热内卢，在那里也安排了讲座。最后，他要停留在委内瑞拉的加拉加斯和哥伦比亚的波哥大。他根据所接收到的邀请以及这些城市的科学家表现出的对美洲科学出版委员会的工作和美洲科学院的组建的兴趣，挑出了这一行程。[28]然而，正如我们将要看到的，巴亚尔塔不得不面对阻碍他完成旅行计划的几个障碍。

巴亚尔塔经墨西哥政府邀请，在美洲天体物理学大会上做了一个开幕式演讲。其他主题发言人包括墨西哥总统曼努埃尔·阿维拉·卡马乔（Maneul Avila Camacho）和哈佛大学天文台台长哈洛·沙普利（Harlow Shapley）。沙普利的支持，对于提供仪器来装备墨西哥托南钦特拉天文台至关重要。沙普利的就职推动了上述会议的组织工作。[29]这个大会对于美国的睦邻政策也是十分重要的：美国国务院促进了美国科学家的参与，以此证明，他们希望改善美国和墨西哥的关系以及加强美洲关系。[30]虽然作为组织者，墨西哥政府声称这次大会旨在促进国际科学联系，但它的邀请仅限于美国和墨西哥的科学家。

哈佛大学数学家乔治·戴维·伯克霍夫（George David Birkhoff）是美国代表团的另一位与会者。和巴亚尔塔一样，伯克霍夫也计划在美洲事务协调员办公室资助下前往拉丁美洲的不同国家。[31]他的目标是建立美国和拉丁美洲的数学家网络。[32]和巴亚尔塔相反，伯克霍夫能够避开美洲事务协调员办公室官员的麻烦，完成他的旅行。1942年前后，美洲事务协调员办公室一方面受到了怀疑思想的困扰，这种思想怀疑那些美洲项目是否和战争努力真正有关；另一方面受到地缘政治优先事项正在出现变化的困扰，这种变化把他们对拉丁美洲的关注转移到世界的其他前线。在这种背景下，诸如伯克霍夫和巴亚尔塔领导的项目受到了美洲事务协调员办公室官员的仔细审查。伯克霍夫有亨利·艾伦·莫的支持，当美洲事务协调员办公室削减伯克霍夫的资金时，莫作为古根海姆基金会的负责人，为他谈妥了一项替代补助金。

至于巴亚尔塔的情况，由于劳伦斯·约瑟夫·亨德森的突然去世（他是美国国家科学院美洲事务办公室主席），美洲事务协调员办公室决定推迟美洲科学院的组建。[33]美洲事务协调员办公室的官员认为，美洲科学院应该和美国国家科学院对接，由于亨德森是美国国家科学院美洲事务代表，这事看来必须等到亨德森的继任者被任命。因此，巴亚尔塔的拉丁美洲之行就被暂停了。

和伯克霍夫一样，当巴亚尔塔在筹措旅行经费方面遇到困难时，他也找了亨利·艾伦·莫。[34]由于该旅程包括在阿根廷、乌拉圭和巴西的课程和会议，他打算向美洲事务协调员办公室的美洲艺术和知识关系委员会申请资助金。他和莫讨论了这种可能性，莫是这个委员会的成员。此外，他还和委员会其他成员——卡内基公司的弗雷德里克・凯佩尔（Frederick P. Keppel）和洛克菲勒基金会的戴维・史蒂文斯（David H. Stevens）讨论过此事。巴亚尔塔和莫很熟悉，因为他曾经审核过拉丁美洲人对古根海姆资助金的申请。据莫说，虽然他试图资助巴亚尔塔，但巴亚尔塔的申请被拒绝了，因为“根据协议条款，凯佩尔、史蒂文斯和莫三人委员会的基金仅限于派遣拉丁美洲共和国的公民到美国，或派遣美国公民到一个或几个拉丁美洲共和国；情况就是这样，由于你是墨西哥公民，我们不能为你提供资助”[35]。当涉及重要的美洲科学项目时，巴亚尔塔的跨国主义是一个加分项，而在这时，他的国籍却使得他无法从美国的一些主要来源获取资助。

与此同时，巴亚尔塔留在了墨西哥。3月和4月之间，他在墨西哥国立自治大学科学系做了一系列的讲座。[36]他向麻省理工学院请了一次带薪假，薪水足以支持他作为美洲科学出版委员会主席的活动，包括他计划的拉丁美洲之旅。这使得他能够暂时中断他的教学工作，至少是这一年的第一学期。虽然到了3月，他的旅行能否实现尚不确定，但这并不意味着明确的暂停。美洲事务协调员办公室和麻省理工学院的官员对巴亚尔塔计划的继续仍然保持模棱两可的态度；如果他最终获得资金和批准，继续进行美洲科学院的组织工作，他们也表示支持。[37]

在克里斯蒂娜・比希纳（Christina Buechner）任麻省理工

学院办公室的执行秘书时，美洲科学出版委员会继续其计划。那一年收到的和发表的出版物数量展现了计划的成功，尽管这并不足以与美洲事务协调员办公室续签一年协议。[38] 1942 年 6 月，巴亚尔塔被告知，美洲科学出版委员会可以继续和拉丁美洲研究联合委员会合作，这个联合委员会是在美国国家研究委员会、美国社会科学研究联合会和美国学术团体联合会支持下创立，以促进对拉丁美洲开展研究的团体。[39] 美洲事务协调员办公室和巴亚尔塔讨论了这一提议。巴亚尔塔表示同意并要求继续由他负责制定政策和美洲科学出版委员会的内部程序。[40] 美洲事务协调员办公室接受了他的条件，他收到了参与这个跨机构委员会的正式邀请，并在那一年的 9 月 11 日在纽约出席了会议。[41] 然而，麻省理工学院未能保证他认为对他继续领导美洲科学出版委员会至关重要的条件。

麻省理工学院投入战争努力

1941 年底珍珠港被袭后，美国向轴心国宣战。这意味着许多美国机构要发生深刻的变化。麻省理工学院和美国的战争动员工作联系特别密切；仅举一例，在战争结束时，它的辐射实验室拥有的人员和预算足以和曼哈顿计划相比。[42]

除了和战争有关的科学技术研究项目外，麻省理工学院还急需培养理科学生，这就要求改变教学计划。[43] 为此目的，麻省理工学院校长康普顿在1942年6月指出，“为战争努力培养更多的物理学家而做的贡献，和设计新仪器的人做出的贡献一样重要”[44]。尽管有此声明，几乎麻省理工学院的整个物理系都参与到和战争努力有关的政府任务中。由于这种情况以及考虑暂时取消巴亚尔塔的计划，麻省理工学院物理系主任约翰·克拉克·斯莱特要求他于1942年9月返校为秋季学期讲授普通课程，替代已经参与到战争项目中的教授。[45]

自从美洲事务协调员办公室暂停了对其拉丁美洲之旅的资助，巴亚尔塔开始收到信件，告知他麻省理工学院缺少物理学教授授课。尽管他和麻省理工学院有关部门仍然觉得可能会找到一种解决方案，使得他能够继续他最初的计划，他还是同意尽快返回。起初，他被告知要负责夏季的几门课程。[46]但是考虑到夏季课程只持续几周，而且此时巴亚尔塔的美洲事务协调员办公室的计划似乎仍有可能，后来这一要求又被撤消了。无论如何，不久，麻省理工学院校方特别强调一个更为重要的要求，即明确地反复要求巴亚尔塔在9月中旬返校，以便及时赶上秋季学期开学。[47]

此外，约翰·斯莱特写信告诉巴亚尔塔，由于战争，巴亚尔塔不能讲授和他的研究密切相关的课程；相反，“它应该是一门偏微分方程和边界值的课程，而且我相信你会教得很好。在目前情况下，系里似乎没有其他人可以上这门课，所以这门课似乎比你平常的宇宙射线和相对论课程更为重要”[48]。巴亚尔塔还要讲授理论物理学课程，其中有两门导论课和一门高阶课程，这些课程事实上他以前都教过。显然，他几乎是麻省理工学院理论物理组唯一能胜任这项任务的教授，因为其他成员都在参与政府的任务。[49]

鉴于组建美洲科学院项目的复杂性和无法继续进行，斯莱特的建议可以让巴亚尔塔恢复其在麻省理工学院的学术职位。在斯莱特看来，这种工作任务是个很好的安排，这样巴亚尔塔可以帮助麻省理工学院应对由战争动员所引发的突发状况。但是巴亚尔塔并不这么看。

巴亚尔塔希望参与和 1940 年（雷达项目开始在麻省理工学院开展）以来的战争努力有关的研究活动。当麻省理工学院校长康普顿给物理系发了一封紧急机密信件，征求有关学校怎样为战争努力出力的建议之时，巴亚尔塔对参与这些活动表现出很大的热情。[50]斯莱特把康普顿的信转给了系里部分教师，包括巴亚尔塔。巴亚尔塔回复道：

> 不用说，我将非常乐意在我的能力范围内，以任何似乎可取的方式，就此信中提出的事项进行合作，并为此搁置或无限期地推迟我们目前关于宇宙射线、太阳磁场、电离层结构、磁暴以及其他相关问题的研究。就我对这门学科的了解而言，我想我有资格把我所有的精力投入到诸如炸弹和炮弹弹道、炸弹瞄准问题、短波传播与接收问题、飞机结构的机械振动等问题的研究上去。[51]

巴亚尔塔虽然愿意参与，但是没有得到在麻省理工学院进行的众多研究项目中进行合作的邀请。相反，正如我们所看到的，他以另一种方式为战争努力做了贡献，这与他在美国和拉丁美洲科学界之间建立联系的能力有关。在这一方面，他指出："我一直希望，我自始至终参与计划和组织的美洲科学出版委员会，可以被承认为我自己对我们共同的战争努力的特殊贡献，记住这一点，尽管有存在于我们两国（墨西哥和美国）之间的团结，我作为研究型物理学家去贡献的期望却是不可能实现的。"[52]起初，巴亚尔塔接受了斯莱特的教学计划，以为自己可以继续领导美洲科学出版委员会的工作。[53]然而，他没有收到有关这个条件的回复。斯莱特认为，巴亚尔塔对战争努力的主要贡献应该是无条件地接受麻省理工学院的新的教学计划。然而，巴亚尔塔认为，由于他不能参与战争研究，他对战争的贡献应该是作为美洲科学出版委员会负责人的工作。他没有在 9 月回到麻省理工学院。作为回应，康普顿通知他，他的请假批准已有改变，现在批给他的是"无薪休假"。[54]

何去何从：墨西哥还是美国？

巴亚尔塔本人、他的同事，甚至专业的历史学家都把他从美国回到墨西哥，解释为他希望促进墨西哥的科学发展。[55]墨西哥科学史学家甚至说，巴亚尔塔回墨西哥定居是因为他反对把科学用于军事。[56]正如下面引文所展示的，巴亚尔塔本人也助长了有关导致他永久留在墨西哥的情况的不透明性和模糊性：

> 1943 年，我出发回到墨西哥。以前我曾从麻省理工学院回来度假，但是逗留时间不长。到了 1942 年，我开始更加频繁地回来；在 1942 年到 1946 年的几年里，我把时间都花在剑桥和墨西哥。但是有一天我突然意识到，如果我继续那个项目，我就可能活不长，因为那个项目需要经常旅行。那时我们关心的是，看看我们怎样才能提高墨西哥的科学水平，我们想到了一个古老的主意：成立一个科学研究促进与协调委员会。[57]

这个版本和本章提出的解释不同。正如前几页指出的，巴亚尔塔在 1942 年去墨西哥时，有着一个和他作为美洲科学出版委员会负责人以及组织美洲科学院的工作有关的特殊计划。在其停留在墨西哥的过程中，他改变了计划，自 1942 年 2 月到达后，在那里一直待到当年年底。这时他接受了墨西哥政府请他指导科学研究促进与协调委员会的邀请。[58]出于政治的、公共的和外交的义务，他以这种方式，为自己在战争晚期以及战后定居墨西哥做了辩护。

巴亚尔塔陷入了进退两难的困境，即他必须在定居在墨西哥或是美国之间做出最终选择。这将对他使用混合身份如鱼得水地跨越国家和文化产生限制。他的处境突出表明，在战时，真正的跨国者行为可能会变得让人无法理解，并受到质疑。战争状态无疑打乱了生活的各个方面，导致以前不突出的国家认同重新组合、重新复活。

巴亚尔塔用乔治·萧伯纳（George Bernard Shaw）的戏剧——《人与超人》（*Man and Superman*）中的一句话来说明他的困境："能干的人，干；不能干的人，教书。"[59]根据他的解释，斯莱特提出的重返麻省理工学院的选择，包括把他限制为一名普通的物理学课程教授，并把他作为美洲科学出版委员会负责人的工作抛在一边。"能干的人，干"对他而言就是双肩挑的可能性，因为他没有拒绝教授斯莱特要求的课程，但是他要求被允许同时继续在美洲科学出版委员会的工作。

与此同时，美洲科学出版委员会又获得了一年的资金，而且拉丁美洲研究联合委员会推荐哈佛大学天文学家哈洛·沙普利来替代巴亚尔塔。尽管做出了奠基性工作并且创建了拉丁美洲联系网络，但巴亚尔塔与该项目再无进一步的关系。[60]美洲科学出版委员会变成了一个机构之间的组织，其成员都是美国公民。[61]1942 年，它在美国期刊上发表了 47 篇拉丁美洲科学家撰写的文章，这些科学家主要来自阿根廷、巴西和墨西哥，文章主要集中在几个领域，如物理学、化学、生物学和医学。[62]到 20 世纪 40 年代后期，这个委员会扩大为一个国际计划并被重新命名为国际科学出版委员会，由美国国务院和美国国家科学院资助。它的任务变为"在世界范围基础内……开展原先只在美洲范围内进行的活动”[63]。因此，巴亚尔塔的努力帮助建立起了网络和基础设施，把美洲科学外交的经验推广到了世界其他地区。[64]

随着这些发展，巴亚尔塔与麻省理工学院方争论中最重要的因素也消失了。麻省理工学院暗示，如果他回到麻省理工学院，除了接受斯莱特提出的条件，别无选择。从地缘政治角度看，“不能干的人，教书”的含义就是待在美国。相反，“能干的人，干”，在巴亚尔塔的人生轨迹中就获得了和返回墨西哥相关的新的意义。

“你的忠诚和志趣太分散了”：混合身份的困境

到 1945 年 11 月，紧张达到高峰，巴亚尔塔被迫在美国和墨西哥之间做出明确选择。和麻省理工学院以及美洲事务协调员办公室当局的误解仍然在持续，而且个人的原因延长了他在墨西哥的停留，因为当时他的父亲心脏病发作。约翰·斯莱特写信给他，询问他能否在 1943 年初的下学期回来。这一次，斯莱特在提出要求的同时，也为他本人对巴亚尔塔日益积累的违反制度的不当行为的看法做了大量解释：

> 记住这一点，所有剑桥的同仁都觉得，不管是对是错，如果你真心想在秋季及时回来，你就会这样做；你为推迟回来给出的理由基本上都是借口，虽然事实上毫无疑问，

> 但主要是你潜意识里希望为在墨西哥多待些时间而寻找理由。记住，上个学年你在剑桥只待了9周；在墨西哥待了一个春季。此时你的南美之行的谈判正在进行，谈判的方式对我们在剑桥的所有人来说，是相当神秘的。记住，我曾经要求你为暑期学校上课而你不愿意。记住，我和康普顿博士、考德威尔主任三番五次地敦促你必须在秋季按时返校。记住，战争还在继续，系里其他每一位成员，几乎没有例外地，这个夏天都在工作，而且我们所有人在这一年里都理所当然地承担了几种不同的工作。有了这个背景，也许你会明白，你今年秋季准时到校比以往任何时候都要重要。[65]

当巴亚尔塔拒绝放弃组建美洲科学院的项目并拒绝在9月恢复其教学工作的不同安排时，斯莱特指责他不灵活，对麻省理工学院不忠诚。当他和麻省理工学院的合作是战争努力不可或缺的时候，这些行为尤其令人无法容忍。

在斯莱特看来，巴亚尔塔是“忠诚分裂”的，正是因为战争，他才不得不指出这一点。斯莱特再次向巴亚尔塔提供了回到美国的选项，但是这一次，他不得不假设巴亚尔塔如果想成为麻省理工学院的一部分，就必须考虑在和墨西哥的关系上有实质性的改变：

> 然而，如果你想回来，我给你一个忠告。如果我是你，我就应该……明白，如果我的工作在剑桥，我的忠诚和志

> 趣也应该在这里。我认为，你的忠诚和志趣太分散了。你已经完全和墨西哥绑在一起，所以总是想回到那里，而不是待在这里把你最大的努力奉献给这所大学。这是自然的，但是这使得你志趣分散，这种分散使得你总不能确定自己接下来想干什么。现在局势已经到了紧急关头，我认为，为了你自己的内心平静，也为了其他事情，你必须做出决断：要么确定你的真正志趣是在这里，不是在墨西哥，计划在将来更为认真地承担你的职责；要么确定从根本上说你的志趣在你自己的国家，就离开我们的大学，到那里承担职位……不管你怎么决定，我希望你能明确地做出决定，因为我想只有这样，你才能在你力所能及的范围找准自己的位置。[66]

斯亚特用这些话把巴亚尔塔的混合身份认同瓦解为对单一国家的基本忠诚。显然，战时在身份认同方面的模糊是不能容忍的。他的话反映了他对巴亚尔塔行为的深度愤慨，以及两人在什么重要、什么可忽略之间的分歧。对巴亚尔塔来说，他在美洲关系创建中的作用就是他对战争努力的主要贡献，而对斯莱特来说，这是不清楚的，相反，巴亚尔塔能够证明其参与战争努力的唯一方法就是毫无保留地完成他在麻省理工学院的任务。根据斯莱特的说法，巴亚尔塔进退两难的背景是志趣和忠诚的矛盾。他的国家忠诚应该专一，要么是墨西哥，要么是美国；双重忠诚在战时是不允许的。

一旦面临这种国家上的两难，巴亚尔塔总是从自己国家的角度提到他对战争的贡献来回应，而不是从美国角度来谈他可以做什么："我只是要求你记住，我们是并肩作战。无论付出什么代价，我希望为我们的事业做些力所能及的事情。我如果接受了你去年9月为我留下的工作，也许能为麻省理工学院尽一点力，为我们共同的战争努力做点小小的贡献，但对我自己的国家毫无贡献。"[67]这时，巴亚尔塔关于将在边境哪一边工作的决定，转变成了在麻省理工学院教授普通物理课程和领导墨西哥国家机构之间的选择。按照萧伯纳的话，这时巴亚尔塔别无选择，只能在美国教书，就像斯莱特为他安排的那样。[68]与此相反，在墨西哥他可以是一位和公众、政治相关的科学家，拥有做出有全国性影响的决定的权力。正如斯莱特指出的那样，巴亚尔塔在麻省理工学院做教授时，其志趣一直在墨西哥。不仅他和墨西哥科学界保持联系，他的家庭在墨西哥政界和知识界也享有重要地位。因此，从原则上说，定居墨西哥并享有高度的政治代表权对他来说并非难事。

正如上面提到的，巴亚尔塔选择了组织成立墨西哥的委员会（创建该组织来协调应对战争突发事件的科学研究）——科学研究促进与协调委员会。[69]考虑到这一事实，即墨西哥和美国在战争期间是盟国，[70]他为自己的决定辩护说，为墨西哥政府提供的公共服务在性质和重要性上，类似于他的麻省理工学院同事为美国政府提供的服务："因为这是一个与墨西哥的战争努力密切相关的公共服务问题，我必须接受。而且，因为墨西哥是美国的盟国，我不明白在其他情况相同的基础上，麻省理工学院怎么能够拒绝批准。”[71]

巴亚尔塔在墨西哥的任命并不意味着他最终从麻省理工学院辞职，而只是他的无薪假期的延续。直到 1945 年战争结束之前，他在其祖国担任的许多职务，证明了麻省理工学院对其假期延续的批准。[72]到了 1946 年，麻省理工学院开始战后重组时，康普顿告知巴亚尔塔了一个新的内部政策，这才意味着他正式辞职。[73]巴亚尔塔没有对那个决议表示异议，他甚至邀请康普顿参与一个他正在组织的在墨西哥举办的学术会议。[74]他还告诉康普顿，自己不久将前往纽约，作为墨西哥的科学代表出席联合国原子能委员会的会议。[75]因为该委员会他将回到美国，尽管从他的跨国主义来看，情况已经大不相同。从那起，作为一名代表墨西哥政府利益的科学家兼外交官，他在多个国际论坛上发挥了积极作用。如此，他通过强化自己作为墨西哥科学家的身份，重新规划了自己的职业生涯。他也恢复了在墨西哥常见的有两个姓氏的签名。

结语

在这一章里，我探讨了对曼努埃尔·桑多瓦尔·巴亚尔塔职业生涯中的转折点的不同解释，强调了他作为美国战争努力中的一部分，作为美洲科学关系的关键促进者的作用。我们看到，和战争及不同形式的科学动员（研究、外交和教学）联系在一起，他面临着跨国主义的挑战；反之，也正是跨国主义使得他能够作为美国和拉丁美洲科学之间的协调者做出某种干预。这一视角突出了民族史学传统通常会忽略的桑多瓦尔·巴亚尔塔的生活和工作以及一般科学的各个方面。

桑多瓦尔·巴亚尔塔职业生涯的标志是他在美国和墨西哥的流动性，以及他在建立超越国界的科学联系方面的积极作用。这个案例研究说明了像他那样的、职业生涯由流动性定义的人们的重要性，他们在多个国家背景中建立联系，并通过在不同文化、学科和民族的世界中建立联系，展示了塑造和创造知识的能力。流动性本身并不足以使一个人成为跨国者；这个条件要求对跨越国界的联系有刻意的兴趣，以及打破大多数参与者拥有的同质的国家认同这一特殊因素。而且，这种条件一旦达到，就必须保持，它很容易在助长民族主义的环境（例如战争）中崩溃。

从跨国视角聚焦桑多瓦尔·巴亚尔塔的生涯，使得我们能够认识他作为协调者的作用。此外，它也提出了关于墨西哥和美国对这位科学家的不对称历史描述的问题。在墨西哥，桑多瓦尔·巴亚尔塔是杰出的，是现代国家历史中最有声望的科学家之一。他在 1977 年逝世。10 年后他的遗体被转移到墨西哥名人堂，此时他在墨西哥的历史意义得到了展现。即使在今天，一座象征桑多瓦尔·巴亚尔塔的雕像守卫在墨西哥城国家科学技术委员会的入口。相反，巴亚尔塔在美国的踪迹就非常微弱。这种历史认知上的偏见也许是因为他放弃了麻省理工学院和美国的原因，但也是因为科学史上流行的方法论民族主义。对为什么这类分析在桑多瓦尔·巴亚尔塔的案例中占主导地位的考虑表明，有必要对在移民科学家跨境的那些国家背景中的不同历史叙述进行平衡。此外，这使得我们做出这样的断言，科学跨国史是重新思考桑多瓦尔·巴亚尔塔案例及其他类似角色的适当的分析框架，也使得我们认识到它对我们从历史理解科学的价值。

我们应该自问一下，这个桑多瓦尔·巴亚尔塔的案例研究是否具有典型性和特殊性。桑多瓦尔·巴亚尔塔的传奇，有助于我们分析和重新审视其他移民并工作于不同于他们出生国的国家背景的科学家案例。它提出了一种有关移民在混合身份形成中的影响模式。显然，当人们迁徙的时候，他们的身份必然要有所改变，才能适应新的变化。通过这种方式，个人可以丰富和扩展他们对不同文化规范的理解。他们甚至有可能把不同地方的联系结合起来，同时保持“脚踏两只船”。人们通过上面这种方式发展他们的跨国主义。另一项努力可能包括利用他们的处境，在他们所接触到的不同文化之间建立对立、对话和交锋，从而成为跨国者。虽然在科学史上有几个符合这种模式的著名例子，但它们仍然缺乏前瞻性和重点，这阻碍了对所涉及分析的复杂性的考虑。

正如我们所看到的，有些背景会成为阻碍，或者反过来，最终造就真正的跨国者。本章分析的案例提出了一个特别的观点，根据这个观点可以看到有着混合身份的移民科学家必然会面临的复杂情况，以及跨国主义得以持续下去的政治、文化和社会上的特定条件。桑多瓦尔·巴亚尔塔的案例说明了，极端情况下对国家认同的强调如何暴露了跨国主义的用途、意义和局限。也许，由于国家结盟而面临跨国主义的战争背景是最明显的例子，但是这也可能出现在其他不太极端的情况下，值得历史性地研究。

最后，但并非不重要的是，这一案例把文化外交定位为第二次世界大战期间科学动员的一个主要领域，随着冷战局面的形成，它具有更加重要的意义。在这种背景下，桑多瓦尔·巴亚尔塔的跨国主义变得可行并得到了美洲事务协调员办公室的支持，这个办公室是因为担心拉丁美洲会沦为纳粹主义和法西斯主义的牺牲品而建立的。这种类型机构的支持，使得他能够利用自己作为麻省理工学院物理学家的声望来为美国的战争努力服务，以及战后在联合国原子能委员会代表墨西哥；这个委员会也是在正在出现的冷战阴影下形成的。美国和拉丁美洲的文化外交的作用，是研究当代史中跨国现象的很有前途的领域。它也有助于我们定位一个国家（像墨西哥）的战后科学史，对它们而言，20 世纪 30 年代的发展，对于识别在冷战史学中经常被忽视的知识、制度和政治的连续性非常重要。

注释

1. Amin Maalouf, *In the Name of Identity: Violence and the Need to Belong* (New York: Penguin Books, 2000), 5.
2. 参见如 Brenda S. A. Yeoh, Katie D. Willis, and S. M. Abdul Khader Fakhri, "Introduction: Transnationalism and Its Edges," *Ethic and Racial Studies* 26, no. 2 (2003): 207 - 217; Peggy Levitt and B. Nadya Jaworsky, "Transnational Migration Studies: Past Developments and Future Trends," *Annual Review of Sociology* 33 (2007): 129 - 156; Daavid Bartram, Maritsa V. Poros, and Pierre Monforte, "Transnationalism," in *Key Concepts in Migration* (London: Sage, 2014), 140 - 144。
3. Andreas Winmmer and Nina Glick Shiller, "Methodological Nationalism and Beyond: Nation-State Building, Migration and the Social Sciences," *Global Networks* 2, no. 4 (2002): 301 - 334; Bernhard Struck, Kate Ferris, and Jacques Revel, "Introduction: Space and Scale in Transnational History," *International History Review* 33, no. 4 (2011): 573 - 584.
4. 参见如 Barnés and Alfonso Mondragón, eds., *Manuel Sandoval Vallarta: Homenaje* (Mexico City: Institute Nacional de Estudios Históricos de la Revolución Mexicana, 1989); María de la Paz Ramos Lara, "La física en México: Homenaje a Jose Antonio Alzate y Manuel Sandoval Vallarta," *Boletín de la Sociedad Mexicana de Física* 13, no. 4 (1999): 157 - 165; Luz Fernanda Azuela, "Manuel Sandoval Vallarta y la responsabilidad del hombre de ciencia," in *Humanismo mexicano del siglo XX*, vol. 1, ed. Alberto Saladino García (Toluca: Universidad Autónoma del Estado de

México, 2004), 453 - 471.

5. S. S. Schweber, "The Empiricist Temper Regnant: Theoretical Physics in the United States, 1920 - 1950," *Historical Studies in the Physical and Biological Sciences* 17 (1986): 55 - 98; Katherine Russell Sopka, *Quantum Physics in America*, 1920 - 1935 (New York: AIP Press, 1988); Larry Owens, "MIT and the Federal 'Angel': Academic R&D and Federal-Private Cooperation before World War II," *Isis* 81, no. 2 (1990): 188 - 213; Philip N. Alexander, *A Widening Sphere: Evolving Cultures at MIT* (Cambridge, MA: MIT Press, 2011). 在关于物理学史或麻省理工学院物理学发展的参考著作中，没有提到桑多瓦尔·巴亚尔塔，参见如 Daniel J. Kevles, *The Physicists: The History of a Scientific Community in Modern America* (New York: Random House, 1979); David Kaise, ed., *Becoming MIT: Moments of Decision* (Cambridge, MA: MIT Press, 2010); David C. Cassidy, *A Short History of Physics in the American Century* (Cambridge, MA: Harvard University press, 2011)。
6. 这个论点见 Struck, Ferris, and Revel, "Introduction: Space and Scale in Transnational History"; Emily S. Rosenberg, *Transnational Currents in a Shrinking World, 1870 - 1945* (Cambridge, MA: Belknap Press of Harvard University Press, 2014); AHR Forum, "Transnational Lives in the Twentieth Century," *American historical Review* 118, no. 1 (2013): 45 - 139。
7. 非美籍是他的同事们提到的一个与众不同的特点，这也限制了他晋升某些政治职位。例如，当他在 1929 年被提名为麻省理工学院物理系系主任时，他的墨西哥国籍使他的提名遭到了否决（Alexander, *Widening Sphere*, 338）。这也是一个需要实际担忧的问题，例如，随着美国移民法的调整，他在第二次世界大战前夕不得不申请签证。
8. 桑多瓦尔·巴亚尔塔属于一个与墨西哥政界和知识界有着密切联系的有影响的精英家族，其成员包括殖民地时期以来墨西哥历史中的重要角色。参见 Rodrigo-Alonso López-Portillo y Lancaster-Jones, "Los De Vallarta," *Club Social México*, Sept. 1991。
9. Manuel Sandoval Vallarta, "Reminiscencias," *sección Personal*, *subseccion*

Distionciones, *Homenajes y Biografías*, box 44, file 3, Archivo históricO Cientifico — Manuel Sandoval Vallarta (hereafter AHC-MSV).

10. 他在麻省理工学院的记录包括收发的信件和电报，上面记录了他在驶往美国的泛美高速公路的墨西哥路段上遭遇的困难，提到了阻碍他按时返回的洪水和山体滑坡。MIT Office of the President, AC4, box 228, file 4, Vallarta 1932 - 47, MIT Institute Archives and Special Collections (hereafter MIT Archives), Cambridge, MA.

11. 在传记中，约翰·克拉克·斯莱特把桑多瓦尔·巴亚尔塔描述为一个幸运一代的成员；参见 John Clarke Slater, "A Physicist of the Lucky Generation," 442, John C. Slater Papers, MC189, box 1, MIT Archives。桑多瓦尔·巴亚尔塔于1924年在麻省理工学院获得博士学位（他是获得物理学位的第一个墨西哥人），同年他被聘为研究助理，在物理系任教。1926年他被提升为助理教授，在1931年成为副教授，在1939年成为物理教授。(Course Catalogues, 1924 - 1940, MIT Archives.)

12. Julius A. Stratton et al., "Is the European System Better?," *Bulletin of the American Association of University Professors* 15, no. 2 (1929): 150 - 154.

13. 在博士论文中，我详细地阐述了这一点：Adriana Minor García, "Cruzar fronteras: Movilizaciones científicas y relaciones interamericanas en la trayectoria de Manuel Sandoval Vallarta (1917 - 1942)" (Universidad Nacional Autónoma de México, 2016), 85 - 118。亦见 Gisela Mateos and Adriana Minor, "La red internacional de rayos cósmicos, Manuel Sandoval Vallarto y la física en México," *Revista Mexicana de Física E* 59, no. 2 (2013): 148 - 155。

14. 墨西哥第一个物理研究所创建于1938年。它由桑多瓦尔·巴亚尔塔在麻省理工学院的一位学生（Alfredo Banos）领导。墨西哥的物理传统的发展，在许多方面展示了其和美国以及桑多瓦尔·巴亚尔塔的协调有很强的联系，关于此的总体概述，参见 Adriana Minor, "Shaping 'Good Neighbor' Practices in Science: Mobility of Physics Instruments between the United States and Mexico, 1932 - 1951," in *Scientific Instruments in the History of Science: Studies in Transfers, Use and Preservation*, ed. Marcus Granato and Marta C. Lourenço (Rio de Janeiro: Museu de

Astronomia e Ciências Afins，2014），185 - 206。

15. 在求学期间，桑多瓦尔·巴亚尔塔参加了麻省理工学院的拉丁美洲学生俱乐部。而且，他也是阿尔法兄弟会（Phi Iota Alpha fraternity）的拉丁美洲联盟在墨西哥的创始人之一。
16. Eckhardt Fuchs，"The Politics of the Republic of Learning：International Scientific Congresses in Europe，the Pacific Rim，and Latin America，" in *Across Cultural Borders: historiography in Global perspective*，ed. Eckhardt Fuchs and Benedikt Studhtey（Lanham，MD：Rowman and Littlefield，2002），205 - 244.
17. 关于美洲科学出版委员会的主张、运作和意义的详细分析，参见 Adriana Minor Garcia，" Traducción e internambios científicos entre Estados Unidos y Latinoamerica：EI Comité inter-Americano de publicación científica（1941 - 1949），" in *Aproximaciones a lo local y lo global: América Latina en la historia de la ciencia contemporánea*，ed. Gisela Mateos and Edna Suárez-Díaz（Mexico City：Centro de Estudios Filosoficos，Políticos y Sociales Vicente Lombardo Toledano，2006），183 -214。
18. Ricardo D. Salvatore，"The Enterprise of Knowledge：Representational Machines of Informal Empire，" in *Close Encounters of Empire: Writing the Cultural History of U. S. -Latin American Relations*，ed. Gilbert M. Joseph，Catherine LeGrand，and Ricardo D. Salvatore（Durham，NC：Duke University Press，1998），70 - 104.
19. Darlene J. Sadlier，*Americans All: Good Neighbor Cultural Diplomacy in World War II*（Austin：University of Texas Press，2012）；Gisela Cramer and Ursula Protsch，eds.，*! Americas Unidas! Nelson A. Rockefeller's Office of Inter-American Affairs*（1940 - 46）（Frankfurt：Iberoamericana Editorial Vervuert，2012）.
20. Letter from Ross Horrison，president of the National Research Council，to Lawrence Joseph Henderson，June 12，1941，Lawrence Joseph Henderson Papers，carton 4，file 2/2，Committee on Inter-American Relations，Baker Library，Harvard Business School Archives，Cambridge，MA.

21. Letter from Henry Barton, director of the American Institute of Physics, to Mr. Ross G. Harrison, president of the National Research Council (copy), Apr. 17, 1941, National Research Council Central Files, file "Foreign Relations, 1941, International Organizations: Committee on Inter-American Scientific Publication," National Academy of Sciences Archives (hereafter NAS Archives).
22. "Memorandum concerning a Proposal to Stimulate the Publication of Scientific Papers from Latin American Countries in Scientific Journals of the United States and Viceversa," presented by Manuel S. Vallarta, Mar. 213, 1941, MIT School of Humanities and Social Science, Office of the Dean records, AC20, box 4, file 201, MIT Archives.
23. Letter from Henry Allen Moe to Robert Caldwell, Feb. 25, 1941, National Research Council Central Files, file "Foreign Relations, 1941, International Organizations: Committee on Inter-American Scientific Publication," NAS Archives.
24. 1933年他和玛丽亚·路易莎·马根·格里森（María Luisa Margáin Gleason）结婚，同样的，她也出生于精英家族。二人的婚姻扩大了他的亲属关系网，给了他更多机会接触墨西哥的权贵精英。他们没有孩子。
25. Letter from Lawrence H. Levy (OCIAA Legal Division) to Henry Allen Moe, Feb. 10, 1942, sección Personal, subsección Correspondencia, serie Científica, box 24, file 2, AHC-MSV.
26. "Plan for an Inter-American Academy of Sciences," presented by Robert G. Caldwell, Apr. 15, 1941, MIT Office of the President 1930 - 1958, Records 1930 - 1959, AC4, box 44, file 3, MIT Archives.
27. 墨西哥国立自治大学过去和现在都是墨西哥最大的、最有名望的大学。
28. Letter from Manuel S. Vallarta to Robert G. Caldwell, MIT dean of humanities, Feb. 5, 1942, MIT School of Humanities and Social Science, Office of the Dean records, AC20, box 4, file 202, MIT Archives.
29. Program of the Inter-American Congress of Astrophysics, 1942, sección Personal, subsección Distinciones, Homenajes y Biografías, box 44, file 20, AHC-MSV.
30. 关于这次会议及其与睦邻政策之间联系的详细研究，参见 *Jorge*

Bartolucci, la modernización de la ciencia en México: El caso de los astrónomos (Mexico City: UNAM and Plaza y Valdes, 2000).

31. 阿瑟·康普顿是另一位由美洲国家事务协调员办公室资助前往拉丁美洲旅行的美国物理学家（参见本书第十章）。
32. Eduardo L. Ortiz, "Lapolítica interamericana de Roosevelt: George D. Birkhoff y la inclusión de América Latina en las redes matemáticas internacionales (Primera parte)," *Saber y tiempo: revista de historia de la ciencia* 4, no. 15 (2003): 53 - 112.
33. Letter from Robert G. Caldwell to Manuel S. Vallarta, Mar. 2, 1942, sección Personal, subsección Correspondencia, serie Científica, box 24, file 2, AHC-MSV.
34. Letter from Manuel S. Vallarta to Henry Allen Moe, Apr. 25, 1942, sección Personal, subsección Correspondencia, serie Científica, box 24, file 2, AHC-MSV.
35. Letter from Henry Allen Moe to Manuel S. Vallarta, Apr. 28, 1942, sección Personal, subsección Correspondencia, serie Científica, box 24, file 2, AHC-MSV.
36. Lecture given by Manuel Sandoval Vallarta, "Problemas escogidos de mecánica y teoría electromagnética," Mar. 1942, sección Personal, subsección Distinciones, Homenajes y Biografías, box 44, file 20, AHC-MSV.
37. Letter from George H. Harrison to Manuel S. Vallarta, May 22, 1942, MIT School of Humanities and Social Science, Office of the Dean records, AC20, box 4, file 203, MIT Archives.
38. Letter from Robert G. Caldwell to J. C. Beebe-Centre, June 15, 1942, MIT School of Humanities and Social Science, Office of the Dean records, AC20, box 4, file 203, MIT Archives.
39. Letter from Robert G. Caldwell to John M. Clark, Mar. 21, 1942, MIT School of Humanities and Social Science, Office of the Dean records, AC20, box 4, file 202, MIT Archives.
40. Letter from Manuel S. Vallarta to Robert Caldwell, June 25, 1942, MIT School of Humanities and Social Science, Office of the Dean records,

AC20, box 4, file 203, MIT Archives.

41. Letter from Robert Redfield to Manuel S. Vallarta, Aug. 3, 1942, MIT School of Humanities and Social Science, Office of the Dean records, AC20, box 4, file 203, MIT Archives.
42. David C. Cassidy, "The Physicist's War," in *A Short History of Physics in the American Century* (Cambridge, MA: Harvard University press, 2011), 72-89.
43. Deborah Douglas, "MIT and War," in Kaiser, *Becoming MIT*, 81-102.
44. Notes of Karl Compton for his presentation "Research in Physics for the War Program," as part of a joint meeting of the American Physical Society, the American Association of Physics Teachers, and the Society for the Promotion of Engineering Education, June 25, 1942 Compton Papers 1906-1961, box 2, file 16, lectures and addresses, Jan. 1-Dec. 31, 1942, MIT Archives.
45. Letter from John C. Slater to Manuel S. Vallarta, June 29, 1942, MIT Office of the President, AC4, box 228, file 3, MIT Archives.
46. Letter from George H. Harrison to Manuel S. Vallarta, May 5, 1942, MIT Office of the President, AC4, box 228, file 3, MIT Archives.
47. Letter from George H. Harrison to Manuel S. Vallarta, May 22, 1942, MIT School of Humanities and Social Science, Office of the Dean records, AC20, box 4, file 203, MIT Archives.
48. Letter from John C. Slater to Manuel S. Vallarta, Sept. 1, 1942, sección Personal, subsección Correspondencia, box 21, file 17, AHC-MSV.
49. Letter from John C. Slater to Manuel S. Vallarta, June 29, 1942, MIT Office of the President, AC4, box 228, file 3, MIT Archives.
50. Memorandum from the Office of the MIT President, May 28, 1940, John Clarke Slater Papers, file "Compton, Karl T. # 7," American Philosophical Society.
51. Letter from Manuel S. Vallarta to John C. Slater, June 1, 1940, John Clarke Slater Papers, file "Compton, Karl T. # 7," American Philosophical Society.
52. Letter from Manuel S. Vallarta to Karl T. Compton, Aug. 24, 1942,

MIT Office of the President，AC4，box 228，file 3，MIT Archives.

53. Letter from Manuel S. Vallarta to John C. Slater，Sept. 9，1942，MIT Office of the President，AC4，box 228，file 3，MIT Archives.
54. Telegram from Karl Compton to Manuel S. Vallarta，Sept. 16，1942，sección Personal，subsección Correspondencia，serie Científica，box 24，file 2，AHC-MSV.
55. 关于曼努埃尔·桑多瓦尔·巴亚尔塔传记的概略分析，参见 Minor García，"Cruzar fronteras，" 5 - 12。
56. Ramos Lara，"La física en México."
57. "En 1943 comence a venir a México. Anteriormente venía en vacaciones de MIT，pero nolo hacia por mucho tiempo. Ya en 1942 empecé a venir más tiempo；durnte unos años，entre 1942 y 1946，distribuí mi tiempo entre Cambridge y México. No obstante llegó el momento en que me di cuenta de que si seguia con ese programa no tendría yo muy larga vida，ya que era necedario viajar a menudo. Nuestra preocupacion entonces，fu ever de que manera se podria levanter el nivel cientifico en Mexico y entonces se nos ocurrio la idea de la Antigua Comision Impulsora y Coordinadora de la Investigacion Cientifica." Manuel Sandoval Vallarta，"Reminiscencias，" Nov. 17，1972，sección Personal，subsección Distinciones，Homenajes y Biografías，folios 4 - 14，AHC-MSV.
58. 这个委员会是墨西哥政府首次在国家层面明确阐述"科学"的努力之一，被认为是现在的墨西哥国家科学技术委员会的前身。
59. Letter from Manuel S. Vallarta to Tenney Lombard Davis，Dec. 10，1942，sección Personal，subsección Correspondencia，serie Científica，box 24，file 2，AHC-MSV.
60. Letter from Clarence Haring to Manuel S. Vallarta，Dec. 5，1942，sección Personal，subsección Correspondencia，serie Científica，box 24，file 2，AHC-MSV.
61. Harlow Shapley，" The committee on Inter-American Scientific Publication，" Science 109，no. 2842（1949）：603 - 605.
62. Letter from Christina Buechner to Manuel S. Vallarta，Dec. 14，1942，sección Personal，subsección Correspondencia，serie Científica，box 24，

file 2, AHC-MSV.

63. National Academy of Sciences, *Report of the National Academy of Sciences* (Washington, DC: National Academies, 1949), 62.
64. 在第二次世界大战期间，克拉克·米勒（Clark A. Miller）以同样的方式建议美国国务院把战后科学外交布置到拉丁美洲：Clark A. Miller, "'An Effective Instrument of Peace': Scientific Cooperation as an Instrument of U. S. Foreign Policy, 1938 - 1950," *Osiris* 21, no. 1 (2006): 133 - 160.
65. Letter from John C. Slater to Manuel S. Vallarta, Nov. 20, 1942, sección Personal, subsección Correspondencia, serie Científica, box 24, file 2, AHC-MSV.
66. Ibid.
67. Letter from Manuel S. Vallarta to John C. Slater, Dec. 8, 1942, sección Personal, subsección Correspondencia, serie Científica, box 24, file 2, AHC-MSV.
68. Letter from Manuel S. Vallarta to Tenney Lombard Davis, Dec. 10, 1942, sección Personal, subsección Correspondencia, serie Científica, box 24, file 2, AHC-MSV.
69. *Comisión Impulsora y Coordinadora de la Investigación Cientifica, anuario* 1943 (Mecico City: La Prensa Medica Mexicana, 1944). 需要提到的是，这并不是巴亚尔塔第一次回到墨西哥。1931 年墨西哥政府的一位新任命的教育部部长邀请他去领导国家技术和工业教育办公室(Office of Technical and Industrial National Education)，但是他听从了一位亲戚的建议拒绝了这个提议，这个亲戚认为那时墨西哥政府的工作不安全，收入也不高，还要"面临变幻莫测的政治风险"。参见 Letter from Ignacio Vallarta Bustos to Manuel S. Vallarta, Nov. 23, 1931, sección Personal, subsección Correspondencia, serie Científica, box 21, file 5, AHC-MSV. 相反，巴亚尔塔的另一位亲戚以一种截然不同的方式诠释了巴亚尔塔 1942 年领导科学研究促进与协调委员会的可能性："这是你在墨西哥工作的机会，也是我们国家利用你的能力的机会。"参见 Note from Carlos Lazo to Manuel Sandoval Vallarta, Jan. 3, 1943, sección Personal, subsección Correspondencia, serie Científica, box 24,

file 2，AHC-MSV。

70. 确实，1941 年两个国家签订了两国安全协议，1942 年墨西哥政府也向轴心国宣战。关于墨西哥和美国政府在第二次世界大战期间似乎作为同盟国的历史记载，参见 Julio Moreno，*Yankee Don't Go Home! Mexican Nationalism, American Business Culture, and the Shaping of Modern Mexico, 1920－1950*（Chapel Hill：University of North Carolina Press，2003）；Josefina Zoraisa Vázquez and Lorenzo Meyer，*Mécico frente a Estados Unidos: Un ensayo histórico, 1776－2000*（Mexico City：Fondo de Cultura Económica，2006）。
71. Letter from Manuel S. Vallarta to Christina Buechner，Dec. 21，1942，sección Personal，subsección Correspondencia，serie Científica，box 24，file 2，AHC-MSV.
72. 在此期间，桑多瓦尔·巴亚尔塔还是墨西哥国立自治大学物理研究所所长（1943—1945）、物理和数学科学协会（1943）和国立学院（National College，1943）的创始人，以及墨西哥国家理工研究所（1944—1947）所长。参见他的履历：sección Personal，subsección Distinciones，Homenajes y Biografías，AHC-MSV.
73. Letter from Karl T. Compton to Manuel S. Vallarta，Mar. 13，1946，MIT Office of the President，AC4，box 228，file 3，MIT Archives.
74. Letter from Manuel S. Vallarta to Karl T. Compton，Mar. 27，1946，MIT Office of the President，AC4，box 228，file 3，MIT Archives.
75. 关于他如何成为核能外交"专家"的分析，以及他在这次特别会议上作为科学外交家代表墨西哥所协商的具体利益，参见 Adriana Minor and Joel Vargas-Domínguez，"Mexican Scientists in the Making of Nutritional and Nuclear Diplomacy in the First Half of the Twentieth Century，" *HoST — Journal of History of Science and Technology* II（2017）：34－56。

第九章　科学跨国流动资助中的不同称呼

迈克尔·J. 巴拉尼

前言：米勒的三种称呼

20 世纪跨国科学组织的标志性档案室里总是塞满了许多厚厚的办公室文书：在一排又一排井然有序的箱子和架子上存放着以备参考和留给后人的各种表格、报告、账目、信件、便笺和备忘录。大多数文书非常枯燥。一连串带点的 i 和打了叉的 t，见证了那些伴随着崇高理想和席卷全球的事业的一丝不苟的、多层次的要钱、要人、要物的种种活动。那些造就这类文书的官员和文员们并不是生来就为了创造文件，相反，在大多数情况下，文件是档案历史学家（也是文牍生物）所看到的东西。

然而，这些档案有时让我们看到了部分组织的生活，它们超越了文件和案头文书。这种探索又可以帮助我们以不同的方式阅读档案的其余部分。来自（出现在这些组织中但大部分在档案中没有记载即非档案记录的）另一种话语的使者，可以引入不同的价值观、关系、方式和做法。如果这种非档案记录发生在鸡尾酒会上，情况则更是如此。

1957 年 6 月洛克菲勒基金会举办了一场聚会来庆祝小哈里・米尔顿・米勒（Harry Milton Miller Jr.）博士的 62 岁生日，更重要的，是庆祝其服务 25 周年。聚会充满了鸡尾酒助兴的回忆。这次聚会的档案记录留下的是基金会备受瞩目的科学官员沃伦・韦弗（Warren Weaver）的讲话，他简要描述了（米勒）“四分之一世纪卓越服务中的一些小片段”并答应把他的讲话写进基金会的简报中。[1] 关于米勒，确实有许多内容要讲。米勒出生于巴尔的摩，在美国中西部受教育。第一次世界大战期间他在法国的医疗队中服务了一年半后，在伊利诺伊大学获得寄生虫学专业博士学位。这次聚会时，他在洛克菲勒基金会的职业生涯（28 年零 1 个月）已接近尾声。他通过广泛的旅行和影响深远的情报及管理网络，在该基金会历史上的一个关键时期，促成了基金会在自然科学领域的国际研究基金项目，其特点是对跨国科学的广泛和划时代的介入。

韦弗开始说道：“Dusty［灰头土脸的］米勒（或者，如果你们要求显得正式的话，副主任小哈里・米尔顿・米勒），在 1932 年 6 月 1 日加入洛克菲勒基金会的队伍。”他的亲切的序曲表现了对米勒和洛克菲勒基金会工作的基本看法。本章将以此看法为指导。韦弗和米勒都没有拘泥于礼节，但是他们都知道正式礼仪的场合和用途。看看米勒把年轻科学家派往全世界时在纸上留下的只言片语，你会发现一个三重的存在：这个官员的三个称呼。[2]一个Dusty米勒，爱交际的环球旅行者，无论他走到哪里，都很快赢得了人们的喜爱；一位严厉的官员哈里·米勒博士，或者（如韦弗所说的）副主任小哈里·米尔顿·米勒，一位有着全球抱负的慈善巨头的代理人。在韦弗的讲话中，充满了两面的米勒，例如在他的回忆中，米勒“每次访问都留下了友谊和尊重”：Dusty米勒的友情和米勒博士的尊严。

同样重要的是被韦弗遗漏了的第三个称呼：“哈里·米尔顿·米勒”（“HMM”）。当那些通知、备忘录和报告，在洛克菲勒基金会搅来搅去的官僚部门流转时，他为通知和备忘录润色，为报告做注解。洛克菲勒所有层级的成员，从打字员到总裁，在内部交流时都使用两个或三个字母的名字，我把“HMM”称为米勒的“官方称呼”。这个名字标明了机构的组织联系，保证了Dusty的友谊和米勒的行政资金，并将它们联系在一起。每一个称呼都代表了一种在跨国科学世界中运行和干预的不同方式。不同但又是相互联系的：米勒选择性分裂的主观姿态的每一面都与另一面相互作用，而且米勒称呼间的转换与交替说明了他的工作，也说明了这些称呼在语境和作用上的区别。米勒在这一方面并不是独一无二的，而且他的三个称呼标明了一种广泛适用的方式，可以用来解读20世纪中叶跨国科学机构架构背后的个人和官方的工作。

慈善、管理和学术机构的管理者把正式的交流、探索和广泛的非正式旅行及联系的建立结合在一起。通过集中收集、归档和交叉引用报告、日志、日记和评价，他们把这些正式的和非正式的交流渠道结合在一起。主观的态度很少能支撑很长时间："Dusty"接收非正式消息后，把这些消息和"哈里·米尔顿·米勒"提交并注释的报告进行对比，促进"米勒博士"的正式探索。这种正式探索得到了"Dusty"秘密渠道的策略支持并记录在"哈里·米尔顿·米勒"的官方笔记和观察资料中。

根据米勒的称呼，可以了解由洛克菲勒基金会官员以及相关组织中的同行部署和推广的多种形式的跨境服务。这些官员将人员和文件送出国境，通过在不同场所和媒体的个人接触，操纵着社会、政治和制度方面的限制和联系。文书工作有助于官员们确定需要干预的人员和机构，管理突发事件，开辟适应变化的途径，及时记录现有安排并随机应变以便为官员们服务。调动人员和机构的努力，完全取决于调动文件的努力，反之亦然。随着他个人旅行的白纸黑字的记录以及他通过邮件、电报和其他方式在很远的地方展示他的行政存在，米勒的名字指示了这一调动。

通过对 20 世纪中叶出现的一门跨大陆的数学领域的研究，我知道了米勒的三种称呼。这个领域是根据人员和文本跨越多个大陆的迁移和交流已成为其学术实践的固有特征来定义的。[3] 数学一直是米勒研究基金组合投资的一小部分，主要限于 1940 年开始的 15 年里，这时洛克菲勒基金会从被战争淹没的欧洲，转向相对平静的拉丁美洲前沿，展开它对科学和医学的干预。从乌拉圭的两位顶尖数学家拉斐尔·拉瓜迪亚（Rafael Laguardia）和何塞·路易斯·马塞拉开始，到阿根廷、巴西和墨西哥，米勒带领一小批美洲数学精英在美国接受了进一步培训。一路走来，这位四处游走的寄生虫学家帮助建立起官僚机构，把拉丁美洲和新整合的多个洲的数学家社群连接起来。

米勒和洛克菲勒基金会在一张由私人、政府和跨国团体组成的错综复杂的网络中工作，以便评估和干预发展中国家的科学机构。例如，像洛克菲勒基金会和古根海姆基金会这样的研究基金项目与战后新成立的联合国教科文组织找到了共同的事业。我在其他地方详细阐述了与米勒作为南美主管的两次行程（乌拉圭的马塞拉和巴西的莱奥波尔多·纳赫宾［Leopoldo Nachbin］）有关的过程，展示了冷战初期数学机构的建立，整体地依赖于人员的评估和流动——这是米勒特别擅长的两项活动。[4]在洛克菲勒研究基金的背景下，流动具有特殊而重要的操作含义：在允许研究基金获得者成为转型中的国家或洲的机构领导人的条件下，官员们全神贯注于确保他们回到其祖国——完成一个闭环。打开和闭合这些圆圈是一项艰难的工作，需要在基金会办公室之间来回流转文件，以及把许多种来之不易的联系整合成井然有序的可流动文件这种艰苦的文案工作。

从米勒的多种称呼这一视角，重新审视那些研究基金文档

（以及其他挑选出来的文档），我们可以看到，洛克菲勒的官员们面对各种障碍，通过文件和个人关系，混合运用各种主观姿态来建立跨境联系。这个视角强调了广泛优先于其他考虑（从政治的、知识的到意识形态的）的个人、机构和基础设施的价值。在米勒的三种称呼中，我们窥见了跨国科学的多重基础，这些分层次的非正式的、正式的和官僚的声音和自我，在 20 世纪中叶，把某种形式的跨国交流置于大规模的科学重构的中心位置。

红心大战与乒乓球：洛克菲勒基金会的资助选择

战间期，米勒在洛克菲勒基金会巴黎办事处的研究基金管理职位上获得了晋升，韦弗将这个办事处描述为一个狂热的网络建设场所，点缀着午餐时间的纸牌游戏和晚间的球桌运动。“我们那时很年轻，”他解释说，“而且精力旺盛。”韦弗认为巴黎办事处“工作比玩更辛苦”，而且并非“天天红心大战和乒乓球”。[5]但是关于战间期的工作，红心大战和乒乓球并不是一个糟糕的描述，这些工作最终支撑了洛克菲勒基金会的战后研究基金计划，特别是在像数学那样的资源密集程度较低的领域。基金会官员们从一个地方跑到另一个地方，收集信息，看谁有什么牌（人员、资源、需求和优先事项）；他们每到一处都赢得了有益的友谊。

20 世纪 20 年代，巴黎办事处成了洛克菲勒基金会跨大西洋努力的关键，这些努力是通过国际教育委员会实现的。它为洛克菲勒慈善事业在欧洲建立了立足点。国际教育委员会打算按照美国模式重建饱受战争蹂躏的欧洲机构，以机构竞争、初级学者的流动和企业家精英主义为特色。[6]第二次世界大战之后，在略有不同的条件下，带着新的政治和意识形态的动机，洛克菲勒基金会依然如法炮制。[7]在战间期，国际教育委员会和洛克菲勒基金会集中精力建立和加强机构集中（针对数学，最显著的是在巴黎和哥廷根），以及支持旅行和交流计划，使得初级学者能够在欧洲内部流动，从集中的资源和专门知识中获益。

国际教育委员会的官员们建立起一种智能化模式，在洛克菲勒基金会巴黎办事处的自然科学部时米勒就熟悉了这种模式，该部在 20 世纪 30 年代接管了国际教育委员会在科学方面的许多活动。[8]官员们四处旅行并详细记录他们的旅行情况以备将来参考。他们通过系统地资助可信赖的专家旅行，想方设法来补充这类第一手信息，后者则提供他们的观察和评估报告，以及系统地向那些旅行到洛克菲勒官员们身边的专家们收集信息。与此同时，他们和选定的科学精英们保持密切的顾问关系。定期的专业活动使得他们对自己的学科有着更加广阔的视野，这可以为洛克菲勒项目提供信息。

宏大的旅行帮助官员们建立起个人关系，并培养起对和他们项目相关的系统、需求和障碍的总体意识。例如，在 1923 到 1924 年，国际教育委员会的第一任主席威克利夫·罗斯（Wickliffe Rose）进行了一次穿越欧洲 19 国的旅行。罗斯撰写了大量有关当地机构状况和权威人士的报告。这些权威人士有助于促成交流并在今后提供他们自己的专家评估。与此同时，着眼于培养科学人才，罗斯关注有前途的年轻学者以及他们的研究和培训条件、就业前景、相关考虑。

虽然洛克菲勒的官员们在总体上推进科学培训，然而就洛克菲勒的工作而言，和培训最相关的部分涉及文化、社交和科学机构组织，而不是任何特定的主题知识。就米勒而言，他清楚地知道自己的科学背景不足以让他来评价数学家，在谈到何塞·路易斯·马塞拉的候选资格时，他“当然没有资格从技术方面来评判［这项建议］了”[9]。官员们向科学专家咨询而不是培养自己的专业知识。这极大地扩展了基金会可投入资源的研究领域的数量，另一方面也有助于官员们支持新的或新兴的领域。这种方法倾向于将知识权威集中在那些处于有利地位的个人身上，他们拥有最多的机构权威，最适合指导基金会对未经证实的研究人员和课题的评估。

洛克菲勒基金会和国际教育委员会的官员们通过充分利用那些专家们自身的专业智慧，借助大量资源把规模不大的投资转变为更加雄心勃勃的投资，扩大了值得信赖的专家们作为消息提供者的潜力。当美国哈佛大学数学系主任乔治·戴维·伯克霍夫在1926年计划他的首次欧洲之旅时，他要求国际教育委员会提供1 000美元的补充资助，以换取一份关于他行程所经国家的情况的详细报告。[10]伯克霍夫就每个地区谁是领军人物、向什么地方投资有利可图，以及国际教育委员会感兴趣的其他主题，分享了他的专家意见。虽然他和欧洲数学家通信频繁（根据他那个时期的标准），但他对当地情况的许多方面感到惊讶，他的专业观察包括诸如公休政策这样的话题，这些都是国际教育委员会官员们在自己的调查中没有想到的。[11]

在官僚或专家的宏大旅行没有涉及的地方，官员们将就地利用从身边专家收集到的专业知识。每个路过纽约的基金会熟悉的数学家，都可能得到洛克菲勒基金会官员的访问邀请，而且所有谈话记录都将打印归档。和被基金会确认为某个领域的领军人物的通信，产生了充满表格、清单、地图和报告的厚厚的档案。[12]罗斯的国际教育委员会的业务转向利用他的正式职位来建立非正式的顾问关系，然后有选择地把那些非正式关系转变为能产生管理数据的正式关系，并通过官僚业务把这些信息转化为可以指导项目的形式。米勒在洛克菲勒办事处学到的并反映在他的三种称呼中的这些五花八门的做法，借鉴了学术研究和慈善事业的社会和制度规范。其结果并不完全属于上述两个范围，而且随着慈善事业参与跨国科学的规模和重要性的增长，学术业务的一个重要部分逐渐适应了这种智能化和干预式的混合方法。

“友好入侵”拉丁美洲

当欧洲再次陷入战争时，洛克菲勒基金会撤出了一直在国外开展业务的主要基地。米勒和韦弗的自然科学部以及（在罗斯转向领导国际教育委员会前发起创立的）国际卫生部，把从欧洲撤出的人员和资源重新部署到整个美洲半球，部分原因是为了美国的战争努力（包括在美国正式进入战斗前的战争准备），另一部分原因是为了韦弗所说的“对拉丁美洲的友好入侵”。[13]洛克菲勒官员们后来的活动区域被理解为20世纪美国学者、商人和政策制定者迅速转向半球主义的产物。[14]大多数人立即认同富兰克林·罗斯福总统的谋求美洲主导地位的睦邻政策，基金会对拉丁美洲的科学和数学的兴趣，更多地来自文化交流和团结的理念，而不是来自以前的如其所是地认识该地区的主流动机。在南美洲研究数学，并不需要特殊的理由来证明将其纳入洛克菲勒项目的合理性——数学是美国学术的重要组成部分，这个理由已经足够了。正如为干预欧洲，美国假定了一个基本的共性作为克服分歧的基础，后来，拉丁美洲的项目把不同团体和科学机构之间的基本同源性也视为理所当然的。[15]

那个假定的同源性塑造了从宏大项目的理念到日常行政管理方面的一切。因此，欧洲国际教育委员会认同的每一种智能化形式，在拉丁美洲都能找到类似的。这种转化涵盖了官员工作的正式和非正式方面，甚至包括在路上打发漫漫长夜的饮料。正如韦弗在 1957 年的鸡尾酒派对上回忆的那样，他和米勒当然熟悉“三重皮斯科酸酒神奇的镇静力量”，这是一种烈性的安第斯鸡尾酒。

人们证明，科学专家也是可流动的。一个例子是，在完成战间期的欧洲之旅后，乔治·伯克霍夫由美国泛美事务办公室资助而不是洛克菲勒基金会，于 1942 年穿越了墨西哥、秘鲁、智利、阿根廷和乌拉圭。[16]次年，伯克霍夫以前的学生马歇尔·斯通（Marshall Stone）自己也在美国泛美事务办公室的资助下到秘鲁、玻利维亚、阿根廷、乌拉圭、巴拉圭和巴西旅行了一次。[17]接着，通过作为斯通主持的美国数学学会战争政策委员会主要赞助者的角色，洛克菲勒基金会获得了斯通递交给美国泛美事务办公室的报告。米勒的标有其官方称呼“HMM”的注释表明，斯通的报告为米勒监督下的最初的研究基金提供了重要的背景信息。[18]

这类研究基金首次授予了乌拉圭蒙得维的亚的拉菲尔·拉瓜迪亚（Rafael Laguardia），他辗转于美国东北部的多个机构之间。他的研究基金是成功的，但是几乎没有留下直接的文件记录，而通过他能够与美国数学家建立起来的许多持久的通信关系，上述成功得到了间接的证明。这些关系有助于他在战后的各种国际数学组织中成为重要的参与者。虽然他是一个一丝不苟的自我档案记录者，但他保存的关于研究基金本身的记录仅有基金会给予每位研究基金获得者的一本通用小册子和一份装箱清单，这表明他托运了一个装有 100 磅个人物品和书籍的箱子。[19]

洛克菲勒基金会自己有关拉瓜迪亚的档案相对较少。由于被认为在管理上没有什么持久的重要性，根据一套 6 张索引卡靠近底部的标记，档案中的信件和报告在 1957 年到 1964 年之间遭到了清除；这套索引卡按照拉瓜迪亚记录的时间顺序列出了目录，在正面和背面写满了 50 多个条目。[20]他的研究基金档案本身现在只有两份申请表，分别注明日期 1941 年 10 月 27 日和 1943 年 11 月 20 日。第一张申请表说明拉瓜迪亚 1928 年曾经在巴黎学习，这个时期洛克菲勒基金会深入地参与了巴黎数学界，他提出要访问新泽西州的普林斯顿高等研究院。这个提议没有实现，但是他的第二份申请表上（1944 年 2 月由“HMM”签阅）注明，基金会资助拉瓜迪亚到离其家乡较近的阿根廷罗萨里奥进行国际研究。在那里，他和意大利数学家贝波·莱维（Beppo Levi）、西班牙数学家路易斯·桑塔洛（Luis Santaló）以及阿根廷统计学家卡洛斯·迪尔勒费（Carlos Dieulefait）一起工作。前面两位都是为了躲避欧洲法西斯主义而移居到阿根廷的。一个人一旦进入洛克菲勒基金会的轨道，就会留在那个轨道上。因此毫不奇怪，第二份申请获得了到美国的研究基金。在那里，拉瓜迪亚将访问各种机构，为指导蒙得维的亚大学工程学院的数学、统计学研究和教学做准备。[21]

另一位早期洛克菲勒数学研究基金获得者，墨西哥的吉列尔莫·托雷斯·迪亚斯（Guillermo Torres Diaz）在洛克菲勒的档案里留下了较完整的文件线索，显示了申请直接研究基金需要的信件类型。[22]托雷斯在美国国务院奖学金的资助下，从1947年秋季学期到1949年春季学期，由所罗门·莱夫谢茨（Solomon Lefschetz）指导，在普林斯顿大学攻读博士学位。在其国务院奖学金资助快要结束时，为了能够完成学位，他向洛克菲勒基金会提出了申请。根据“HMM”在其申请表上的注释，由洛克菲勒基金会给予其9个月的补充资助是一个可以实现的任务。莱夫谢茨的几封信为“米勒博士”提供了对候选人的热情洋溢的评价以及几点有关的背景信息，特别是关于候选人在普林斯顿大学的情况。“HMM”在这些信件上写下了更为详细的意见和评估，档案中还包括标有“HMM”的米勒在1949年和莱夫谢茨、1950年和托雷斯的私人会面的报告。后一份笔记记录了米勒和托雷斯之间的一次讨论，有关能否对其奖学金期限稍做修改以便他能够参加1950年的国际数学家大会。这个大会在麻省剑桥召开，时间恰好是洛克菲勒资助计划结束几个月之后。作为一般规则，正式的信息以书面形式传递给“米勒博士”，而“HMM”把那些信息和他从私人谈话中收集的信息整合到他的研究基金材料中去。

“美好的愿望”：科技资助与政治立场的冲突

拉瓜迪亚的蒙得维的亚同事何塞·路易斯·马塞拉就比拉瓜迪亚困难得多，因而留下了文件线索，更为详细地展示了米勒的官僚化进程。我已在其他地方详细讲述了这些困难，它们包括：从战时旅行，到寻找合适的导师，到避开外交上和联邦调查局对其共产主义政治立场的反对，以及它们带来的许多数学、政治背景及后果。[23]虽然有许多复杂情况，但根据洛克菲勒基金会的标准来看，给予马塞拉的研究基金最终是非常成功的。它将他和美国杰出的研究人员联系起来，并通过通信、发表论文和其他专业活动使这种联系变得持久。在此，我将再次审读马塞拉在洛克菲勒的档案，对米勒培养的、为了研究基金成功而调用的许多不同种类的个人和行政关系进行分门别类。

马塞拉在洛克菲勒的文件线索始于斯通 1944 年 4 月给美国泛美事务办公室的报告，它被和斯通的战争政策委员会的其他文件归档在一起。在信的开头，斯通抱怨说，南美的“政治和地理的分裂”，使得在此大陆的知识精英们很难跨越国境获得培训和工作——斯通希望，在与美国的双边交流之外，洛克菲勒基金会能够通过促进在该大陆内的交流来弥补这种情况。在此米勒（作为“HMM”）用红字备注道：拉瓜迪亚已经在斯通所建议的那种安排下，从乌拉圭到了阿根廷。由于各种制度原因，斯通起初建议把重点放在把拉丁美洲的数学家送到美国培训，而不是让美国的数学家南下去影响那里的教学人员。斯通评估了那里数学教育和科研的情况，例如，他这样写道：阿根廷的胡利奥·雷伊·帕斯托（Julio Rey Pastor）“有广博的数学知识和很好的讲解天赋”，但是“似乎没有组织和促进数学家群体兴趣的天赋”。

关于蒙得维的亚的数学家，斯通写道，拉瓜迪亚此时在哈佛大学（受洛克菲勒资助），和“他联系的是马塞拉教授”。他观察到，“这两个人都不到40岁，在数学方面有非常强烈的兴趣、受过良好的训练，对难题有很好的判断力”，并对他们作为研究人员的潜力做了进一步的评论。在信的末尾，斯通把马塞拉列入了他认为在美国应优先给予研究基金的6位数学家名单。

斯通的信件帮助确立了马塞拉作为研究基金候选人的可信度，但是并不足以确立他的候选人资格。然而，斯通不只是访问和报告南美的机构，还和那里的数学家谈论美国和到美国培训的机会（包括获得洛克菲勒基金会资助的机会）。这样的谈话，给了雄心勃勃的年轻学者充分的机会去直接和间接地了解可能的研究基金。关于如何申请这类研究基金，他们所知甚少，因此米勒和他的同事在这个地区建立的个人联系，在把未来的基金获得者和研究基金项目联系起来方面起到了辅助作用。一位被美国来访者描述为“当地的一位大人物”的人[24]，即乌拉圭蒙得维的亚的工程学和物理学教授沃尔特·希尔（Walter S.

Hill)，为马塞拉起了这种辅助作用，他直接和米勒联系，还向马塞拉提供了米勒的联系方式。

希尔的信先到达米勒那里，最初和其他涉及蒙得维的亚物理学家的信件归档在一起。[25]马塞拉本人几天后也写了信，这封信的英文译本以及希尔关于马塞拉的信件的部分副本，构成了马塞拉的洛克菲勒研究基金档案的早期内容。[26]（根据韦弗的回忆，尽管米勒熟练掌握了西班牙语、葡萄牙语和法语，他的注释表明他主要根据洛克菲勒工作人员安排的英文翻译件来处理西班牙语信件。）希尔的推荐信很简短。他把马塞拉描述为"一个有着特殊才能和背景的年轻人"、"一个极具教学天赋的聪明学者"。马塞拉本人写了更长篇幅的信件描述他的研究，表达了"我渴望完善我的知识"（*mis deseos de perfecionar mis conocimientos*）。翻译者将此译为"我渴望丰富我的知识"（my desire to broaden my knowledge）。尽管西班牙语更为准确地表明了马塞拉的追求："*perfeccionar*"通常意味着培训发展，而"*conocimientos*"表示熟悉和理解，不仅是事实知识。显然，信件的翻译和接收表明，马塞拉大大高估了洛克菲勒基金会官员们对他的研究细节的兴趣以及他们理解他的研究的能力。他主动提出给他们寄重印本，并且提到了出版的著作和某些专业术语。翻译者曲解的翻译表明翻译者并不熟悉这些术语，因而没有引发米勒的评论。

相反，米勒指出了几点缺失的信息，对他来说，这些信息更为相关。在收到了翻译的马塞拉的信件后，米勒写信给希尔，要求提供有关马塞拉的婚姻和就业状况的信息，特别是他是否有妻子希望到美国与他团聚，以及他是否能够在研究基金结束后回到一个全职岗位。[27]这些信息对于可能的研究基金获得者来说是至关重要的，在拉瓜迪亚的文件里也强调了这一点，因为基金会旨在资助那些已经在当地学术机构站稳脚跟的人，这样他们能够把在研究基金资助下获得的经验和训练立即用于改进那些机构。洛克菲勒官员们希望鼓励交流而不是移民。米勒也提到了他自己即将对乌拉圭进行的访问以及他打算亲自与马塞拉（以及希尔和其他当地联系人）会面。正如在欧洲那样，米勒继续利用这样的旅行来建立和加强个人联系，然后纽约的洛克菲勒总部通过通信来保持这些联系。

然而，米勒并没有等希尔（或者说就马塞拉而言）提供那些缺失的信息。在他给希尔写信的同一天，他也写信给拉瓜迪亚，信中提到"我们的朋友沃尔特·希尔"，并且要求相同的详细信息，希望能够在他前往乌拉圭旅行之前，对马塞拉的研究基金前景提出一个初步的评估。[28]写信给拉瓜迪亚的谨慎被证明是毫无必要的，因为希尔直接把米勒的询问告诉了马塞拉，马塞拉本人很快就给米勒写信告诉其详细的答案。[29]关于全职就业问题，马塞拉解释道，"在我的这个国家，我们不清楚这个表达的确切含义"，他描述了他的教学和学术计划以及他经常参加的政治活动。他还解释说，他已经结婚并且想知道他的妻子（一位艺术家）能否“作为洛克菲勒基金会的研究基金获得者，而不是作为陪伴者”陪他一起去美国。马塞拉还请工程系主任给米勒写了一封支持的信。[30]拉瓜迪亚也回复了米勒要求了解相关信息的信，介绍了马塞拉的家庭情况、就业状况和政治倾向。[31]

为了马塞拉的正式申请、体检和有关的审查和文案工作，米勒求助于离该地区最近的洛克菲勒基金会官员。布宜诺斯艾利斯国际卫生部的哈克特（L. W. Hackett）和韦尔斯（C. W. Wells），代表那些官员转来了马塞拉的健康记录并且对他的行程和签证申请表达了看法，这似乎是例行公事。[32]此后不久，马塞拉继续跟进米勒，详细介绍了他的其他安排和学术计划，并附上一封未来的斯坦福大学导师的信。[33]米勒给韦尔斯回了信，以确保马塞拉的行程中包括在他计划路线沿途的南美的适当数学中心停留，并强调了向蒙得维的亚领事馆为马塞拉申请签证的重要性。[34]1945 年 4 月，由于马塞拉签证情形恶化，米勒重读他的档案副本中的这封信并在注释中引用了韦尔斯的官方日记以及关于他获得签证担保的 11 月的记载。

事情的发展超出我们的想象。在这个阶段，马塞拉的研究基金似乎是例行公事。“HMM”——从洛克菲勒的纸堆里挖取背景知识的收集者和注释者；“米勒博士”、“米勒先生”、“小哈里·米尔顿·米勒”——以相对正式的身份与基金会联系人进行官方通信的官员，米勒主要是在这两种身份之间交替转换。尽管他和希尔、拉瓜迪亚的通信中的称呼和签名没有出现在马塞拉档案的摘录中，但在与那些信息提供者交往的非正式信息收集中，米勒很可能采取了更接近非正式称呼“Dusty”的方法。由“米勒博士”协调的研究基金的正式机制，在此依赖于“HMM”和“Dusty”的工作，即确立马塞拉作为候选人的可行性和预测即将出现的需求。马塞拉的文件线索这么长、这么丰富，部分原因是“HMM”和“Dusty”在后一项任务中有些力不从心，留给了米勒一系列难题，而这些难题的解决需要求助于全部的三种主体姿态。

签证的管制：御敌于国门之外

1944 年 11 月和 12 月期间，米勒继续写信，和马塞拉讨论研究基金的学术细节，和工程系主任讨论马塞拉在国内的基本情况，和韦尔斯讨论签证和其他规定的阻碍。来自韦尔斯的一封 12 月 5 日的信指出，马塞拉一直没有说明的政治活动包括在当地共产党担任领导职务，这在洛克菲勒总部引发了一阵讨论。[35]当这封信被传阅、内容被讨论时，纽约的官员们在此文件上加上了他们名字的首字母，并在上面注上了新的进展。

在此，直到这封信签上“HMM”和其他官方称呼，在洛克菲勒后院引起轩然大波后，一封写给“米勒先生”的相对镇静的信的重要性才显现出来。一张似乎在米勒手上的便条（显然是写给自然科学部副主任弗兰克·布莱尔·汉森［Frank Blair Hanson］的）上写道，“你的回应是什么？”结果引出了一个用铅笔写的回答，说基金会并不关心基金获得者的政治背景，“除非它们会影响基金获得者在其自己国家的未来”。

在韦尔斯的敦促下，美国驻蒙得维的亚大使馆的一位领事在 1945 年 1 月给米勒写信，告诉他大使馆准备给马塞拉发放签证，并建议他要跟进在华盛顿特区的国务院的进展。[36]国际卫生部的刘易斯·哈克特（Lewis Hackett）在 1 月中旬回到布宜诺斯艾利斯的办公室，给“Dusty”写了一个私人便条，告诉了后者他要和韦尔斯一起访问蒙得维的亚的计划，并且开玩笑说，米勒最好警告斯坦福的人们要防备马塞拉的共产主义，以防他“试图改变他们”。[37]把信写给“Dusty”，使得哈克特可以转换腔调，分享玩笑，并且在有关研究基金管理细节的正式交流之外表示同情。在蒙得维的亚的旅行结束之后，韦尔斯向“米勒先生”通报了马塞拉的行程和体检情况。[38]在这种情况下，一切似乎都进展得很顺利。

然而，在 3 月，华盛顿的一位国务院官员给“Dusty”写了一封密信，解释说马塞拉的共产主义确实阻止了他的签证颁发。[39]在此请注意，一方面，米勒和国务院的某个人关系很熟，所以收到了这样一份通知，称呼中用了他的绰号。另一方面，这种熟悉关系并没有帮助米勒避免对马塞拉的签证前景的尴尬误读。为了和国务院的建议保持一致，洛克菲勒基金会在 4 月取消了打算给予马塞拉研究基金的提议。那个月的一份基金会内部备忘录（签名为“HMM”）表明，米勒和对他们的国务院同行表达了生气并且迫切要求解决问题的洛克菲勒基金会官员（包括米勒）进行了一系列的讨论。[40]他们考虑的一个可能性是在联邦调查局的部分监视下接纳马塞拉，而且在旷日持久的谈判后，这成了美国政府的行动方针。作为基金会的核心人物，韦尔斯继续和蒙得维的亚大使馆交涉，并且和“米勒先生”或“米勒博士”通信告知最新进展。与此同时，基金会决定，在恢复马塞拉的研究基金计划之前，等待国务院的肯定保证。

他们的耐心在 1946 年 1 月初得到了回报。蒙得维的亚大使馆的文化专员给韦尔斯打电话，告诉他美国司法部部长已经批准马塞拉到洛克菲勒基金会选定的机构学习数学。[41]在此，该基金会已经在美国政府机构中建立起声誉，是一个国际科学交流的信誉良好、不带政治色彩的中间人。这种声誉是通过在战间期以及（特别是）战时在正式和非正式环境中的广泛接触形成的。这种声誉为美国移民机构的最高层官员留下了空间，韦尔斯告知了米勒并为马塞拉预期的启程做好准备。3 月国务院向“米勒博士”证实了这一进展。米勒、马塞拉和韦尔斯随后恢复了与蒙得维的亚和斯坦福学者的正式联系，以修改马塞拉的行程并进行后勤安排。[42]作为南美之旅的一部分，米勒在 1946 年 10 月回到蒙得维的亚并且报告说，令他沮丧的是，马塞拉的政治活动（现在包括作为一个共产主义者竞选乌拉圭国会议员）继续使得他的美国之行不稳定：“大使馆官员们……觉得，如果他们签发了签证，那么他们会受到咒骂；如果他们不签发签证，他们也会受到咒骂。”为了在洛克菲勒官僚机构内部讨论这一观察结果，米勒把这事告诉了沃伦·韦弗，他用正式的称呼记录了这事：“和 WW 讨论——HMM。”[43]

然而，就是那次为米勒提供了那点情报的使馆之行，也给了他如何行动的办法。他在 1946 年 12 月 2 日给他的大使馆联系人发了一封电报，这能够确保他收到一封日期注明为 12 月 4 日的回信，向他保证马塞拉最终会获得签证，尽管这封信的递送需要进一步电话询问在华盛顿的国务院联系人。[44] 马塞拉在 3 月前往斯坦福。

接触和回应：科技资助的运作

然而，米勒的工作并没有随着马塞拉的出发而结束。当他们在行程中相遇时——无论是在中美洲中转，还是有一次在加州，只要一有可能，他总是试图和马塞拉见面并为洛克菲勒档案留下记录。[45] 1947 年初联邦调查局开始对马塞拉感兴趣之后，就经常和（以“哈里·米勒博士”［Dr. Harry M. Miller］的身份的）米勒联系。[46] 根据相关的评语推测，米勒可能就是从洛克菲勒基金会为联邦调查局提供有关马塞拉的内部消息的匿名“消息来源 K”，其中包括一个便条，上面写着“基金会知道马塞拉的共产主义背景，但是它授予他研究基金只是因为他的知识素养而不考虑其政治信仰”[47]。如果他的联邦调查局的档案可信的话，马塞拉在他的研究基金期间，为了学术、政治和旅游，在美国各地广泛活动。虽然马塞拉的数学联系人毫无保留地赞扬了他的严肃认真和学术奉献，但是在证明或回应学术问题方面，马塞拉能做的事并不多。唯一的例外是，马塞拉和他的斯坦福导师共同决定：马塞拉最好是去纽约大学和普林斯顿学习；这时，米勒转向了他熟悉的后勤中介事务，使得马塞拉可以换地方。[48]在研究基金项目结束后，米勒再次来到蒙得维的亚会见了马塞拉并且记录下他最近的学术和政治活动，包括后者的短暂入狱。[49]

马塞拉的政治主张对洛克菲勒基金会内外的其他人产生了许多影响。他和拉瓜迪亚都希望在1950年夏回到美国，参加主要在哈佛大学举行的战后第一届国际数学家大会。[50]他们最初担心的经费问题，可以从专门帮助外国数学家参加大会以及参加与大会同时举行的、为恢复国际数学联盟的组织会议的基金中得到资助。然而，离大会开始已不到一个月，拉瓜迪亚和马塞拉到美国旅行的签证都还未获得批准。他们认为拖至这么晚，失败的一个原因是马塞拉，而且拉瓜迪亚很快就发现，他和马塞拉的职业联系足以引起美国驻蒙得维的亚领事对自己的意识形态产生怀疑。确实，米勒早在1948年就了解到，蒙得维的亚的美国大使认为这两位乌拉圭数学家在政治上有联系。尽管有米勒的保证，这位大使仍发誓要谴责洛克菲勒基金会未来对拉瓜迪亚的任何资助，而且米勒想，“现在大使馆的档案里也许写着，他［米勒］也是一位共产主义者”[51]。

时间越来越紧迫，拉瓜迪亚向这位领事抗议说：“无论如何，我没有参加任何政治活动，［而且］我不属于任何政党或任何有政治意义的文化组织。”[52]与此同时，美国的数学家（包括斯通）和古根海姆基金会官员们一起游说蒙得维的亚领事、美国国务院以及其他人以寻求尽快解决问题。经过多方努力，拉瓜迪亚终于在当月中旬拿到了签证，正好赶上他出发去参加国际数学联盟会议和国际数学家大会。在纽约参加前者的聚会时，拉瓜迪亚与米勒会面。米勒在洛克菲勒基金会的档案里记下了这件事。[53]即使在这一系列事件之后，美国政府官员仍然对拉瓜迪亚持有怀疑。在评估另一位在 1951 年到 1952 年之间从美国到乌拉圭访问的数学家保罗·哈尔莫斯（Paul Halmos）时，联邦调查局记录道，“一位通常可靠的提供消息者”告诉他们在蒙得维的亚的线人，“据报道”，拉瓜迪亚（他帮助安排了这次访问）是“共产主义的同情者”[54]。

在访问期间，哈尔莫斯清楚地意识到了美国官员对该地区疑似共产主义的持续关注。哈尔莫斯报告说，蒙得维的亚的美国文化专员想让他“做点低级的间谍工作”，包括渗透到乌拉圭大学生联合会。他尴尬地拒绝了那项任务，但是后来那位专员又问他怎么看“拉瓜迪亚是一个共产主义者”这种说法，哈尔莫斯回答说：“我觉得这是我听到过的最该死的胡说八道。”[55]在访问期间，哈尔莫斯向马歇尔·斯通报告说：“根据我的个人观察，我认为马塞拉不是一个共产主义者。”他和马塞拉“要么边喝茶边讨论天气，要么他告诉我他的希尔伯特空间课程的内容，以及他目前正在研究微分方程的哪一部分”。哈尔莫斯发现马塞拉“非常愉快”和“平静”，他不会“大肆宣传”，是“研究所里唯一一个真正工作的人”[56]。

与此同时，哈尔莫斯遇到了“洛克菲勒基金会的某个米勒先生”并和“米勒”交换了情况，他从拉瓜迪亚处得知，这个研究所的雄心“是能够获得洛克菲勒的资金……当米勒有一天发现马塞拉是研究所里的大人物并且是个共产主义者时，就会炸开锅”，尽管“拉瓜迪亚和米勒的模糊友谊仍然保持着，但是没有迹象表明有钱易手”[57]。在给另一位通信者的信中，哈尔莫斯谈到，他观察到马塞拉是“一个真正和蔼、热情［原文如此］、友好的家伙和相当好的数学家”，马塞拉“毫不掩饰”自己是“当地共产党的一个非常活跃的成员”，但是“设法把自己的职业生涯和政治生涯谨慎地分开”。哈尔莫斯声称，洛克菲勒基金会“在某个星期一”知道了马塞拉的共产主义，在星期二就“中断了关于资助的协商”。[58]因此，尽管洛克菲勒基金会的官员能够在政治上不表态，然而，外人显然能看出，他们的行为方式是把自己和过于自由地或公开地资助冷战对手的意识形态包袱隔离开来。

米勒在南美的争吵，成了洛克菲勒基金会官员内部评估有关共产主义者及其旅伴资助的项目和政策的关键案例。归档于

“项目和政策——国家安全”类别的一份1949年11月由WW（沃伦·韦弗）写给CIB（洛克菲勒基金会主席切斯特·巴纳德[Chester I. Barnard]的官方名字）的便条解释道，“HMM和这个洲的某些文化专员进行过非正式的谈话”，因此他也许“提前知道（这看起来很清楚），某个人的签证可能会被拒绝”[59]。正如韦弗在后来的一次讨论中详细说明的那样，米勒保持这种非正式联系并且尽可能地轻描淡写的方法，体现了洛克菲勒基金会的外交策略的一般原则，即精心维护其“作为一个非政治机构的极其宝贵的声誉”。[60]巴纳德似乎否认知道过去有共产主义者受到资助，对此韦弗觉得有义务纠正他，便指出马塞拉自从他的洛克菲勒研究基金结束以来，“在共产党内一直非常活跃”，“他是一位优秀的数学家，这仍然是事实，”韦弗解释说，“但是我们对他的资助一直受到批评，这也是事实。”[61]

在后来的一个便条里，韦弗承认了一项从国家安全角度出发的资助理论物理学，特别是“原子或核物理学”的特别策略，这是基金会一般不同意的。这个规则的例外是基金会对圣保罗物理学家的资助，因为那是“里奥格兰德以南的、唯一一个在进行真正的现代物理学研究的地方”，而且同样相关地，它那时是和美国保持着良好外交关系的国家。[62]到20世纪50年代早期，韦弗可以把洛克菲勒基金会的更广泛的动作从物理科学转向生物学和农业，作为“从安全内容角度来看的”一种简化，因为后者“大多无害”。[63]事实上，联邦调查局确实对马塞拉在加州学习核物理学的潜在可能性表示了担忧。而且官员们对获得资助者学问粗浅的熟悉所产生的副作用就是，他们没有能力说出这种担忧是否有道理。[64]

然而，对基金会的明显不一致的一个更为完整的解释，可以植根于我们在米勒的研究基金管理中已经认识到的，以及在更为宽泛的洛克菲勒基金会的政策讨论中得到反映和概括的多重主体地位。在此，政治和意识形态被安全地限制在非正式的和官方的交流之中。这些幕后的对矛盾和复杂性的承认，使得官员们能够采纳代表基金会的正式的主张，这既促进了基金会的利益，又不损害其幕后运作的能力。在此，基金会在两次世界大战之间的官僚实践和社交能力的连续性，极大地调合了官员们在政治和意识形态环境下活动的不连续性。

结语

前面对哈里·米勒在洛克菲勒基金会的三重角色的分析，并不取决于角色和自我的严格划分的可能性，而是取决于对那些仍然可以区分的身份的不断相互重叠的认识。在执行对马塞拉研究基金项目的审查时，米勒以正式的米勒博士、非正式的Dusty和幕后的官僚HMM等不同身份，在不同的点上运作，根据手边的关系和指令采用各个姿态。考虑到所有这些多重声音结合在一起：米勒在北美和南美的机构中开展正式与非正式的联系，在多个国家的政府和领事馆进行宣传，以及通过多个洛克菲勒办事处和指挥部门的官员进行协调干预。研究基金的管理工作需要米勒的洲际旅行以及韦尔斯和哈克特的国际旅行，也建立在拉瓜迪亚、斯通和其他人的旅行之上。政治问题混入后勤问题，然后和知识、机构问题合为一体。即使几乎所有人都支持这个研究基金的申请，只要有一个难对付的实体（在此案例中是蒙得维的亚的领事馆，它拒绝了马塞拉的签证）制造麻烦，就会涉及协商和组织的每一个层面。

马塞拉的研究基金的商定是复杂的，但是人们不应该忽视这个事实，它们这一有着一定特殊形式的复杂性也可以用来解释许多没有发生重大变故的研究基金情况。他的研究基金的复杂性，游荡于外交和管理网络之间，这种网络在很大程度上适应了政治、经济障碍和模棱两可的情况。但是这个网络也有自己较为隐蔽的弱点和盲点。洛克菲勒基金会的官员们对马塞拉作为研究基金获得者的学术活动几乎没有控制或裁决能力。对其研究基金的潜在障碍，他们依赖于非正式的评估，这意味着他们到很晚才会意识到马塞拉的政治参与和活动的后果。其他特殊性和马塞拉的为人有关：他年轻，有事业心，经济和家庭稳定，再加上其他有利条件，使得他能够以其他可能的研究基金获得者无法做到的方式获得关注，以及应对天气延误和其他复杂情况。

虽然在 20 世纪 50 年代，洛克菲勒基金会的物理科学和数学的项目衰落了，但是它们利用把早期慈善模式与冷战时的新结构及特权结合在一起的资源和目标，协助建立了一种模式，奠定了个人的和机构的基础，其他组织（包括联合国教科文组织、古根海姆基金会和富布赖特委员会）把这种模式延续到了20世纪后半叶。而且，洛克菲勒基金会在发现和培养南美洲内外的科学精英方面发挥了关键的早期作用。这些精英们在国外接受的培训、建立的关系和机构提供的资金，确保了他们在各自的地方享有持续的权威。洛克菲勒基金会的制度安排的持久影响，使得其管理风格更具有针对性。官员们为了项目和研究基金所采取的收集信息的方法，形成了一个反馈闭环。借助该闭环，那些和该组织有着较好联系的人就有更多的机会来加强和利用那些联系。[65]那些（通过有意或无意的方式）拥有将自身纳入基金会轨道的种种国际联系的机构精英们，可以把他们和洛克菲勒基金会的联系转化为大量的物质和制度资源。

哈里·米勒用自己的能力赢得了朋友，维持了非正式的学术网络，为冷战时期的跨国科学交流奠定了广泛的基础。非正式的关系使得他能够协调旅行和交流，这远远超出了他仅仅通过正式渠道所能做到的。尽管冷战改变了许多正式的外交惯例和考量，它留下了这些相对保持不变的重要的非正式手段。因此，谁是米勒的朋友，或者谁的社交能力和他的相容或不相容，这些都是非常重要的。他用备忘录和报告编织了影响深远的官僚基础结构，而且 HMM 的对话者们也在很大程度上影响了项目和政策。他打下了杰出的基石并一直为其代言：他的正式讲话调动了资源，成就了事业并指导了机构。

这个分析对于科学跨国史最基本的启迪是，边境的跨越总是多方面的。为了马塞拉和其他研究基金获得者得以成行，大量的文件和其他人必须在国家之间、机构之间多次穿梭。像米勒一样，许多人通过正式和非正式的途径跨越国境；他们通过与官僚机构合作（绝不是对过去的跨越的简单记录），积累并部署了其他的国境跨越。当往来于国家之间时，他们从来不是仅仅作为一个主体的单一而融贯的个人而来往：跨越始终也是一种分裂，一种划分和地位与机构上的重组。就像在本书其他地方描述的跨国行动一样，跨国计算涉及的人和物绝不会简单地处处一成不变。即便是双边交流，也建立在人员、文件和资源的多边越境流动之上。搞清这些相互作用的主体的多重面貌，能够阐明权力的封闭运作、即兴发挥和偶然性，以及那些支持着跨国努力的来来回回的联系。

致谢

感谢玛格丽特·霍根（Margaret Hogan）、埃米莉·麦钱特（Emily Merchant）以及为本书作出贡献的这次工作坊的参与者，特别是约翰·克里格，感谢他们为本文提出的证据和分析作出的贡献。

注释

1. Weaver remarks for newsletter, 1957 (hereafter Weaver Miller remarks) Rockefeller Foundation Archives (hereafter RF), Biographical File (FA485), box 5, "Miller, Harry M., Jr." folder, Rockefeller Archives Center, Sleepy Hollow, NY. 感谢洛克菲勒档案中心的玛格丽特·霍根为我查找并寄送此文。根据此文、洛克菲勒基金会年度报告及洛克菲勒基金网站中列举的米勒的职务，我重构了米勒的职业历史。
2. 关于斯蒂芬·霍金的主体性的更多分析，参见 Hélène Mialet, *Hawking Incorporated: Stephen HawKing and the Anthropology of the Knowing Subject* (Chicago: University of Chicago Press, 2012), which in turn invokes the classic formulation of Ernst Kantorowicz, *The King's Two Bodies: A Study in Mediaeval Political Theology* (Princeton: Princeton University Press, 1957)。关于自我增殖的详细总结，参见 Mialet, *Hawking Incorporated*，以及我关于此书的评论：British Journal for the History of Science 46, no. 3 (2013): 544–546。
3. Michael J. Barany, "Distributions in Postwar Mathematics" (PhD diss., Princeton University, 2016).
4. Michael J. Barany, "Fellow Travelers and Traveling Fellows: The Intercontinental Shaping of Modern Mathematics in Mid-twentieth Century Latin America," *Historical Studies in the Natural Sciences* 46, no. 5 (2016): 669–709.
5. Weaver Miller Remarks.
6. Reinhard Siegmund-Schultze, *Rockefeller and the Internationalization of Mathematics between the Two World Wars: Documents and Studies for the Social History of Mathematics in the 20th Century* (Basel: Birkhäuser, 2001); Reinhard Siegmund-Schultze, "The Institure [*sic*] Henri Poincaré and Mathematics in France between the Wars," in

"Regards sur les mathématiques en France entre les deux guerres," ed. Liliance Beaulieu, special issue, *Revue d'histoire des sciences* 62, no. 1 (2009): 247–283.

7. John Krige, *American Hegemony and the Postwar Reconstruction of Science in Europe* (Cambridge MIT Press, 2006), chap. 4.
8. See Siegmund- Schultze, *Rockefeller*, chap. 2.
9. Miller to Massera, Apr. 16, 1947, Archivo privado José Luis Massera, folder 5A, Archivo General de la Universidad de la República, Montevideo.
10. Birkhoff to Rose, May 12, 1925, International Education Board Archives (heresfter IEB), ser. 1, box 12, folder 171, Rockefeller Archives Center. 关于此次行程的更详细记录也在这个文件夹里。洛克菲勒也签署了双边交流——例如哈迪（G. H. Hardy，牛津）和奥斯瓦德·维布伦（Oswald Veblen，普林斯顿）的互访。参见 IEB，ser. 1，box 17，folder 247，Rockefeller Archives Center。
11. 参见如 Trowbridge to Rose，zoct. 1，1926 (discussing Birkhoff's report)，IEB，ser. 1，box 12，folder 171。
12. 参见如 IEB，ser. 1，box 8，folder 110。
13. 参见韦弗·米勒的评论。洛克菲勒基金会在该地区的一些活动，早于韦弗的"友好入侵"，特别是和国际卫生部有联系的。一个关键例子就是基金会在 1934 年圣保罗大学创立中的作用。参见 Maria Gabriela S. M. C. Marinho，*Norte-americanos no Brasil: uma história da Fundação Rockefeller na Universidade de São Paulo，1934 – 1952*（Bragança Paulista：Editora Autores Associados，2001）。关于米勒后来和这所大学的联系及其于 1951 年获得荣誉学位，参见 Marinho，*Norte-americanos no Brasil*，chap. 4。古根海姆基金会的拉丁美洲计划也始于第二次世界大战爆发之前，但是在 1940 年大幅扩大。
14. 参见 Ricardo D. Salvatore，*Disciplinary Conquest: U. S. Scholars in South America*，1900 – 1945（Durham，NC：Duke University Press，2016）。
15. 这种假定的同源性对于各个方面干预上的不对等和霸权都是至关重要的，而不仅仅是对于那些被认为没有固定位置或普遍性的方面。我在巴拉尼的"数学与科学殖民主义"的题目下讨论了这个现象。参见 Barany, "Fellow Travelers and Traveling Fellows," 674 - 681。

16. Eduardo L. Ortiz, "La politica interamricana de Roosevelt: George D. Brikhoff y la inclusion de América Latina en las redes matemáticas internacionales," *Saber y tiempo: Revista de historia de la ciencia* 4, no. 15 (2003): 53 - 111, and 4, no. 16 (2003): 21 - 70.
17. Karen H. Parshall, "Marshall Stone and the Internationalization of the American mathematical Research Community," *Bulletin of the American Mathematical Society* 46, no. 3 (2009): 459 - 482.
18. Stone to Moe (copy), Apr. 13, 1944, RF, Record Group 1. 1, ser. 200D, box 127, folder 1561. 关于战争政策委员会对数学家与政策和政府之间关系的长期影响，参见 Michael J. Barany, "The World War II Origins of Mathematics Awareness," *Notices of the American Mathematical Society* 64, no. 4 (2017): 363 - 367。
19. Archivo provado Rafael Laguardia (hereafter Laguardia Papers), box 5, folder 10, Archivo general de la Universidad de la República.
20. RF, Record Group 10. 2, fellowship recorder cards, box 18, "Uruguay: Laguardia (Carle), Mr. Fafael."
21. RF, Record Group 10. 1, ser. 337E, box 219, folder "Laguardia Carle, Ranear the top of his fellowship recorder card."
22. RF, Record Group 10. 1, ser. 323E, box 88, folder "Torres Diaz, Guillermo."
23. Barany, "Fellow Travelers and Traveling Fellows"; Barany, "Distributions," chap. 4. 亦见 Vania Markarian, "José Luis Massera, matemático uruguayo: Un intellectual comunista en tiempos de Guerra Fría," *Políticas de la memoria* 15 (2014 - 2015): 215 - 224。
24. Halmos to Stone, Nov. 15, 1951, Paul R. halmos Papers, box 4La74, "Uruguay" folder (hereafter Halmos Uruguay file), Archives of American Mathematics, Dolph Briscoe Center for American History, University of Texas at Austin.
25. Hill to Miller, May 15, 1944, RF, Record Group 10. 1, ser. 337E, box 56, "Massera, Jose Luis" folder (hereafter RF Massera).

26. Massera to Miller, May 19, 1944, 完整版译文见 "BTR" on June 1, 1944, RF Massera。
27. Miller to Hill, June 2, 1944, RF Massera.
28. Miller to Laguardia, June 2, 1944, RF Massera.
29. Massera to Miller, June 15, 1944, 完整版译文见 "BTR" on June 28, 1944, RF Massera。
30. Magi to Miller, June 22, 1944, 英译见(可能是)July 11, 1944, RF Massera。
31. Laguardia to Miller, July 2, 1944, RF Massera.
32. Well to Miller, Oct. 20, 1944, RF Massera.
33. Massera to Miller, Oct. 30, 1944, 译文见 "MLS" Nov. 17, 1944, RF Massera。
34. Miller to Well, Nov. 3, 1944, RF Massera.
35. Well to Miller, Oct. 20, 1944, RF Massera.
36. Sparks to Miller, Jan. 4, 1945, RF Massera.
37. Hackett to Miller, Jan. 23, 1945, RF Massera.
38. Wells to Miller, Feb. 8, 1945, RF Massera.
39. Pierson to Miller, Mar. 7, 1945, RF Massera.
40. Inter-Office Correspondence, Apr. 27, 1945, RF Massera; 亦见载于1945年11月29日部门通信下的 "HMM" 11月30日的手写便签。由于米勒是部门间文件的第一位收件人,对其他翻阅文件的人而言,他在文件上的批注会成为文件记录的一部分。
41. Wells to Miller, Jan. 3, 1946, RF Massera.
42. Peerson to Miller, Mar. 4, 1946; Miller to Wells, Sept. 13, 1946; and intervening letters; all in RF Massera.
43. HMM Diary, Oct. 23 – 26, RF Massera.
44. Massera Sparks to Miller, Dec. 4, 1946, 见 Caldwell to Miller, Jan. 8, 1947, RF Massera。
45. Miller to Massera, Jan. 10, 1946; HMM Diary, June 13 – 14, 1947; both in RF Massera.
46. 参见如 Federal Bureau of Investigation, Headquarters File 100 – HQ – 341838, sec. 01, Office Memorandum, Apr. 8, 1947; sec. 02, Scheidt to

Director, Mar. 6, 1948; and Lemaitre report Feb. 7, 1949.

47. Federal Bureau of Investigation, Headquarters File 100 - HQ - 341838, sec. 01, SF (San Francisco bureau) file number 100 - 27215, report of Jan. 2, 1948, p. 9. Cf. Headquarters File 100 - HQ - 341838, sec. 01, Office Memorandum, Apr. 8, 1947.
48. Miller to Massera, Sept. 10, 1947; HMM Diary, Sept. 15, 1947; GRP (Gerard Pomerat) Diary, Oct. 6, 1947; LWH Diary, Mar. 12, 1948 (meeting with Laguardia in Montevideo); HMM Diary, Apr. 27, 1948, with several annotations; HMM notes, June I, 1948; all in RF Massera.
49. HMM Diary, Oct. 13 - 15, 1948, RF Massera.
50. 关于马塞拉和拉瓜迪亚试图出席国会的进一步细节和背景，参见 Barany, "Distributions," 223 - 228。
51. HMM Diary, Oct. 13 - 15, 1948, RF Massera.
52. Laguardia to Kline, Aug. 8, 1950, Laguardia Papers, box 17, folder 9.
53. Record Group I. I, ser. 200D, box 125, folder 1546, RF.
54. Excerpt from Federal Bureau of Investigation Bufile 100 - 387157, Chicago, IL, report of Jan. 16, 1953, P. 15, released pursuant to the author's FOI/PA request no. 1305216 - 0.
55. "A Mathematician in Uruguay" (typewritten account), pp. 42 - 43, Halmos Uruguay file.
56. Halmos to Stone, Oct. 15, 1951, Halmos Uruguay file.
57. Ibid.
58. Halmos to Ambrose, Oct. 23, 1951, Halmos Uruguay file.
59. WW to CIM, Nov. I, 1949, Record Group 3. 1, ser. 900, box 25, folder 199, RF. 感谢约翰·克里格提醒我注意这些记录并向我分享了他的复印件。
60. WW to CIB and LFK [Vice President Lindsley F. Kimball], Feb. 6, 1952, RF, Record Group 3. 1, ser. 900, box 25, folder 200.
61. WW to CIM, Nov. I, 1949, Record Group 3. 1, ser. 900, box 25, folder 199.
62. WW to CIB, Jan. 4, 1950, RF, Record Group 3. 1, ser. 900, box 25, folder 199.

63. WW to CIB and LFK，Feb. 6，1952，RF，Record Group 3. 1，ser. 900，box 25，folder 200.
64. Federal Bureau of Investigation，Headquarters File 100 - HQ - 341838，sec. 01，memo，Mar. 4，1947，and report of Charles G. Campbell，Aug. 21，1947.
65. Cf. Robert K. Merton，"The Matthew Effect in Science，" *Science* 159，no. 3810（1968）：56 - 63.

第十章 文化外交和跨国流动

——20 世纪美国和巴西的科学交流

小奥利瓦尔·弗雷尔，印第安纳那·席尔瓦

10 年前，在讨论第二次世界大战之后美国科学对欧洲的影响时，历史学家约翰·克里格谈到了在外交和经济史研究著作与科学史研究著作之间存在的鸿沟。[1]这种看法也许很容易扩展到拉丁美洲科学史及其和美国的关系史上。

让我们以巴西为例。人们广泛承认，在第二次世界大战前后，对巴西科学家产生影响的外来力量，迅速地从欧洲转变成了美国。人们也知道，在冷战时期，这种影响进一步增强，这时巴西和美国的外交关系的特点是，时而冲突，时而友好。然而很少有关于巴西科学史的研究会同时讨论同一时期巴西的外交、经济和冷战史。[2]在这一章里，我们试图聚焦于那些在国家边界上来来往往的物理学家们作为社会角色所起的作用，以弥补上述不足。所有这些个人都和他们的专业群体密切联系，而且一并联系到国际科学网络。他们中的某些美国人和巴西人扮演的角色，完全和他们各自国家的外交政策保持一致，而其他人的行为则和主流的外交关系形成鲜明的对比。通过描述他们旅行的情况（这是本书强调的跨国研究方法的一个特点），我们打开了一个重要的视角。这个视角在更为严格、更为传统的方法中是隐而不见的。[3]

在冷战以及 1990 年前后全球化的新阶段出现之后，跨国研究方法和世界史（或全球史）在美国历史学家中成了显学。正如迈克尔·巴拉尼和约翰·克里格在本书后记中所说："它紧随 20 世纪 90 年代冷战之后诞生于美国，意在方法论和意识形态上反对美国例外论。"这种方法的蛛丝马迹也可以在 20 世纪晚期出现的新史学方法中找到。[4]科学史学家处于非常有利的位置来思考这种概念上的创新。如果，正如西蒙娜·图尔凯蒂（Simone Turchetti）及其同事所说，"跨国历史是一个定义模糊的术语，表示通过关注人员、货物、观念和方法跨越国境的流动，来创造新的历史解释的努力"，它伴随着对科学和科学网络不仅在国内而且跨越国境的扩散与传播的研究。事实上，正如图尔凯蒂等人所说的那样，"然而，科学史学家研究跨国历史却没有充分注意这种方法的理论基础"[5]。

我们在此提出的论点，将物理学家和科学国际主义的深度接触，置于各国政府的对外政策给跨国交流带来的机遇和制约的对话之中。（集中体现在阿尔伯特·爱因斯坦［Albert Einstein］和尼尔斯·玻尔［Niels Bohr］身上的）科学国际主义帮助建立起一个国际共同体，其对分享知识的忠诚常常和他们对本国政府的态度发生冲突。在这一章里我们把科学国际主义放到首要地位并非没有问题，因为对“科学国际主义”这个术语的使用，历史角色以及历史学家赋予了它多义的、历史偶然的含义。在第一次世界大战期间，保罗·福尔曼（Paul Forman）就指出，那些支持科学国际主义的科学家也参与了他们自己国家的战争，并且得出结论：个人关系中的国际主义与一般的民族主义是相容的。帕特里克·斯兰尼（Patrick D. Slaney）强调说，当一个人的政治忠诚可以把他或她排除在学者的国际社会之外时，美国国际主义和冷战时期典型的反共产主义就很难并存。约翰·克里格本人就强调了，国际主义可以服务于美国政府的更广泛的利益。例如，在艾森豪威尔的和平利用原子能计划中，科学国际主义意味着“开放、安全，分享知识或技术并且实施监督制度”，因此跨国参与“不是没什么必要的麻烦，而是美国保证和维护其主导地位必不可少的策略。”正如亚历克西斯·德格列夫（Alexis De Greiff）在他对美国和以色列科学家抵制意大利里雅斯特的国际理论物理中心的研究中表明的那样，反共产主义也不是反对国际合作的唯一手段。[6]除了科学国际主义的这个多层面含义外，在案例研究中，我们的历史主角——美国和巴西的物理学家并没有用科学国际主义的普遍理想来为他们的相互作用辩护。因此，我们在更为宽泛的意义上（作为一个分析的范畴）使用术语“科学国际主义”，主要用它来指美国和巴西的物理学家之间的科学交流，包括团结那些其政治观点给他们和本国政府之间带来了麻烦的科学家。

我们都清楚20世纪50年代早期科学界和美国政府之间的冲突，当时恶毒的反共产主义挑战了科学的核心价值。[7]正如马里奥·丹尼尔斯在本书（第一章）中所强调的，美国国家安全局禁止知名学者在美国国内外自由流动，他们利用签证和护照作为工具来管理学者的流动。本章把这个众所周知的时期放入更为宽泛的历史语境中，从两国之间最早的热情接触到20世纪50年代出现的紧张——但是它并未停止于此。巴西，从冷战早期左倾科学家的天堂，转变为独裁统治下的迫害之地。现在巴西的科学家，如果可能就逃往国外，包括到美国。在麦卡锡主义失势很久之后，和共产主义牵连的阴影仍然在国内外跟随着他们。确实，正如丹尼尔斯所强调的，国家安全局始终对“知识体”（特别是物理学家）的跨国流动保持警惕。那些左翼或有共产主义倾向的人总是受到怀疑。他们无法逃脱美国国务院或巴西地方当局的惩罚性的目光，这些人有时相互合作来限制他们的流动。

这一章的第一部分讨论第二次世界大战。我们把注意力转向在战争期间跨越国境的美国和巴西的物理学家，包括阿瑟·康普顿、格列布·瓦塔金（Gleb Wataghin）、马里奥·舍恩伯格（Maário Schönberg）和保卢斯·庞培亚（Paulus Pompeia），强调美国基金会在拉丁美洲作为文化外交代理人的促进作用。[8]在

第二部分，随着我们转向冷战时期，跨国方法显示了其作为历史学家工具的全部力量。冷战时期某些巴西和美国物理学家的跨越边境的行为，是和两方政权不同时期的官方政策相冲突的。天才的美国物理学家戴维·博姆（David Bohm）在20世纪50年代逃离了麦卡锡主义的监视。在流亡期间，他得到了巴西人的帮助。巴西的独裁统治（1964—1985）促使大批人反向逃离。美国物理学界为试图离开其国家的巴西同行们提供了广泛的帮助。他们逃离巴西，或者是出于担心失去工作甚至生命，或者是为了寻求更好的工作机会。这些表现出团结和华盛顿对巴西政变的支持（大部分是隐蔽的）背道而驰，但是两国政府一定程度上容忍了它们。

这一章说明，美国和巴西之间的跨国流动随着20世纪的进程而变化，伴着历史和政治的环境的变迁而波动。在第二次世界大战期间以及二战后不久，这两个国家完全结为盟友，它们的边界大部分相互开放，形成了一个科学交流的高潮时期。相反，在冷战和巴西独裁统治时期，这一情景发生了重大变化。当时边界不总是开放的。跨国知识流动的可能性，随着时间和空间、角色的信仰和政治旗帜以及两国政府的外交政策而发生变化。有时国界可以跨越；有时无形的墙出现在两国之间，可能限制文化和科学交流。通过追踪跨越国境的个人，我们可以看到科学国际主义的分量不断发生变化，因为它和管理跨国流动的政治规范既相互吻合又相互抵触。国家安全局只是在一定程度上同意对知识持有者公开交流的承诺，这个门槛取决于交流的知识种类和知识拥有者个人的“忠诚”。

二战时期美国的科学交流和外交政策

在20世纪早期，巴西和美国科学家之间的交流仅限于某几个领域，而二战时巴西和欧洲的交流则占据了主导地位。至于贸易，在20世纪30年代，巴西政府寻求和德国与美国同时达成更好的交易。历史学家玛丽亚·利吉娅·普拉多（Maria Ligia Prado）认为，“模棱两可的策略”最好地描述了这些时期。[9]当现代大学在巴西特别是圣保罗拔地而起时，它们的创立者没有到美国去寻找教学人员。为了圣保罗大学的开学，巴西国家官员在社会科学和人文学科领域寻找法国学者，在化学领域找德国人，在数学和物理学领域找意大利人。物理学方面，在格列布·瓦塔金和朱塞佩·奥基亚利尼（Giuseppe Occhialini）的领导下，一个研究宇宙射线的学派兴盛起来。这两位领军人物都来自意大利，1934年他们在墨索里尼政权的明确支持下，帮助建立物理学系。他们的第一批巴西学生被派到欧洲短暂学习——马里奥·舍恩伯格到意大利，马塞洛·达米（Marcelo Damy）到英国。第二次世界大战极大地改变了这种学识轨迹的景观。[10]

在20世纪30年代早期，罗斯福总统重新调整了美国的外交政策，确立了睦邻政策，试图在美国和拉丁美洲之间建立起更加紧密的联系。第二次世界大战期间，美国担心拉丁美洲国家会和轴心国结盟，这种担心导致了在此方向上的进一步措施——1940 年 8 月，一个新的联邦机构成立：美洲国家事务协调员办公室。为了领[illegible]这个办公室，罗斯福拜访了纳尔逊·洛克菲勒[illegible]有政[illegible]抱负的杰出商人并且以和拉丁美洲国[illegible]这些国家的文化兴趣而闻名。这个机构的计划是要[illegible]国在美洲日益增长的宣传威胁”的努力中，对[illegible]增多的军事任务和武官的存在加以补充。到 1942 年，洛克菲勒及其助手们得到了 3 800 万美元的拨款，用于文化外交项目，动员软实力来“传达我们的信息”。美国带来了一个“揭穿敌人谎言的真相节目”，这个举措将“劝说拉丁美洲国家遵从美国领导，反对轴心国，并且在泛美体系中把本国的经济和政治融入美国的经济和政治”[11]。

历史学家们非常熟悉美国外交政策这些变化的效果。巴西政府和美国结盟，断绝了和轴心国的外交关系，从而结束了对华盛顿的模棱两可的战略。巴西政府允许美国在纳塔尔建立军用机场，为北非前线提供给养，而且最终巴西派遣军队到意大利领土上和德国人作战。[12]同样，美洲国家事务协调员办公室作为文化外交工具的作用也是广为人知的。[13]短波无线电、报纸、主要文学作品的翻译、电影都被用来推广美国的生活方式。此外，它还为沃尔特·迪斯尼（Walt Disney）

和奥森·威尔斯（Orson Welles）等好莱坞名人安排了巴西亲善之旅。交流是双向的。如果你到美国国会图书馆的西班牙语阅览室，你就能看到坎迪多·波提纳里（Candido Portinari）创作于20世纪40年代的作品。这个时期，著名歌手卡门·米兰达（Carmen Miranda）也作为热带国家巴西的标志性人物在美国巡演。[14]美洲国家事务协调员办公室在科学、技术和教育方面的文化举措（作为加强美洲人民之间联系的努力的一部分）较少为人所知。在巴西的案例中，至少在某些领域，这个时期预告了从和欧洲国家（因为其和轴心国的关系而被污染的）的学术和专业的交流，向和美国交流的转变。让我们用几个例子来说明这一点。

由于欧洲处于战争状态，圣保罗大学物理系主任瓦塔金和他的团队加强了和美国物理学家的交流。[15]1940年初，他去美国度假，利用这个机会为他的宇宙射线物理研究争取资助。他和阿瑟·康普顿取得了联系。康普顿在20世纪30年代以来一直致力于这个领域的研究，这时他是美国宇宙射线研究的领军人物，是专门研究介子的国际网络的枢纽。[16]瓦塔金也是该网络的成员之一。[17]这次交流是互利的。瓦塔金及其团队关于穿透性簇射（penetrating showers）的早期研究结果（例如，宇宙射线在大气上层相互作用而导致各种粒子的产生）首先寄送到阿瑟·康普顿那里，然后在《物理评论》（*Physical Review*）上发表。[18]康普顿给瓦塔金回信说："谢谢你把写给

《物理评论》编辑的有关‘穿透性粒子簇射’的信件手稿寄给我。”[19]

康普顿的研究得到了诸如洛克菲勒基金会和卡内基公司的美国基金会的资助。在1940年的假期里，瓦塔金（他已适应了美国外交政策的新趋势）开始接近洛克菲勒基金会，试探获得资助的可能性。基金会的一位官员记录了他和瓦塔金的谈话，他这样写道："由于认为美国对南美比以前更感兴趣，瓦塔金想告诉我们一些有关他的实验室的信息。"[20]这些私下接触取得了成果。

1941年，康普顿希望到南方进行更多的宇宙射线测量，正好他接到了瓦塔金的邀请，请他到圣保罗用气球测量并且出席在里约热内卢举行的会议。巴西外交界和巴西科学院都参与了这个项目。事实上，不仅是康普顿，他的一些同事和配偶也去了巴西。康普顿一行人中，小哈里·米尔顿·米勒是洛克菲勒基金会自然科学部的官员（参见本书第九章）。[21] 1941年康普顿对巴西的访问，在圣保罗宇宙射线团队的巴西物理学家中引起了广泛的关注。它的成就最终促成了塞萨尔·拉特斯（César Lattes）的参与，他是瓦塔金的学生，战后发现了π介子。[22]

康普顿的访问部分是科学，部分是外交——也许外交甚至多于科学。纳尔逊·洛克菲勒一得知这次邀请，这次旅行就得到了美洲国家事务协调员办公室的支持和资助。康普顿后来写道，"考虑到其对国际关系的影响，我们的南美工作最成功的方面，似乎是由巴西科学院主办、在里约热内卢举行的宇宙射线专题研讨会”。洛克菲勒本人亲自证明了康普顿外交使命的成功。康普顿记录了洛克菲勒称赞说：“根据他的报告，我们的这次远行在促进美洲国家之间友好关系方面，是迄今为止最成功的一次。”从外交礼节来看，康普顿一行中配偶的参与也是非常重要的。正如康普顿所说：“考虑到这次远行的文化关系目标，我鼓励同行的已婚成员带上他们的妻子……根据我们在墨西哥的经验，根据我们在这个国家和拉丁美洲人的接触，我们相信这将会是真正的优势。”[23]简而言之，康普顿访问巴西的作用和沃尔特·迪斯尼、奥森·威尔斯的没有什么不同。他的是部分科学，部分外交；他们的是部分艺术，部分外交。

瓦塔金以前的学生马里奥·舍恩伯格，从 1940 年开始，在美国待了两年。他的旅行得到了古根海姆基金会的资助。在国外期间，他和苏布塔赫曼扬·钱德拉塞卡（Subrahmanyan Chandrasekhar)、乔治·伽莫夫（George Gamow）合作，对恒星演化的定量研究做出了重要贡献。这种交流获得了美国慈善基金会的新趋势的青睐，该趋势与美国政府外交政策一致。正如唐纳德·奥斯特布罗克（Donald Osterbrok）所指出的，舍恩伯格是耶基斯天文台（Yerkes Observatory）在执行政府的睦邻政策时最受欢迎的几个拉丁美洲天文学家之一。[24]

康普顿的访问在巴西引发了物理学发展的另一个重要过程：

洛克菲勒基金会对圣保罗大学物理学系的资助，从1941年持续到1949年。[25]一些数字说明了这种资助有多么重要。1942年该大学院系用于研究的年度预算大约是1 200美元；来自洛克菲勒基金会的资助两倍于此。战后的1946年到1949年之间，洛克菲勒的资助增加到75 000美元。1942年到1949年来自该基金会的资助总额达到82 500美元，折合价值大约为今天的200万美元。[26]

康普顿是瓦塔金团队专业知识的科学担保人。1942年2月，洛克菲勒基金会的小哈里·米尔顿·米勒（迈克尔·巴拉尼在本书中详细探讨了他在拉丁美洲的活动）把他描述为“肯定是南美最有希望的物理学活动中心。”“尽管面临路途遥远和缺乏必要的设备等许多困难，”米勒继续写道，“瓦塔金和他的同事奥基亚利尼不仅进行了具有真正价值的实验和理论研究，还训练了一批年轻的巴西学生，包括德苏扎·桑托斯［Desouza Santos］和保卢斯·庞培亚。当他们来到这个国家，人们就发现，在我们的研究生中，他们能够坚持自己的观点。”[27]事实上，庞培亚曾到芝加哥和康普顿一起研究宇宙射线。

洛克菲勒基金会也扮演了和美洲国家事务协调员办公室的目标一致的外交角色。1941年9月，在回美国之前，哈里·米勒给自然科学部主任沃伦·韦弗施加压力，要求批准发放启动资金，因为这可能对巴西物理学家产生“心理效应”——这个“心理效应”和睦邻政策有关。[28]而且，洛克菲勒基金会以及其他基金会已经完全适应美洲国家事务协调员办公室的政策。确实，纳尔逊·洛克菲勒采取的早期措施之一，就是整合美国的某些大的基金会，资助拉丁美洲的科学家和艺术家，引导了 1941 年 2 月美洲艺术和知识关系委员会的创立。这个委员会由古根海姆基金会的亨利·艾伦·莫、洛克菲勒基金会的戴维·史蒂文斯和卡内基公司的弗雷德里克·凯佩尔组成。[29]

这些活动在战争年代也没有中断。20 世纪 40 年代早期，在三个基金会（洛克菲勒、古根海姆和卡内基）的联合资助下，或者直接通过美洲国家事务协调员办公室，许多美国和巴西的大学和各种学科（不仅是物理学）的研究人员及学者，往返于他们各自的国家。由于篇幅所限，在此不能列出他们所有人的名单，但是有几个人足以说明这些交流的范围。哲学家威拉德·奎因（Willard V. Quine）、人类学家查尔斯·瓦格利（Charles Wagley）和社会学家唐纳德·皮尔森（Donald Pierson）在战争期间都曾在巴西待了较长时间。[30]三位美国工程师：艾伦·贝茨（Allan Bates）（威斯汀豪斯）、罗伯特·梅尔（Robert Mehl）（卡内基）和阿瑟·菲利普斯（Arthur Phillips）（耶鲁），1943 年到 1944 年期间都在圣保罗待过，每个人都讲授了一门为期 3 个月的课程，以加强新近在圣保罗开设的冶金工程课程。[31]巴西方面，这个清单包括的名字如马诺埃尔·弗罗塔·莫雷拉（Manoel Frota Moreira）、欧雷克利德斯·德·赫苏斯·泽尔宾比（Euryclides de Jesus Zerbinbi）、阿里斯蒂德斯·莱奥（Aristides Leão）、安德烈·德雷福斯（André Dreyfus）和米格尔·奥佐里奥·德·阿尔梅达（Miguel Ozorio de Almeida），他们都是医学研究人员。这些名字是杰出研究者的代表，他们中一些人已经取得了令人印象深刻的学术成就，另一些人将要取得成就。确实，就以医生为例，莫雷拉后来成为巴西资助研究的国家科学研究委员会的科研主任；莱奥将在电生理学上取得突破，成为巴西科学院院长；德雷福斯将领导巴西的遗传学研究；而此时阿尔梅达已经是巴西和欧洲有名的医学研究者。[32]

总之，20 世纪 40 年代早期，在罗斯福使该地区与美国结盟的努力下引发的向拉丁美洲的倾斜，推动了和杰出的巴西科学家共同建设的互利的跨国网络。美国的基金会，特别是洛克菲勒基金会，就像政府的分支机构，密切配合政府，通过始于二战的跨国科学交流，积极促进文化外交。这些跨国交流不仅培养了优秀的科学人才，也为在国内的巴西人积累了社会资本，为那些帮助构建跨境网络的人们，推动了职业的发展并创造了成为科学和机构领导人的机会。

冷战时期：美国霸权下的科学交流

1945 年第二次世界大战结束，轴心国战败，欧洲成了一片废墟。冷战一触即发。在此背景下，毫不奇怪，美国在拉丁美洲的霸权在显著增强。二战结束后的几年里，有些巴西科学家移居美国，这次是为了寻求全面的博士培训。这些人中有科学家何塞·莱特·洛佩斯（José Leite Lopes）、杰梅·蒂奥姆诺（Jayme Tiomno）、塞尔希奥·波尔托（Sergio Porto）、埃尔巴西奥·德·卡瓦略（Hervásio de Carvalho）和瓦尔特·舒策尔（Walter Schützer），此外还有数学家毛里西奥·佩绍托（Mauricio Peixoto）、莱奥波尔多·纳赫宾和埃隆·拉加斯·利马（Elon Lagas Lima）。

普林斯顿被认为是巴西科学家和外国科学家交流的中心。图 10.1 展示了巴西博士生的一次聚会，其中有塞萨尔·拉特斯（他在美国伯克利和尤金·加德纳［Eugene Gardner］一起研究Ⅱ介子的探测）和汤川秀树（［Hideki Yukawa］，核力和介子的发现者，当时在哥伦比亚大学）。美国物理学家也到巴西做长期或短期的逗留。理查德·费曼（Richard Feynman）在里约热内卢的新的巴西物理研究中心待了 1 年。戴维·博姆在圣保罗待了 3 年。短期逗留的名人中有伊西多尔·拉比（Isidore Rabi）和尤金·维格纳（Eugene Wigner），1952 年他们到里约热内卢参加一个会议。当然，里约热内卢已经成为一个中心，也吸引了来自欧洲的访客，如物理学家莱昂·罗森菲尔德（léon Rosenfeld）和塞西尔·德威特-莫雷特（Cécile Dewit-Morette）。

图 10.1　1949 年，塞萨尔·拉特斯、汤川秀树、瓦尔特·舒策尔、埃尔巴西奥·德卡瓦略、何塞·莱特·洛佩斯和杰梅·蒂奥姆诺在普林斯顿［从左到右，从上到下］。
来源：巴西物理研究中心档案。

这些二战后的交流历史也许仍然被框定在美国和巴西之间的文化外交领域里，但不应与其完全等同。这样说的第一个理由是，虽然巴西是美国领导下的西方阵营中的一员，但它们的外交政策在冷战时期并非总完全一致。因为作为巴西在战间期对待美国态度特色的玛丽亚·利吉亚·普罗多（Maria Ligia Prado）的“模糊策略”，这时变成了通过与华盛顿期望相冲突的巴西民族主义项目表达出来的“对抗策略”。[33]这种对抗策略明显地出现在二战后巴西最重要的两次政治危机中，第一次危机导致了 1954 年巴尔加斯（Vargas）总统自杀，第二次危机出现在 1964 年反对古拉特（Goulart）总统的政变中。第二个理由是，在许多情况下，科学家和自己国家采取的政策倾向并不是完全一致的。这和以前的时期不同。二战期间，不仅巴西和美国高度一致，而且巴西和美国的物理学家们也积极参与了盟军的战争努力。康普顿的情况尤其如此，他参与了原子弹项目。瓦塔金和庞培亚的情况也是如此，他们和康普顿的关系证明了他们对盟军事业的参与。[34]舍恩伯格和奥基亚利尼也是如此，他们的反法西斯立场是众所周知的。

戴维·博姆的例子说明了 20 世纪 50 年代更为复杂的情况。博姆在因为同情共产主义受到追捕后离开了美国，在巴西受到了欢迎。东道国政府没有美国国家安全局那么关心“知识体”的政治忠诚：虽然研发新武器的能力被认为是美国在冷战中和苏联竞赛保持优越性的必要条件，但是美国政府决心清除左翼和共产主义科学家，尤其是物理学家。

逃离美国的物理学家博姆

20 世纪 40 年代后期，戴维·博姆是美国最有前途的理论物理学家之一，他是罗伯特·奥本海默（Robert Oppenheimer）的学生，后来受雇于普林斯顿大学。战后他在美国遭遇了歇斯底里地反共（后来称为麦卡锡主义）。他被传唤到众议院非美活动委员会，委员会就他与共产党的联系进行质证，他拒绝回答任何问题（图10.2）。由于被控藐视国会，他受到了监禁，后来获得保释，最终被判无罪。与此同时，普林斯顿大学终止了和他的协议。由于在麦卡锡主义日渐强盛的背景下，他似乎不可能在美国学术界找到一份工作，博姆把目光转向了国外。他成了20世纪出名的美国科学流亡者。[35]

在这个关头，一些偶然的事件在博姆的人生轨道上起了作用。刚刚在普林斯顿获得博士学位的杰梅·蒂奥姆诺邀请他去圣保罗大学，这个邀请得到了整个物理系和校方的强烈支持。爱因斯坦也给博姆写了一封推荐信。在几番拖延之后，博姆拿到了美国护照动身去巴西。他在巴西待了3年，这是他科学研究的关键时期，他刚刚完成了对量子理论的另一种新的解释。然而，他和美国当局的矛盾并未结束。在圣保罗，美国领事没收了他的护照，告诉他只有回美国才会把护照给他。显然，博姆在巴西的流亡对美国来说并不是一个问题，因为巴西从地缘政治上和他们结盟，而且不追求核能力。[36]幸运的是，其他物理学家也来到巴西和博姆一起研究。他们是让-皮埃尔·维吉耶（Jean-Pierre Vigier）、马里奥·邦格（Mario Bunge）和拉尔夫·席勒（Ralph Schiller）。博姆也和蒂奥姆诺、舒策尔一起研究，

图 10.2　拒绝到众议院非美活动委员会质证的戴维·博姆。来源：国会图书馆，纽约世界电报和太阳收藏系列（New York World-Telegram and Sun Collection），由 AIP Emilio Sergè 视觉档案馆提供。

但是这些交流对他来说还远远不够，他希望出国旅行，到世界主要的物理中心去讨论他对量子理论的最新解释。[37]

在 1954 年中期，博姆从以色列理工学院的内森·罗森

(Nathan Rosen) 处获得一个工作机会，他再次得到了爱因斯坦的支持。然而，要接受这份工作，他需要一个护照。在巴西朋友的帮助下，他得以在破纪录的时间内获得巴西国籍，1955 年初他动身前往以色列，1957 年他从以色列去了英国。他在英国一直待到生命的尽头。当他获得巴西护照时，美国取消了他的美国国籍。这种奇怪的情况持续了 30 年，直到 1986 年博姆最终在法庭上重新获得美国国籍。在冷战早期，博姆及其巴西、美国的朋友拒绝向美国政府强加给科学家的限制屈服，想办法绕过了国家安全局的强大的权力（最显著的是其对签证、护照颁发的控制）（参见本书第一章）。博姆先到巴西，然后到以色列，最后到了英国。他的旅行体现了由科学国际主义产生的团结以及它阻挠政府权力的能力。[38]

巴西的独裁统治

现在让我们回到巴西在 1964 年到 1985 年间盛行的军人独裁统治背景。然而，在考虑某些巴西物理学家的命运之前，有必要提一下某些背景信息。历史文献中广泛记载了美国深度参与了准备和支持 1964 年 3 月推翻若昂·古拉特总统的政变。尽管过了 10 多年时间，书面证据才浮出水面，1964 年事件的所有主要角色，包括这次政变的支持者和反对者，至少在某种程度上，都知道美国的参与。

感谢美国人菲利斯·帕克（Phyllis Parker，他那时在林登·约翰逊总统图书馆研究新近解密的文件），首批有关美国支持推翻巴西政府的书面证据在 1977 年公之于众。“山姆兄弟行动”（Operation Brother Sam），正如其代号所暗示的，得到了肯尼迪总统和约翰逊总统的支持，包括如遇抵抗为叛乱分子提供军事和后勤的支持。1977 年以来，美国的档案资料不断地被披露，最新的一份来自巴西人卡洛斯·菲科（Carlos Fico）。他发现的证据表明，早在 1964 年政变之前，准备工作就已经开始了。[39]确实，从所有的书面证据来看，美国对巴西独裁政府的支持，在吉米·卡特（Jimmy Carter）1977 年就职后才开始减弱。

在巴西独裁统治的早期，美国政府和巴西政府关系非常紧密，就像它们在二战中那样。在二战中，巴西为了和美国关系更为紧密，主动疏远德国。现在巴西放弃了考虑和不结盟国家、苏联之间关系的外交政策，彻底地和美国结盟。例如，在科学和教育领域，巴西在其华盛顿大使馆设立了一个科学随员的职位。美国和巴西签订了一个协议，美国为巴西的大学改革提供咨询服务。外交政策上的这些转变并非没有牺牲。独裁统治之前，有些巴西人在苏联接受了工程和科学方面的培训。一旦独裁统治根深蒂固，许多学者就因为他们文凭的来源遇到了麻烦。例如，这事就发生在保罗·米兰达（Paulo Miranda）身上，他是在巴伊亚的我们当中的一位物理教师。他毕业于莫斯科的帕特里斯·卢蒙巴俄罗斯人民友谊大学，后来由于难于验证他的学位，他在巴伊亚丢掉了大学的工作。[40]

巴西的独裁统治给大学带来了各种冲突变化。它的政策也许可以说是一种威权主义现代化。现在不是介绍和分析这些变化的时候。[41]相反，我们仅仅谈论这种复杂多样过程的一个方面，它涉及对公民权利的限制，主要集中在物理学家和物理系学者身上。有些资深的物理学家被迫提早退休，被赶出了巴西国立大学。本章中已经提到过的一些物理学家情况就是如此，他们有杰梅・蒂奥姆诺、何塞・莱特・洛佩斯和马里奥・舍恩伯格；埃莉萨・弗罗塔・佩索阿（Elisa Frota Pessoa）、萨拉・德・卡斯特罗・巴尔博萨（Sarah de Castro Barbosa）、普利尼奥・苏塞金德・达・罗查（Plonio Sussekind da Rocha）和塞尔索・迪尼兹・佩雷拉（Celso Diniz Pereira）也被赶出了巴西的大学。[42]此外，一些物理系学者和初级研究人员也成为独裁政权的目标，不是被大学驱逐就是被送进监狱。从 1969 年开始，专制政权演变成了野蛮制度，监禁、折磨、杀害活动分子以及那些甚至没有参与反政府政治活动的人士。[43]

考虑到这种情况，许多人包括物理学家，到外国去寻找安全天堂，以一种自行流放的方式离开这个国家。有些人去了美国工作或者学习。莱特・佩洛斯在林肯・沃尔芬斯坦（Lincoln Wolfenstein）和塞尔希奥・德・贝内代蒂（Sergio De Benedetti）的邀请下，在匹兹堡的卡内基梅隆大学待了 1 年。蒂奥姆诺在约翰・阿奇博尔德・惠勒（John Archibald Wheeler，20 世纪 40 年代晚期是他以前的导师）的邀请下到了普林斯顿大学。1969 年，路易斯·达维多维奇（Luiz Davidovich，现在的巴西科学院院长）被里约热内卢的天主教大学开除，当时他在此攻读硕士学位，他转到了罗切斯特，在罗切斯特大学拿到了博士学位。[44]西尔维奥·萨利纳斯（Silvio Salinas）向圣保罗大学（在此他是一名无任期的教师）请假，到卡内基梅隆大学攻读博士学位。[45]

由于巴西学者工资很低，在1964年政变之前，有些物理学家在20世纪60年代早期就离开了这个国家。这是巴西版本的人才外流。他们当中有塞尔希奥·波尔托——去了贝尔实验室，有赫奇·莫伊塞斯·努森茨韦格（Herch Moysés Nussenzveig）——去了纽约大学。政变之后，努森茨韦格认为回国不安全，而且他在罗切斯特大学获得一个终身职位，他在此一直待到1970年代中期才回到巴西。许多其他人去了其他国家，如阿根廷、法国、智利、意大利。例如，莱特·佩洛斯在匹兹堡待了1年之后，在迈克尔·帕蒂（Michael Paty）的邀请下，去了法国的斯特拉斯堡大学。[46]

在所有这些跨越国境的流动中，巴西的物理学家在他们寻求流放的国家，都得到了他们在更早交流时期形成的个人和职业联系的同行们的帮助。巴西学者的这种团结的历史有待于进一步书写。幸运的是，就美国的团结史而言，这项空白已经被布朗大学的历史学家詹姆斯·内勒·格林（James Naylor Green）撰写得极好的书——《我们不能保持沉默：1964—1985年美国境内的反对巴西独裁》（*We Cannot Remain Silent: Opposition to the Brazilian Dictatorship in the United States*，

1964 - 1985）填补。在此运动中非常积极的许多美国物理学家的名字应该被提到，我们只用一个生动的例子来说明。[47]

1970 年 12 月初，圣保罗大学的一对物理学家夫妇埃内斯托·亨伯格（Ernesto Hamburger）和阿梅莉亚·亨伯格（Amelia Hamburger）被军方拘留并单独监禁。被拘留的直接原因和他们对一位年轻客人的庇护有关，他是一位政治活动分子。亨伯格夫妇本身是左倾的民主人士，但不参与政治活动。然而，那时，这种情况下的被拘留者都会受到折磨，甚至死于非命。当时巴西的新闻受到严格的审查，为了亨伯格夫妇的生存和安全，重要的是让军人当局知道公众正在关注这些事件；这是拯救生命的一个策略。在赫奇·努森茨韦格就此案发出警告后，12 月 12 日一个周六的早晨，约翰·阿奇博尔德·惠勒给巴西总统埃美利奥·美第奇（Emilio Medici）将军发了电报："我们将非常感谢您为了确保我们核物理学同行、美国物理学会会员、圣保罗大学的埃内斯托·亨伯格教授以及他的妻子阿梅莉亚的合法权利和人权的努力，我们从两个不相干的消息来源获悉他们现在被单独监禁。"惠勒在电报后落款：普林斯顿大学物理学教授、美国物理学会前主席和美国国家科学院院士。除了惠勒的电报外，亨伯格夫妇在匹兹堡大学（他们在几十年前曾在此学习过）的同行联系了美国国务院。实际上，内森·梅拉米德（Nathan Melamed）联系了一位和行政人员关系很好的宾夕法尼亚州参议员。这事又使得在巴西的美国大使馆要求军人政府提供有关亨伯格夫妇的信息。尽管我们无法追踪最终导致他们获释的事件的来龙去脉，但是惠勒和亨伯格夫妇在匹兹堡的同行们是这广泛网络中的一部分。这个网络在拯救生命以及多年后帮助这个国家民主化方面，发挥了重要作用。[48]

和美国物理学家对受到军人独裁政权迫害的巴西同行施以援手相反，美国政府的行动带有政治选择性。总体上遵循的规则（有几次例外）是支持那些拥有自由政治立场的科学家，拒绝支持那些拥有左派或共产主义倾向的科学家。因此，当马里奥·舍恩伯格在政变后被监禁时，世界各地发生了几次反对这一行动的示威活动，包括美国物理学家，但正如历史学家罗德里戈·莫塔（Rodrigo Motta）所描述的，美国国务院拒绝出面调解。事实上，华盛顿已经接到来自圣保罗的美国领事的电报，告知“已经证实，舍恩伯格是一个众所周知的危险的共产主义者，康根（Congen，美国驻圣保罗总领事）认为，他的被捕符合美国利益”。[49]后来，舍恩伯格在获得签证到美国去参加天体物理学会议上遇到了困难。[50]

舍恩伯格和博姆的案例很好地说明了，不能把科学家的跨国流动视为理所当然的，“知识并不会自己在全球科学界流动”。外交政策和更广泛的地缘政治情况的变化都会影响知识的交流。20 世纪 40 年代早期，巴西、美国和苏联处于相同的地缘政治阵营，舍恩伯格在美国受接待时没有任何限制。[51]在 20 世纪 60 年代拉丁美洲最严酷的冷战时期，美国认为舍恩伯格的非法被捕符合它的利益。至于舍恩伯格，他始终是一个坚定的马克思主义者。[52]就博姆而言，30 多年来他在世界各地的活动，因为他的政治立场和美国的国内政策、外交政策、麦卡锡主义以及冷战的冲突而受到限制。

结论

在麦卡锡主义登峰造极时，巴西学者表现出了和戴维·博姆的团结；在巴西的独裁统治期间，美国学者给予了反击。在这两种情况下，学者们都群起反对各自国家的公开的或隐蔽的外交政策。这样的事件不能简单地归结为有关文化外交或外交事务的故事：这些人受到了他们最杰出的领导人积极倡导的科学国际主义精神的鼓舞。这种科学国际主义超越了对政府政策的忠诚。那些政策限制了流动的自由，在他们看来是必须反对的。而且，同时考虑科学史和一般历史能使我们看到个人、个人所属的群体和机构所起的作用。二战期间，巴西、美国的物理学家和他们的政府同仇敌忾。然而，在冷战时期和我们考虑的案例中，某些科学家转而反对当局采取的外交立场。巴西人欢迎像博姆这样的杰出的物理学家，即使他在美国被指控为共产主义的支持者。像惠勒一样杰出的美国物理学家，熟练地利用了美国提倡自由民主的公共空间，欢迎逃离独裁统治的同行。

在这一章里，和纯粹的国家史或国际关系史不同，我们用了跨国研究的方法来研究科学史。确实，我们聚焦于跨越国境的人，无论他们是赞成还是反对政府的政策。运用跨国法并不抹杀国家所起的作用，这个事实已经在舍恩伯格和博姆的案例中得到了很好的说明。与此相反，正如巴拉尼和克里格所表明的，“国家之所以成为一个角色，正是因为它的边界正在被跨越”，更为具体地说，通过强调有关签证、公民身份和护照的政策，跨国研究强调了在不同情况下国家认同的连续性和非连续性。因此，仍然根据巴拉尼和克里格所说，“当知识体越过边界时，这些自我之间潜在的矛盾可能是他们和他们的同行们极度焦虑的根源，也可能是移民官员们怀疑的根源”[53]。

作为结论，我们认为明确考察人员、观念和物质跨境流动的跨国法，可以使一些角色和组织走到台前，他们的各种动机可以为我们理解知识的全球流动，提供更大的可理解性和丰富性。它对于书写试图研究地方和全球的相互影响（在此是巴西和美国的科学家的个人轨迹和美国国家安全局的一般的监管制度）的科学史也是非常有价值的。

致谢

这一章较早的版本曾经提交给 2016 年 11 月 2—3 月在佐治亚州亚特兰大举行的“书写跨国科学技术史研讨会”、2017 年 7 月 23—29 日在里约热内卢举行的第 25 届国际科学技术史大会和 2018 年 1 月 4—7 日在华盛顿特区举行的美国历史学会第 132 届年度会议。我们非常感谢来自约翰·克里格、迈克尔·巴拉尼、约瑟夫·西蒙、亚德里安纳·加西亚（Adriana García）、罗德里戈·帕托·萨·达·莫塔、米雷拉·隆戈（Mirella Longo）、塞思·加菲尔德（Seth Garfield）以及匿名审稿人。

注释

1. John Krige, *American Hegemony and the Postwar Reconstruction of Science in Europe* (Cambridge MIT Press, 2006), 1.
2. 虽然科学史和外交史、经济史的重叠尚未得到广泛的探讨，但这种情况已经开始改观。关于巴西和墨西哥的物理学家和数学家的历史，参见如 Adriana Minor García, "Manuel Sandoval Vallarta en encrucijada entre Estados unidos y México," *Ludus Vitalis* 23, no. 43 (2015): 125–149; Adriana Minor and Joel Vargas-Domínguez, "Mexican Scientists in the Making of Nutritional and Nuclear Diplomacy in the First Half of the Twentieth Century," *HoST-Journal of History of Science and Technology* 2 (2017): 34–56; Simone P. Kropf and Joel D. Howell, "War, Medicine and Cultural Diplomacy in the Americas: Frank Wilson and Brazilian Cardiology," *Journal of the History of Medicine and Allied Sciences* 72, no. 4 (2017): 422–447; Ana Maria Ribeiro de Andrade, "Osraios cósmicos entre a ciência e as relações internacionais," in *Ciência, Política e relações internacionais — Ensaios sobre Paulo Carneiro*, ed. Marcos Chor Maio (Rio de Janeiro: Editora Fiocruz, 2004). 215–242; Olival Freire Jr. and Indianara Silva, "Diplomacy and Science in the Context of World War II: Arthur Compton's 1941 Trip to Brazil,"

Revista brasileira de história 34, no. 67 (2014); Eduardo Ortiz, "La politica interamericana de Roosevelt: George D. Birkhoff y la inclusion de America Latina en las redes matemáticas internationals," *Saber y tiempo: Revista de historia de la ciencia* 15 (2003): 53 – 111, 16 (2003): 21 – 70。

3. 关于个人作为跨国运动标尺的作用，参见 Bernhard Struck, Kate Ferris, and Jacques Revel, "Introduction: Space and Scale in Transnational History," *International History Review* 33 (2011): 573 – 584, at 577。
4. 关于历史中跨国方法的引申看法，参见 Akira Iriye and Pierre-Yves Saunier, eds., *The Palgrave Dictionary of Transnational History: From the Mid – 19th Century to the Present Day* (New York: Palgrave Macmillan, 2009)。还可参看 20 年前吉尔伯特·约瑟夫在研究美国和拉丁美洲关系的文化史时发出的呼吁："关于外来文化和本地文化相遇时的性质和结果，要提出新问题"。Gilbert M. Joseph, "Close Encounters — Toward a New Cultural history of U. S. -Latin American Relations," in *Close Encounters of Encounters of Empire — Writing the Cultural History of U. S. -Latin American Relations*, ed. Gilbert M. Joseph, Catherine C. Legrand, and Ricardo D. Salvatore (Durham, NC: Duke University Press, 1998), 3 – 46.
5. Simone Turchetti, Néstor Herran, and Soraya Boudia, "Introduction: Have We Ever Been 'Transnational'? Towards a History of Science across and beyond Borders," *British Journal for the History of Science* 45, no. 3 (2012): 319 – 336. 关于跨国的、全球的和世界历史的研究及讨论，可以参看刚刚引用的《英国科学史杂志》的专刊中伊西斯·福库斯（Isis Fows）的论述：*Isis* 101, no. 1 (2010): 95 – 158; 和 "Global Currents in National Histories of Science: The 'Global Turn' and the History of Science in Latin America," *Isis* 104, no. 4 (2013): 773 – 817.
6. Paul Forman, "Scientific Internationalism and the Weimar Physicists: The Ideology and Its Manipulation in Germany after World War I," *Isis* 64, no. 2 (1973): 150 – 180; Patrick D. Slaney, "Eugene Rabinowitch, the *Bulletin of the Atomic Scientists*, and the Nature of Scientific Internationalism in the Early Cold War," *Historical Studies in the*

National Sciences 42, no. 2 (2012): 114 - 142; John Krige, "Atoms for Peace, Scientific Internationalism, and Scientific Intelligence," *Osiris* 21 (2006): 161 - 181; John Krige, "Building the Arsenal of Knowledge," *Centaurus* 52 (2010): 280 - 296; Alecis De Greiff, "The Politics of Non-cooperation: The Boycott of the International Centre for Theoretical Physics," *Osiris* 21 (2006): 86 - 109. 关于此主题的回顾，参见 Brigitte Schroeder-Gudehus, "Nationalism and Internationalism," in *Companion to the History of Modern Science*, ed. R. C. Olby, G. N. Cantor, J. R. R. Christie, and M. J. S. Hodge (London: Routledge, 1990), 909 - 919。关于其他科学国际主义著作的评论，参见 Paul K. Hoch, "Whose Scientific Internationalism?," *British Journal for the History of Science* 27 (1994): 345 - 349。

7. 参见如 Jessica Wang, *American Science in an Age of Anxiety: Scientists, Anticommunism, and the Cold War* (Chapel Hill: University of North Carolina Press, 1999)。
8. 舍恩伯格在署名科学论文时最常使用的签名是"Schönberg"。身处巴西及在公共交往中，他则使用"Schenberg"。因此，依据来源的不同，本章亦会使用不同的拼写形式。
9. Maria Ligia Coelho Prado, "Davi e Golias: As relações entre Brasil e Estados Unidos no século XX," in *Viagem incompleta — a experiência brasileira* (1500 - 2000) — a grande transação, 3rd ed., ed. Carlos Guilherme Mota (São Paulo: SENAC, 2013), 319 - 347.
10. 关于圣保罗大学的创建，参见 Simon Schwartzman, A Space for Science: The Development of the Scientific Community in Brazil (University Park: Pennsylvania State University Press, 1991)。关于法国的影响，参见 Patrick Petitjean, "Autour de la mission française pour la creation de l'Université de São Paulo (1930)," in *Sciences and Empires: Historical Studies about Scientific Development and European Expansion*, ed. Patrick Petitjean, Catherine Jami, and Anne M. Moulin (Dordrecht: Kluwer, 1992), 339 - 362。
11. Gerald K. Haines, "Under the Eagle's Wing: The Franklin Roosevelt Administration Forges an American Hemisphere," *Diplomatic History* I,

no. 4 (1977): 373 - 380.

12. Boris Fausto, *História do Brasil* (São Paulo: EDUSP, 2012); Thomas Skidmore, *Politics in Brazil, 1930 - 1964: An Experiment in Democracy* (New York: Oxford University Press, 1967); Luiz Alberto Moniz Bandeira, *Presença dos Estados Unidos no Brasil* (Rio de Janeiro: Civilização Brasileira, 2007); Gerson Moura, *Autonomia na dependência: A política externa brasileira de 1935 a 1942* (Rio de Janeiro: Nova Fronteira, 1980).
13. 然而，直到最近，人们才开始探讨美洲国家事务协调员办公室和洛克菲勒基金会对美国在该地区建立霸权所起的作用，有关著作有 Haines, "Eagle's Wing"; Moura, *Autonomia na dependência*; Gerson Moura, *Tio Sam chega ao Brasil: A penetração cultural Americana* (São Paulo: Brasiliense, 1986); Antonio Pedro Toda, *The Seduction of Brazil: The Americanization of Brazil during World War II* (Austin: University of Texas Press, 2009); Neill Lochery, *Brazil — the Fortunes of War: World War II and the Making of Modern Brazil* (New York: Basic Books, 2014); Lira Neto, *Getúlio* 1930 - 1945 - *do governo provisório á ditadura do Estado Novo* (São Paulo: Companhia das Letras, 2013); Coelho Prado, "Davi e Golias"; Freire and Silva, "Diplomacy and Science."
14. Toda, *The Seduction of Brazil*. 通过 20 世纪 80 年代末编辑发行的纪录片《这都是真的》，奥森·威尔斯和巴西的联系为电影爱好者们所熟悉。尽管原始胶片是 20 世纪 40 年代早期在巴西拍摄的，当时威尔斯在访问该国，在其中一位演员（一位筏工）不幸溺水身亡后，影片就被搁置了。当《这都是真的》最终发行时，这事又被旧事重提。参见 Catherine L. Benamou, *It's all True — Orson Welles's Pan-American Odyssey* (Berkeley: University of California Press, 2007)。至于波尔蒂纳里（Portinari），他在国会图书馆的作品成了巴西画家在美国的代表作的一部分。后来，他被邀请到联合国总部画有壁画《战争与和平》。
15. 这里有关康普顿旅行的信息主要基于 Freire and Silva, "Diplomacy and Science"。
16. 我们应当回忆一下，当时宇宙射线是物理学的一个热门话题，因为它可能证明汤川秀树关于存在一种新粒子的假设。该粒子当时被称为 mesotron（介子），后来被称为 meson（介子），质量介于电子和质子之间；它被假定为一种新的力量（核力）的中介。

17. A. H. Compton to F. A. Keppel，July 2，1940，letter plus a six-page report titled "Cosmic Rays at the University of Chicago，" Record Group 1. 1，ser. 216 D，University of Chicago — Cosmic Ray Study，box 9，folder 127，Rockefeller Foundation Archives，Rockefeller Archive Center，Sleepy Hollow，NY.
18. 瓦塔金 1935 年开始在《物理评论》上发表文章。报告发现穿透性簇射的系列文章的第一篇是 Gleb Wataghin，Marcelo D. de Souza Santos，and Paulus A. Pompeia，" Simultaneous Penetrating Particles in the Cosmic Radiation，" *Physical Review* 57（1949）：61。关于这些发现的讨论，参见 Marcelo A. L. de Oliveira and Nelson Studart，"Cosmic-Ray Air Showers and the Emergence of Experimental Research in Brazil，" paper presented at the 25th International Congress of History of Science and Technology，Rio de Janeiro，July 2017。
19. Compton to Wataghin，Jan. 4，1941. 瓦塔金曾就康普顿给杂志编辑写信表示感谢："我还想感谢您给《物理评论》的编辑写信，也感谢从您实验室获得的有关最新宇宙射线研究成果的非常有趣的信息。" Wataghin to Compton，Nov. 12，1940，ser. 02，box 017，folder South America Expedition，1941，Arthur Holly Compton Personal Papers，University Archives，Department of Special Collections，Washington University Libraries，St. Louis，MO.
20. "Thursday，March 7 1940 — Professor Gleb Wataghin，University of São Paulo，Brazil，" Record Group 1. 1，ser. 305 D，projects Brazil，box 13，folder 116，Rockefeller Foundation Archives.
21. "Excerpt from HMM's int. with Dr. ERNESTO DE SOUZA CAMPOS at Rio de Janeiro，Brazil，August 13，1941，" Record Group 1. 1，ser. 305 D，projects Brazil，box 13，folder 116，Rockefeller Foundation Archives.
22. On lattes，see Cássio L. Vieira and Antonio A. P. Videira，"Carried by History：Cesar Lattes，Nuclear Emulsions，and the Discovery of the Pi-Meson，" *Physics in Perspective* 16（2014）：3 – 36.

23. Compton to W. P. Jesse, May II, 1942, series 03, box 02, folder: South America, 1941 - 1942; Compton to W. P. Jesse, May 2, 1942, series 03, box 02, folder: South America, 1941 - 1942; Compton to R. G. Caldwell, April 26, 1941, series 02, box 017, folder: South America Expedition, 1941. All these documents are at Arthur Holly Compton Personal Papers, University Archives, Department of Special Collections, Washington University Libraries.
24. Donald E. Osterbrok, *Yerkes Observatory, 1802 - 1905: the Birth, Near Death, and Resurrection of a Scientific Research Institution* (Chicago: University of Chicago Press, 1997), 261. 关于舍恩伯格对恒星演化研究的贡献，参见 Davide Cenadelli, "Solving the Giant Stars Problem: Theories of Stellar Evolution from the 1930s to the 1950s," *Archive for History of Exact Sciences* 64 (2010): 203 - 267。
25. 关于洛克菲勒基金会在拉丁美洲健康科学领域所起的作用已经有大量的研究，但是有关它在物理科学中作用的研究还有空白需要填补。关于健康科学，参见如 Marcos Cueto, ed., *Missionaries of Science — the Rockefeller Foundation and Latin America* (Bloomington: Indiana University Press, 1994); Maria Gabriela Marinho, *Norte-americanos no Brasil: Uma história da Fundação Rockefeller na universidade de São Paulo* (1934 - 1952) (Campinas, SP: Autores Associados, 2001); Ana Paula Korndöfer, "para além do combate à ancilostomíase: O diário do medico norte-americano Alan Gregg," *História, ciências, saúde — Manguinhos* 21, no 4 (2014): 1457 - 1466; Thomas F. Glick, "O programa brasileiro de genetic evolucionária de populações, de Theodosius Dobzhansky," *Revista brasileira de história* 28, no. 56 (2008): 315 - 325; lúCIA Grando Bulcão, Almir Chaiban El-Kareh, and Jane Dutra Sayd, "Ciência e ensino medico no Brasil (1930 - 1950)," *História, ciências, saúde — Manguinhos* 14, no. 2 (2007): 469 - 487; Carlos Henrique Assunção Paiva, "Inperialismo & filantropia: A experiência da Fundação Rockefeller e o sanitarismo no Brasil na Primeira República," *História, ciências, saúde — Manguinhos* 14, no. 1 (2005): 205 - 214。关于数学，参见 Michael J. Barany, "Fellow Travelers and Traveling

Fellows: The intercontinental Shaping of Modern Mathematics in Mid-twentieth Century Latin America," *Historical Studies in the Natural Sciences* 46, no. 5 (2016): 669–709。

26. Fernando de Azevedo to H. M. Miller Jr., Sept. 1, 1942, Record Group 1. 1, ser. 305 D, Projects Brazil, box 13, folder 117, University of São Paulo — Physics, 1942–1943; H. M. Miller Jr. to RBF, Jan. 31, 1946, Record Group 1. 1, ser. 305 D, Projects Brazil, box 14, folder 129; both in Rockefeller Foundation Archives.
27. A. Compton to H. M. Miller Jr., Feb. 16, 1942, Record Group 1. 1, ser. 305 D, Projects Brazil, box 13, folder 117, Rockefeller Foundation Archives.
28. "我希望这件事能尽快通过，由于心理效应——一些在康普顿和瓦塔金合作研究之后随之而来的有形的东西。" H. M. Miller to Warren Weaver, Sept. 12, 1941, Record Group 1. 1, ser. 305 D, Projects Brazil, box 13, folder 117, Rockefeller Foundation Archives.
29. "与美洲艺术和知识关系委员会续签协议," Dec. 19, 1941, box 1170, Record Group 229, Records of the Office of Inter-American Affairs, 1918–1951 (hereafter ROIAA), series: Central Files, 1940–1945, National Archives and Records Administration, College Park, MD。
30. 关于奎因，参见 letter from H. Moe to Nelson Rockefeller, June 10, 1942, boxes 1149–1158, ROIAA。关于皮尔森，参见 letter from Charles A. Thomson to William Schurz and Richard F. Pattee, Nov. 23, 1943, box 418, ROIAA。关于瓦格利，参见 Toda, *The Seduction of Brazil*; and on his collaboration with the Museu Nacional, boxes 1149–1158, ROIAA。
31. Kenneth Holland to Gregory Comstock, June 2, 1943, box 418, ROIAA. From the São Paulo Office [Arnold Tschudy] to the Coordinator [Nelson Rockefeller], Aug. 2, 1944, Subject: Recommendations for the continuation of the project to send American professors to the Escola Politécinca, box 418, ROIAA. See also Olival Freire Jr., "Diplomacia cultural no contexto da Segunda Guerra: O caso sa Engenharia Metalúrgica na USP," *Revista brasileira de história da ciência*,

forthcoming.

32. 关于弗罗塔·莫雷拉，参见 letter from Nelson Rockefeller to Hugh Cumming [Pan American Union], July 14, 1941; letter from Hugh Cumming to Nelson Rockefeller, July 15, 1941, boxes 1159 - 1162。关于泽尔比尼，参见 letter from A. Tschudy [São Paulo Office] to the Coordinator [Nelson Rockefeller], July 17, 1944, box 62。关于莱奥，参见 letter from Ross McFarland [Harvard University] to John Clark [OCIAA], Dec. 27, 1941, box 82。关于德雷福斯，参见 letter from Cecil M. Cross to Secretary of State, Mar. 21, 1944, boxes 1149 - 1158。关于奥佐里奥·德·阿尔梅达，参见 letter from H. Moe and D. Stevens to Nelson Rockefeller, June 10, 1942, boxes 1149 - 1158. All these documents are at ROIAA。
33. Coelho Prado, "Davi e Golias."
34. Freire and Silva, "Diplomacy and Science," 12 - 14.
35. 关于博姆和麦卡锡主义存有大量文献。参见 R. Olwell, "Physical Isolation and Marginalization in Physics — David Bohm's Cold War Exile," *Isis* 90 (1999): 738 - 756; Shawn K. Mullet, "Little Man: Four Junior Physicists and the Red Scare Experience" (PhD diss., Harvard University, 2008); F. D. Peat, *Infinite Potential: The Life and Times of David Bohm* (Reading, MA: Addison Wesley, 1997); Ellen Schrecker, *No Ivory Tower: McCarthyism and the Universities* (New York: Oxford University Press, 1986); Wang, *American Science in an Age of Anxiety*; Olival Freire Jr., *The Quantum Dissidents — Rebuilding the Foundations of Quantum Mechanics* (1950 - 1990); Christian Forstner, "The Early History of David Bohm's Quantum Mechanics through the Perspective of Ludwik Fleck's Thought-Collectives," *Minerva* 46, no. 2 (2008): 215 - 229。
36. 联邦调查局和中央情报局对博姆的文件的解密，可以说明美国对博姆的准确立场。
37. 关于博姆流亡巴西，参见 Freire Jr., *The Quantum Dissidents*, 17 - 74。
38. 关于博姆的护照和公民身份的传奇，参见同上，55 - 57。
39. Phyllis R. Parker, *Brazil and the Quiet Intervention*, 1964 (Austin:

University of Texas Press, 1979), 72 - 87; Carlos Fico, *O Grande Irmão — da Operação Brother Sam aos anos de chumbo — o governo dos Estados Unidos e a ditadura militar Brasileira* (Rio de Janeiro: Civilização Brasileira, 2008). On Fico's book, see on 295 - 309 the transcriptions of the document "Proposed Contigency Plan for Brazil, January 1964," and fragments of "Brazil — Country Internal Defense Plan." Parker's book was first published in Brazil as *1964 O papel dos Estados Unidos no golpe de estado de 31 de março* (Rio de Janeiro: Civiliza*ção* Brasileira, 1977). 关于美国参与推翻古拉特，持续支持巴西独裁政府，还可参见 James N. Green, *Apesar de vocês — Oposição à ditadura brasileira nos Estados Unidos, 1964 - 1985* (São Paulo: Companhia das Letras, 2009), 46 - 86, translated as *We Cannot Remain Silent: Opposition to the Brazilian Military Dictatorship in the United States* (Durham, NC: Duke University Press, 2010)。

40. Rodrigo Patto Sá Motta, *As universidades e o regime militar* — Cultura política brasileira e modenização autoritária (Rio de Janeiro: Zahar, 2014), 110 - 147. 第一位巴西科学随员是保罗·德戈斯(Paulo de Góes)，他是一位来自里约热内卢的在政治上认同独裁统治的科学家。关于保罗·米兰达，参见同上，215。
41. 关于 1964—1985 年独裁统治下巴西大学的现代化，参见同上；Schwartzman, *A Space for Science*。
42. Motta, *As universidades e o regime militar*, 164 - 175.
43. 关于巴西的独裁统治及其采取的反对大学的行动，参见同上；Green, *We Cannot Remain Silent*; Elio Gaspari, A ditadura escancarada (São Paulo: Companhia das Letras, 2002)。
44. Ildeu C. Moreira, "A ciência, a ditadura e os físicos," *Ciência e cultura* 66, no. 4 (2014).
45. 关于萨利纳斯案件，参见 Motta, *As universidades e o regime military*, 232 - 233。
46. 关于巴西在 20 世纪 60 年代的人才外流，参见 Herch M. Nussenzveig, "Migration of Scientists from Latin America," *Science* 165, no. 3900 (Sept. 26, 1969): 1328 - 1332。关于努森茨韦格，参见 Climério P. Silva

Neto and Olival Freire Jr.，"Herch Moysés Nussenzveig e a ótica quântica：Consolidando disciplinas através de escolas de verão e livros-texto，" *Revista brasileira de ensino de física* 35（2013）：2601。关于莱特·洛佩斯在法国、迈克尔·帕蒂对洛佩斯的邀请以及帕蒂本人在军人独裁统治时期在巴西的苦难，参见 Olival Freire Jr.，*Ciência e História — Michel Paty e o Brasil，uma homenagem aos 40 anos de colaboração*，ed. Mauricio Pietrocola and Olival Freire Junior（São Paulo：EDUSP，2005），473－487。

47. Green，"Apesar de vocês."
48. 关于亨伯格夫妇的案件，参见 Olival Freire Jr.，"Amélia Império Hamburger（1932－2011）：Ciência educação e cultura，" in *Mulheres na física — Casos históricos，panorama e perspectivas*，ed. E. M. B. Saitovitch，R. Z. Funchal，M. C. B. Barbosa，S. T. R. Pinho，and A. E. Santana（São Paulo：Livraria da Física，2015），171－183. Motta（*As universidades e o regime military*，137）cites the Pittsburgh Professors calling the US government. The reference to Melamed is from Fernando de Souza Barros to Olival Freire，e-mail，Sept. 20，2017。
49. Rodrigo Patto Sá Motta，*As universidades e o regime military*，123；cable from US consul to the Department of State，Sept. 24，1965，RG 59，box 1944，folder I，National Archives and Records Administration II. Correspondence from the US consul in São Paulo concerning Schönberg fully approves his persecution by the Brazilian military. 感谢罗德里戈·莫塔和我分享这些文件。
50. 关于舍恩伯格的签证，参见 Malcolm P. Hallam，Confidential — Memorandum of Conversatin [with Maário Schönberg]，Nov. 28，1968，RG 59，box 1944，National Archives and Records Administration II。
51. 同样，共产主义者数学家何塞·路易斯·马塞拉战后立即被允许进入美国，但仍费了一番功夫。参见巴拉尼在本书第九章中的内容以及他的"Fellow Travelers and Traveling Fellows"。
52. 关于舍恩伯格的政治参与，参见 Dian L. Kinoshita，*Mario Schenberg — e o politico*（Brasília：Fundação Astrojildo Pereira，2014）。
53. 本书巴拉尼和克里格所作的后记。

第十一章 从国内到国际

——美国物理科学研究委员会与美国价值的推广

约瑟夫·西蒙

1964 年，罗伯特·赫尔西泽（Robert Hulsizer）在伊利诺伊大学待了 10 多年并在物理科学研究委员会的发展中发挥了关键作用之后，成了麻省理工学院科学教育中心的主任。在第二次世界大战期间，他在麻省理工学院获得博士学位，毕业后成为一位物理学家，在辐射实验室工作。回到麻省理工学院后，他提议要为大学一年级学生准备一门新的物理学课程，把这门课程描述为“就像试图描述一个发展中国家。它存在，因此可以在其当前状态下对其进行表征。然而，一个人对此课程的看法，是过去的传统、过去和现在的希望以及这些希望的部分实现的混合体”[1]。

制定那门麻省理工学院课程的另一位主要角色安东尼·弗伦奇（Anthony P. French），[2] 在建议中强调了麻省理工学院的“物理学导论课程因基础扎实受人尊重的优良传统”。这种传统始于 20 世纪 30 年代纳撒尼尔·弗兰克（Nathaniel Frank）的课程，发展于弗朗西斯·西尔斯（Francis Sears）的教科书和杰罗尔德·扎卡里亚斯（Jerrold Zacharias）与弗朗西斯·弗里德曼（Francis Friedman）的物理科学研究委员会。新课程将是这一传统（为麻省理工学院和国家服务）的又一进步。弗伦奇的叙述基本上以地方和国家为出发点，从麻省理工学院和美国辐射到世界其他地方。[3]

在 1956 年到 1960 年之间，物理科学研究委员会（赫尔西泽和弗伦奇的经历和设想所涉及的大项目）为美国高中开发了一门新的物理学课程。物理科学研究委员会得到了美国国家科学基金会、斯隆基金会和福特基金会的资助，总部设在麻省理工学院和伊利诺伊大学。这是一个运用军工管理模式的庞大而复杂的项目，是教材开发的一个大的创新。1960 年第一版物理科学研究委员会的《物理学》（*Physics*）出版了。几年之后，美国几乎有一半的学校使用了物理科学研究委员会的教材，它的教科书被译成了 12 种语言。[4]

弗伦奇和赫尔西泽的论述，标志着物理科学研究委员会在“发展中国家”中成了新的重大的里程碑，它通过麻省理工学院开发的新课程不断地发展。弗伦奇提到，在某些教学里程碑，特定机构（麻省理工学院）中本土化的目标和方法可以辐射到整个国家。在其他情况下，如物理科学研究委员会，为了制定一套能够建设国家并最终超越国家的教材，不同机构和从业人群的目标和方法之间需要有更大的互动和整合。确实，这个试图把美国的科学教育浓缩为一门国家课程的项目，能够培养科学家并设法将其教育改革的冲动传播到欧洲、拉丁美洲、亚洲和大洋洲。今天，物理科学研究委员会已经被科学教育者视为全世界科学教育的共同遗产。[5]

对物理教育和开发一门可以在全世界推广的探索性物理学课程的热情，正好和那时戈登·布朗（Gordon Brown，麻省理工学院工程学系主任）提倡的麻省理工学院愿景一致。对布朗来说，麻省理工学院正处于过去、现在和未来的十字路口。它已经发展成熟，成为一个重要的工程教育中心，它的教育计划已经做好准备，可以在国内和国际方面进行探索。它们和马克斯·米利肯（Max Millikan）与瓦尔特·罗斯特（Walt Rostow）领导下福特基金会资助的麻省理工学院国际研究中心倡导的项目是一致的；这二人要把现代化理论和国家建设作为美国外交政策的工具在全世界推广。[6]赫尔西泽和弗伦奇满脑子都是这个麻省理工学院的“理念”。他们把麻省理工学院新生的物理学课程描述为伴随着教育和国家的发展，它着力于传统的延续和新构造的想象。他们的描述强有力地说明了科学教育和国家及冷战时期物理学家的国家梦想之间有着密切的联系。这和有关国家与民族主义的经典历史研究完全吻合。[7]

民族主义并不总是美国民族史的书写特点。探讨 19 世纪美国科学的历史学家们研究国家机构的形成，但是也关注美国对德国、英国和法国经验的观察和借鉴。[8]相反，冷战时期的类似工作支持这样的观点：第二次世界大战后，美国的科学和教育已经发展成为自主的领域。[9]尽管这个时期的美国科学和教育已经具有全球重要性，我们还是要问，是否这些事实本身就构成了我们的史学观点和国家整体相一致的必要条件。[10]不可否认，一个民族是相对于其他民族而存在的，正如一个国家相对于其他国家而存在。[11]由于其跨国传统，教育改革特别能说明这一点，因为所有类型的民族国家（非霸权的和霸权的）在国内教育实践实行重大改变之前，通常都会向国外寻求相关经验。[12]物理科学研究委员会很好地说明了在国家和国际事务中的这种互动。

几十年前，跨国历史发展的主要推动要素之一，就是通过克服传统的例外论让美国历史走向世界的强烈愿望。[13]跨国视角可能有助于动摇历史表征的基础，这些表征并不充分，却长期占据主导地位。这一章以物理科学研究委员会为考察对象，它使得我们能够澄清历史和史学的某些因素，这些因素可以证明我们从地方、国家、国际或跨国视角来叙述美国科学和教育的历史合理性。

因此，我呈现了物理科学研究委员会的大幅图片及其在美国和国外的历史。第一部分从地方和国家的视角考察了物理科学研究委员会的形成。第二部分讨论该委员会的国际化。在最后部分，我讨论了在前两部分中提出的发现以及把跨国方法应用于这个案例研究的潜在可能性。

美国的物理科学研究委员会的由来

物理科学研究委员会起初是作为地方和个人的倡议而诞生的，但是它迅速扩大为集体的努力。它集中了大量的大学、学院和学校、物理教授和老师，以及教育研究者、技术人员、经理和顾问。它符合“时代特征”，在诸如美国国家科学基金会、美国物理联合会和美国物理教师协会等机构中，得到了大力支持，因为它们正在研发项目来解决相同的问题。在这一部分，我要强调的是，尽管物理科学研究委员会是在美国本土发展起来的，但它的民族（美国）特色并不是天生的自然特性，而是特定的地缘政治基础和某些项目成员作用的结果。

自 20 世纪初的几十年以来，美国一些从事学术研究的物理学家就对中学课程、教材和教师培训表达了不满，强调需要控制和均衡大学要求，并且谈到了培养物理学家和培训公民之间的矛盾以及对欧洲物理教授的过度依赖。[14]美国学校系统的分散性以及大多数大学物理学家对此缺乏兴趣，阻碍了任何大规模的改革。[15]

然而，到了 20 世纪 50 年代中期，一系列事件的出现在美国国会促成了一种普遍认同的观点，即这个国家必须在中学科学教育改革上加大投入。20 世纪 50 年代初以来，举行的许多专门会议和 1958 年的《国防教育法案》（National Defense Education

Act of 1958）是这场运动中的关键因素。[16]新成立的国家科学基金会（1950）努力使自己成为解决科学人才问题的专门机构。[17]

人们提出了几项倡议来改进物理教学。1956 年 3 月，麻省理工学院的一位物理学家杰罗尔德·扎卡里亚斯，给学院校长发了一封题为“电影辅助高中物理教学”的便函。他的项目是用原子物理学的语言表述的，聚焦于实验和电影，出发点是地方和个人的。[18]与此同时，1955 年开始，由美国物理教师协会、美国物理联合会和其他机构支持的一系列会议也开始解决物理教学中的主要问题。[19]这些会议中的一个主要角色是美国物理教师协会的主席当选人、布林莫尔学院的瓦尔特·米歇尔斯（Walter C. Michels）。他领导了由美国物理联合会、美国物理教师协会和美国国家理科教师协会创立的一个联合委员会。[20] 1960 年开始，米歇尔斯也领导了美国物理联合会和美国物理教师协会的大学物理委员会，它们制定了一项全国物理教学计划调查，目的是改进那些计划。由于物理学家协会的全国联盟以及物理学家的全国性组织由美国各州的地区分会组成，美国物理联合会和美国物理教师协会既有合法性也有能力进行这样的努力。麻省理工学院的物理学家显然缺席了这些会议，[21]这一事实限制了史学传统赋予麻省理工学院及其教授在国家科学教育中的作用，转而暗示了其他机构和个人角色在此过程中的作用。

在 1956 年美国物理联合会和美国物理教师协会的“物理教育大会”结束一周后，扎卡里亚斯向国家科学基金会提交了一份方案。[22]他能够获得麻省理工学院校长和名誉校长的支持，利用他们的关系和他战时的熟人来确保申请的成功。[23]到 1956 年 9 月，这个计划采用了其最终的名称：物理科学研究委员会。这个委员会表达了和美国教育考试服务中心[24]在教材开发与考试工具设计方面进行合作的兴趣。[25]

通过来自康奈尔大学、加州理工学院、伊利诺伊大学和贝尔实验室的成员的加入，物理科学研究委员会迅速地扩大。[26]这支队伍最终包括 700 位物理学家、高中教师、仪器制造商、电影制片人、摄影师、编辑、打字员和教育测试设计者。为了处理这个项目的日常需求，其自己的员工创建了一个非营利机构——美国教育服务公司。

到 20 世纪 50 年代末，物理科学研究委员会的初级教材已经在宾夕法尼亚州（3 所）、马萨诸塞州（2 所）、新罕布什尔州（1 所）、纽约州（1 所）和伊利诺伊州（1 所）的学校试用。[27]在不削弱这个项目正式领导人（麻省理工学院的杰罗尔德·扎卡里亚斯和弗朗西斯·弗里德曼）的重要性的前提下，从国家角度看，我要提到另外两位角色，他们在物理科学研究委员会的组建方面发挥了重要作用。在物理科学研究委员会的官方描述中，他们的相关性常常被淡化。官方描述的特点是国家表述而不是地方（麻省理工学院）叙述。[28]

这两人之一就是我们刚刚提到过的瓦尔特·米歇尔斯。米歇尔斯在协调和监督物理科学研究委员会的教材制作，特别是有关它们在试点学校的测试方面起了重要的作用。在 8 所试点学校中，有 3 所来自宾夕法尼亚州。米歇尔斯的工作在这方面是至关重要的。此外，他熟悉全国物理教育群体并和他们有联系，这是物理科学研究委员会其他成员并不具备的。在麻省理工学院领导这个项目的物理学家并非那个群体的成员，他们也没有表现出任何特别的兴趣想去了解它。

另外一个重要角色是伊利诺伊大学的小组，它领导了《物理科学研究委员会教师指南》（*PSSC Teacher's Guide*）的编写和对试点学校评估的监督。自 20 世纪 20 年代以来，伊利诺伊大学有 1 所实验高中，形成了中学教师和大学教授在科学和教育方面的（非典型）密切合作。它主持了二战后美国最早的由美国教育办公室、国家科学基金会和卡内基公司资助的科学课程改革项目：伊利诺伊大学中学数学委员会。[29] 其中一些成员随后加入了物理科学研究委员会。正如我们在本章开始时所看到的，在加盟麻省理工学院之前，赫尔西泽是伊利诺伊大学的教授，也是那里的物理科学研究委员会小组成员。他以前在麻省理工学院接受的训练，特别是他在伊利诺伊大学和物理科学研究委员会日常运营接触的经验，可以说在他后来被聘为麻省理工学院科学教育中心主任的过程中发挥了重要作用。

通过科学教育改革，米歇尔斯和赫尔西泽在其机构的行动（与宾夕法尼亚州和伊利诺伊州的中学、大学和教师们合作及联网，并且扩展到米歇尔斯有影响的其他州的大量机构和物理教师），确实有助于通过科学教育改革来塑造国家。如果说物理科学研究委员会成了一个能够描绘大量美国政治和教育版图的“发展中国家”，那么它并不是因麻省理工学院物理学家的政治权力和科学声望而显得独一无二，而是因为如上所述的其他角色的作用才变得特别。

到 1958 年，已有 8 名教师和大约 300 名学生使用了物理科学研究委员会课程的初级版本教材。5 所大学为大约 300 名教师开设了暑期培训项目。到 1959 年，有 1 万多学生使用试用教材。那一年教育服务公司的公报包括一张美国地图，展示了这一广阔的分布。[30] 1965 年，有大约 5 000 名教师和 20 万学生参与了物理科学研究委员会的学习项目，几乎占美国学习高中物理课程的中学生人数 50％。[31]

与此同时，一些地区团体召开会议来研究物理科学研究委员会的教材。它们出现在除了阿拉巴马州、阿肯色州、夏威夷州、肯塔基州、密西西比州、蒙大拿州、内华达州、新墨西哥州、北达科他州、南达科他州、田纳西州、犹他州、佛蒙特州和怀俄明州之外的其他所有州。其中有些会议是围绕着进一步的区划或大都市来组织的，如纽约、旧金山、洛杉矶、芝加哥、圣地亚哥、费城和波士顿。[32]

使用物理科学研究委员会教材的学校数量最大的增长出现在东海岸、西海岸和中西部（当时称为中北部地区），特别是围绕着城市地区。美国的其他地方（佛罗里达州例外）没有使用物理科学研究委员会的教材，约占全国上高中物理课人数的一半。其中一些学校表示，他们不愿意采纳物理科学研究委员会课程，并偏向于其他课程开发项目，如哈佛大学的物理项目。[33]

在美国的学校开设物理科学研究委员会课程早期，该委员会必须和美国大学入学考试委员会协商，为那些学过这门课程的学生设计一个特殊的成绩测试。美国大学入学考试委员会是在 1899 年由 12 所东部大学创立的，作为规范和合理化大学选拔学生的各种考试的一种方式。[34] 20 世纪上半叶，大学入学考试委员会扩大范围，覆盖了全国。[35] 1926 年它开始举行学术能力测试。第二次世界大战后，大学入学考试委员会测试由教育考试服务中心发布。在美国，两次世界大战尤其推动了具有地区或国家抱负的测试的发展，以确保军队招募的新兵能达到最低的教育标准。这些测试很快就适应了中学和大学的管理。测试的实施也引发了激烈的争论，因为它们可能导致课程的标准化以及干预州的管理，而且对于它们的目标和价值没有达成共识。[36] 到 1966 年，仍然有 800 所大学和 250 个奖学金项目在他们的录取过程中使用大学入学考试委员会的测试。但这并没能阻止物理科学研究委员会团队，他们认为，标准的大学入学考试委员会测试是设计用来评估传统的物理课程的，因此不适合他们自己的学生。为了为未来的学年解决这个问题，他们和大学入学考试委员会及教育考试服务中心合作编制适合所有学生的统一的物理测试。[37]

因此，我们看到，为了开发美国的物理课程，物理科学研究委员会必须依赖由其他举措提供的基础设施与合作，这些举措也旨在通过规范中学和大学的评估来建设美国。教育考试服务中心自成立以来参与了物理科学研究委员会的活动，[38] 其测试不仅是终端产品，也是塑造物理科学研究委员会课程的基本技术，因为考试被视为一种衡量课程优秀程度的客观技术。这些测试也是一种宣传工具：传播物理科学研究委员会的方案具有教学优势的理念，促使全国学校采用它而不是其他课程。[39]

并非所有物理科学研究委员会的领导人都赞同其国家角色。尽管它的目标针对最大多数美国学校，有些物理科学研究委员会的创始人有更具限制性和精英化的观点："这门课程应该面向排名在前25%的高中生，目的是从他们当中吸引更多的人进入高端研究，以及在其他人当中创造一种有利于科学活动的文化氛围。"[40] 它对全国领先地位的追求也受到了其他科学家和教育家的挑战，他们对于物理教育和美国教育应该如何发展有着不同的观点。许多人认为更为低调是有价值的，他们谴责物理科学研究委员会的努力及其领导人的自以为是。[41] 而且，在物理教育方面还有其他竞争项目，它们都想被全国采用。

本章开始时引用的赫尔西泽的话，来自《今日物理》(*Physics Today*）的一期特刊，内容是关于"物理教育导论"。在提出的各种观点中[42]，一些文章对物理科学研究委员会的国家话语的反抗是显而易见的。有些作者认为，社会对学校的要求是"培养哲学家—科学家”，而不是大批专业的科学家和工程师。[43]另一些人则反对物理科学研究委员会以国家主权为借口，呼吁课程多元化（作为反映美国文化的教育和民族美德的理想）。[44]其中，哈佛大学的物理项目将成为物理科学研究委员会在国家和国际层面的主要竞争者之一。20 世纪 60 年代早期，在物理科学研究委员会执行国内扩张策略的同时，杰罗尔德·扎卡里亚斯领导了一个教育小组，这个小组是总统科学顾问委员会的一部分。在赞美物理科学研究委员会项目之外，他还透露了自己对国民教育的一些看法："学校'系统'是改革的自然单位。这个系统是有机的半自主的教育单位。它有养老计划、主管、校长、晋升和雇用程序、工作规定、教材委员会。它还有选举责任、公共关系问题、预算经验。第二次世界大战以师来衡量军队，因为师是包括所有军种——步兵、炮兵、坦克和空军——的最小军事单位。学校系统是教育中的'师'。"[45]20 世纪 60 年代，这些类比并不罕见。[46]它们根植于战时经验塑造的文化背景，该背景把整个国家团结成一个集成系统以抗击外国敌人。二战后，这些联结还存留在许多在战争努力中起了重要作用的人（例如，一些物理科学研究委员会的领导者）的心中。

第二次世界大战的胜利和太空竞赛的开始，强化了美国的民族主义视角，它加强了对诸如物理科学研究委员会的努力在政治、经济和体制上的支持，有助于塑造许多团队成员的精神气质。[47]因此，在总统科学顾问委员会的报告中，扎卡里亚斯认为自己有理由忽略两个主要方面：第一，他忽略了20世纪60年代前进行的教育研究；第二，他对欧洲开展的任何当代研究不屑一顾，认为，除非能够证明它们和美国的情况有关，它们才是有用的，从而强调了美国的自主性。[48]欧洲影响力的下降被新出现的和苏联的竞争替代，这种竞争构成了冷战及其历史叙事。苏联人造卫星（Sputnik）的发射并未启动像物理科学研究委员会这样的项目，但确实有益于它们，至少为解决对科学教育的长期担忧提供了进一步的动力和支持。

中央情报局和美国国家科学基金会有关苏联高中教育和大学培训效率的报告，使得对美国科学教育失败的比较评估更加引人注目。根据这些报告，和苏联不同，美国的州政府有政治自治以及学校系统分层，它很难期望在短时间内培养出大量的科学家，而这是国家利益所要求的。扎卡里亚斯肯定会同意这一点。关于美国和苏联的对立，对人造卫星事件暴露出来的美国的落后感到遗憾，这些都是美国国家科学基金会报告中经常出现的争论。然而，其他美国专家认为，苏联教育在培训如数学、物理、化学学科的学生方面没有什么效果。事实上，科学规律和技术问题，在不同社会制度下，都是相同的。[49]这些报告把美国和苏联的科学教育差别归结为社会制度原因，显然简化了美国和苏联科学教育的主要特点：两个国家的科学、教育和政治都有自己的民族文化，它们多样而复杂。在此，对我们的目的而言，重要的是这种推理思路代表了塑造国家的另一种方式

(通过提及外部敌人)。在此框架(国际的)内,比较是相关的,但被工具化了,为了服务于主流的意识形态议程,而非教育议程。冷战史学在充满例外论和基本两极对立的叙事当中,极大地强调了美苏对抗。[50]然而,如果我们把目光越过 1945 年后超级大国对抗出现所带来的时间线,我们就可以看到长期的叙事,这种叙事能够对理解冷战时期和科学教育相关的历史现象给出更为丰富的解释。[51] 19 世纪以来,在整个国家的教育网络发展中,着眼于学习更多知识而不是追求卓越的比较研究似乎成了一种基本工具。通过官方的或秘密的跨国交流来比较未知和已知并得出结论的观察者们,回国后能够改进教学和科研。美国也不例外。[52]比较涉及一种不对称的观察(观察者总是主观的、有政治偏见的),但是它至少能够产生新的见解,而不是简单地用来拒绝其他观点。在这种语境下,存在一种有利于正在迅速扩大的科学教育的国际环境,在这种环境中,美国将扮演主要的角色。但是尽管如此,正如“国际的”的不完美几何学所暗示的那样,在这种环境中可能会有相互学习。

走向国际的物理科学研究委员会

1959 年,和物理科学研究委员会在美国的分布图一起,教育服务公司的报告中包括一张在美国官员陪同下,尼赫鲁总理在印度组织的一次展览中查看物理科学研究委员会教材的照片。[53]此前两年，一位刚毕业不久的哈佛大学物理学博士，把物理科学研究委员会教科书第一卷译成了泰语，随后他在泰国担任了重要的政府职务。[54]

物理科学研究委员会的目标是开展美国课程改革。然而，20 世纪 50 年代末，在研发物理科学研究委员会系列教材过程中，开始有外国的个人和政府对这个项目表达了兴趣。教育服务公司回应了这些需求。随着需求的增长，该委员会不得不制定国际扩展计划，设想把国际区域分为三类国家：（1）“发达国家——在那里彼此双方能够相互学习”：瑞典、挪威、丹麦、新西兰、南斯拉夫、西班牙、以色列；（2）“中等国家——问题主要是调整物理科学研究委员会课程”：日本、印度以及拉丁美洲，或“教育体制相对完善的国家”；（3）“新兴国家——在这里必须开展大量的援助工作物理科学研究委员会才能获益”：非洲国家或“不发达国家”。第一类的项目可以得到国家科学基金会的资助，第二和第三类的项目则需要其他机构的资助。

在物理科学研究委员会课程出版教材之前，教育服务公司报告说，收到了 350 位外国个人的问询（加上 200 位来自加拿大）。那一年，有 10 位外国访问者参与了物理科学研究委员会的暑期学院并在丹麦、德国、芬兰和英国宣传了该项目。1960 年，来访者数量预计会增长 6 倍。3 个西班牙语国家、日本和瑞典要求获得许可，把物理科学研究委员会教科书翻译成其本国语言。其他国家，如英国、加拿大、德国和巴西要求获得许可改编课程。美国新闻署也希望在其网络中散发物理科学研究委员会的教学资料（包括电影）。[55]

到 1966 年，有 50 多位外国教师参加了物理科学研究委员会在美国的教师培训计划。[56]这种运作模式硕果累累。例如，一位瑞典代表对暑期学院的访问，在瑞典的一个计划改编物理科学研究委员会教材的试验方案中发挥了重要作用。而且，挪威教师参与该项目是为了组成斯堪的纳维亚团队，合作研发新的教学材料。[57]相同的经验也事件在新西兰。

教育服务公司主张，一些试点国家可以通过增加其他主题，来改编教材满足它们的教育需要，[58]“直接翻译……通常不是最佳解决方案”[59]。一些外国接受了这一观点：挪威版本增加了（从高级主题计划中摘取的）一章内容，[60]西班牙版本为了能在 2 年制课程（而不是原来的物理科学研究委员会一年课程）中使用，将教材分为两册出版。到 1964 年止，只有意大利的译本包含了该课程的所有材料。[61]

1960 年后，大部分物理科学研究委员会国际化计划是通过开发国外课程设计的。[62]在 1960 至 1964 年间，以色列、英国、新西兰（3 个）、巴西（2 个）、瑞典、意大利（3 个）、尼日利亚、乌拉圭、哥斯达黎加和智利开办了暑期学院；印度、奥地利、以色列、意大利、日本和津巴布韦举行了关于物理科学研究委员会（或者部分和它相关）的会议。[63]

物理科学研究委员会教科书的外文版在丹麦、意大利、以色列、日本、巴西、印度、瑞典、哥伦比亚、加拿大、西班牙、挪威、土耳其、（法属）加拿大和法国出版。一些电影正在被翻拍成意大利语，它们是在印度购买的。有一部电影被译成西班牙语并在 1963 年的美洲物理教育大会以及在墨西哥、乌拉圭、哥斯达黎加和波多黎各的主要大学放映。[64]

1960 年，在欧洲经济合作组织和美国国家科学基金会的请求下，物理科学研究委员会开始在欧洲开展相关的现场参与活动。[65]那一年，在国际纯粹与应用物理学联合会的支持下，欧洲经合组织在巴黎总部组织了一场物理教育大会，提出关于开展欧洲科学教育试点项目的报告和计划。欧洲经济合作组织成立于 1948 年，是管理马歇尔计划援助的常设机构。它现在确信，其欧洲成员国的经济复苏计划，应该包括学校科学教育的改革。[66]

欧洲经合组织的官员和物理科学研究委员会团队进行了接触。在弗里德曼访问英国之后，在剑桥（英国）组织物理科学研究委员会暑期学院的计划开始成型。它于 1961 年 8 月举行，参与的教师来自法国、西班牙、葡萄牙、爱尔兰、意大利、奥地利、德国、土耳其、希腊、冰岛、荷兰、瑞士、挪威、丹麦、英国、南斯拉夫、比利时和瑞典。由乌里·哈伯-沙伊姆（Uri Haber-Schaim）领导的物理科学研究委员会代表团的目标，就是开展真正密集的活动，让暑期学院的参与者们离开时带上一系列的书面文件，在不同的国家开发试点项目。这些活动场所也被认为是协商物理科学研究委员会资料翻译版权的地方。这次的剑桥会议确定起草了一些活动草案，这些草案不是从国家角度而是通过多国教师团队制定的（除了一个有关南斯拉夫的报告）。[67]随后，哈伯-沙伊姆考虑到像欧洲经合组织这样的国际组织没有能力开发这样的项目，最好把这个倡议留给国家集团，就像（美国的）物理科学研究委员会的典型经验所证明的那样。[68]

物理科学研究委员会的工作人员在全世界流动，在其产品国际化的过程中起了重要的作用。弗里德曼和哈伯-沙伊姆可以说是该项目中的成员，他们在海外项目的开发中有更大的投入。哈伯-沙伊姆领导了在欧洲、拉丁美洲、非洲和日本的暑期学院。随后，他要领导物理科学研究委员会课程在美国的第二版和第三版的准备工作。弗里德曼在英国、印度和巴勒斯坦旅行，为在那里实施物理科学研究委员会计划做准备。

此外，这个项目受益于美国物理研究的国际影响以及与之相关的物理学家在全世界的传播。因此，自物理科学研究委员会成立以来就是其会员的康奈尔大学物理学教授菲利普·莫里森（Philip Morrison），在 1960 年为了研究到了欧洲、以色列、印度和日本。在旅行期间，他分发了物理科学研究委员会的资料，宣传了这个项目。[69]和物理科学研究委员会项目没有直接联系的麻省理工学院的物理学家也是这样做的。[70]在印度旅行期间，莫里森对弗里德曼早于他到达那个国家并早在他之前在那里介绍了物理科学研究委员会的事表示惊讶——他用了一个隐喻，准确地说明了物理科学研究委员会国际任务的政治和商业实质："如果哥伦布在哈瓦那港遇到了加的斯海军上将，他会有更大的惊喜。"[71]

物理科学研究委员会课程最早的外文版是西班牙语和葡萄牙语译本。物理科学研究委员会的教材在美国发行了几年之后，拉丁美洲就有 3 种物理科学研究委员会译本用于物理教育。物理科学研究委员会教科书的第一个译本 1962 年在西班牙出版，由出版商里韦特（Reverté）在西班牙和拉丁美洲销售。[72]例如，它曾被墨西哥使用过。在墨西哥，路易斯・埃斯特拉达（Luis Estrada）肯定很早就介绍了有关物理科学研究委员会的知识。他是墨西哥的一位博士生，曾在 1958 到 1960 年间到麻省理工学院做过访问生。[73] 20 世纪 60 年代期间，墨西哥的物理学家如埃斯特拉达、弗朗西斯科・梅迪纳・尼古劳（Francisco Medina Nicolau）在墨西哥国立自治大学举办了关于物理科学研究委员会的讲习班。1966 年该大学物理学学位改革之后，引入了一门新的普通物理学课程，其中包括物理科学研究委员会的课程实验和它的一些成套设备的复制。[74]

物理科学研究委员会课程的第二个西班牙语译本是 1964 年在哥伦比亚出版的。这是在美洲国家组织、哥伦比亚麻省理工学院校友俱乐部和哥伦比亚大学协会支持下，由 10 位在哥伦比亚的麻省理工学院校友和一群来自波哥大重点大学的物理学与工程学教授组成的团队翻译的。[75]翻译工作由阿尔韦托・奥斯皮纳（Alberto Ospina）领导，他是一位在麻省理工学院受过电子学训练的军事海军工程师，在 1958 年回国前他见证了物理科学研究委员会的发展。

几年前，物理科学研究委员会已经在巴西出版了葡萄牙语版。这是巴西科学家和教育家为了改进科学教育而做出的长期努力的结果。它得到了多方面的帮助，包括联合国教科文组织的支持（帮助创建巴西教育、科学和文化研究院，[76] 制定帮助学校制作和分发科学课件的雄心勃勃的计划）、美国资金（洛克菲勒基金会、福特基金会）和设在华盛顿特区的美洲国家组织的支持。在 20 世纪 60 年代到 70 年代期间，巴西教育、科学和文化研究院在巴西和整个拉丁美洲的科学教育项目的开发中发挥了重要作用。

巴西教育、科学和文化研究院于 1946 年创建于里约热内卢，用来管理联合国教科文组织在巴西的项目。它对科学教育的参与，经历了随后圣保罗分部的建立和伊萨亚斯・罗（Isaias Raw）自 20 世纪 50 年代以来的一系列举措。罗是圣保罗大学的一名年轻的医学研究员。他对科学教育的兴趣始于 20 世纪 40 年代末，当时他在圣保罗一所私立学校担任理科教师，同时在大学开展医学研究。在这个学校里，他主编了一份专门探讨科学教育的杂志。

在获得医学学位并在塞韦罗・奥乔亚（Severo Ochoa）位于纽约的生物化学实验室做了一段时间研究之后，罗带着开展一个项目来改变巴西科学教育的标准范式的想法，回到了圣保罗。作为巴西教育、科学和文化研究院圣保罗分会的科学主任，他组织开展了一系列科学教育和普及的活动，包括展览会、俱乐部、交易会、才艺比赛和电视节目。此外他为学校科学仪器和实验设备的设计与生产开发了一个重大项目。这个项目开始时是内部项目，但不久就得到了来自国家科学研究委员会和巴西的几个州政府的资助。随着这项目发展到一定产业规模，对罗来说，获得洛克菲勒基金会的资助（1957 年）是一大成功，它已经在资助圣保罗大学的新校区，特别是其医学院方面发挥了重要作用。

1956 年罗访问了美国并熟悉了美国早期的教育项目，如物理科学研究委员会。后来弗里德曼被福特基金会指派去访问圣保罗，但是他不久就生病了，不能成行。然而，通过罗在洛克菲勒基金会的联系人和后来到巴西的美国科学家使团，人们开始明白，这个国家在开发和销售科学教育成套设备方面具有巨大的潜力。因此，1961 年他们与福特基金会签订了一个资助协议，帮助在巴西的学校推广巴西教育、科学和文化研究院的实验设备、培训理科教师，最后但同样重要的是，在巴西推广美国的教学教材。[77]

在 1959 到 1960 年间，巴西教育、科学和文化研究院通过使用并研究该课程教材的低级复制品，跟踪了物理科学研究委员会项目的进展情况。1961 年，它出版了实验室指南译本并开始生产某些物理科学研究委员会仪器。巴西教育、科学和文化研究院的一位成员参加了物理科学研究委员会 1961 年在马萨诸塞州举办的暑期学院。

1961 年 1 月，在美洲国家组织和福特基金会的资助和美国国家科学基金会的技术指导下，物理科学研究委员会在圣保罗举办了一期暑期学院。这个学院的教员不仅仅由美国人组成，还包括来自智利（达里奥・莫雷诺［Dario Moreno］）、哥斯达黎加和巴西教育、科学和文化研究院（雷切尔・格弗茨［Rachel Gevertz］）的讲师。参与者分别来自巴西（19 人）、哥伦比亚（5 人）、智利（4 人）、巴拉圭（4 人）、阿根廷（3 人）、乌拉圭（3 人）、哥斯达黎加（1 人）、尼加拉瓜（1 人）、巴拿马（1 人）和秘鲁（1 人）。那一年晚些时候，物理科学研究委员会在巴西举办了另一期暑期学院，完全是由巴西教育、科学和文化研究院举办的，而且和在哥斯达黎加和乌拉圭的暑期学院同步管理。到那时，几乎所有的物理科学研究委员会的设备都可以通过当地生产获得。[78]

在这种背景下，物理科学研究委员会的教科书译成葡萄牙语是由一群中学理科教师和大学物理教授完成的。这些教授来自圣保罗大学、米纳斯吉纳斯州立大学、里约热内卢天主教大学和巴西利亚大学。这些教科书也是在这些大学出版的。在 1964 到 1971 年间，物理科学研究委员会课程的教材（分 4 册）在巴西销售了 40 万册。[79]

而且，作为1960年巴黎会议的后续行动，1963年，在联合国教科文组织、美洲国家组织、巴西教育和文化部、国家科学研究委员会、拉丁美洲物理中心和巴西物理研究中心的支持下，国际纯粹和应用物理联合会在里约热内卢组织了一次“普通教育中的物理学大会”。此次会议聚集了来自拉丁美洲、欧洲、美国和一些亚洲国家的约150位参与者。[80]

这次教师和物理学家的跨国流动得到了国家和国际机构的推动与支持。美国国家科学基金声明，它在科学课程方面的优先地位在于“研发可用于全国各地学校的教材”。然而，为了实现“美国的外交政策目标”，它的使命也是要和其他专门从事外交事务的国家和私人机构合作，帮助传播教学材料、科学家、理科教师和教育改革。[81]

美国国家科学基金会的官员们承认，他们为其他国家对美国新课程教材表现出的兴趣感到自豪。他们也意识到了拉丁美洲对于他们国家项目的国际推广的地区重要性，认为自己“在和拉丁美洲国家、中美洲的国立大学合作方面负有特殊责任”。而且，他们建议在寄送出版物和教材时，“应该像对美国人一样，免费为其他国家的人提供信息”。但是，由于外交关系是一件复杂的事情，[82]为了避免给人造成“在其他国家推销美国教材”的印象，在帮助那些提出要求的人时，应当谨慎小心。[83]尽管他们很谨慎，物理科学研究委员会的资料仍在国际上大量流通。例如，1961年，物理科学研究委员会几乎向世界上每一个国家的图书馆，都邮寄了一本物理科学研究委员会编辑出版的科学研究系列丛书之一《晶体和晶体的生长》（*Crystals and Crystal Growing*，1960）（向大多数拉丁美洲国家则邮寄了数本）。[84]

物理科学研究委员会项目的国际推广似乎并没有使教育服务公司和麻省理工学院科学教育中心运作的基本模式发生太多变化。然而，在少数情况下，他们得益于外国参与者的直接合作。这些参与者和那些正在大力开展科学教育改革计划的国家有着密切的联系，而它们的计划和美国物理科学研究委员会项目密切相关。因此，1960 年至 1963 年间，在开发高级课题项目时，教育服务公司主要利用了美国的成员和顾问。然而，它也聘请了一些来自其他国家（如瑞典、加拿大、巴西和新西兰）的教师。在他们的政府或联合国教科文组织的资助下，他们能够参与美国的暑期学院并在马萨诸塞州工作一段时间。到 1963 年，这门课程已经在瑞典、挪威、意大利、以色列、巴西、乌拉圭、智利、加拿大和新西兰试验开设。巴西团队的成员，如格弗茨和罗，在马萨诸塞州的剑桥待了很长一段时间。外国物理学家和教师的能力得到了物理科学研究委员会员们的尊重，但情况并不总是如此。在有些场合，外国要求合作的意见遭到拒绝，或被认为和物理科学研究委员会关系不大，即使它们来自在物理科学研究委员会计划中有良好记录的中心，如墨西哥国立自治大学。[85]

联合国教科文组织在拉丁美洲开发的项目，采用了一种不同的、更多国家参与的方式。联合国教科文组织（创建于二战后不久，在全世界科学教育计划的国际发展中发挥了重要作用。联合国教科文组织在20世纪60年代和70年代的科学教育倡议，通过把世界不同地区和不同的科学学科相联系来划分全球：拉丁美洲物理教育计划、非洲生物学教育计划、中东数学教育计划和亚洲化学教育计划。[86]

联合国教科文组织的成员国，代表了广泛的政治方针（从和平国际主义到参与冷战），以及如何通过科学、教育和文化来表达国际合作方面的不同的优先考虑和想法。[87]这个组织最初几十年的特点是，处于理想化的全球人道主义和实用主义、工具主义的政治间日益剑拔弩张的关系之中。前者倾向于不结盟并且相信文化、教育和科学的非政治的普遍主义特性，后者主要由美国代表，试图在文化和教育战线也开展冷战，将国际多样性纳入自身的国家利益和视野内。[88]

联合国教科文组织科学教育部创建于1961年，它的组织可以部分地理解为美国外交政策的一个关键因素，目标在于把尽可能多的美国代表安插到国际组织的相关位置。它的第一任主任是艾伯特·贝兹（Albert Baez），他是一位在斯坦福大学接受过培训的美国物理学家，是物理科学研究委员会电影制作部的一员。毫无疑问，他受雇于联合国教科文组织有利于美国，有利于通过科学教育（物理科学研究委员会）表达的（美国政府大力支持的）某版本美国文化的国际化。它对物理教育项目在拉丁美洲的发展也有重大影响。

在巴黎开始他的新工作之际，贝兹准备了一个实施科学教育新方法的试点项目。他的模型显然是物理科学研究委员会。[89]他决心在拉丁美洲实施这样一个项目，因为他会说西班牙语。在向联合国教科文组织的权威们介绍了他的项目并得到他们的赞许之后，贝兹和智利的纳胡姆·乔尔（Nahum Joel）、美国的罗伯特·梅伯里（Robert Maybury）、波兰的阿尔弗雷德·弗罗布莱夫斯基（Alfred Wroblewski）组成了一个团队。他把这个项目分为三个部分：物理学、化学和生物学，把物理学部分留给了自己。[90]

在包括助手达里奥·莫雷诺在内的团队的帮助下，乔尔在智利举办过物理科学研究委员会的讲座，他在联合国教科文组织在拉丁美洲的项目开发中有着关键性的作用。梅伯里以前曾在雷德兰兹大学见过贝兹。许多年后他回忆起当时有人问他能否参加联合国教科文组织项目时："人工智能（AI）的场景在我脑海中泛起，就像那个时代的许多专业人士一样，我深受约翰·肯尼迪名言的影响：'不要问国家能为你做什么，而要问你能为国家做什么'。"[91]

在联合国教科文组织巴黎总部的一次会议上，贝兹遇到了巴西教育、科学和文化研究院团队的一位成员，该成员劝说贝兹把他的项目推广到巴西发展。贝兹被邀请去参观巴西教育、科学和文化研究院在圣保罗的设施。他相信，罗的开创性举措为联合国教科文组织项目在拉丁美洲的实施创造了一个先进的、准备极其充分的环境。葡萄牙语教材的出版，不会成为之后把这些教材译成西班牙语、以供拉丁美洲其他国家使用的重大障碍。因此，圣保罗成了该项目在拉丁美洲开发的总部。[92]

联合国教科文组织的巴西试验项目，依赖于以前巴西教育、科学和文化研究院和由纳胡姆・乔尔和达里奥・莫雷诺领导的智利小组培育出来的拉丁美洲科学教育家网络。它集中了来自 8 个拉丁美洲国家的 25 位教授和教师，并且在一年（1963—1964）时间里，产出了 5 本书、7 套便宜的实验室资料、11 部短片、1 部长片和 8 个电视节目。到这一年底，来自另外 7 个拉丁美洲国家（因此，总共 15 个国家）的另外 35 位大学理科教师参加了一个研讨会来测试和评估教材。他们中的一些人（包括来自阿根廷、智利和委内瑞拉的）组成了团队，把试验项目活动推广到他们各自的国家。[93]贝兹担任科学教育部主任直到 1967 年。拉丁美洲试验项目的成功，使得该部能够在非洲、亚洲和中东开发类似的项目。[94]

物理科学研究委员会的跨国交流

物理科学研究委员会在国内和国际的发展，在涉及跨境流动从而和全世界不同的民族传统发生相互作用方面，遭遇了不同的经历。然而，这些相互作用并不总是导向在不同的科学教育文化之间建立对话。

例如，外国学生在麻省理工学院和其他美国大学的存在，确实促进了物理科学研究委员会项目（通过翻译和在国外使用）的国际化。正如我们在前一部分所看到的，对哥伦比亚、墨西哥、泰国的学生以及在某种程度上对巴西和智利的学生而言，情况就是如此。这些学生所在的大学的特色，首先就是留学生直接参与到国际舞台；其次就是留学生为了理解其他国家的文化，不得不各尽所能。他们的出国经历在或大或小的程度上改变了他们。他们存在的意义不仅和总体上理解物理科学研究委员会及美国物理学的国际化有关，也和理解这些美国大学的教育与研究的发展有关。然而，这个问题迄今为止很少有人分析研究。[95]

物理科学研究委员会的国际化也促进了一些物理学家和外国理科教师（瑞典和巴西的）加入到麻省理工学院的某些项目中，尽管这种情况不常见。这为他们提供了接触麻省理工学院的科学、教育和文化资源的有利机会。他们的经历也包括个人和文化的改变，以及不同国家文化的比较、冲突和部分地混合。

反过来，物理科学研究委员会领导成员的密集而广泛的旅行以及他们接触不同国家文化的经历也可能影响了他们对科学和教育的看法。人们也许想知道，这种国际接触对物理科学研究委员会一揽子教学计划的后续版本是否有相关的影响。例如，物理科学研究委员会领导人为了推广该项目而进行的世界旅行所需的知识，会不会导致后来调整物理科学研究委员会教材以适应国际读者？这很难说，特别是在该课程第二版出版（1965年）后，由于一些领导人（例如，弗里德曼和芬莱［Finlay］）英年早逝，原来团队中的大部分人离开了队伍，回归他们的物理研究或参与政策研究（扎卡里亚斯）。

毫无疑问，出国旅行在某种程度上会带来个人的改变，通常也是反对民族主义的一剂良药；然而，它并非一定要消解民族性的驱动力。相反，20 世纪 60 年代的世界地图描绘了一个保持民族性作为旅行基本特征的民族国家系统，无论是作为通行权，还是作为禁入权（有着由国家和国际移民政策决定的不同等级）都是如此。

在这种背景下，物理科学研究委员会团队领导人的国际流动尤其受到一种使命的影响。这种使命不仅是教育的、科学的和商业的，从根本上说也具有民族的性质，它把机构和个人联系在一起。正如在传统教室里，学习的学生的地位和上课的老师的地位显然是不相同的，在很大程度上，物理科学研究委员会人员出国教学，是以传统的方式实现了美国外交政策的目标。1960 年世界巡回宣传物理科学研究委员会期间，当莫里森在一封信里把自己描述成哥伦布、把弗里德曼描述成“加里斯海军上将”时，他用军事和商业征服的语言描述了物理科学研究委员会的国际努力。[96]考虑到拉丁美洲对国际的物理科学研究委员会的重要性，考虑到莫里森写下这些文字时正在访问（后殖民时期的）印度，他的隐喻是特别有说服力的，且不可忽视。无论如何，没有过度解释这个隐喻，莫里森和弗里德曼在他们去欧洲、印度、巴基斯坦和日本的旅途中的通信清楚地表明，他们使命的重点和基本依据就是通过物理科学研究委员会的展示和给予物质性礼物，启发外国物理学家和教育家。虽然他们的信件也谈到了一些观光，对这些国家的文化遗产（博物馆、纪念碑）表现了某些兴趣，但是没有谈到在有关物理教育的其他民族文化方面，他们从外国专业同行那里学到了什么（如果有的话）。在这种情况下，物理科学研究委员会团队领导人在世界各地的流动表明，从根本上说，国际常常是被一个国家的目标驱动的。

平心而论，一方面，就员工和他们所持的观点来看，即使他们中的某些人有国际野心，教育服务公司和麻省理工学院科学教育中心开发的新项目的核心基本上仍然是美国的。另一方面，由于有了国家、个人和国际组织（它/他们的兴趣都集中在这套最初在麻省理工学院设想的教材上）的网络，物理科学研究委员会的广泛的国际化才成为可能。同样，组织是由人组成、由人领导的，这些人是知识创造和实践参与的一股重要力量，这股力量并不总是和组织的官方声明完全一致。[97]由贝兹领导的科学教育部，把联合国教科文组织定义为一种“催化剂”和“国际化促进者”，但同时强调个别国家、个别教师和特定人员团队在塑造新的科学教育教材和观念中的作用。[98]在这种情况下，打开和其他国家集体的更为对称互动的大门，可以进一步淡化国家边界，有助于根据潜在的跨国主义情况修正的国际框架的表达。

在这种背景下，物理科学研究委员会的国际化中有许多重要的代理人，他们具有我们可以称之为“跨国的”的属性，这种属性使得他们在追求个人目标的同时，特别适合执行这项任务。例如，伊萨亚斯·罗和达里奥·莫雷诺就是这一类角色。在此，我要重点介绍乌里·哈伯-沙伊姆和艾伯特·贝兹。

哈伯-沙伊姆在国际的物理科学研究委员会的实际执行中发挥了领导作用；他领导了物理科学研究委员会教材第三版的编写。在1961年到1974年间，他是物理科学研究委员会项目的主管。他于1926年出生于柏林（德国），童年时于1933年移民到巴勒斯坦，1949年毕业于希伯来大学，在以色列国建立后不久，他是以色列“科学兵团”中的一员。这是一个和军队有着联系的科学家组织，在与周边国家的敌对行动日益增多的背景下，它在国防工业的发展中发挥了重要作用，这也使得它成为以色列建设中的核心项目。因此，哈伯-沙伊姆被派往芝加哥大学学习核物理学（1951年获博士学位），然后回到了魏茨曼研究所和以色列原子能委员会的研究基地。

在和原子能委员会主任发生了多次专业上的争吵之后（这导致了他的辞职），哈伯-沙伊姆转去瑞士德语区工作，不久后移民到了美国。哈伯-沙伊姆和以色列原子能委员会的冲突，可以部分地解释为习惯于自由的（科学家）职业和战争情况下建立在军队纪律基础上的管理之间的冲突。这种冲突也暗示了对于如何建设以色列民族国家的不同政治观点之间的冲突。哈伯-沙伊姆 1955—1956 年在伊利诺伊大学工作，1957—1960 年在麻省理工学院任助理教授。20 世纪 50 年代末开始，他全身心地投入到物理科学研究委员会的发展工作，从此开始了科学教育的职业生涯，把波士顿地区作为他的大本营。[99]

联合国教科文组织科学教育部的第一任主任艾伯特·贝兹于 1912 年出生于普埃布拉（墨西哥），但在两岁时随家移民到纽约。他 7 岁时回了墨西哥一年。他后来认为，这一年的经历对于他保持和出生国的联系，保留说西班牙语的能力有着重要作用。[100]然而，贝兹所受的正规教育是美国式的。1933 年他在德鲁大学获得物理学和数学学士学位，两年后在锡拉丘兹大学获得物理学硕士学位，1950 年在斯坦福大学获得博士学位并留校开始了 X 射线光学研究生涯。1951 年他得到了联合国教科文组织的任命被派遣到伊拉克。后来他就职于雷德兰兹大学并再次回到了斯坦福大学工作。1957 年杰罗尔德·扎卡里亚斯邀请他到麻省理工学院参加物理科学研究委员会项目，主要从事电影制作。他为物理科学研究委员会项目所做的工作影响了他以后的职业生涯。[101]

在有关联合国教科文组织生涯的回忆录里，贝兹回忆到，在到雷德兰兹大学教书前，他曾在康奈尔大学航空实验室运筹学研究组工作过一段时间。据他说，这是一项极富智力挑战的工作，但是他越来越担心陷入和战争努力有关的科学技术合作。他在《纽约时报》上读到一篇有关联合国教科文组织使命的文章，这篇文章致使他给该组织写信询问有没有职位空缺，他希望把自己的职业生涯奉献于为了人类福祉而和平利用科学。后来，他被邀请参与联合国教科文组织的一个项目——到巴格达大学建立科学实验室。他的第一项任务以及他为物理科学研究委员会所做的工作，肯定有助于他后来被任命为科学教育部主任。

贝兹在其回忆录中所表达的人道主义思想无疑是真实的，尽管它们受到了后来的建构。贝兹和哈伯-沙伊姆的生涯，展现了从军事驱动的科学向科学教育的转变，以及与此同时由国家建设向国际表达的转变。两人在科学教育方面都事业有成，而且他们在此发现了使自己远离为了军事目的的科学研究的办法。尽管这也许是参与了战时努力的物理科学研究委员会的物理学家的目标，[102]贝兹和哈伯-沙伊姆的行动、职业、语言和（例如）杰罗尔德·扎卡里亚斯的完全不同。

然而，在此主要的论点是，像贝兹和哈伯-沙伊姆这样的个人成为物理科学研究委员会国际化的两个主要的领导者绝非偶然。他们在几种民族文化中的成长和生活经验，为他们理解和执行国际化中涉及的各种行动做了准备。在某种程度上，其他物理科学研究委员会的工作人员（不管他们在物理和教育方面能力如何）还没有准备好去完成任务。除了语言技能外，他们的生活和职业经历都是跨国的，因为他们在生活中融合了不同的民族和文化身份，并且利用这些特点来建立桥梁和对话。

贝兹认为自己和墨西哥联系密切。在他的回忆录里，他也承认在联合国教科文组织项目开始时，他原来拥有非常傲慢的看法，认为美国科学教育项目及其设计者具有绝对优越性。然而，当这些项目在拉丁美洲开展期间，他认识到了巴西同事的智慧和能力，逐渐变得越来越谦逊。

从国家的角度看，哈伯-沙伊姆的行程更加复杂。和贝兹一样，他出生在一个国家但成长在另一个国家。而且，他工作在一个新兴民族国家的背景下，通过科学研究为这个新兴过程做出了贡献。在新生的以色列国，他和那些同为以色列公民但出生于不同民族国家的科学家携手合作。他后来又到了另外两个国家生活，并在美国开创了科学教育研究中具有国际主义特色的事业。

作为跨国角色，贝兹和哈伯-沙伊姆能够到外国旅行并虚心向外国同事学习，或者至少在思想上不受冷战高峰时期盛行的民族主义偏见的约束，这种偏见在冷战对抗和美国霸权形成的高峰时期十分猖獗。这些项目首先鼓舞了物理科学研究委员会。在此背景下，他们的能力特点就是在民族性方面具有相应的流动性，这使得比起其他类型的历史角色，他们有更高程度的自由来管理国家忠诚。他们在联合国教科文组织和物理科学研究委员会的工作分别展现了他们在所访问国家和科学家、教育家群体的接触。他们认识到了“他人”对于根据各国国情的要求和特点来改进科学教育目的的价值。对比之下，其他历史角色具有积极参与国际化的意识并在其中扮演了角色，但是也肩负着重要的国家义务，这一章中的扎卡里亚斯、弗里德曼和莫里森就是这种情况。贝兹和哈伯-沙伊姆的跨国机构的发展，是由他们多国成长的特点和他们国际经历的培养所塑造的，也是由他们和不同国家的科学和教育的传统接触和交流的能力所塑造的。

余下的一个问题是，物理科学研究委员会教材的不同译本在什么程度上忠实于美国原作？改编时它们是否被所遇到的不同国家的科学和教育的不同观点和经验改变？毫无疑问，物理科学研究委员会的译本是国际化的产物，在某种程度上是（它的一些推动者的）跨国主义的产物。但是物理科学研究委员会的译本能否看作跨国产品？

物理科学研究委员会教科书的许多译本大部分是完全按照原版的。例如，两个西班牙语译本的情况就是如此。然而，改编物理科学研究委员会教材的斯堪的纳维亚团队为那本书增加了新的几章，而有些译本（例如西班牙出版的那本）为了使其适用于两年的课程，把那本书分成了两册。[103]在其他地方，例如巴西，“参与者把物理科学研究委员会制作的文本和其他现代文本作为他们自己学习的基础，然后再亲自改编、制作出一套现代学习辅助资料，以适应当地的经济教育需要”。因此，巴西教育、科学和文化研究院改编物理科学研究委员会的美国课程的项目，主要通过聚焦来将其改编以适应当地需要的方法论，但是他们同样也密切关注内容的发展。他们能够这样做，因为他们有一个良好的起点。这个起点建立在对美国物理科学研究委员会团队的课程内容更新进行选择的基础上。[104]

20 世纪 60 年代和 70 年代，随着新的课程项目在国际上的普及，随着国际团队和跨国经验（例如，巴西教育、科学和文化研究院和联合国教科文组织的试点物理项目）的发展，可以准确地说，通过在国际组织领域内的直接交流或相互作用，它们的跨国传播不仅有助于加强美国的国家科学和教育在广泛的其他国家背景下的行动，更为重要的是，可以说它能够削弱这些产品原来的国家特色，此外也能给它们增添某种程度上持久的跨国条件。要充分支持这一跨国主张，还需要基于对物理科学研究委员会的几种译本作进一步地比较分析。

结语

本章的结构也许会给人这样的印象，即 20 世纪 60 年代的科学课程改革的努力，逐渐地从地方到国家，从国家到国际，又到跨国的科学教育。这是出于传统的叙事理由而选择的合适的陈述顺序。这些理由建议我们按时间顺序，从特殊到一般，或者从简单到复杂。然而，这会是一个简单的线性解释，它会掩盖科学和教育世界的复杂性。物理科学研究委员会具有地方的、国家的、国际的、地区的和跨国的要素。如果我们想对这个研究对象达到准确的历史的理解，所有这些要素都是有关的，它们的关系不是线性的和分层的。

而且，所有这些层面并存于如物理科学研究委员会这样一个历史对象中不能被视作是理所当然。知道它拥有全部这些性质，和理解它为什么拥有这些性质，以及我们作为历史学家为什么要把这些性质归于物理科学研究委员会一样重要。正如我在这一章第一部分所表明的，民族性是一个复杂的概念。物理科学研究委员会是美国的，不仅仅是因为几乎它的所有成员都出生于美国，或者是因为它诞生于麻省理工学院和其他美国大学和学院，而主要因为它是美国国内和国外的强有力的国家建设项目中的一部分。国家建设是通过发展和加强国家内部网络和社区的国内科学教育改革来进行的，是通过与其他民族国家或地缘政治地区比较来进行的，也是通过实施大规模的国际化项目来进行的。阐明这些范畴的含义，对于真正理解和恰当并准确地运用它们至关重要。

在这一章讨论的主要范畴中，跨国是最难以捉摸的，因为，正如我们所看到的，许多国际现象可能更接近国家的而不是跨国的。然而，无论是在民族国家的世界里，还是在民族国家之外，这个历史主张可能会受到展现了和跨国有最大相关性的新世界观和文化关切影响的未来史学的修正。而且，跨国和国际区别应该在用更为精细的解释来丰富历史领域方面发挥重要作用。这些解释从更多数量的国家案例中整合出更大范围的对象和参与者，为那些隐藏于民族国家缝隙之中的或者不符合国家逻辑的现象提供更好的理解。在这一章里介绍的对地方、国家、地区、国际和跨国的物理科学研究委员会的考察代表了的一种尝试：整合所有这些观点，证明讨论跨国作为史学进步的一个向度的重要性。

阐明不同尺度分析之间的过渡和联系并不是一件简单的事情。这需要科学史、技术史和医学史学家们做出巨大的努力，通过克服国家视角来更新他们的传统，而国家仍然是他们的专业和智识工作的最明显的场所。

注释

1. R. I. Hulsizer, "The New MIT Course," *Physics Today* 20, no. 3 (1967): 55 - 57.
2. 安东尼·弗伦奇是一位英国物理学家，他往返于剑桥和洛斯阿拉莫斯，参与美—英原子弹项目。他在 1955 年回到美国，把他在南卡罗莱纳大学的大学课程改写成"*Principles of Modern Physics*"(New York: Wiley, 1958)。
3. A. P. French, "A New Introductory Course at the Massachusetts Institute of Technology," 1963, PSSC Records, MC626, box 9, folder "New Courses," Institute Archives and Special Collections, Massachusetts Institute of Technology, Cambridge, MA (hereafter MIT Archives).
4. See, e. g., U. Haber-Schaim, "Precollege: The PSSC Course," *Physics*

Today 20, no. 3 (1967): 25 - 31.

5. Richard Gunstone, ed., *Encyclopaedia of Science Education* (Berlin: Springer, 2015).
6. S. W. Leslie and R. Kargon, "Exporting MIT: Science, Technology and Nation Building in India and MIT," *Osiris* 21 (2006): 110 - 130.
7. Ernest Gellner, *Nations and Nationalism* (Oxford: Basil Blackwell, 1983); Eric Hobsbawm and Terence Ranger, eds., *The Invention of Tradition* (Cambridge: Cambridge University Press, 1983).
8. A. J. Angulo, "The Polytechnic Comes to America: How French Approaches to Science Instruction Influenced Mid-Nineteenth Century American Higher Education," *History of Science* 50, no. 3 (2012): 315 - 38; Daniel J. Kevles, *The Physicists: The History of a Scientific Community in America* (New York: Alfred A. Knopf, 1978).
9. See, e. g., Barbara B. Clowse, *Brainpower for the Cold War: The Sputnik Crisis and National Defense Education Act of 1958* (Westport, CT: Greeenwood Press, 1981); John Rudolph, *Scientists in the Classroom: The Cold War Reconstruction of American Science Education* (New York: Routledge, 2002); Wayne J. urban, *More than Science and Sputnik: The National Defense Education Act of 1958* (Tuscaloosa: University of Alabama Press, 2010).
10. 这种倾向的一个例子，可以在最近的《美国科学史指南》导言中看到，其编辑把对当代美国的世界霸权的历史观察，转化为史学项目，目的是展示"美国在20世纪迅速崛起为全球科学技术的领袖"。Georgina M. Montgomery and Mark A. Largent, "Introduction: The History of American Science," in *A Companion to the History of American Science*, ed. Georgina M. Montgomery and Mark A. Largen (Oxford: Wiley, Blackwell, 2015), 1 - 5, at 4. In contrast, see Asif A. Siddiqi. "Competing Technologies, National (ist) Narratives, and Universal Claims: Toward a Global history of Space Exploration," *Technology and Culture* 51, no. 2 (2010): 425 - 443.
11. Pascale Casanova, *The World Republic of Letters* (Cambridge, MA: Harvard University Press, 2004).

12. Josep Simon, ed., "Cross-National Education and the Making of Science, Technology and Medicine," special issue, *History of Science* 50, pt. 3, no. 168 (2012): 251 - 374.
13. Ian Tyrrell, "American Exceptionalism in an Age of International History," *American Historical Review* 96, no. 4 (1991): 1031 - 1072; David Thelen, "Rethinking History and the Nation-State: Mexico and the United States as a Case Study; A Special Issue," *Journal of American History* 86, no. 2 (1999): 438 - 452; David Thelen, "The Nation and Beyond: Transnational Perspectives on United States History," *Journal of American History* 86, no. 3 (1999): 965 - 975.
14. Edwin H. Hall, "The Relations of Colleges to Secondary Schools in Respect to Physics," *Science* 30, no. 774 (1909): 577 - 586; Edwin H. Hall, "The Teaching of Elementary Physics," *Science* 32, no. 813 (1910): 129 - 146; C. R. Mann, "Physics Teaching in the Secondary Schools of America," *Science* 30, no. 779 (1909): 789 - 798; C. R. Mann, "Physics and Education," *Science* 32, no. 809 (1910): 1 - 5; Robert A. Millikan, "The Problem of Science Teaching in the Secondary Schools," *School Science and Mathematics* 9 (1925): 966 - 975; W. E. Brownson and J. J. Schwab, "American Science Textbooks and Their Authors, 1915 and 1955," *School Review* 71, no. 2 (1963): 150 - 180.
15. See Josep Simon, "Physics Textbooks and Textbook Physics in the Nineteenth and Twentieth Centuries," in *The Oxford Handbook of the History of Physics*, ed. Jed Z. Buchwald and Robert Fox (Oxford: Oxford University Press, 2013), 651 - 678; Josep Simon, "Textbooks," in *A Companion to the History of Science*, ed. Bernard Lightman (Oxford: Oxford University Press, 2016), 400 - 413.
16. See, e. g., F. Watson, P. Brandwein, and S. Rosen, eds., *Critical years Ahead in Science Teaching: Report of Conference on Nation-wide Problems of Science Teaching in the Secondary Schools Held at Harvard University, Cambridge, Massachusetts, July 15 to August 12, 1953* (Cambridge, MA: Harvard University Printing Office, 1953); Rudolph, *Scientists in the Classroom*.

17. David Kaiser, "Turning Physicists into Quantum Mechanics," *Physics World*, May 2007, 28 - 33; Rudolph, *Scientists in the Classroom*; William C. Kelly, "Physics in the Public High Schools," *Physics Today* 8, no. 3 (1955): 12 - 14.
18. Jerrold Zacharias, "Memo to Dr. James Killian, Jr. Subject: Movie Aids for Teaching Physics in High Schools, Massachusetts Institute of Technology, Department of Physics, March 15, 1956," Massachusetts Institute of Technology Oral History Program, Oral History Interviews on the Physical Science Study Committee, MC602, box 1, folder "background Materials — PSSC," MIT Archives (hereafter MC602).
19. "Conference on the Production of Physicists," Greenbriar Hotel, WV, Mar. -Apr. 1955; "Conference on Physics in Education," New York, Aug. 1956; "Conference on Improving the Quality and Effectiveness of Introductory Physics Courses," Carleton College, MN, Sept. 1956; followed by meetings at the University of Connecticut and Wesleyan University and, in between, several AAPT annual conferences. Frank Verbrugge, "Conference on Introductory Physics Courses," *American Journal of Physics* 25, no. 2 (1957): 127 - 128; Walter C. Michels, "Commission on College Physics," *American Journal of Physics* 28, no. 7 (1960): 611; "Conference on Physics in Education," American Institute of Physics, Education and Manpower Division Records, 1951 - 1973, box 6, folder Conference on Physics in Education, 1956, Niels Bohr Library and Archives, College Park, MD.
20. Walter C. Michels, "Committee on High School Teaching Materials (AIP-AAPT-NSTA), High School Physics Texts, Comments by Walter C. Michels for Meeting of 5/31 - 6/1, 1956," MC602, box 1.
21. 有几个例外，如桑伯恩·布朗（Sanborn C. Brown）就出席过其中几次。
22. Jerrold Zacharias, "A Proposal to the National Science Foundation,, August 17, 1956," MC602, box 1.
23. 哈里·凯利（Harry C. Kelly），美国国家科学基金会的科学人员和教育助理主任，与扎卡里亚斯和其他许多很早参与物理科学研究委员会项目的物理学家一样，战争期间曾在麻省理工学院的辐射实验室工作。他后来加入了物理科学研究委员会项目委员会。项目的早期成员或支持者中有麻省理工学院的教授，如马丁·多伊奇（Martin Deutsch，曾经在洛斯阿拉莫斯工作）、埃德温·兰德（Edwin H. Land，是位于麻省剑桥的宝丽来公司的领导者，该公司在战时曾因军队订单生意兴隆）及艾萨克·拉比（Isaac Rabi，1940 年以来是麻省理工学院辐射实验室的副主任和 1944 年诺贝尔物理学奖获得者）、纳撒尼尔·弗兰克、弗朗西斯·弗里德曼和爱德华·珀塞尔（Edward Purcell，哈佛）。拉比和多伊奇都是有犹太背景的奥地利人，他们随父母移民到美国并在美国受教育。

24. 美国教育考试服务中心是由美国教育委员会、卡内基教学促进基金会和大学入学考试委员会在第二次世界大战后不久创立的。为了避免在州和联邦层的考试标准化方面出现政治动荡和利益冲突，美国教育考试服务中心起初是作为私立的非营利组织被建立的。G. Girodano, *How Testing Came to Dominate American Schools: The History of Educational Assessment* (New York: P. Lang, 2005), 97 - 98.
25. Physical Science Study Committee, "Meeting of September 8, 1956," MC602, box 1.
26. Physical Science Study Committee, "Meeting of September 14, 1956," MC602, box 1.
27. Gilbert C. Finlay, "The Physical Science Study Committee," *School Review* 70, no. 1 (1960): 63 - 81; Educational Services Inc. (hereafter ESI), "A Partial List of Teachers Using the PSSC Course, 1962 - 1963, in the United States and Canada," ESI *Quarterly Report*, Winter 1962/1963, 10.
28. 弗里德曼在物理科学研究委员会教科书的后记中承认了这些角色的作用，但是在为此项目做宣传的许多论文中他们的作用则隐而不见，它们把重点放在了麻省理工学院。最近的一些文献也是如此，如 Rudolph's *Scientists in the Classroom*、MIT physicists involved in the PSSC project，再如 Zacharias，PSSC Oral History Project 整理，MIT Archives 收藏。弗里德曼于 1962 年去世。
29. J. Goodlad, *School Curriculum Reform in the United States* (New York, 1964), 64.
30. ESI, *Progress Report: A Review of the Secondary School Physics*

Program of the Physical Science Study Committee Initiated at the Massachusetts Institute of Technology, Watertown, 1959, 10, ESI Records, MC79, box 6, MIT Archives.

31. 这些数字通常来自物理科学研究委员会计划自己的记录，从而能够经受更为仔细地客观审查，它们无疑表明了这个项目在商业化后不久迅速地大规模扩张。S. W. Daeschner, "A Review of the Physical Science Study Committee High School Physics Course" (master's thesis, Kansas State University, 1965).
32. 有些州如新泽西、纽约和俄亥俄有大约 80 位使用物理科学研究委员会教材的教师；佛罗里达和宾夕法尼亚大约有 100 位；马里兰、加利福尼亚和伊利诺伊有近 150 位。ESI Records, MC79, box 6, folder "PSSC Area Meeting Reports, 1961 – 1968," MIT Archives; ESI, "A Partial List of Teachers Using the PSSC Course, 1962 – 1963, in the United States and Canada."
33. 该项目的物理学科是由詹姆斯·卢瑟福（F. James Rutherford, 纽约大学）、杰拉尔德·霍尔顿（Gerald Holton, 哈佛）和弗莱彻·沃森（Fletcher G. Watson, 哈佛）领导的。《物理科学导论》是由另外一些人开发出来的教科书，这些人对物理科学研究委员会教材的第二版作出了贡献，但是大多数人不属于曾经领导该项目的原团队。参见 Brother John Ryan, "Report of Area Physics Teacher's Meeting, February 17, 1968, Bishop David Memorial High School, Louisville, Kentucky," and "PSSC Area Meeting Report, Loyola University, New Orleans, Louisiana, March 30, 1968," ESI Records, MC79, box 6, folder "PSSC Area Reports 1968," MIT Archives。
34. Barnard College, Bryn Mawr College, Columbia University, Cornell University, John Hopkins University, New York University, Rutgers College, Swarthmore College, Union College, University of Pennsylvania, Vassar College, and the Woman's College of Baltimore. M. S. Schudson, "Organizing the 'Meritocracy': A History of the College Entrance Examination Board," *Harvard Educational Review* 42, no. 1 (1972): 34 – 69.
35. CEEB, *Bulletin of Information: College Board Admissions Tests* (New

York, 1966). Extracted from L. J. Karmel, *Measurement and Evaluation in the Schools* (New York: macmillan, 1970), 299.

36. Giordano, *How Testing Came to Dominate American Schools*; C. I. Kingson, "Science Education," Harvard Crimson, Nov. 27, 1957.
37. ESI, "The Matter of College Boards," ESI Records, MC79, box 6, folder "Teacher lists," MIT Archives.
38. F. L. Ferris, "Testing for Physics Achievement," *American Journal of Physics* 28, no. 3 (1960): 269 - 278; Catherine G. Sharp, "Minutes of the Annual Meeting of the Board of Trustees of Educational Testing Services, May 3, 1960," Educational Testing Service Archives.
39. ESI, *Progress Report*, 26 - 28.
40. Physical Science Study Committee, "Meeting of October 13, 1956," MC602, box 1.
41. A. Calandra, "Some Observations of the Work of the PSSC," *Harvard Educational Review* 29, no. 1 (1959): 19 - 22; J. A. Easley Jr., "The Physical Science Study Committee and Educational Theory," *Harvard Educational Review* 29, no. 1 (1959): 4 - 11.
42. Namely, Harvard Project Physics; Physical Science for Nonscientists, a course given at the University of California, Berkeley; the Nuffield Science Teaching Project; lectures given by Richard Feynman; the new MIT course, Engineering Concepts Curriculum Project; the Science Courses for Baccalaureate Education; and a critical review of available college physics courses by Mark W. Zemansky, the author of an extremely successful college physics textbook (with Francis Sears).
43. L. V. Parsegian, "Baccalaureate Science," *Physics Today* 20, no. 3 (1967): 57 - 60.
44. G. Holton, "Harvard Project Physics," *Physics Today* 20, no. 3 (1967): 31 - 34; E. E. David Jr. and J. G. Truxal, "Engineering Concepts," *Physics Today* 20, no. 3 (1967): 34 - 40.
45. Panel on Educational Research and Development, *Innovation and Experiment in Education* (Washington, DC, 1964), 37.
46. 参见由美国大学入学考试委员会副主任对考试和研究所做的同样的类

比：A. S. Kendrick，“Rainy Monday,” *College Entrance Examination Board*，1967，2.

47. John A. Douglass，“A Certain Future：*Sputnik*，American Higher Education，and the Survival of a Nation,” in *Reconsidering Sputnik: Forty Years since the Soviet Satellite*，ed. Roger D. Launius，John M. Logsdon，and Robert W. Smith（London：Harwood Academic，2000），327 - 362；Rudolph，*Scientists in the Classroom*；Simon，“Physics Textbooks and Textbook Physics.”
48. Panel on Educational Research and Development，*Innovation and Experiment in Education*.
49. Rudolph，*Scientists in the Classroom*，74 - 75.
50. 这些特性甚至表现在 Odd A. Westad，*The Global Cold War: Third World Interventions and the Making of Our Times*（Cambridge：Cambridge University Press，2005）。相反，参看 John Krige，*American Hegemony and the Postwar Reconstruction of Science in Europe*（Cambridge，MA：MIT Press，2006）；Daniela Spenser，*The Impossible Triangle: Mexico，Soviet Russia，and the United States in the 1920s*（Durham，NC：Duke University Press，1999）。
51. 类似的长期争论，参见 Jessica Wang，“Colonial Crossings：Social Science，Social Knowledge，and American Power，1890 - 1970,” in *Cold War Science and the Transatlantic Circulation of Knowledge*，ed. Jeroen van Dongen（Leiden：Brill，2015），184 - 213。感谢迈德里安娜·迈纳（Adriana Miror）为我提供此参考。
52. 参见 Simon，“Cross-National Education and the Making of Science，Technology and Medicine”。
53. 1961 年起，美国教育服务公司参与了印度坎普尔的技术研究所（由归 8 所美国大学［包括麻省理工学院］所有的一个财团、美国国际发展机构及印度政府资助）的创立。ESI，*1959*，*Progress Report*；ESI，*A Master Plan for ESI-PSSC Activities*，Watertown，1961，21 - 22 and appendix，MC79，box 6；MC602，box 2，MIT Archives.
54. ESI，*1959*，*Progress Report*，17.
55. ESI，“International Interest and Problems in Connection with PSSC

Physics," 1959, ESI Records, MC79, box 6, floder "Foreign Interest," MIT Archives.

56. ESI, *Physical Science Study Committee (1966): A New Physics Program for Secondary Schools*, 7, ESI Records, MC79, box 6, folder "A New Physics Program for Secondary Schools (Brochures)," MIT Archives.
57. 瑞典—挪威团队也邀请丹麦、冰岛和芬兰参与他们的项目，但是斯堪的纳维亚团队潜在的扩张也遇到了一些障碍。尽管这些国家大概也使用或至少是阅读过瑞典版本。Letter from E. Waril to Uri Haber-Schaim, Feb. 16, 1962, Physical Science Study Records (hereafter PSSC Records), MC626, box 1, folder "PSSC International Inquiries and Reaction, 1961 - 1962," MIT Archives.
58. *A Master Plan for ESI-PSSC Activities*, 21 - 22，以及附录。
59. ESI, "International Interest and Problems in Connection with PSSC Physics."
60. 这个教育服务公司的计划本身不是作为一门课程设计的，但是作为更为高级课题的补充章节，它可以和物理科学研究委员会的材料一起被加入教学。
61. ESI, *Quarterly Report*, *Summer-Fall 1964*, Watertown, 1964, MC602, box 5.
62. Letter from E. Waril to Uri Haber-Schaim, Feb. 16, 1962, PSSC Records, MC626, box 1, folder "PSSC International Inquiries and Reaction, 1961 - 1962," MIT Archives.
63. 1966 年以前，哥伦比亚也举办过暑期学院。ESI, *Quarterly Report*, *Fall-Winter 1963*, Watertown, 1963, 3 - 4, 24; ESI, *Quarterly Report*, *Summer-Fall 1964*, Watertown, 1964, MIT Archives, MC602, box 5; ESI, *Physical Science Study Committee (1966): A New Physics Program for Secondary Schools*, 7.
64. ESI, *Quarterly Report*, *Fall-Winter 1963*, Watertown, 1963, 3 - 4, 24; ESI, *Quarterly Report*, *Winter 1962 - 63*, Watertown, 1963.
65. ESI, "International Interest and Problems in Connection with PSSC Physics."

66. PSSC Records, MC626, box 12, folder "Correspondence 1961 – 1962," MIT Archives.
67. Ibid.
68. U. Haber-Schaim, "Some Guidelines on Curriculum Reform Based on the Experience of the Physical Science Study Committee," 1962, MC602, box 3.
69. ESI Records, MC79, box 6, folder "Personnel — P. Morrison Correspondence," MIT Archives.
70. 一个例子是麻省理工学院物理系主任威廉·比希纳（William Buechner），他在1965年把物理科学研究委员会的材料寄到了韩国。参见 William Buechner Papers, 1928 – 1978, MC229, box 4, MIT Archives。感谢迈德里安娜·迈纳为我提供此参考。
71. Letter from Philip Morrison to Edna S. Alexander, Feb. 9, 1960, I, ESI Records, MC79, box 6, folder "Personnel — P. Morrison Correspondence," MIT Archives.
72. 到了20世纪70年代，里韦特在波哥大、布宜诺斯艾利斯、加拉加斯、墨西哥城和里约热内卢设有分部。
73. Luis Estrada, "La UNAM y yo," in *Homenaje a Luis Estrada* (Mexico City: Academia Mexicana de Ciencias, 2010), 1 – 6.
74. J. A. González and R. J. J. Espinosa, "Introducción al método experimental: Un Nuevo curso en la Facultad de Ciencias," *Revista Mexicana de física* 22 (1973): E57 – E69; 参见采访: Jorge Barojas Weber by Josep Simon, Mexico City, July 4, 2016.
75. 据教材前言。
76. In English, Brazilian Institute of Education, Science and Culture.
77. A. C. Souza de Abrantes, "Ciência, educaçao e sociedade: O caso do Instituto Brasileiro de Educaçao, Ciência e Cultura (IBECC) e da Fundaçao Brasileira de Ension de Ciências (FUNBEC)" (PhD diss., Fiocruz, Rio de Janeiro, 2008); interview with Isaias Raw by Josep Simon, Butantan Institute, São Paulo, July 25, 2017.
78. Uri Haber-Schaim, "The Use of PSSC in Other Countries," ESI, *Quarterly Report, Winter-Spring 1964*, MC602, box 5.

79. Souza de Abrantes，“Ciência，educaçao e sociedade.”
80. Sander C. Brown，N. Clarke，and Jaime Tiomno，eds.，*Why Teach Physics? Based on Discussions at the International Conference on Physics in General Education*（Cambridge，MA：MIT Press，1964）.
81. National Science Foundation，*Thirteenth Conference on Coordination of Curriculum Studies*，Washington，D. C.，May 13 - 14，1965，2，6 - 7，PSSC Records，MC626，box 10，folder “NSF Curriculum Conference 1966，” MIT Archives；Finlay，“The Physical Science Study Committee”；Letter from E. Waril to Uri Haber-Schaim，Feb. 16，1962，PSSC Records，MC626，box 1，folder “PSSC International Inquiries and Reaction，1961 - 1962，” MIT Archives.
82. 我们应该注意到，美国教育办公室在 1959 年至 1963 年计划并于 1964 年成立了教育研究信息中心。
83. National Science Foundation，*Thirteenth Conference on Coordination of Curriculum Studies*，2，6 - 7.
84. Address list appended to letter from Francis Friedman to Alan N. Holden，May 1，1961，PSSC Records，MC626，box 11，folder “Correspondence 1961 - 1964，” MIT Archives.
85. Letter from Robert I. Hulsizer to Jerrold R. Zacharias，Mar. 25，1956，and letter from Augusto Moreno y Moreno to Jerrold R. Zacharias，Feb. 27，1965，PSSC Records，MC626，box 11，MIT Archives.
86. 这种严格区分适用于初创的试点项目。但是随着在每个大陆发展起来的不同领域项目的相互作用和相互反馈及当地教师的要求，这种区分逐渐淡却。UNESCO，*UNESCO and Science Teaching*（Paris：UNESCO，1966），UNESCO Archives.
87. Patrick Petitjean，“Defining UNESCO’s Scientific Culture，1945 - 1965，” in *Sixty Years of Science at UNESCO，1945 - 2005*，ed. Patrick Petitjean，V. Zharov，G. Glaser，J. Richardson，B. Padirac，and G. Archibald（Paris：UNESCO，2006），29 - 34.
88. S. e. Graham，“The（Real）politiks of Culture：U. S. Cultural Diplomacy un Unesco，1946 - 1954，” *Diplomatic History* 30，no. 2（2006）：231 - 51.

89. Albert Baez Papers, Stanford University Archives, Stanford, CA.
90. 由于贝兹是一位X射线光学专家，乔尔是一位晶体学家（他从伦敦获得博士学位，导师是J. D. 贝尔纳尔），他们可能出于科学研究的目的，早就见过面或者通信过。几年后，这个团队扩大了，增加了一位法国物理学家（Thérèse Grivet）、一位比利时化学家（Robert Ganeff，以前曾领导过欧洲经济合作组织的科学项目）、一位罗马尼亚的生物学家（Anne Hunwald）和一位印度生物学家（Rachel John）。UNESCO, *UNESCO and Science Teaching*, 6 - 7.
91. Robert H. Maybury, "From Model, to Colleague, to Friend: Honoring the Memory of Albert V. Baez (1913 - 2007)," accessed Feb. 7, 2017.
92. Albert Baez, "The Early Days of Science Education at UNESCO," in Petitjean et al., *Sixty Years of Science at UNESCO*, 176 - 181. A longer version of Baez's account is preserved at UNESCO's archives.
93. Albert V. Baez, *Pilot Project in Physics Teaching* (Paris, 1964), 16 - 17, UNESCO's archives.
94. Baez, "The Early Days of Science Education at UNESCO."
95. 参见例子 Ross Bassett, *The Technological Indian* (Cambridge, MA: Harvard University Press, 2016); Zouye Wang, "Transnational Science during the Cold War: The Case of Chinese/American Scientists," *Isis* 101, no. 2 (2010): 367 - 377。
96. Letter from Philip Morrison to Edna S. Alexander, Feb. 9, 1960, 1.
97. J. P. Sewell, *UNESCO and World Politics: Engaging in International Relations* (Princeton, NJ: Princeton University Press, 2015).
98. Division of Science Teaching — UNESCO, *Guidelines for a Massive World-wide Attack on the Problems of Science Teaching in the Developing Countries through the Use of New Approaches, Methods and Techniques* (Paris, 1965), 17, UNESCO Archives.
99. *Biographisches AHandbuch der deutschaprachigen Emigration nach 1933*, vol. 2 (Munich: K. G. Saur, 1983), 565; A. Cohen, *Israel and the Bomb* (New York: Columbia University Press, 1998), 11, 36 - 37; M. Karpin, *The Bomb in the Basement: How Israel Went Nuclear and What That Means for the World* (New York: Simon and Schuster,

2006)，37.

100. 在联合国教科文组织任职后，贝兹不再在加利福尼亚定居。在那里西班牙科学与工程协会已经证明他为西班牙裔，而且他也为它们作了贡献。他是美国“生活更美好”组织（Vivamos Mejor/USA）的主席，这是一个援助墨西哥穷人的慈善组织。
101. F. Reimers, “Albert Vinicio Baez and the Promotion of Science Education in the Developing World, 1912 - 2007,” *Prospects* 37 (2007): 369 - 381.
102. 这是鲁道夫的一个论点（Rudolph, *Scientists in the Classroom*）。
103. 这也许仅仅是形式上的一个小小的变化，但是事实上，从潜在的应用和教学实践来看，它们是相关的。
104. Division of Science Teaching — UNESCO, *Guidelines for a Massive World-wide Attack on the Problems of Science Teaching*, 17.

第四部分

核时代的管制与交流

第十二章　核知识跨越拉丁美洲边界

——知识跨国流动中的技术援助

吉塞拉·马特奥斯，埃德娜·苏亚雷斯-迪亚兹

一个人踯躅在街头

这是陌生世界的一条大街

也许这是第三世界

也许这是他第一次来到这里

他不说这里的语言

他两手空空没有一分钱

他是一个外国人

他周围一片嘈杂

集市里牲畜嚎叫

摊贩四散，还有孤儿院

——《你可以叫我AI》，保罗·西蒙（Paul Simon，1986）

引言：跨国旅行的物质性

跨国方法和描述跨越边境以及网络节点之间的运动、传播、流动的语言同义。尽管这个历史分析流派把焦点集中在流动上，我们注意到，研究中还缺乏对旅行本身的关注，仿佛从一个地方到另一个地方的流动是不成问题的。[1]在这一章我们来填补这个空白。我们把注意力集中于流动的物质性和那些使得旅行成为可能的错综复杂的不同种类网络、接触和流动。我们通过追踪一个流动的放射性同位素实验室辗转穿过几个拉丁美洲国家的路线，强调不仅在跨越国境，而且在任何一个国家内从一个地方到另一个地方的旅途中所面临的挑战。这些挑战不仅仅是官僚的，它们还是下列因素造成的：一是无法想象在一个发展中国家旅行需要什么；二是在当地官员和欧洲国际组织官员之间的文化规范和期望的分歧；三是自然本身的变幻莫测，从地震到洪水，以及它们对当地基础设施的毁灭性的影响。人员和物质不仅仅是跨越国境：他（它）们是在旅行。实际地跨越两地，涉及计划、金钱、时间以及那些文案工作、生活物资，忽略了它们就会给跨国旅途带来危险。

战后，特别是冷战背景下，在新的地缘政治秩序中，特别是在新创立的多边的联合国机构中，各种代理人之间的接触和交往日益增多。国际市场的增长（殖民垄断一旦瓦解）、航空运输和远程通信的存在，为科学和技术交流提供了条件。他们中的相当一部分人涉及各个领域的广泛的技术援助项目，这些领域被认为是世界上新观念传播之地（不发达国家）的现代化的潜在触发器。[2]农业、人口统计学、基础设施、公共卫生和核技术就是这类领域，人们期望在这些领域提供和接受发展援助。正如大量的有关后发展（postdevelopment）研究的经济学和社会学文献所表明的，事情的结果并非如预期的那样。[3]对于科技史学家来说，还有很多疑问和难题没有得到解答，被忽视了。人员（科学家和技术人员）、物质和仪器是如何（以及依靠什么样的经济和物质手段）在境内以及跨越国境流动的？谁实际上帮助了这些流动？哪些自然的、政治的和世俗的行政障碍阻碍了流动，以及它们如何影响了科学和技术的利用和改造？当所谓的“受援国”不愿接受假设的科学技术的好处时，会发生什么情况？当流动的科学成为技术援助项目的一部分时，这样的问题就不是徒劳的或多余的，而是20世纪下半叶知识流动的一个常常被遗忘的方面。我们充分意识到，本地的和邻国的专家参与了和放射性同位素实验室有关的知识的流动和实践。我们将在这一章里提到其中某些参与者。然而，我们不会深入讨论涉及国际、地区和当地培训专家和学员之间互动的科学实践和作用。

我们通过聚焦国际原子能机构的放射性同位素流动展览，考察知识在国家之间非对称、非互惠的交流背景下的（正如在多边机构参与到技术援助计划中所展现的）流动。为了在拉丁美洲推广放射性同位素技术，每个国家的原子能委员会、国际原子能机构的规划者、参与的专家和科学家，通过技术援助扩展计划及其在每个国家的国际工作人员的专业知识、技术援助委员会的驻地代表，高度地依赖由联合国发展机构设立的财政资源。[4]因此，在我们的故事中，跨国不是一个抽象的分析工具。它是通过不同的地理和自然的偶然事件（如安第斯山脉或洪水）、电力和基础设施的不对称以及行政历史中特有的“造纸”技术，展现出来的跨越国境。在解决这些问题时，科学和技术的国际化变成了当地参与者和国际机构的集体努力：驾驶一辆装载着一套标准化仪器和材料的相当坚固的铁家伙（一辆卡车），通过第三世界国家的崎岖不平的坎坷道路。它也提到了，在规范自然和技术方面，地方参与者和国际参与者之间需求和利益的冲突，以及这种活动在每个国家内部和国家之间遇到的特殊性和阻力。这种方法显示了，在技术援助计划背景下进行的科学实践的巨大适应性和稳定性。而且，正如在技术援助计划中执行的那样，跨国依赖于发展规划的新的管理技术。[5]

这两辆国际原子能机构放射性同位素流动展览车（1 号车和 2 号车）是美国原子能委员会于 1958 年捐赠的，目的是在和平利用原子能和 1957 年国际原子能机构创立之后的背景下，就放射性同位素的几种应用进行培训。[6]技术援助被列为该国际机构的优先事项，而且也被视为在全世界塑造、规范和控制原子能使用的关键工具。它也被理解是在为原子能技术开发潜在的新的市场，向更广泛的观众宣传原子能的有益方面。这样，核技术援助是以发展阶段的观念为模型的，在此放射性同位素的基本技术（准备、稀释、测量）以及它们在医学、工业和农业的“日常”应用，被视为迈向核化阶梯的第一步，随后建造和使用研究反应堆，最终获得动力反应堆。[7]然而，初步的放射化学的技术—科学实践，意在展示一个国家的现代性及其可能的未来。在此，我们谈论的不是宏伟的国家建设技术，那关系到自豪感和威望；我们谈论的是普通的放射性同位素技术（枯燥、无聊、重复性的），它们常用于工业质量检测、兽医和牙科临床，以及中等规模医院的医学治疗。而且，这两辆展览车不仅体现了科学、技术和现代化，还体现了“友好的原子”这一深刻的象征意义。

下面我们要描述驾驶放射性同位素流动展览 2 号车，以其经过 6 个拉丁美洲国家（墨西哥、阿根廷、乌拉圭、巴西、玻利维亚和哥斯达黎加）时所遇到的真实的和感觉到的困难，作为旅行物质性的一个很好的本土化案例。[8]我们把解释集中在“万国联合收割机”卡车跨越每个国家边境时的后勤上。这样，我们就能看到（在传统解释中常常被忽略的）这次活动的参与者，特别是维也纳司机约瑟夫·奥伯迈耶和国际原子能机构培训和交流项目的代理主任、阿根廷物理学家阿图罗·开罗（Arturo E. Cairo）。

核知识走进拉丁美洲

把放射性同位素流动展览运送到受援国，需要国际原子能机构联合国扩展计划的相当大的预算，估计费用达到每公里16美元，1960年到1965年的总费用大约为123 900美元，约占国际原子能机构用于技术援助的总预算的0.8%。为了实现它，该机构依靠了维也纳总部的雇员和当地人员，包括两名维也纳司机以及训练有素的技术人员，他们受到该机构的信任并且肩负着经常报告路途情况的责任和义务。从1958年开始，国际原子能机构也依赖于联合国技术援助扩展计划基金和联合国技术援助委员会在每个国家的驻地代表。[9]这些大量的人力和财政资源构成了一个复杂的网络，为科学家、工程师、仪器和物质的流动创造了异质性的条件。

对于放射性同位素流动展览2号车来说，跨越美国和墨西哥、墨西哥和阿根廷、阿根廷和乌拉圭、乌拉圭和巴西、巴西和玻利维亚的边界到达哥斯达黎加的仓库，涉及不少非常具体的挑战，更不用说1960年瓦尔迪维亚灾难性的地震后智利之行的取消。[10]尽管在最后一刻做出了几十个补救措施和管理安排、干预，行程本身仍在一直变动。“纸上的”行程似乎从来没有考虑过地面上的实际时间，一个地方的事件和延误造成后续路上的多米诺效应。

放射性同位素流动展览卡车长 10.5 米，高 3.4 米，宽 2.4 米，重约 13 吨。它们在田纳西州的橡树岭国家实验室组成和装配，包括一个小型化学实验室和辐射计数室，配有盖革-弥勒计数器、离心机和玻璃器皿等基本设备。这样，它们展现了标准化的放射性同位素知识和实践，如辐射计数、稀释、生物和医学的追踪方法。正如尼古拉斯・迪尤（Nicolas Dew）所说："没有计量学就没有科学。"[11] 为了科学实践有共同的基础，需要标准化的实践，但是标准化依赖于流动。经过长时间的审议，国际原子能机构决定从机构的员工中找几位司机来完成这样一项关键任务。

事实证明，驾驶一辆"万国联合收割机"卡车行驶在拉丁美洲上路、上火车、上船和进港口都是巨大的挑战。[12] 具备所需资格的司机必须保证至少 G－4 的工资等级。要对付这样一辆大卡车，司机必须有超常的驾驶技术，因为它相当于一辆大型的公共汽车。他必须有机械师资格，对车辆本身有强烈的责任感，包括清洁、日常维护和操作。这个人还必须愿意开着这样的车长途跋涉，并且一天 24 小时为它负责。[13]

从橡树岭到新拉雷多

这个行程原计划在 1959 年 12 月 23 日开始，但是延迟了两周，推迟到下一年的 1 月初。此次延迟是圣诞节假期造成的，这是由官员制定的不切实际计划的一个明显迹象。国际原子能机构从橡树岭核科学研究所聘请了一位电子技师——威廉·波普（William Pope）来负责该行程的墨西哥部分，挑选了一位掌握双语（德语和英语）的职业司机约瑟夫·奥伯迈耶来驾驶卡车从陆路穿越拉丁美洲。他驾驶着2号车从田纳西州的橡树岭出发，几乎走了2 000公里到达墨西哥边境城市新拉雷多。1960年1月5日，放射性同位素流动展览车跨越美国和墨西哥边界。

一位年轻的华裔墨西哥物理学家欧金尼奥·李库（Eugenio Ley Koo）在等待奥伯迈耶和波普，他的角色是一名翻译，也是一位教授，负责放射性同位素培训课程。在那一年的1月到4月之间，卡车停留并宣传和平利用原子能的地方，包括墨西哥中心地区的中等城市——蒙特雷、圣路易斯波托西、瓜纳华托、瓜达拉哈拉、普埃布拉、墨西哥城和韦拉克鲁斯。为了争取政府增加资金支持核科学和技术的发展，一群墨西哥科学家和宣传者（包括墨西哥国立大学校长纳博尔·卡里略［Nabor Carrillo］）利用国际原子能机构的流动展览，在墨西哥城安排了一系列旨在强调核能是一种现代化技术的会议和相关展览。

如果说跨越美墨边界是容易的（在后来的旅途中，奥伯迈耶十分怀念他在蒙特雷享用的牛排和啤酒），那么接下来的一段旅程很快就变成了挑战。在墨西哥湾港口和阿根廷（布宜诺斯艾利斯）之间没有直接的海运路线。泛美高速公路也没有延伸到那么远（至今仍不能到达）。因此放射性同位素流动展览2号车不得不回到美国的新奥尔良。在维也纳的开罗先生写给阿德里亚诺·

加西亚（Adriano Garcia）的一封信中，他写道："他们（阿根廷海外航运公司）建议从新奥尔良转运，但是也可以让他们的一艘船只偏离常规航线，到韦拉克鲁斯来接这辆流动实验室。"[14]

从墨西哥到阿根廷

这辆卡车最终定于4月18日离开坦皮科港口前往布宜诺斯艾利斯。2号车被装上了阿根廷海外航运公司的兰瑟罗号。这次航行耗时近三周，向北经过新奥尔良，然后向南驶向阿根廷。尽管到达准确日期不清楚，但5月10日放射性同位素流动展览车已经在布宜诺斯艾利斯了。

在整个行程中反复遇到的问题是缺乏稳定的电压和电力。这个事实对行程本身就有影响（主要局限于有电的地区），也影响仪器的性能。1960年6月15日奥伯迈耶在发给他的老板开罗的一封电报中这样写道："请紧急批准购买变压器稳定器［原文如此］，电力供应是个大问题，约花费200美元，解释信在路上。约瑟夫·奥克迈尔。"事实上，奥克迈尔正面临着一个问题，这个问题是每一个假定西方世界研发的技术在"任何地方"都有用的人都会遇到的。正如约瑟夫·奥康奈尔（Joseph O'Connell）谈论美国海军时所说，它"发现不能仅仅通过派遣舰船、飞机，运送子弹和士兵来建立海外基地。这些东西中没有一样能够自由地进入新的环境，除非为了铺平道路，海军预先输出伏特、欧姆、米和其他标准"，像国防部一样，国际原子能机构发现，科学仪器“不能在新的环境里待很长时间，除非这个环境已经准备好，能够使某些变量和设备的生产地相似，并能够在很长时间里保持稳定”[15]。放射性同位素流动展览要制造可再生的“普遍的”科学成果，就需要稳定的电力供应。

计划开发者和实际参与者之间条件不对称暴露出来的另一个事实和奥伯迈耶在阿根廷旅途中的工资、每日津贴有关。受援国有义务支付他一半的工资，工资是根据联合国的工资标准制定的。然而，正如那些在布宜诺斯艾利斯负责放射性同位素课程的人所说的，奥伯迈耶的工资远远高于当地科学家的工资(更别提他的每日津贴)：

> 关于每日津贴话题……奥伯迈耶得到的金额（每天1 000阿根廷比索）和分配给你的金额以及工程师布克勒[Buchler]金额一样多，我请你代我向他问好。我想提醒你，我们的人并没有得到任何补偿和用美元支付工资的舒适条件，甚至没有一个人得到像奥伯迈耶那么多，每个月收入只有约6 000到8 000比索。因此，他们不是觉得自己的职业尊严受到了伤害，而是觉得自己的钱包受到了伤害。[16]

为了避免不愉快的争吵，国际原子能机构决定把这位司机的工资转到联合国技术援助委员会的账户，并且，更为重要的是，把他的职位改为“技术专家”。[17]

在阿根廷，放射性同位素流动展览从布宜诺斯艾利斯巡回到门多萨，然后到科尔多瓦。在此旅途中，国际原子能机构继续推动放射性同位素流动展览车去访问尽可能多的国家，以便优化成本和差旅开销。因此，尽管智利不是国际原子能机构成员国，智利官员（智利这时还没有国家原子能委员会）仍协商请求放射性同位素流动展览车在访问其邻国时顺便到智利。这次访问批准不久，1960 年 5 月的瓦尔迪维亚大地震中断了阿根廷和智利之间安第斯山口的通道：

> 通过安第斯山脉从阿根廷到智利的道路，在称为“拉斯奎瓦斯”的地方中断，因为它不适合车辆通行。在南方，连接阿根廷和智利的另一条通道，是一条路况良好的道路，但是由于上一次地震，车辆不可能从智利南部到圣地亚哥。[18]

鉴于智利政府当时还有其他紧急优先事项要办，从经济上来讲，海运卡车是不可行的。放射性同位素流动展览最终没有到达智利：把放射性同位素流动展览车运到那里是一个不可逾越的障碍。

从阿根廷到巴西

展览车于 1960 年 11 月回到布宜诺斯艾利斯，随后又整装待发，准备去乌拉圭的下一站。一个新的惊人消息即将到来。在这个月底，联合国技术援助委员会在乌拉圭的驻地代表埃尔南·杜兰（Hernán Durán）博士写信给开罗博士，谢绝了放射性同位素流动展览车的来访，说乌拉圭政府对此已不再感兴趣。国际原子能机构总部对此行程的变化感到愤怒，开罗以一种受到刺激的语气，回复了杜兰的信：

> 我非常惊讶地听到乌拉圭对利用流动实验室不再感兴趣。这一决定将给该机构带来最不幸的局面……［因为］所有其他活动都是将这一要求考虑在内计划的。而且，由于技术援助委员会已经下拨了一定数量的钱资助此实验室访问乌拉圭，不利用这笔钱是非常不明智的。[19]

直到 1961 年 3 月，蒙得维的大学再次表示了对接受放射性同位素流动展览的兴趣。事情必须加速办理，因为在此期间巴西承诺在 6 月 1 日接受这辆卡车。奥伯迈耶（他这时已回到维也纳）必须飞回布宜诺斯艾利斯，卡车还存放在那里。当他到达那里时，已经有更多的问题在等着他。连接布宜诺斯艾利斯和蒙得维的亚的高速道路中断了，因为这个季节的大雨和洪水使得巴拉那河上游水位上涨。阿根廷的联合国技术援助委员会代表解释了河水上涨的后果：

> 根据现在的路况，走完这一约 200 公里的旅程至少需要 10 到 12 天，而且在整个旅程中必须有阿根廷和乌拉圭的海关官员坐在这辆卡车上，以确保在运输过程中没有任何未经通关的物品被运出。这些检查官的费用，加上他们的每日津贴和旅途费用，需要不少钱。[20]

这个新的障碍被避开了，这辆卡车最终被海运过去，到了乌拉圭，就如奥伯迈耶写给开罗的信中所说：

嘿，我终于从布宜诺斯艾利斯到了，不是走陆路而是坐船……因此我不得不等船，因为到科洛尼亚的渡船不能装载这么大的卡车。不管如何，我于4月22日渡海到达这里，昨天把卡车开出了海关，那是一个相当大的难题。[21]

接下来几周，从5月到6月5日，阿根廷专家在蒙得维的亚大学讲授了放射性同位素课程；他们来到这里为没有准备的邻居提供“技术援助”。一切进展顺利，直到放射性同位素流动展览车需要运到下一个拉丁美洲国家。怎样把2号车从蒙得维的亚运送到巴西？这个问题带来了一个两难困境：海运还是陆运？后一选择很快就被放弃了，因为奥伯迈耶要驱车2 000公里，还有中途高昂的费用。经过非常仔细地打听，海路似乎是更为合适的选择：

可以从这里通过陆路去里约，但是根据汽车［原文如此］俱乐部的消息，这条路有些地方路况很差。通过铁路运输也是可能的，但是它似乎需要相当长的时间。现在最安全的赌注就是你的猜测，用船把车运到桑托斯，然后从那里经陆路去里约。[22]

随着这些计划的发展，国家原子能委员会（巴西）主席马塞洛·达米·苏扎·桑托斯（Marcello Damy Souza Santos），给在维也纳的开罗发了一封电报。苏扎·桑托斯试图取消放射性同位素流动展览车对他的国家的访问，声称他们已经制订了自己的原子能计划。[23]开罗再次提出了强有力的理由来说服巴西人，他们最终同意让放射性同位素流动展览车待上6个月。8月1日，奥伯迈耶和放射性同位素流动展览车登上了卡普帕尔马号（*Cap Palma*）（图12.1），这艘船把他（它）们送往里约桑托斯港，于8月10日到达。

图12.1　1960年在乌拉圭的蒙得的维亚把放射性同位素流动展览2号车装上卡普帕尔马号。
来源：维也纳国际原子能机构档案。

巴西之旅一开始就很糟糕。一到里约桑托斯，奥伯迈耶就听说由于码头工人罢工，港口已经瘫痪了，花了4天时间才把卡车卸下来。然后他还要填写巴西海关的各种表格，奥伯迈耶抱怨道，现在“又有新花样，海关办公室想要货物清单上所有物品的价格”[24]，天气也是一个问题，“因为这里有些地方温度很高（桑托斯要40摄氏度），在里贝朗普雷图也一样，我要谢谢你的通风机［原文如此］，它可帮了大忙”[25]。而且，在旅途的这个点上，甚至还不清楚在巴西如何以及由谁来利用放射性同位素流动展览车。使事情更加混乱的是，苏扎·桑托斯不在国内，因此一位对放射性同位素一无所知的国家原子能委员会的公共关系官员，和奥伯迈耶一起留下来处理卡车通关事宜。

政治问题使得事情更为复杂。1961年初，雅尼奥·达席尔瓦·夸德罗斯（Jânio da Silva Quadros）当选为巴西总统，仅仅几个月后（8月21日）他就辞职了。这个国家陷入了政治动乱，这拖延了和放射性同位素流动展览有关的任何决定。更具体地，由于银行关闭，奥伯迈耶的每日津贴停发了。8月23日，这辆卡车最终获准离开*alfândega*（葡萄牙语，意为“海关”）。

在10月的头几周里，这辆卡车行驶在开往圣保罗的路上，尽管仍然没有人清楚展览的目的。2号车不是被用来教授有关放射性同位素课程，而是被用来为巴西国家原子能委员会做宣传、展示原子能的和平利用，以及用于明确要求的对甲状腺疾病的具体研究的，因为放射性碘在诊断学中的应用已经很成熟了。很明显，对巴西专家来说，放射性同位素流动展览没有提供什么新东西。然而，每天都有临时安排的活动。当2号车在戈亚纳的时候，雨季到来了。奥伯迈耶向开罗描述了当时的情况：

> 洛博［Lobo］先生想走，我告诉他，现在流动展览车不可能走，因为雨季开始了，路况非常糟糕。因此他给我们找了辆救护车。我们装上了一些仪器，如闪烁分光计、离心机等，带着它们东奔西跑，从里约、圣保罗、里贝朗普雷图、阿拉克萨、乌贝拉巴、乌贝兰迪亚、阿拉瓜里回到这里！明天我要把展览车开到因胡马斯，我们计划在那里待几天。然后我们再次坐救护车到戈亚斯维尔霍和周围的几个小地方，所以你看，我们在这里四处巡游。[26]

从巴西到玻利维亚

尽管奥伯迈耶经历了多次冒险，对于从巴西到玻利维亚的旅程，他实际上毫无准备，而此时开罗先生在维也纳。在巴西的访问时间延长了（从1962年1月到3月底）之后，2号车在里约热内卢寄存了一年多。与此同时，在给更多的国家发出新的邀请之前，国际原子能机构向技术援助扩展计划申请额外的资金来支付运输卡车意料之外的费用。在维也纳开罗的办公室，新的邀请函向更多的拉丁美洲国家发出（给出更加优惠的条件）。这时的流动展览似乎更加实惠，初步反映良好。然而，

1963 年 1 月国际原子能机构接到通知，由于联合国各机构之间优先事项的相互竞争，联合国不再为这一流动实验室提供技术援助扩展计划的资金。可是，玻利维亚没有重新考虑，于是当地官员同意支付运输费、专家和奥伯迈耶每日津贴的一半，但不支付专家的工资："您能理解，对于像我们这样经济条件差的国家来说，这些条件使得国际原子能机构的提议实际上无法接受。"[27]

最后，为了让放射性同位素流动展览运行起来，国际原子能机构同意支付从阿根廷出发去教授放射性同位素技术的专家的全部工资。为了把放射性同位素流动展览车从里约热内卢转运送到玻利维亚，人们提出了不同的运输路线。所有海关通关手续由玻利维亚办理。放射性同位素课程安排在该国的 4 个不同的城市：圣克鲁斯、科恰班巴、奥鲁罗和拉巴斯。在一封热情洋溢的信中，奥伯迈耶向维也纳总部描述了计划的旅行：

> 然后我见到了巴西—玻利维亚铁道圣米斯塔委员会的商务代理人托雷斯［Torres］先生，他告诉我了一些好消息！首先是可以用火车运卡车，从圣保罗或包鲁（距离更短）经由科伦巴（边界）到圣克鲁斯。从起点到边界的运费必须在圣保罗付清，玻利维亚的部分可以安排给玻利维亚（圣克鲁斯）支付。这列火车每日从圣保罗开往科伦巴，每周五从那里开往拉巴斯。下周三人们会打电话给我，告

诉我从圣保罗出发的价格。这个旅程大约需要一周时间。由于它是货运列车，我想我最好在包鲁装车后飞到拉巴斯去安排那一头的文件和付款事宜，您说呢？[28]

计划很好！但是它们和实际发生的事情发生了冲突。一个月后，奥伯迈耶仍然在里约热内卢，正在努力从海关获取必要的文件：

亲爱的开罗先生！

我想向您简单地报告一下到现在为止所发生的事情。我上次写信告诉您，可以利用火车来运送卡车，事实上这是现在唯一的方式，因为里奥巴拉那河洪水泛滥，道路封闭。我每天都在找维达尔［Vidal］先生要必要的过境文件，但是由于这一周里政府发生了变化，一切流程都比平常慢了许多。我也在6月19日通过电话和圣保罗的委员会再次取得了联系，他们答应会通过联合国里约办事处回复运输的确切价格，但是至今杳无音讯。在敦促联合国办事处再次尝试之后，我们无法与圣保罗取得联系，因此这意味着要等到星期一。[29]

几天之后，当奥伯迈耶把车从里约的存放地开到包鲁时，车的后轴断裂，他的出发再次推迟。[30]现在他非常悲观，这个不幸的司机抱怨他所谓的“巴西时间”。这是整个旅程中最具挑战性的部分，而且大部分发生在他最终到达圣克鲁斯（图 12.2）之前。

图 12.2　1963 年放射性同位素流动展览 2 号车在巴西从鲁比阿西亚到科伦巴的火车上。
来源：维也纳国际原子能机构档案。

奥伯迈耶又一次遇到了把卡车装上火车的问题，随机应变是取得成功的唯一途径：

> 好的，在包鲁，由于卡车的高度，铁路工人根本不喜欢装卸这样的货物。就在几个小时的来回奔波之后，我们决定在框架下面安装垫块，这样卡车在运输时就不会摇摆。然后我们发现装卸坡道太窄了，只能装卸小型车辆。因此我们又四处寻找，最后在索罗卡巴纳车站找到了一个地方。然后他们送来了一节很旧的车厢，上面的木板都裂了，我拒绝用这节车厢。因此引发了更多的争论，而且当时气温

> 是36摄氏度。为了卡车的尾部不被卡住，需要用大量木板把卡车抬起来，然而在这里那些木板似乎比黄金还要珍贵。到这个时候，我对所有这些无聊的事情感到厌恶，打算回家！伴随着到处大量的刮擦、叫喊和混乱，我们终于在下午把卡车装上去了。前面的几个人喊“Vamous!”［意为“快走”］后面几个人跟着喊，卡车上了平板车厢后，车厢两边各磨掉了约2厘米![31]

最糟糕的还在后头。奥伯迈耶从里约飞到科伦巴，那列火车应该在1963年7月20日到达这里。可是，一个多星期以后仍然没有该火车和它的宝贵货物的任何消息。我们的司机赶往包鲁火车站，在这里他被告知火车不久就到。急于找到火车和卡车，他返回到科伦巴，在这里车站站长花了九牛二虎之力沿铁路沿线寻找那辆火车。之后，7月24日，他们收到了一封来自鲁比阿西亚（一个离包鲁几小时车程的小站）的电报，告诉他们这列火车出了事故。为什么之前没有告诉科伦巴站？他们为此展开了激烈地争论，之后奥伯迈耶疯狂地赶往阿拉卡图巴，他并非没有试图去找联合国技术援助委员会在里约的驻地代表彼得先生，然而电话线路不通。

两天之后，奥伯迈耶到达了鲁比阿西亚，在这他可以估计2号车的损坏情况。除了有一些外部损伤外，2号车的方向轴也弯了。奥伯迈耶在科伦巴被困了将近两个星期，他认为这个地方是他“见过的最糟糕的地方，成千上万的蚊子让你几乎不能入睡……电话线路现在又断了，没有人知道会断多久”[32]。

最后，卡车被放行了，于 8 月初到达圣克鲁斯（玻利维亚的一个边境小镇）。正当奥伯迈耶试图找到驾驶卡车通过玻利维亚的最佳方式时，一个新的惊喜在等待着他。当他从巴西的科恰班巴开到拉巴斯时（同时仍在安排支付卡车的修理费），他意识到，通向玻利维亚首都的道路对这辆卡车来说，过于陡峭，过于狭窄。卡车的长度也是个问题。曲折的道路使得 2 号车不可能到达拉巴斯。主办方不愿意放弃这项任务，在 8 月中旬，用公共汽车把一些仪器送到了这个城市，并且讲授了几门课程。

联合国技术援助委员会驻玻利维亚的代表玛格丽特·琼·安斯蒂（Margaret Joan Anstee）女士向国际原子能机构官员开罗大发牢骚说：“如果在更早阶段就把我们办公室考虑进去的话，许多困难是可以避免的。”[33]在回信中，尽管开罗对所有的不便表示抱歉，但他还是争辩说：“实际上［在国际原子能机构的］他们也没有办法，因为在大部分时间里我们甚至不知道在什么地方可以联系得上……奥伯迈耶先生。”[34]结果，其余课程在科恰班巴农学院和圣克鲁斯兽医学院讲授，于 10 月 25 日结束。

从巴西到哥斯达黎加

接下来的两年里，放射性同位素流动展览车于 1963 年年底回到里约热内卢，并寄存在那里。最终，国际原子能机构把这辆卡车作为一个放射性同位素实验室，也作为联合国在中美洲根除地中海果蝇的特别资金项目的一个部分，赠送给了哥斯达黎加。这最后一程也非易事。从巴西到哥斯达黎加的唯一可行路线是海运。但是从新奥尔良中转的行程费用太高。最后，放射性同位素流动展览车在里约热内卢登上了一艘由阿根廷商业船队特别安排的船只，被运往哥斯达黎加位于太平洋海岸的蓬塔阿雷纳斯，于8月11日到达，在圣克鲁斯港口卸下，最后到达最终目的地圣何塞。

对跨国技术援助和科学技术流动的思考

知识的可移植性是科学的标准化或计量学的先决条件。但是，科学和技术实践的这种“普遍化”或标准化，经常受到重新安排知识行程的众多意外事件的阻碍，从而变得更加明显。放射性同位素流动展览2号车穿越6个拉丁美洲国家旅行的历史，尽管艰难，肯定不是一个例外。它说明了把知识复制和转移到它原初产生的适宜的地方之外的许多困难。正如我们在开篇引用的保罗·西蒙的歌词中所说的，“这是陌生世界的一条大街”。

和放射性同位素操控有关的知识和科学实践的流动，面临着非常不同的“障碍”和阻力。其中有些和实际考虑有关，如相对于拉丁美洲狭窄道路而言的卡车的大小。“万国联合收割机”卡车原来是设计用于美国高速公路和平原地形的，在那里加油站和其他基础设施十分方便。巴西和玻利维亚山区的高低不平、曲曲折折的道路，不适合这样一辆巨型卡车通行。当它在那些跨越边境的不同船只和火车上装卸时，它的庞大的体积和笨重的重量也是一个巨大的挑战。在主要的城市中心和港口之间，没有直接的空运和海运航线，对于国际原子能机构、联合国工作人员和奥伯迈耶来说，这种情况相当于一个“凹凸不平的”障碍跑道，和他们原来计划的顺利的行程很不一致。之所以如此仅仅是因为技术援助计划者想象了一个抽象的地形，在这个想象中的平整的西方化空间里，车辆移动畅通无阻。[35]在那些年里，拉丁美洲的基础设施并不适合美国式的旅行；确实，经济和市场交易还局限于当地，除了受到美国经济影响的局部地区外，商品和人员几乎没有流动。[36]

知识流动的另一个不同类型的阻力，在于源自隐藏于海关要求中的不同（国家的和其他的）官僚传统和不同管理标准之间缺乏相互联系，例如，关于奥伯迈耶和其他人员的每日津贴的支付。确实，当那些乌拉圭人告诉阿图罗·开罗，巴西人喜欢繁文缛节时，已经说明了这一点。在国家机构和国际机构之间也缺乏相互联系（通常表现为缺乏和在每个国家的联合国技术援助委员会驻地代表的交流以及他们的参与）。在更为日常的层面上，拉丁美洲参与者觉得无伤大雅的“延误”，被机构的官僚们看成了难以理解的障碍，甚至是落后。[37]更有甚者，管理上的文案工作和电话、信件、电报交流纠缠在一起，而后者又受到混乱的操作的阻碍，由于自然或政治事件而陷入停顿。时间似乎运行在不同的空间：在奥伯迈耶和开罗的信中表达的是维也纳时间，它和日常生活的节奏、偶然事件以及由庆祝活动、工人罢工、自然灾害（如洪水、地震）造成的无数停顿不同步。尽管如此，奥伯迈耶适应并设法克服了大多数现实的障碍。很有可能放射性同位素流动展览能够保持运转的主要原因是奥伯迈耶的坚韧和创造力。

此外，还有从前面两个问题演化而来的第三种偶然性：对“受援国”而言，2 号车的运输和维护的费用高昂。技术援助计划对于捐赠者来说是便宜的，但是结果对于接受者却非常昂贵，并且超出国际原子能机构的计划预算。[38]在放射性同位素流动展览组织者 1966 年的最终报告中，这个机构承认，它必须承担某些国家无力支付的某些费用。而且对拉丁美洲国家来说，运输放射性同位素流动展览车及其宝贵的货物以及支持司机和专业人员的高昂费用，在和它们更为紧迫的优先事项竞争经费。这在像海地那样的国家中尤其明显，它从一开始就拒绝了放射性同位素流动展览，在智利也是如此，在一场地震摧毁了这个国家之后，它就没再争取举办放射性同位素流动展览。友好的原子在纸上似乎是一个吸引人的提议——但是还不足以吸引那些假定要买或者接受它的人们。最终，有一半的接受者，像墨西哥、阿根廷和巴西，已经有了核科学团体和设施。

而且，放射性同位素流动展览为拉丁美洲地区的国家和代理人展示了有趣的积极方面。在墨西哥和巴西，巡回展览起了这样的作用：帮助当地核科学研究要求增加资金，宣传科学精英们提倡的现代价值观。而且，正如戴维·韦伯斯特（David Webster）所说，在冷战背景下，联合国专门机构“对于许多政府来说，是技术援助的一个相对可以接受的来源”[39]。墨西哥的情况就是如此，墨西哥是一个有着明显好战并且强大的邻国，但是其政府同样关心它们自己国内的民族主义和革命的意识形态。[40]

关于拉丁美洲的科学，放射性同位素流动展览的巡回也反映了显而易见的地区发展不平衡。人们认为阿根廷专家可以向乌拉圭人和玻利维亚人传授放射性同位素技术的基础知识，而且尽管遇到了各种挫折，他们还是这样做了。人们认为墨西哥城的科学家可以把他们的技术传播到内陆的中等城市。当语言和文化的障碍降低时，网络、联系和流动就要容易得多。在追求现代化的梦想中，无论在他们自己的国内，还是在他们的邻国，当地精英在执行必要的阶段时都发挥了决定性作用。

结语

放射性同位素流动展览车经过后留下的不是放射化学的科学学位或者技术证书。这辆卡车和与放射性同位素流动展览相关的人员留下了分散的专业知识、对当地实践不同程度的改变和一系列条件（基础的“原子计量学”）。在这些条件中，和平利用原子能的技术与实践可能在未来繁衍和扩展。但是在科学甚至计量学可能建立起来之前，流动展览卡车必须先行到达。这一点，正如我们所表明的，绝非易事。

要研究科学和技术的实践在不对称世界里的实际流动，我们强调了和詹姆斯·西科德在文章《流动的知识》（“Knowledge in Transit”）[41]中提出的“传播”模式相反的、我们所说的“旅行的物质性”。在以前的文章中，我们批评了对传播的隐喻（暗示着循环旋转的方向性和一种彻底自然化流动的图像）和西科德把这个过程概括为主要和交流实践相关的说法。[42]尽管西科德在其最早的文章里提到了“理解交流、流动和翻译实践的重要性”，但他很快把探索范围缩小到第一个方面，这对他的整个路向产生了关键而保守的影响。[43]

相反，通过把注意力集中在构成大多数旅行者经历的旅行（流动）、计划以及改变的行程上，我们的叙述试图揭示对知识“传播”的直接限制，并且——顺便地——讨论一下把跨国利益翻译成地方利益的问题。交流实践当然是科学交往的一个重要方面，但是在我们的案例中，它们隐藏在旅行的物质性这一更大的问题之中：当电话或电报线路出了故障，或者当本地工作人员未能回应来自现场的紧急请求时。冷战时期，当科学和技术作为技术援助和发展计划的组成部分而转移时，自然、基础设施、国家利益和紧迫的经济优先事项就是关键因素。相反，在西科德的叙述中，交流实践是突出的，甚至起了关键作用，因为他的注意力集中于科学和工业革命时期或多或少在对称的权力领域中展开的交流上。

跨国主义不仅质问国家框架，而且打破专业界限。确实，我们常常面临把科技历史抛在一边的危险（老实说，这种风险也出现在西科德的分析中）。我们的主要参与者包括一位司机和几位国际工作人员；正是他们让放射性同位素应用的科学，沿着小路、轮船和铁路行进。而且，有 1 500 名学者和技术人员参观了放射性同位素流动展览并学习了相关人员在拉丁美洲之行中开设的课程，仅在墨西哥就有 130 多人。我们不知道当中有多少人在他们的日常实践中运用了这些新知识；但是可以肯定，放射性同位素流动展览对于基础的"原子计量学"做出了贡献。我们希望这有助于探讨隐藏在西科德的偏见背后的主要问题，阿迪・俄斐（Adi Ophir）和史蒂文・夏平（Steven Shapin）在一篇经典论文《知识的位置》（"The Place of Knowledge"）中正确地提出了这个问题：

> 如果知识确实是地方的，那么为什么在应用领域某些形式的知识似乎是全球的？知识（例如大部分科学和数学知识）的全球（甚至广泛传播的）特点是不是一种错觉？……也许思想在空中自由飘荡的日子真的接近尾声了。确实，也许我们曾经相信是知识的天堂的东西，现在要把它看成是现实的地方之间的水平运动的结果。[44]

现在可能很清楚了，我们的论证不仅支持了现实的科学实践和技术的相关性，也支持了“现实的地方之间的水平运动”。

致谢

我们感谢约翰·克里格组织了在亚特兰大佐治亚理工学院举行的“书写科学技术跨国史”工作坊（2016 年 11 月 2 日至 3 日）以及所有参与者，感谢他们对本章前一稿的慷慨评论。我们也要感谢维也纳国际原子能机构档案馆的玛莎·里斯（Martha Riess）和利奥波德·卡默霍费尔（Leopold Kammerhofer）的慷慨帮助。

注释

1. 范例包括约翰·克里格对超级离心机的跨国发展的解释，甚至是王卓越以在美中国留学生为对象的研究，以及我们最近的关于放射性同位素在墨西哥的著作。参见 John Krige，“Hybrid Knowledge：The Transnational Co-production of the Gas Centrifuge for Uranium Enrichment in the 1960s,” *British Journal for the History of Science* 45, no. 3（2012）：337 – 357；Zuoyue Wang，“Transnational Science during the Cold War：The Case of Chinese/American Scientists,” *Isis* 101，no. 2（2010）：367 – 377；Gisela Mateos and Edna Suárez-Díaz，*Radioisótopos itinerants en América Latina：Una historia de ciencia por tierra y por*

mar (Mexico: CEIICH-Facultad de Ciencias, UNAM, 2015)。

2. "不发达始于……1949年1月20日（杜鲁门总统入主白宫之日）。这一天，20亿人民成了不发达人口。在真正意义上，从那时开始，他们就不再是他们曾经那样，有着所有的多样性，而是被变形为一面他人现实的颠倒的镜子：这面镜子贬低他们，把他们打到队尾；这面镜子简单地根据同质化的、狭隘的少数来定义他们的身份，实际上他们是异质的大多数……因为若如此，发展至少就意味着一件事：逃离被称为不发达的有损尊严的状况。" Gustavo Esteva, "Desarrollo," in *The Development Dictionary: A Guide to Knowledge as Power*, ed. W. Sachs (London: Zed Books, 2010), 1 - 23, at 2.
3. Arturo Escobar, *Encountering Development: The Making and Unmaking of the Third World* (Princeton, NJ: Princeton University Press, 1994); Esteva, "Desarrollo"; Nick Cullather, "Development? It's History," *Diplomatic History* 44, no. 2 (2000): 641 - 653.
4. 20世纪60年代的联合国技术援助委员会的前身，是和联合国一起创建的联合国技术援助管理局。根据韦伯斯特所说，尽管两者的起源都共同定位于杜鲁门的就职演说，发展计划和联合国技术援助计划是"由杜鲁门的'第4点计划'促进而非创建的。计划的执行从一开始就是多边的。" David Webster, "Development Advisors in a Time of Cold War and Decolonization: The United Nations Technical Assistance Administration, 1950 - 59," *Journal of Global History* 6, no. 2 (2011): 249 - 272, at 252。
5. 参见 *Journal of Global History* 6, no. 2 (2011)。
6. 我们应该指出，这些礼物是国际原子能机构必须接受的，因为美国是其资金的主要捐献者。而且，流动的放射性同位素展览成了政治工具，它产生了对接受国的义务。关于艾森豪威尔总统在1953年12月8日宣布的和平利用原子能倡议的不同含义和目的，有越来越多的文献。参见 John Krige, "Atom for Peace: Scientific Internationalism and Scientific Intelligence," *Osiris* 21 (2006): 161 - 181; Martin J. Medhurst, "Atoms for Peace and Nuclear Hegemony: The Rhetorical Structure of a Cold War Campaign," *Armed Forces and Society* 24 (1997): 571 - 593; Kenneth Osgood, *Total Cold War: Eisenhower's Secret propaganda*

Battle at Home and Abroad (Lawrence: University Press of Kansas, 2006)。

7. 关于放射性同位素成了美国外交政策的工具，参见 Angela Creager, "Tracing the Politics of Changing Postwar Research Practices: The Export of 'American' Radioisotopes to European Biologists," *Studies in the History and Philosophy of Biology and Biomedical Sciences* 33 (2002): 367 - 388; Angela Creager, "Radioisotopes as Political Intruments, 1946 - 1953," *Dynamis* 29 (2009): 219 - 240; John Krige, "The Politics of Phosphorus - 32: A cold War Fable Based on Fact," *Historical Studies in the Physical and Biological Sciences* 36, no. 1 (2005): 71 - 91; Gisela Mateos and Edna Suárez-Díaz, "Clouds, Airplanes, Trucks and People: Carrying Radioisotopes to and across Mexico," *Dynamis* 35, no. 2 (2015): 279 - 305。
8. 1 号车在欧洲、亚洲和非洲走过的路线将在即将发表的一篇文章中讨论。在那篇文章里，我们把流动的放射性同位素展览描述为在联合国的发展计划背景下，国际原子能机构实施核技术援助的早期努力之一。
9. 参见 Gisela Mateos and Edna Suárez-Díaz, "Atoms for Peace in Latin America," *Latin American History: Oxford Research Encyclopedias*, 2016, 317。
10. 1960 年 5 月 22 日的瓦尔迪维亚地震在智利导致了毁灭性的灾难，并且至今被列为有纪录以来最强烈的地震。
11. Nicholas Dew, "Vers la Ligne: Circulating Knowledge around the French Atlantic," in *Science and Empire in the Atlantic World*, ed. James Delbourgo and Nicholas Dew (New York: Taylor and Francis, 2008), 53 - 72, at 56.
12. 在我们可以利用的国际原子能机构档案文献中，没有涉及关于选择两辆"万国联合收割机"卡车来举办流动放射性同位素展览的背后决策的。这个公司在拉丁美洲国家和亚洲设有分公司，也许为在那里发展零件和机械服务的可行性提供了理由。但是似乎最重要的是，美国橡树岭国家实验室曾组织于 1956 年开始的美国和平利用原子能流动宣传，那时也用的是"万国联合收割机"卡车。
13. A. E. Cariro to L. Sterning (chief administrator for IAEA Technical

Assistance Programs), Jan. 2, 1960. The source for all letters cited in this chapter is folder SC/216 - LAT - 1, IAEA Archive, Vienna.

14. Cairo to Adriano García (UNTAB resident representative in Mexico), Feb. 18, 1960.
15. Joseph O'Sonnell, "The Creation of University by the Circulation of Particulars," *Social Studies of Science* 23, no. 1 (1993): 129 - 193, at 163.
16. Celso Papadopulos (in charge of the radioisotope courses) to Cairo, Oct. 12, 1960.
17. Bruno Leuschner (UNTAB resident representative in Argentina) to L. Steining, May 13, 1960.
18. A. M. Haymes (administrative assistance, UNTAB, Argentina) to Cairo, Oct. 18, 1960.
19. Cairo to Hernáa Durán, Dec. 7, 1960.
20. Bruno Leuschner to Steiner, Apr. 17, 1961.
21. Josef Obermayer (in Montevideo) to Cairo, Apr. 30, 1961.
22. Obermayer (in Montevideo) to Cairo, June 28, 1961.
23. Telegram from Souza Santos to Cairo, May 12, 1961. 关于巴西积极的原子计划，参见 Carlo Patti, "The Origins of the Brazilian Nuclear Programme, 1951 - 1955," *Cold War History* 15, no. 3 (2005): 353 - 373。
24. Obermayer (in Rio de Janeiro) to Cairo, Aug. 17, 1961.
25. Obermayer (in Riberāl Preto) to Cairo, June 11, 1961.
26. Obermayer (in Goiana) to Cairo, Feb. 17, 1961.
27. Professor Ismael Escobar to Cairo, Nov. 17, 1962.
28. Obermayer to Cairo, June 13, 1963.
29. Obermayer (in Rio de Janeiro) to Cairo, June 21, 1963.
30. 尽管这辆车在拉丁美洲的仓库里存放了近两年几乎没有花费，但没有关于存放后果的信息。
31. Obermayer (in Corumbá) to Cairo, July 22, 1963.
32. Obermayer (in Corumbá) to Cairo, Aug. 2, 1963.
33. M. J. Anstee to Cairo, Sept. 6, 1963.

34. Cairo to Anstee, Oct. 2, 1963.
35. 关于景观和地理事件，还可参见 Itty Abraham, "Landscape and Postcolonial Science," *Contributions to Indian Sociology* 34, no. 2 (2000): 163 - 187; Itty Abraham, "The Contradictory Spaces of Postcolonial Techno-Science," *Economic and Political Weekly* 41, no. 3. 3 (2006): 210 - 217; Nick Cullather, "Damming Afghanistan: Modernization in a Buffer State," *Journal of American History* 89, no. 2 (2002): 512 - 537; Penny Harvey and Hanna Knox, *Roads: An Anthropology of Infrastructure and Expertise* (Ithaca, NY: Cornell University Press, 2015)。
36. Harvey and Knox, *Roads*; Mateos and Suárez-Diaz, *Radioisótopos itinerantes*.
37. 尽管开罗是阿根廷人，参与过拉丁美洲和亚洲的不同团队，评估了核发展的状况和“受援国”的需要，但他依旧如此。
38. Gisela Mateos and Edna Suárez-Díaz, "Expectativas (des) encontradas: La asistencia técnica nuclear en Améreca Latina," *Aproximaciones a lo local y lo global: Améreca Latina en la historia de la ciencia contemporánea*, ed. Gisela Mateos and Edna Suárez-Díaz (Mexico city: Centro de Estudios Filosóficos, Políticos y Sociales Vicente Lombardo Toledano, 2016), 215 - 241.
39. Webster, "Development Asvisors," 249.
40. Renata keller, *Mexico's Cold War: Cuba, the United States and the Legacy of the Mexican Revolution* (Cambridge: Cambridge University Press, 2015); Gisela Mateos and Edna Suárez-Díaz, "We Are Not a Rich Country to Waste Our Resources on Expensive Toys: The Mexican version of Atoms for Peace," in "Nation, Knowledge, and Imagined Futures: Science, Technology and Naiton Building Post - 1945," ed. John Krige and Jessica Wang, special issue, *History and Technology* 31, no 3 (2015): 243 - 258.
41. James A. Secord, "Knowledge in Transit," *Isis* 95, no. 4 (2004): 654 - 672.
42. Mateos and Suárez-Díaz, "Expectativas (des) encontrads"; Mateos and

Suárez-Díaz，*Radioisótopos itinerantes*.

43. Secord，"Knowledge in Transit，" 656.
44. Adi Ophir and Steven Shapin，"The Place of Knoledge：A Methodological Survey，" *Science in Context* 4，no. 1（1991）：3－22，at 16.

后记　对科学技术跨越国界的思考

迈克尔·J. 巴拉尼，约翰·克里格

作为研究“过去”的学者，历史学家了解时事和争论，但不必经常面对它们正在被现在超越这样的感觉。在此似乎跨国组织危急存亡之际，我们书写科学技术跨国史，着重强调其历史和意义。我们中的一员（约翰·克里格）已经撰写了大量有关科学技术国际历史和跨国历史的文章。为了促进对这些历史的集体反思，他在 2016 年初开始策划本书以及相关的专题研讨会。这时恰逢来自欧洲战乱国家的移民正遭遇新的种族主义和仇外浪潮。另一个人（迈克尔·J. 巴拉尼，最近在该领域获得博士学位）则是通过一份会议公告得知了这个项目。这个会议是英国、美国和加拿大的科学历史学家组织于 2016 年夏天在埃德蒙顿举行的四年一次的联席会议。他在加拿大大草原上的一家泰国餐厅，与来自苏格兰、加拿大、美国等欧洲和北美的历史学家一起用餐，此时英国“脱欧”公投的投票结果开始汹涌而来，这群人逐渐意识到，第二天早上醒来时，我们将置身于一个不那么开放的世界。2016 年美国总统选举前夕，该项目的研讨会在佐治亚州亚特兰大举行，这时在这个州和这个国家，许多美国公民已经投下了他们的选票，唐纳德·特朗普（Donald Trump）获得了微弱但决定性的胜利。在动荡的政治过渡时期，在谴责声、难民危机、旅行禁令、拘留、边境墙谈判和直接涉及本书讨论的问题，以及需要我们专业团队做出正式回答的其他发展中，我们修改并整理了我们的文章。

伴随着新闻中经常充斥的民族、民族主义、仇外和分裂，把跨国的科学技术作为我们探讨的重点，可能看起来很古怪。确实，一些学者提出，跨国历史永远不可能具有国家历史的大众吸引力或重要相关性，只有国家历史能够给予读者一种本土感、归属感和认同感。[1]然而，最近的事件和本书中的学术研究都表明了相反的观点。从跨国的角度，能够最清晰最有力地看清楚国家和地方以及它们的关切、特权、紧张和状况，这需要加强对地方和国家层面的关注而不是避免。跨国历史学家必须从字面上理解“放眼全球，立足本土”这句古训，不断地把现实产物及其档案记录纳入跨越边境的运动和行动模式。全球思维把地方现象纳入更长更宽的谱系中，并且抽取出它们揭露的理想（常常看似是全球的）和实践（不可避免是地方的）之间的紧张关系，从而解释了否则无法解释的地方现象。

这些对较狭隘实践的更为广泛的看法，为我们提供了一个立足点，以应对这一让我们感到被当下所超越的最重要的现象：

美国政治领导层正在放弃经济事务、地缘政治、环境问题和道德问题上的超级大国霸权。美国参与者和机构在本书描述的一些历史中的超强存在，在很大程度上（以直接和间接的方式）来源于美国在20世纪作为一个全球大国发挥的主导作用，以及它把知识变成了易于理解和规则的工具。在此描述的跨国历史是一种新近地缘政治的特殊现象。它诞生于冷战之后20世纪90年代的美国，诞生于在方法论和意识形态上反对美国例外论的思考。这种例外论是一种关于美国独特的感觉，正如阿基拉·伊里耶（Akira Iripe）所说，它是一种相关的倾向，把美国概括为"在许多方面是自给自足的主权国家理念最清晰的体现"。[2]本书各章中没有提出美国例外论或自给自足，但是它们都不能避免美国作为一个关键的地缘政治节点，在知识跨境流动或不能跨境流动的系统中存在感十足。确实，对当代科学技术史学家来说，对美国例外论的批评是令人不舒服的。事实上，正是在某种程度上，从性质和数量上来看，美国的研究体系似乎确实是个例外。追求美国在国际舞台上的科技领先地位，为美国的国家研究体系提供了一个总体的理论基础，而这个体系必须建立在国际维度上。科技领导力和政治、军事实力相吻合，每一方都加强和重新配置另一方。正如玛丽莲·杨（Marilyn Young）提醒我们的："美国可能也不例外，但是它异常地强大，到目前为止，它可能会偏离中心但无损它的强大。"[3]如果民族和国家在跨国历史中显得特别突出，那么美国民族和国家在其改变地缘政治的时期（从整个 20 世纪到现在），在我们在此汇集的跨国科技史中更是如此。

在本书的许多章节中，美国作为参与者存在，也是该项目的优势之一。它从智力上和实际上，为那些学术方法和专业知识大不相同的学者，提供了共同的概念的、历史的背景和参考点。这些一致性展示了本书描述的地理和历史的特殊性，同时将其作为一个全面的基准和方法指南。正如约瑟普·西蒙（Josep Simon）所说，这本论文集能够“提供模型和范例，其他学者可以将其应用于从不同于美国的地缘政治中心建立的其他案例，甚至可以应用于在知识交流方面表现得更明显的多极化的案例研究”[4]。这样的工作确实存在，特别是在欧洲一体化的跨国研究中，尽管那个地区也有其自己的“中心”和“外围”，就如在欧洲外围国家的科斯塔斯·加夫罗格卢（Kostas Gavroglu）和他的同事提醒我们的那样。[5]是时候让这些不同的地方世界彼此对话了。

本书强调，即使我们的焦点不是国家的监管，但当我们把知识作为跨国对象时，国家机器立即迅速地进入我们的视野。科学技术知识对于国家权力的运用和国家威望的建立的长期重要性，要求我们在研究跨境知识的产生和流动的任何时候，都要认真地考虑国家（它的行动、效果和局限）。这样做并没有颠覆跨国历史要打破国家框架的束缚，以及把国家置于相互联系、相互依赖的网络之中的初衷。而这些相互联系和依赖，从国家的角度来看，是不太清楚的。相反，在本书的许多章节，国家之所以作为参与者出现，正是因为其边界被跨越了。看上去像一个国家，包括意识到边界在哪里，并以国家主权和其他特权的名义对边界进行监管。

值得强调的是，在此处探索的跨国运动之前的几个世纪里，国家就控制了知识和知识团体的流动。确实，在任何知识边界的监管能够使国家政府在与其竞争对手的竞争中更有竞争力的地方，它们都试图这样做。例如，看看16世纪西班牙控制海事知识。艾利森·桑德曼（Alison Sandman）曾经描述过16世纪早期西班牙“契约之家”（Spanish Casa de la Contratación）的官员们发展出来监管领航员、海图和航海仪器的复杂的法律体系。[6]保护西班牙海上航线的知识，防止竞争强国袭击他们的船只、侵犯他们的殖民地垄断，需要监管人员、记录和仪器。制图员被禁止向外国人销售海图。归化的专家发现他们的忠诚受到质疑：领航员很容易带着宝贵的海上航线知识逃离这个国家，所有只有当地人或归化的卡斯蒂利亚人才能获得领航员许可证，而且他们必须通过与该王国的重要的家庭或财产联系来保证他们的忠诚。培训领航员用仪器来确定纬度和经度的宇宙学家，必须发誓不和外国人分享他们的知识。

这种跨国知识控制的早期现代形式和本书所研究的现代形式的强烈相似性，使我们不禁要问，后者有什么现代之处？作为国家建设过程的一部分，现代国家建立了“理性的”、系统的官僚机构，来管理政治、经济和军事的潜在力量。正如丹尼尔斯和克里格在前面两章所展示的，1945 年后美国的显著特征是，为应付战时紧急情况而建立的或为应付某个特定危机而临时启用的管制机制的制度化和扩大化。当国家试图维持对知识生产和传播的不断变化的地缘政治的控制时，偶发的不稳定时刻（20 世纪 40 年代晚期和 90 年代、21 世纪早期及 2017 年）在跨国现代性的结构上留下了持久的印记。始于人为的、偶然的和有限的地缘政治行动的边界，变得过分坚固，进出奥地利、匈牙利、墨西哥和美国的难民很清楚这一点。仇外心理的跨国形态，回荡在以保护“国家”不受国内外的“外国人”破坏为名义的治安制度中。

边界和国家管制的这一显著和不对称的特点，导致我们强调像“旅行”和“过境”之类的术语而不是“传播”“流动”或者类似的可能会弱化跨国交流中的跨境问题的语言。通过强调传播知识所涉及的辛劳和偶然性，本书各章作者把注意力放在实践上，扩大“参与者”的范围从而包括在不同地点生产知识所需的物质基础设施和设备。阿西夫・西迪基特别提醒我们注意分散的地点，在那里跨国知识与边界、地缘政治交织在一起。这种跨国劳动的场所给了西迪基一个强有力的框架，来剖析跨国参与者是如何集合所需资源以建构一个相互关联、相互依存的人员、观念和物质的网络。这些人员、观念和物质一起构成了跨国网络。特定场所的深厚历史可以解释这些场所作为知识创造者跨国网络中支柱的吸引力，它们把制约跨国努力的多种地理和时间的尺度交织在一起。通过知识的透镜阅读跨国历史，很容易（但不是必然地）边缘化那些对跨国时刻产生的社会变革没有直接发言权或控制权的人们。他们既没有专业知识，也没有经济的或社会的资本来助其加入为了满足跨国精英们的愿望而建立的知识网络。印度农民的生活（库马尔）或马林迪当地村民的生活（西迪基），被外来参与者和项目带来的当地习惯的改变而扰乱。他们在历史记录中没有自己强有力的声音，他们似乎常常被简化为“复杂情况”，或者简化为有需要时要利用的顺从的资源。重要的场所和突发的事件可以有效恢复非精英者作为跨国参与者的能动性，在马特奥斯和苏亚雷斯-迪亚兹对那些确确实实地推动国际原子能机构跨国项目的被边缘化的核心人员的关注中，我们也意识到了这种努力。一个更为丰富的跨国议程将在构建涉及精英以外社会阶层的跨国网络方面，仔细调查“克里奥尔”* 或“梅蒂斯”** 的知识的局限性和可能性。

跨国知识/权力的可转移性颠覆了划分严格的国家界限的努力。一个人若被国家视为是知识渊博的，则不会受到和难民或流落国外人员相同的对待。从国家的角度来看，人们的知识使

---

* créole，在美洲出生的黑人后裔。

** métis，法国人和印第安人的混血后裔。

他们既令人向往又让人感到危险。控制他们流动的国家管理，在封闭其他通道的同时，也开辟了表达身份和主张的某些途径。知识渊博的个人拥有“混合”的身份，这些身份把作为知识生产者的自我意识和对国家的政治忠诚意识结合在一起。在不同的环境里需要不同的自我表现——这个现象最明显地出现在亚德里安娜·迈纳对物理学家曼努埃尔·桑多瓦尔·巴亚尔塔的研究中。当知识体跨越边境时，这些自我之间潜在的矛盾，可能是他们及其同事的诸多焦虑的根源，也可能是移民官员怀疑的根源。

英语语言霸权的历史模式，意味着英语原始资料使得当今的跨国历史学家能够接触到大量过去的技术科学资料。确实，有着自己的英语优先和偏见的具体资源，如谷歌图书以及其他大量的可搜索的在线资源库，使得已经占优势的英语资料库显得更占优势，简直要淹没非英语的声音。人们太容易完全忽略非英语的资源或者假定（通常是错误的）最容易得到的英语资料，代表了分布广泛的可能获取的所有多语种文献。跨国历史学家不仅仅受到“档案”内容的限制，还要受限于这些档案中的哪一些，以及它们代表性内容的哪一部分在地理上、经济上和语言上可以获得。通过利用对在历史上把英语资源集中在交流的中心节点的系统描述，我们冒了不加批判地强化这些节点的风险，把它们看成了跨国网络中自然而然的固定的东西。

本书的作者们也以各种方式遭遇了这些紧张关系，一方面用英语写作和表述，另一方面他们在分析中既利用了英语资源，也利用了来自他们感兴趣地点的非美国档案的当地语言资源。我们自己的跨越边境，增加了档案的来源和对变化、选择性适应及争论的经验敏感性。当跨国的知识遇上了当地的知识，当新的知识及其所处的新的社会关系在不同规模的网络中传播时，这些变化、适应和争论就会应运而生。就像我们的研究主题一样，我们主要用英语交流，但是我们也承认许多间隙里充满了西班牙语、葡萄牙语和其他语言，特别是在我们一边喝着咖啡或啤酒，一边理解和重新构建我们的发现的时候。我们的研讨会和本书的标题聚焦于西半球的南北互动，这样在习语和参考点方面就创造了（以某种方式来衡量）抵消美国英语占优势的连贯性。通过研讨会，语言成了认证、预测、达成共识和交流的手段。在我们的口音、手势和拐弯抹角的表达中，展现了我们出生的国家和旅行过的许多国家，以及我们这一研究的世界性基础和雄心壮志。

除了在几个国家和几种语言的档案馆工作的重要性外，科学技术史学家需要为跨国做论证的资料和文献。这种资料和文献不同于那些和边界关系不大的研究资料——这是一个隐喻性的学科边界的跨越，用以匹配刚才讨论的地缘政治的边界。跨越边界流动的人们之间的关系，常常涉及非常不同于那些在国家层面运作和学术研究领域（如国际关系、外交、法律和比较文化研究）里的参与者和机构，也可能非常不同于那些被用来书写一个国家史的学术机构。情况变得更具挑战性，因为在科技史学家和社会文化历史学家之间已经有了一个相当微弱的耦合，尽管某些领域如环境史或资本主义史正在侵入这些学术分支。跨国科技史必须从其他领域吸取见解，来分析负责促进和谈判跨境事宜的个人和机构，必然给从事跨国科技史研究者带来重量级的智识重担。

除了方法论的贡献外，我们还要说，我们相信这个项目源自并且推进了根植于我们当前面临挑战的明显世界性的政治信念。虽然跨国学术不需要批判性地面对沙文主义及其相关的地缘政治障碍，但这种方法确实提供了强有力的资源来理解和颠覆那些民族主义的话语。和世界接触，培育富有成效的跨境互动并从中获益的渴望，可能成为要求跨国历史必须具有那种研究和合作的强大动力。这样的研究和合作可以挑战轻率的例外论并且突显隐藏的依赖关系，就国家权力运作而言，两者兼而有之。如果历史是当今政治的有效资源，那么它最终可能必须是跨国的历史。

注释

1. E. g., Michael McGerr, "The Price of the 'New Transnational History,'" *American Historical Review* 96, no. 4 (1991): 1056 - 1067, at 1066; Ann Curthoys and Marilyn Lake, eds., *Connected Worlds:*

History in Transnational Perspective (Canberra: Australian National University Press, 2005), 14.

2. Akira Iriye, "Internationalizing International History," in *Rethinking American History in a Global Age*, ed. Thomas Bender (Berkeley: University of California Press, 2002), 47 - 62, at 51.
3. Marilyn B. Young, "The Age of Global Power," in Bender, *Rethinking American History in a Global Age*, 274 - 294, at 291.
4. Private communication with John Krige, Mar. 25, 2017.
5. Kostas Gavroglu et al., "Science and Technology in the European Periphery: Some Historiographical Reflections," *History of Science* 46 (2008): 153 - 175; Martin Kohlrausch and Helmut Trischler, *Building Europe on Expertise: Innovators, Organizers, Networkers* (New York: Palgrave Macmillan, 2014); Erik van der Vleuten and Arne Kaijser, eds., *Networking Europe: transnational Infrastructures and the Shaping of Europe, 1850 - 2000* (Sagamore beach, MA: Watson Publishing International, 2006).
6. Alison Sandman, "Controlling Knowledge: Navigation, Cartography, and Secrecy in the Early Modern Spanish Atlantic," in *Science and Empire in the Atlantic World*, ed. James Delbourgo and Nicholas Dew (New York: Routledge, 2008), 31 - 51.

作者名单[*]

约翰·克里格（John Krige），美国佐治亚州，佐治亚理工学院历史与社会学学院，克兰茨贝格荣誉教授

马里奥·丹尼尔斯（Mario Daniels），美国华盛顿特区，乔治敦大学德国和欧洲研究中心

蒂亚戈·萨拉瓦（Tiago Saraiva），美国宾夕法尼亚州，德雷塞尔大学历史系

普拉卡什·库马尔（Prakash Kumar），美国宾夕法尼亚州，宾夕法尼亚州立大学历史系

米里亚姆·金斯伯格·卡迪亚（Miriam Kingsberg Kadia），美国科罗拉多州，科罗拉多大学博尔德分校

阿西夫·西迪基（Asif Siddiqi），美国纽约州，福特汉姆大学历史系

---

* 排名按文章先后顺序。——编者

尼尔·M. 马赫尔（Neil M. Maher），美国新泽西州，新泽西理工学院—罗格斯大学技术学院联邦历史系

亚德里安娜·迈纳（Adriana Minor），巴西萨尔瓦多，巴伊亚联邦大学财经学院科学与文化实验室

迈克尔·J. 巴拉尼（Michael J. Barany），美国新罕布什尔州，达特茅斯学院研究员协会

小奥利瓦尔·弗雷尔（Olival Friere Jr.），巴西萨尔瓦多，巴伊亚联邦大学财经学院

印第安纳那·席尔瓦（Indianara Silva），巴西费拉迪圣安娜，费拉迪圣安娜州立大学财经系

约瑟夫·西蒙（Josep Simon），哥伦比亚波哥大，罗萨里奥大学医学和健康科学学院

吉塞拉·马特奥斯（Gisela Mateos），墨西哥墨西哥城，墨西哥国立自治大学科学和人文科学交叉研究中心

埃德娜·苏亚雷斯-迪亚兹（Edna Suárez-Díaz），墨西哥墨西哥城，墨西哥国立自治大学科学学院科学和技术研究中心

主要机构译名对照表

阿尔及利亚民族解放阵线，Front de Liberation Nationale

阿根廷海外航运公司，Flota Argentinade Nadegación de Ultramar

阿拉哈巴德大学，Allahabad University

阿拉哈巴德农业发展协会，Agricultural Development Society，Allahabad

阿拉哈巴德农业学院，Allahabad Agricultural Institute

安全与领事事务局，Bureau of Security and Consular Affairs

巴格达大学，University of Baghdad

巴西-玻利维亚铁道圣米斯塔委员会，Commis-São Mista Ferroviaria Brazilero-Boliviana

巴西国家太空研究院，Instituto de Pesquisas Espaciais，Brazil

巴西教育和文化部，Brazilian Ministry of Education and Culture

巴西教育、科学和文化研究院，Instituto Brasileiro de Educação，Ciência e Coutura

巴西科学院，Brazilian Academy of Science

巴西利亚大学，Universidade de Brasilia

巴西物理研究中心，Centro Brasileiro de Pesquisas Físicas

北卡罗莱纳州立大学，North Carolina State University

贝拿勒斯印度教大学，Banaras Hindu University

宾夕法尼亚州立大学，Penn State University

伯恩斯公司，Burn and Company
卜利达医院，Blida Hospital
布法里克柑橘合作社，Boufarik Citrus Cooperation
布法里克实验站，Boufarik Experimental Station
布林莫尔学院，Bryn Mawr College
长老会海外传道部，Board of Foreign Missions，Presbyterian Church
得克萨斯州勒图尔诺公司，R. G. Le Tourneau，Texas
德鲁大学，Drew University
德州仪器，Texas Instruments
帝国适应环境动物学学会，Imperial Zoological Society of Acclimatization
东非大学内罗毕皇家学院，University of East Africa Royal College of Nairobi
东京大学，University of Tokyo
俄亥俄州立大学，Ohio State University
法国国家园艺学会，French National Society of Horticulture
福特基金会，Ford Foundation
富布莱特委员会，Fulbright Commission
富布莱特学者项目，Fulbright Scholars
高中物理教材联合委员会，Joint Committee on Teaching materials for High School Physics
戈达德太空飞行中心，Goddard Space Flight Center
哥伦比亚大学，Columbia Univeisity
哥伦比亚大学协会，Colombian Association of Universities
哥伦比亚麻省理工学院校友俱乐部，MIT-Club Colombia
工程学院研究委员会，Engineering College Research Council
工业安全跨部门委员会，Interdepartmental Committee on Industrial

Security

公共舆论与社会学研究司，Public Opinion and Sociological Research Division

古根海姆基金会，Guggenheim Foundation

国防部，Department of Defense

国防部-大学座谈会，Department of Defense-University Forum

国防动员办公室，Office of Defense Mobilization

国防科学委员会，Defense Science Board

国防贸易管制局，Directorate of Defense Trade Controls

国际纯粹与应用物理学联合会，International Union of Pure and Applied Physics

国际合作署，International Cooperation Administration

国际教育委员会，International Education Board

国际科学出版委员会，Committee on International Scientific Publication

国际数学家大会，International Congress of Mathematicians

国际数学联盟，International Mathematical Union

国际通信卫星公司，Intelsat

国际卫生部，International Health Division

国际原子能机构，International Atomic Energy Agency

国家海洋和大气管理局（美国），National Oceanic and Atmospheric Organization (US)

国家科学技术委员会（墨西哥），National Council of Science and Technology (Mexico)

国家科学研究委员会（巴西），Conselho Nacional de Pesquisas (Brazil)

国家原子能委员会（巴西），National Nuclear Energy Commission (Brazil)

国土安全部（美国），Department of Homeland Security (US)
国务院护照管理部（美国），Passport Office (US)
国务院（美国），State Department (US)
哈佛大学，Harvard University
和平利用原子能会议，Atoms for Peace Conference
黑人民族党，Black Nationalist Party
加利福尼亚大学柑橘实验站，University of California Citrus Experiment Station
加利福尼亚水果合作社，Californian Fruit Growers Exchange
剑桥大学，University of Cambridge
京都大学，University of Kyoto
京都美国研究研讨会，Kyoto American Studies Seminar
卡内基公司，Carnegie Corporation
卡内基基金会，Carnegie Foundation
卡内基梅隆大学，Carnegie Mellon University
堪萨斯州立大学，Kansas State University
康奈尔大学，Cornell University
康奈尔大学航空实验室运筹学研究组，Cornell Aeronautical Laboratory Operations Research Group
科恰班巴农学院，Cochabamba Faculty of Agronomy
科学工作者协会，Association des Travailleurs Scientifiques
科学研究促进和协调委员会，Commission for the Promotion and Coordination of Scientific Research
肯尼亚海岸发展局，Kenyan Coast Development Authority
肯尼亚能源和教育委员会，Energy and Education Committee，Kenya
空间研究委员会，Commissione per le Ricerche Spaziali

拉丁美洲物理中心，Centro Latinoamericano de Física
拉丁美洲研究联合委员会，Joint Committee on Latin American Studies
莱亚尔普尔农业学院，Lyallpur College of Agriculture
劳拉公司，Loral
勒图尔诺大学，LeTourneau University
雷德兰兹大学，University of Redlands
里约热内卢天主教大学，Pontifícia Universidade Católica do Rio de Janeiro
联邦公报，*Federal Register*
联合国大会，General Assembly
联合国技术援助委员会，Technical Assistance Board
联合国教育科学文化组织，United Nations Educational，Scientific，and Cultural Organization
联合国湄公河委员会，UN Mekong Committee
LTV 航空航天公司/沃特导弹与航天公司，LTV Aerospace Corporation/Vought Missile and Space Co.
路易吉·布罗格里奥航天中心，Luigi Broglio Space Center
伦敦大学，University of London
罗伯逊委员会，Robertson Commission
罗马大学，University of Rome
罗马乌尔贝机场，Urbe Airport，Rome
罗切斯特大学，University of Rochester
洛克菲勒基金会，Rockefeller Foundation
洛斯阿拉莫斯国家实验室，Los Alamos National Laboratory
麻省理工学院，Massachusetts Institute of Technology
马歇尔航天飞行中心，Marshall Space Flight Center

美国大学入学考试委员会，College Entrance Examination Board
美国对外贸易局，Bureau of Foreign Commerce
美国工程教育学会，American Society for Engineering Education
美国国会图书馆，Library of Congress
美国国际开发署，US Agency for International Development
美国国际商业机器公司，Internaitonal Business Machines Corporation
美国国家安全局，National Security State
美国国家航空航天局，National Aeronautics and Space Administration
美国国家科学基金会，National Science Foundation
美国国家科学院，National Academy of Sciences
美国国家理科教师协会，National Science Teachers Association
美国国家陆海空军协调委员会，State Army-Navy-Air Force Coordinating Committee
美国国务院苏联委员会，U. S. S. R. Committee (United States Department of State)
美国教育办公室，US Office of Education
美国教育服务公司，Educational Services Incorporated
美国教育考试服务中心，Educational Testing Services
美国科学促进会，American Association for the Advancement of Science
美国科学家联合会，Federation of American Scientists
美国历史学会，American Historical Association
美国联邦调查局，Federal Bureau of Investigation
美国美洲事务办公室，US Office of Inter-American Affairs
美国能源部，US Department of Energy
美国农业部，US Department of Agriculture
美国农业工程师学会，American Society of Agricultural Engineers

美国数学学会战争政策委员会，American Mathematical Society War policy Committee
美国物理教师协会，American Association of Physics Teachers
美国物理教师协会大学物理委员会，Commission of College Physics
美国物理教师协会物理教育大会，Conference on Physics in Education
美国物理联合会，American Institute of Physics
美国物理学会，American Physical Society
美国新闻署，US Information Agency
美国学术团体协会，American Council of Learned Societies
美国原子能委员会，US Atomic Energy Commission
美国政府关系委员会，Council on Government Relations
美洲国家组织，Organization of American States
美洲开发银行，Inter-American Development Bank
美洲科学出版委员会，Committee on Inter-American Scientific Publication
美洲科学院，Inter-American Academy of Sciences
美洲事务协调员办公室，Office of the Coordinator of Inter-American Affairs
美洲物理教育大会，Inter-American Conference on Physics Education
美洲艺术和知识关系委员会，Committee for Inter-American Artistic and Intellectual Relations
蒙得维的亚大学，University of Montevideo
米纳斯吉纳斯州立大学，Universidade de Minas Gerais
密苏里大学农业学院，University of Missouri，College of Agriculture
密歇根大学，University of Michigan
墨西哥国立自治大学，Universidad Nacional Autónoma de Mexico
墨西哥名人堂，Mexican Rotunda of Distinguished Men
南非非洲人国民大会，African National Congress

南非学生联盟，South African Students Association
内罗毕大学，University of Nairobi
内罗毕皇家学院，Royal College of Nairobi
纽约大学，New York University
农业发展学会，Agricultural Development Society
欧洲航天局，European Space Agency
欧洲经济合作组织，Organization for European Economic Cooperation
欧洲经济合作组织剑桥会议，OEEC Cambridge Meeting
帕特里斯·卢蒙巴俄罗斯人民友谊大学，University Patrice Lumumba
喷气推进实验室，Jet Propulsion Laboratory
普林斯顿高等研究院，Institute for Advanced Study，Princeton
情报交流咨询委员会常务委员会，Standing Committee on Exchanges of the Intelligence Advisory Committee
日本民间情报教育部，Japan Civil Information and Education Unit
商务部工业安全局，Bureau of Industry and Security，Commerce Department
商务部（美国），Department of Commerce（US）
圣保罗大学，University of São Paulo
圣克鲁斯兽医学院，Faculty of Veterinary Science in Santa Cruz
视同出口咨询委员会，Deemed Export Advisory Committee
司法部（美国），Department of Justice（US）
斯隆基金会，Sloan Foundation
斯特拉斯堡大学，University of Strasbourg
苏联科学院，Soviet Academy of Sciences
苏联科学院计算中心，USSR Academy of Sciences Computing Center
田纳西大学，University of Tennessee
田纳西州橡树岭核科学研究所，Oak Ridge Institute for Nuclear Science

通用动力公司，General Dynamics
同志社大学，Dōshisha University
未保密技术信息委员会，Unclassified Technology Information Committee
魏茨曼研究所，Weizmann Institute
乌拉圭大学生联合会，Federación de Estudiantes Universitarios del Uruguay
物理科学研究委员会，Physical Science Study Committee
希伯来大学，Hebrew University
锡拉丘兹大学，Syracuse University
休斯敦约翰逊航天中心，Johnson Space Center，Houston
休斯航天通信国际股份有限公司，Hughes Space and Communications International
耶鲁大学，Yale University
伊利诺伊大学，University of Illinois
伊利诺伊大学厄巴纳-香槟分校，University of Illinois at Urbana-Champaigh
伊利诺伊大学中学数学委员会，University of Illinois Committee on School Mathematics
以色列科学兵团，Israeli Science Corps (HEMED)
以色列理工学院，Technion
以色列原子能委员会，Israeli Atomic Energy Commission
意大利航空航天研究中心，Centro di Ricerche Aerospaziali
意大利航天局，Italian Space Agency
意大利空间委员会，Italian Space Commission
印度肥料协会，Fertilizer Association of India
印度国民大会党，Indian National Congress

印度农业部，Agriculture Department of India
印度农业研究委员会，Indian Council of Agricultural Research
赠地大学（美国），Land-Grant Colleges（US）
芝加哥大学，University of Chicago
芝加哥万国联合收割机公司，International Harvester Company of Chicago
众议院非美活动委员会，House Un-American Activities Committee
总统科学顾问委员会，President's Science Advisory Committee
佐治亚理工学院，Georgia Institute of Technology

译　后　记

也许大多数人会认为，我们正处在全球化时代。全球化时代就应该是全球相互联系，各尽所能，互通有无的时代。在这个时代里，知识流出国门，就应该像流水一样，水往低处流，从发达国家流向发展中国家。然而本书的研究表明，事实并非如此。尽管处在全球化时代，知识的跨国流动并不就是一帆风顺的。不少发达国家为了维护其科学技术上的领先地位、经济上的有利优势和国际政治上的霸权，总会以国家安全的名义，对知识以及知识的载体——科学家、技术人员的跨国流动，设置各种各样的障碍。

而且，本书的研究也证明了，不少国家对知识跨国流动的管制，并非今日才有，其实早已有之。早在殖民时期、后殖民时期和冷战时期，一些发达国家就利用护照、签证和出口许可证等手段，对竞争对手国家、发展中国家，在科学技术上“留一手”，严格控制对某些国家的高新技术、军事技术和某些敏感知识的跨境流动。

本书主编约翰·克里格教授是佐治亚理工学院历史与社会

学院克兰茨贝格荣誉教授，是著名的全球科技史和全球科技创新史的顶级学者。他撰写了大量有关科学技术跨国历史的文章并积极主张对科学技术跨国历史进行集体反思。他在2016年初就开始策划本书并组织了一系列相关的专题研讨会。论文的作者也汇集了许多研究科技跨国历史的精英。文章时间跨度从殖民时期、后殖民时期，从第二次世界大战前到冷战之后以及当代的核能时代，涉及范围从美洲、欧洲到亚洲、非洲，所以书中的文章对于研究知识的跨国流动及其管制很有代表性。本书各章作者不仅仅描述了所研究的科技跨国的历史，还对那段历史进行了深刻反思，为该领域的进一步研究奠定了扎实的基础。

本书的文章写作重在以事实说话，表述深入浅出，没有晦涩难懂的专业术语，非常适合研究科学技术史、科学社会学、科学技术与社会的学者、研究科学技术决策的学者们和从事科技管理的决策者、管理者们阅读，也适合对此感兴趣的一般读者阅读。

翻译是一件辛苦的工作。本书翻译从2020年6月开始，历时近两年之久。华东师范大学出版社编辑朱华华老师和张婷婷老师为本书翻译出版做了大量工作，译者对此深表感谢。虽然译者翻译时小心翼翼，如履薄冰，然而错误在所难免，还请读者给予批评指正。

魏洪钟

2022年4月26日